生态环境监测资质认定方法验证实例

中国环境监测总站◎编著

SHENGTAI
HUANJING
JIANCE

ZIZHI RENDING FANGFA
YANZHENG SHILI

U0251820

中国环境出版集团·北京

图书在版编目（CIP）数据

生态环境监测资质认定方法验证实例 / 中国环境监测总站编著. -- 北京：中国环境出版集团，2024.9.
ISBN 978-7-5111-6026-3

Ⅰ. X835

中国国家版本馆 CIP 数据核字第 2024VW5093 号

责任编辑　曲　婷
封面设计　彭　杉

出版发行　**中国环境出版集团**
　　　　　（100062　北京市东城区广渠门内大街 16 号）
　　　　　网　　址：http://www.cesp.com.cn
　　　　　电子邮箱：bjgl@cesp.com.cn
　　　　　联系电话：010-67112765（编辑管理部）
　　　　　发行热线：010-67125803，010-67113405（传真）
印　　刷　北京中科印刷有限公司
经　　销　各地新华书店
版　　次　2024 年 11 月第 1 版
印　　次　2024 年 11 月第 1 次印刷
开　　本　787×1092　1/16
印　　张　28
字　　数　570 千字
定　　价　138.00 元

【版权所有。未经许可，请勿翻印、转载，违者必究。】
　　如有缺页、破损、倒装等印装质量问题，请寄回本集团更换。

中国环境出版集团郑重承诺：
中国环境出版集团合作的印刷单位、材料单位均具有中国环境标志产品认证。

编写委员会

主　编　米方卓　冯　丹　吕怡兵

副主编　王　琳　丁萌萌　师耀龙

编　委（按姓氏笔画排序）

丁桂英　于海影　石艳菊　史　箴　刘　军　关玉春　李怡君　李　娟

杨　炯　杨　婧　杨懂艳　邹本东　张存良　张　敏　陈表娟　武桂桃

周　旌　周　谐　郑　瑜　彭　跃　游狄杰　谢海涛

参加编写人员（按姓氏笔画排序）

习鸣雷　于　川　王小菊　王子博　王海妹　王　婷　王　瑜　王　静

卞吉伟　方　伟　方鹏飞　邓雪娇　石艳菊　田秀华　付博亚　白玛旺堆

白　昕　白　莉　朱　琦　伍震威　任汉英　刘大江　刘秀洋　刘　倩

刘铮铮　刘殿甲　刘　蕊　齐炜红　关庆涛　孙琴琴　李　丹　李志伟

李恒庆　李振国　李焕峰　李　琳　李雅忠　杨晓红　吴晓凤　余京晶

余　磊　谷树茂　汪佳佳　张玉惠　张厚勇　张雪容　张　霄　张　蕾

陆美环　陈　玮　陈　亮　陈常东　陈　蓉　陈燕梅　范晓周　林安国

於国兵　孟庆庆　赵丽娟　赵金平　赵　峥　赵　静　钟光剑　钟　悦

贺小敏　秦　容　袁广旺　贾　静　徐小静　徐　驰　殷海龙　栾晓佳

郭文建　郭　菲　郭晶晶　曹　顿　龚海燕　崔连喜　崔　明　董立鹏

程小艳　谢　争　谢益东　雷　宇　路佳良　褚天高　熊曾恒　潘　虹

新标准检测技术的能力没有行业统一的规定，无法确保方法验证工作的质量以及资质认定评审中能力确认标准的一致性。在实际工作中，机构在进行方法验证过程中存在很多问题，如验证种类不全、验证参数不全、浓度选择不合适、验证结论不正确、未进行实际样品测定等。

为规范环境监测分析方法验证工作，规范生态环境监测机构在资质认定初次申请、扩项或标准方法变更申请时开展的方法验证活动，统一能力确认标准，确保方法验证过程科学合理，评价尺度客观一致，国家计量认证环保评审组（中国环境监测总站）精心策划，组织全国 20 余个省级检测机构，带领 10 余位各个领域的资深技术专家和 100 余人的专业技术团队，在明确生态环境监测机构开展资质认定环境监测方法验证的总体要求的基础上，调研国内外相关标准技术内容，结合我国生态环境监测机构实施环境监测方法验证活动的特点，梳理了水（含大气降水）和废水、环境空气和废气、土壤和沉积物、固体废物、海水、海洋沉积物、生物、生物体残留、噪声、电磁辐射、油气回收等 12 大类别 774 个项目 1 453 个方法，从中选取有代表性、技术基础成熟的 39 个方法作为典型案例。同时，根据不同类型的方法分别明确和细化方法验证的技术要点、基本条件的确认要求、方法性能指标的验证要求、实际监测要求、方法验证报告的编制要求等，统一方法验证报告的编制模板。本书所举方法验证案例具有典型性，其验证数据均为实际监测结果，内容全面完整、数据翔实可靠、评价依据科学合理。本书是资质认定评审人员、生态环境监测机构、专业技术评价机构及生态环境监测工作人员不可多的参考资料，对指导各个生态环境监测机构开展方法验证具有重要作用。

书中的符号表示按照生态环境保护行业标准中的相关要求书写，均为行业常识惯例，因此未加标注说明。因时间仓促，限于编者水平，书中难免存在疏漏之敬请广大读者批评指正。

本书编写组

2024 年 11 月

前　言

　　生态环境监测机构的资质认定评审，是规范生态环境监测机构监测行为，证监测活动独立、规范、科学，确保监测数据质量的重要手段。根据《检验机构资质认定评审准则》（总局公告　2023 年第 21 号）、《检验检测机构资质生态环境监测机构评审补充要求》（国市监检测〔2018〕245 号）规定，检验机构在初次使用标准方法前应进行方法验证。标准方法验证的过程和结果室技术能力的重要评价依据。

　　近年来，随着"两高"司法解释的出台，环境管理要求的逐步加严，析方法标准的准确性和公允性受到空前关注。方法验证是机构初次建立新展的工作，监测方法验证过程是否规范、结论是否正确，将直接影响监测展的规范性与监测结果的代表性和准确性。同时，在现代化生态环境监设过程中，新技术、新方法的加入，特别是智慧化实验室建设的新要求和评价实验室是否具备开展监测的技术能力尤为重要，方法验证报告佐证材料。

　　目前，各个监测行业在方法验证方面均没有提出具体的技术要求的《合格评定化学分析方法确认和验证指南》（GB/T 27417—2017）化学分析方法的分析测试过程的基本验证要求，既没有规定具体的估方法和评价标准，也不能覆盖生态环境监测领域的全部标准方法程。生态环境监测领域的标准方法采用的技术手段多样，包括化学等方法；监测过程复杂，包括样品采集和保存、样品制备、分析态环境监测机构如何正确开展资质认定方法验证工作，以证明检

目 录

《水质 pH 值的测定 电极法》（HJ 1147—2020）方法验证实例.................1

《水质 高锰酸盐指数的测定》（GB 11892—89）方法验证实例.................7

《水质 石油类的测定 紫外分光光度法（试行）》（HJ 970—2018）方法验证实例.......13

《水质 氰化物的测定 流动注射-分光光度法》（HJ 823—2017）方法验证实例..........22

《水质 氯酸盐、亚氯酸盐、溴酸盐、二氯乙酸和三氯乙酸的测定 离子色谱法》
（HJ 1050—2019）方法验证实例.................31

《水质 吡啶的测定 顶空/气相色谱法》（HJ 1072—2019）方法验证实例.....................40

《水质 烷基汞的测定 吹扫捕集/气相色谱-冷原子荧光光谱法》（HJ 977—2018）
方法验证实例.................48

《水质 多溴二苯醚的测定 气相色谱-质谱法》（HJ 909—2017）方法验证实例..........56

《水质 4 种硝基酚类化合物的测定 液相色谱-三重四极杆质谱法》
（HJ 1049—2019）方法验证实例.................68

《环境空气 氟化物的测定 滤膜采样/氟离子选择电极法》（HJ 955—2018）
方法验证实例.................78

《固定污染源废气 低浓度颗粒物的测定 重量法》（HJ 836—2017）方法验证实例.....89

《固定污染源废气 一氧化碳的测定 定电位电解法》（HJ 973—2018）
方法验证实例.................99

《固定污染源废气 二氧化硫的测定 便携式紫外 吸收法》（HJ 1131—2020）
方法验证实例.................106

《固定污染源废气　油烟和油雾的测定　红外分光光度法》（HJ 1077—2019）
方法验证实例 114

《固定污染源废气　总烃、甲烷和非甲烷总烃的测定　气相色谱法》（HJ 38—2017）
方法验证实例 123

《固定污染源废气　醛、酮类化合物的测定　溶液吸收-高效液相色谱法》
（HJ 1153—2020）方法验证实例 134

《土壤　水溶性氟化物和总氟化物的测定　离子选择电极法》（HJ 873—2017）
方法验证实例 148

《土壤和沉积物　六价铬的测定　碱溶液提取-火焰原子吸收分光光度法》
（HJ 1082—2019）方法验证实例 157

《土壤和沉积物　无机元素的测定　波长色散 X 射线荧光光谱法》（HJ 780—2015）
方法验证实例 166

《土壤和沉积物　石油烃（C_{10}—C_{40}）的测定　气相色谱法》（HJ 1021—2019）
方法验证实例 191

《土壤和沉积物　有机氯农药的测定　气相色谱-质谱法》（HJ 835—2017）
方法验证实例 201

《土壤和沉积物　二噁英类的测定　同位素稀释高分辨气相色谱-高分辨质谱法》
（HJ 77.4—2008）方法验证实例 216

《固体废物　22 种金属元素的测定　电感耦合等离子体发射光谱法》
（HJ 781—2016）方法验证实例 231

《固体废物　汞、砷、硒、铋、锑的测定　微波消解/原子荧光法》（HJ 702—2014）
方法验证实例 249

《固体废物　金属元素的测定　电感耦合等离子体质谱法》（HJ 766—2015）
方法验证实例 262

《固体废物　有机氯农药的测定　气相色谱-质谱法》（HJ 912—2017）
方法验证实例 277

《固体废物 氨基甲酸酯类农药的测定 高效液相色谱-三重四极杆质谱法》

（HJ 1026—2019）方法验证实例 303

《海洋监测规范 第 4 部分：海水分析》（19 挥发性酚——4-氨基安替比林

分光光度法）（GB 17378.4—2007）方法验证实例 345

《海洋沉积物中总有机碳的测定 非色散红外吸收法》（GB/T 30740—2014）

方法验证实例 353

《水质 叶绿素 a 的测定 分光光度法》（HJ 897—2017）方法验证实例 361

《水质 总大肠菌群、粪大肠菌群和大肠埃希氏菌的测定 酶底物法》

（HJ 1001—2018）方法验证实例 370

《水质 细菌总数的测定 平皿计数法》（HJ 1000—2018）方法验证实例 380

《水质 粪大肠菌群的测定 多管发酵法》（HJ 347.2—2018）方法验证实例 387

《水质 粪大肠菌群的测定 滤膜法》（HJ 347.1—2018）方法验证实例 394

《海洋监测技术规程 第 3 部分：生物体》（6 铜、锌、铅、镉、铬、锰、镍、砷、

铝、铁的同步测定——电感耦合等离子体质谱法）（HY/T 147.3—2013）

方法验证实例 403

《工业企业厂界环境噪声排放标准》（GB 12348—2008）方法验证实例 413

《城市区域环境振动测量方法》（GB 10071—88）方法验证实例 421

《5G 移动通信基站电磁辐射环境监测方法》（HJ 1151—2020）方法验证实例 425

《加油站大气污染物排放标准》（GB 20952—2020）（附录 A：液阻检测方法；

附录 B：密闭性检测方法；附录 C：气液比检测方法）方法验证实例 429

附录 参加编写单位 436

《水质　pH值的测定　电极法》
（HJ 1147—2020）
方法验证实例

1　方法名称及适用范围

1.1　方法名称及编号

《水质　pH值的测定　电极法》（HJ 1147—2020）。

1.2　适用范围

本标准规定了测定水中pH值的电极法，适用于地表水、地下水、生活污水和工业废水中pH值的测定，测定范围为0～14（量纲一）。

2　实验室基础条件确认

2.1　人员

参加方法验证的人员均通过了培训和能力确认（表1），验证人员相关培训、能力确认情况等证明材料见附件1。

表1　验证人员情况信息

序号	姓名	年龄	职称	专业	参加本标准方法相关要求培训情况（是/否）	能力确认情况（是/否）	相关监测工作年限/年	验证工作内容
1	×××	37	工程师	环境科学	是	是	11	采样及现场监测
2	××	28	助工	环境工程	是	是	4	
3	××	35	工程师	环境监测	是	是	8	分析测试
4	×××	30	助工	环境工程	是	是	3	

2.2 仪器设备

本方法验证中，使用了现场监测仪器和实验室分析测试仪器等。主要仪器设备情况见表 2，相关仪器设备的检定/校准证书及结果确认等证明材料见附件 2。

表 2　主要仪器设备情况

序号	过程	仪器名称	仪器规格型号	仪器编号	溯源/核查情况	溯源/核查结果确认情况	其他特殊要求
1	现场监测	pH 计	××	××	检定	合格	精度为 0.01 个 pH 单位，带有自动温度补偿功能
		pH 复合电极	××	××	—	—	—
2	实验室分析	pH 计	××	××	检定	合格	精度为 0.01 个 pH 单位，带有自动温度补偿功能
		pH 复合电极	××	××	—	—	—

2.3 标准物质及主要试剂耗材

本方法验证中使用的标准物质、主要试剂耗材情况见表 3，有证标准物质证书、主要试剂耗材验收记录等证明材料见附件 3。

表 3　标准物质及主要试剂耗材

序号	过程	名称	生产厂家	技术指标（规格/浓度/纯度/不确定度）	证书/批号	标准物质基体类型	标准物质是否在有效期内	主要试剂耗材验收情况
1	分析测试	混合磷酸盐	××	分析纯	××	—	—	合格
		四硼酸钠	××	分析纯	××	—	—	合格
		邻苯二甲酸氢钾	××	分析纯	××	—	—	合格
		水质 pH 标准缓冲溶液	××	pH=4.00（量纲一）	××	无 CO_2 纯水	是	合格
		水质 pH 标准缓冲溶液	××	pH=6.86（量纲一）	××	无 CO_2 纯水	是	合格
		水质 pH 标准缓冲溶液	××	pH=9.18（量纲一）	××	无 CO_2 纯水	是	合格
		pH 标准样品	××	4.12±0.05（量纲一）	××	无 CO_2 纯水	是	合格
		pH 标准样品	××	7.34±0.06（量纲一）	××	无 CO_2 纯水	是	合格

2.4 环境条件

本验证实验所用仪器均为具备温度自动补偿功能的pH计，因此标准缓冲溶液和被测样品温度无须相同。但由于不同温度下，溶液的pH不同，因此溶液温度是很重要的环境监控条件。本方法验证中，环境条件监控情况见表4，相关环境条件监控记录资料见附件4。

表4 环境条件监控情况

序号	过程	控制项目	环境条件控制要求	实际环境条件	环境条件确认情况
1	现场监测	温度	必须使用带有自动温度补偿功能的pH仪器	使用具备温度自动补偿功能的pH计，样品温度为20℃	合格
2	实验室分析	温度	（1）当使用手动温度补偿的pH计时，要保证校准缓冲液和被测样品温度相同； （2）当使用带有自动温度补偿功能的pH计时，标准缓冲溶液和被测样品温度无须相同	使用具备温度自动补偿功能的pH计，样品温度为25℃	合格

2.5 相关体系文件

本方法配套使用的监测原始记录为《水质监测采样原始记录单》（标识：SXHJ-04-2019-TY-036）和《pH值分析原始记录》（标识：SXHJ-04-2019-SZ-001）；监测报告格式为SXHJ-04-2020-TY-048。

3 方法性能指标验证

3.1 测试条件

本验证实验精密度分析选择工业废水样品，实际样品测定选用地表水样品，验证过程所用仪器均为具备温度自动补偿功能的pH计。

3.2 仪器校准

先用pH试纸粗测样品的pH（范围为4～6），按照方法要求，采用两点校准法，即先用pH为6.86的标准缓冲溶液校准，再用pH为4.00的标准缓冲溶液校准，实验期间使用自动温度补偿功能仪器，保证监测结果质量。

3.3　方法检出限及测定下限

标准中对方法检出限及测定下限没有具体的要求。本次验证按仪器功能 pH 的测定范围为 0～14。

3.4　精密度

按照标准方法要求，选择工业废水样品进行方法精密度验证，验证结果见表 5。

表 5　精密度测定结果

平行样品号	pH 测定结果（量纲一）	
	pH（实验室）	pH（现场）
1	5.71（25℃）	5.78（20℃）
2	5.73（25℃）	5.80（20℃）
3	5.74（25℃）	5.78（20℃）
4	5.75（25℃）	5.79（20℃）
5	5.75（25℃）	5.74（20℃）
6	5.76（25℃）	5.75（20℃）
最小值	5.71	5.74
最大值	5.76	5.80
极差	0.05	0.06
多家实验室内极差	0.1	0.1

经验证，对工业废水样品在实验室和现场分别进行 6 次重复性测定，其极差值分别为 0.05、0.06，符合标准方法要求，相关验证材料见附件 5。

3.5　正确度

按照标准方法要求，选择 pH 有证标准样品进行 3 次重复性测定，验证方法正确度，验证结果见表 6。

表 6　正确度测定结果

平行样品号	标准样品 pH 测定结果（量纲一）	
	pH（实验室）	pH（现场）
1	4.12（25℃）	4.12（25℃）
2	4.12（25℃）	4.11（25℃）
3	4.13（25℃）	4.10（25℃）
标准样品浓度	4.12±0.05（25℃）	

经验证，对 pH 有证标准样品在实验室和现场分别进行 3 次重复性测定，测定结果均在其保证值范围内，符合标准方法要求，相关验证材料见附件 6。

4 实际样品测定

按照标准方法要求，选择地表水样品进行测定，相关原始记录和监测报告见附件 7。

4.1 样品采集和保存

按照标准方法要求，采集地表水样品进行实样测定。样品采集后现场完成测定，同时将样品充满聚乙烯采样瓶立即密封，于 2 h 内流转至实验室并完成测定，样品采集和保存情况见表 7。

表 7 样品采集和保存情况

序号	样品类型	采样依据	样品保存方式
1	地表水	《地表水环境质量监测技术规范》（HJ 91.2—2022）、《水质　pH 值的测定　电极法》（HJ 1147—2020）	样品充满样品瓶，2 h 内完成测定

经验证，本实验室 pH 水质样品采集和保存能力满足标准方法要求。

4.2 测试准备

采集的样品先用 pH 试纸粗测样品的 pH（范围为 6～9）；在温度补偿的条件下，用 pH 为 6.86 与 pH 为 9.18 的标准缓冲溶液对仪器进行两点校准。

4.3 样品测定结果

4.3.1 现场测试

现场测定时，首先用样品冲洗电极，再取适量样品进行测定，待读数稳定后记下 pH，测定后用蒸馏水冲洗电极。样品测定结果见表 8。

表 8 实际样品现场测定结果

序号	样品类型	测定结果
1	地表水	8.3（20℃）

4.3.2 实验室测试

测定样品时，首先用蒸馏水冲洗电极并用滤纸边缘吸去电极表面水分，然后将样品沿杯壁倒入烧杯中，立即将电极浸入样品中，缓慢水平搅拌，避免产生气泡。待读数稳定后记下 pH（1 min 内读数变化小于 0.05 个 pH 单位）。样品测定后用蒸馏水冲洗电极。样品测定结果见表 9。

表 9 实际样品实验室测定结果

序号	样品类型	测定结果
1	地表水	8.4（25℃）

4.4 质量控制

本方法验证中，按照标准方法要求采用标准样品测定和平行样测定等质量控制措施。

4.4.1 标准样品测定

选择与样品 pH 接近的有证标准样品［编号 202187，pH 为 7.34±0.06（25℃）］进行现场和实验室测定，监测结果分别为 7.37（25℃）、7.30（25℃），均在保证值范围内。

4.4.2 平行样品测定

对采集的地表水实际样品进行平行样品测定，现场平行测定结果分别为 8.32（20℃）、8.34（20℃），实验室平行测定结果分别为 8.37（25℃）、8.36（25℃），均符合标准方法允许差为±0.1 个 pH 单位的要求。

5 验证结论

综上所述，本实验室人员通过培训和能力确认后，依据 HJ 1147—2020 开展方法验证，并进行了实际样品测试，所用仪器设备、标准物质、关键试剂耗材、采取的质量保证和质量控制措施，以及经实验验证得出的方法精密度和正确度等，均满足标准方法要求，验证合格。

附件 1 验证人员培训、能力确认情况的证明材料（略）

附件 2 仪器设备的溯源证书及结果确认等证明材料（略）

附件 3 有证标准物质证书及关键试剂耗材验收材料（略）

附件 4 环境条件监控原始记录（略）

附件 5 精密度验证原始记录（略）

附件 6 正确度验证原始记录（略）

附件 7 实际样品监测报告及相关原始记录（略）

《水质 高锰酸盐指数的测定》
（GB 11892—89）
方法验证实例

1 方法名称及适用范围

1.1 方法名称及编号

《水质 高锰酸盐指数的测定》（GB 11892—89）。

1.2 适用范围

饮用水、水源水、地表水，测定范围为 0.5～4.5 mg/L。对污染较严重的水，可少取水样，经适当稀释后测定。

2 实验室基础条件确认

2.1 人员

参加方法验证的人员均通过了培训和能力确认（表 1），验证人员相关培训、能力确认情况等证明材料见附件 1。

表 1 验证人员情况信息

序号	姓名	年龄	职称	专业	参加本标准方法相关要求培训情况（是/否）	能力确认情况（是/否）	相关监测工作年限/年	验证工作内容
1	××	36	工程师	无机化学	是	是	7	采样及现场监测
2	××	30	工程师	环境工程	是	是	6	采样及现场监测
3	××	40	工程师	分析化学	是	是	14	分析测试

序号	姓名	年龄	职称	专业	参加本标准方法相关要求培训情况（是/否）	能力确认情况（是/否）	相关监测工作年限/年	验证工作内容
4	××	39	高工	物理化学	是	是	13	分析测试
5	××	31	工程师	环境监测	是	是	9	分析测试

2.2 仪器设备

本方法验证中，使用了采样及现场监测仪器、前处理仪器和分析测试仪器等。主要仪器设备情况见表2，相关仪器设备的检定/校准证书及结果确认等证明材料见附件2。

表2 主要仪器设备情况

序号	过程	仪器名称	仪器规格型号	仪器编号	溯源/核查情况	溯源/核查结果确认情况	其他特殊要求
1	采样及现场监测	冷藏箱	60 L	—	—	—	—
		温度计	0~50℃	××	校准	合格	—
2	前处理	恒温水浴锅	6孔	××	核查	合格	—
		温度计	0~200℃	××	校准	合格	—
3	分析测试	25 mL 具塞滴定管	25 mL	××	检定	合格	—

2.3 标准物质及主要试剂耗材

本方法验证中，使用的标准物质、主要试剂耗材情况见表3，有证标准物质证书、主要试剂耗材验收记录等证明材料见附件3。

表3 标准物质、主要试剂耗材情况

过程	名称	生产厂家	技术指标（规格/浓度/纯度/不确定度）	证书/批号	标准物质基体类型	标准物质是否在有效期内	关键试剂耗材验收情况
分析测试	硫酸	××	优级纯	—	—	—	合格
	草酸钠储备液	××	≈0.100 0 mol/L	××	水质	是	合格
	高锰酸钾	××	≈0.100 0 mol/L	××	—	—	合格
	高锰酸盐指数标准样品	水利部水环境水质监测中心	(2.17±0.16) mg/L	200401	水质	是	合格
	高锰酸盐指数标准样品	生态环境部标样所	(1.87±0.20) mg/L	203169	水质	是	合格

2.4 相关体系文件

本方法配套使用的监测原始记录为《高锰酸盐指数分析原始记录》（标识：AHJ-BG-04-236）、《地表水监测采样记录表》（标识：AHJ-BG-04-028，第二次修订）。监测报告格式为××-××-×××。

3 方法性能指标验证

3.1 方法检出限及测定下限

按照《环境监测分析方法标准制订技术导则》（HJ 168—2020）附录 A.1 的规定，进行方法检出限和测定下限验证。

按照标准方法要求，对空白样品进行 7 次重复性测定，将测定结果换算为样品的浓度，按式（1）计算方法检出限。以 4 倍的检出限作为测定下限，即 RQL=4×MDL。本方法检出限及测定下限计算结果见表 4。

$$MDL=t_{(6,0.99)} \times S \tag{1}$$

式中：MDL——方法检出限；

$t_{(6,0.99)}$——自由度为 6，置信度为 99%时的 t 分布（单侧）；

S——7 次重复性测定的标准偏差。

表 4 方法检出限及测定下限

平行样品号	高锰酸盐指数测定结果/（mg/L）
1	0.30
2	0.35
3	0.38
4	0.38
5	0.33
6	0.35
7	0.37
平均值 $\bar{x}$	0.35
标准偏差 S	0.029
方法检出限	0.1
测定下限	0.4
标准规定检出限	—
标准规定测定下限	0.5

经验证,本实验室方法检出限和测定下限符合标准方法要求,相关验证材料见附件4。

3.2　精密度

按照标准方法的要求,采用地表水实际样品进行 6 次重复性测定,计算相对标准偏差,测定结果见表 5。

表 5　精密度测定结果

平行样品号		高锰酸盐指数样品测定结果
测定结果/ （mg/L）	1	3.1
	2	3.1
	3	3.2
	4	3.0
	5	3.1
	6	3.0
平均值 $\bar{x}$ /（mg/L）		3.1
标准偏差 S/（mg/L）		0.07
相对标准偏差/%		2.4
多家实验室内相对标准偏差/%		4.2

经验证,对浓度为 3.1 mg/L 的地表水实际样品进行 6 次重复性测定,相对标准偏差为 2.4%,符合标准方法要求,相关验证材料见附件 5。

3.3　正确度

按照标准方法要求,采用有证标准样品进行 3 次重复性测定,验证方法正确度。
编号为 203169 标准样品的正确度测定结果见表 6。

表 6　有证标准样品的正确度测定结果

平行样品号	有证标准样品测定值/（mg/L）
	高锰酸盐指数
1	1.8
2	1.8
3	1.8
有证标准样品含量	1.87±0.20

经验证,对水质类型的有证标准样品（编号:203169）进行 3 次重复性测定,测定

结果均在其保证值范围内，符合标准方法要求，相关验证材料见附件 6。

4 实际样品测定

按照标准方法要求，选择地表水实际样品进行测定，相关原始记录和监测报告见附件 7。

4.1 样品采集和保存

按照《地表水环境质量监测技术规范》（HJ 91.2—2022）和标准方法要求，采集和保存地表水实际样品，样品采集和保存情况见表 7。

表 7   样品采集和保存情况

序号	样品类型及性状	采样依据	样品保存方式
1	地表水	《地表水环境质量监测技术规范》 （HJ 91.2—2022） 《水质 高锰酸盐指数的测定》 （GB 11892—89）	加硫酸至 pH 为 1～2， 温度为 0～5℃

经验证，本实验室样品采集和保存能力满足 HJ 91.2—2022 和标准方法要求。

4.2 样品测定结果

实际样品/现场测定结果见表 8。

表 8   实际样品/现场测定结果

监测项目	样品类型	测定结果/（mg/L）
高锰酸盐指数	地表水	3.4

4.3 质量控制

按照标准方法要求，采用的质量控制措施包括空白试验、标准样品测定、平行样测定等。

4.3.1 空白试验

空白试验测定结果见表 9。

经验证，空白试验测定结果符合标准方法要求。

表 9　空白试验测定结果　　　　　　　　　　　　　　　　　　　单位：mg/L

空白类型	监测项目	测定结果	标准规定的要求
实验室空白	高锰酸盐指数	0.5 L	—
全程序空白	高锰酸盐指数	0.5 L	—

4.3.2　标准样品测定

对浓度为（2.17±0.16）mg/L（200401）的高锰酸盐指数标准样品进行测定，测定结果为 2.10 mg/L，在保证值范围内，符合标准方法要求。

4.3.3　平行样测定

对浓度为 3.4 mg/L 的实际样品进行平行测定，相对偏差为 1.5%，符合方法中规定的平行样相对偏差应≤4.2%的要求。

5　验证结论

综上所述，本实验室人员通过培训和能力确认后，依据 GB 11892—89 开展方法验证，并进行了实际样品测试。所用仪器设备、标准物质、关键试剂耗材、采取的质量保证和质量控制措施，以及经实验验证得出的方法检出限、测定下限、精密度和正确度等，均满足标准方法要求，验证合格。

附件 1　验证人员培训、能力确认情况的证明材料（略）

附件 2　仪器设备的溯源证书及结果确认等证明材料（略）

附件 3　有证标准物质证书及关键试剂耗材验收材料（略）

附件 4　检出限和测定下限验证原始记录（略）

附件 5　精密度验证原始记录（略）

附件 6　正确度验证原始记录（略）

附件 7　实际样品监测报告及相关原始记录（略）

《水质 石油类的测定 紫外分光光度法（试行）》（HJ 970—2018）方法验证实例

1 方法名称及适用范围

1.1 方法名称及编号

《水质 石油类的测定 紫外分光光度法（试行）》（HJ 970—2018）。

1.2 适用范围

本方法适用于地表水、地下水和海水中石油类的测定。

2 基础条件确认

2.1 人员

参加方法验证的人员均通过了单位组织的培训和能力确认（表1），验证人员相关培训、能力确认等证明材料见附件1。

表 1 验证人员情况信息

序号	姓名	年龄	职称	专业	参加本标准方法相关要求培训情况（是/否）	能力确认情况（是/否）	相关监测工作年限/年	验证工作内容
1	×××	30	工程师	环境工程	是	是	6	采样
2	×××	31	工程师	化学工程	是	是	7	
3	×××	37	高级工程师	环境监测	是	是	13	前处理及分析测试
4	×××	35	工程师	化学分析	是	是	12	

2.2 仪器设备

本方法验证中，使用了采样仪器、前处理仪器及分析测试仪器。主要仪器设备情况见表2，相关仪器设备的检定证书及结果确认等证明材料见附件2。

表2 主要仪器设备情况

序号	过程	仪器名称	仪器规格/型号	仪器编号	溯源/核查情况	溯源/核查结果确认情况	其他特殊要求
1	采样	柱状采样器	1 000 mL	××	—	—	—
2		棕色玻璃采样瓶	500 mL	—	—	—	—
3	前处理	分液漏斗	1 000 mL	—	—	—	聚四氟乙烯旋塞
4		自动萃取装置	××	××	核查	合格	—
5		振荡器	××	××	核查	合格	转速可达300 r/min
6		锥形瓶	50 mL	—	—	—	具塞磨口
7		离心机	××	××	核查	合格	转速3 000 r/min
8	分析测试	双光束紫外可见分光光度计	××	××	检定	合格	波长200～400 nm，配有2 cm石英比色皿

2.3 标准物质及关键试剂耗材

本方法验证中，使用的标准物质、主要试剂耗材情况见表3，有证标准物质证书、主要试剂耗材验收记录等证明材料见附件3。

表3 标准物质、主要试剂耗材情况

序号	过程	名称	生产厂家	技术指标（规格/浓度/纯度/不确定度）	证书/批号	标准物质基体类型	标准物质是否在有效期内	主要试剂耗材验收情况
1	采样及现场监测	盐酸	××	优级纯	××	—	—	合格
2	前处理	无水硫酸钠	××	优级纯	××	—	—	合格
		硅酸镁	××	分析纯，60～100目	××	—	—	合格

序号	过程	名称	生产厂家	技术指标（规格/浓度/纯度/不确定度）	证书/批号	标准物质基体类型	标准物质是否在有效期内	主要试剂耗材验收情况
2	前处理	正己烷	××	农残级。在波长 225 nm 处，以水作参比，使用 1 cm 石英比色皿，透光率＞90%；使用 2 cm 石英比色皿，透光率＞80%	××	—	—	合格
		玻璃棉	××	正己烷浸泡 15 min 以上	—	—	—	合格
		硅酸镁吸附柱	××	玻璃层析柱内径 10 cm、长 200 mm，出口塞少量玻璃棉，填充高度为 80 mm	—	—	—	合格
3	分析测试	石油类标准物质	××	1 000 μg/mL，扩展不确定度为 7%	BW011002Z81113	有机溶剂（正己烷）	是	合格
				18.8 μg/mL，扩展不确定度为 8%	BW02100Z5904	有机溶剂（正己烷）	是	合格

2.4 安全防护设备设施

测定水中石油类使用的正己烷有一定毒性，本单位测定石油类的实验室具有通风橱。本次方法验证中，实验人员进行样品前处理及分析测试操作均在通风橱中进行，并佩戴了防护面具，满足标准方法要求。

2.5 相关体系文件

本方法配套使用的监测原始记录为《分光光度法测定原始记录表》（标识：HBHJ-JL04-114-2016）；监测报告格式为 HBHJ-JL04-037-2016。

3 方法性能指标验证

3.1 测试条件

3.1.1 仪器分析条件

本方法验证过程中，使用双光束紫外可见分光光度计进行标准曲线绘制和样品分析，在波长为 225 nm 处，使用 2 cm 石英比色皿，以正己烷作参比，测定吸光度。

3.1.2 仪器自检

开机后，按照仪器说明书进行仪器预热 30 min，按标准方法要求调节波长，进行仪器自检，设备状态正常。然后用参比溶液进行校零，仪器进入测量状态。仪器自检过程正常，结果符合标准要求。

3.2 标准曲线

按照 HJ 970—2018 的要求绘制标准曲线。将 100 mg/L 石油类标准使用液配制成浓度分别为 0.00 mg/L、1.00 mg/L、2.00 mg/L、4.00 mg/L、8.00 mg/L、16.0 mg/L 的标准系列。在波长 225 nm 处，使用 2 cm 石英比色皿，以正己烷为参比测量吸光度，以石油类浓度（mg/L）为横坐标，以相应的吸光度值为纵坐标，建立标准曲线。标准曲线绘制情况见表 4。

表 4　标准曲线绘制情况

校准点	1	2	3	4	5	6
浓度/（mg/L）	0.00	1.00	2.00	4.00	8.00	16.0
吸光度	0.000	0.054	0.099	0.191	0.374	0.739
校准曲线方程	$y=0.045\ 7x+0.008\ 1$					
相关系数（r）	0.999 9					
标准规定要求	≥0.999					
是否符合标准要求	是					

经验证，本实验室校准曲线结果符合标准方法要求，相关验证材料见附件 4。

3.3 方法检出限及测定下限

按照《环境监测分析方法标准制订技术导则》（HJ 168—2020）附录 A.1 的规定，进行方法检出限和测定下限验证。

取浓度为 1 000 mg/L 的石油类标准溶液（编号为×××）20 μL 加入 500 mL 纯水中（纯水石油类未检出），7 次采集得到 7 个空白加标溶液，按照样品分析的全部步骤（包括样品制备的萃取、脱水、吸附过程），重复 7 次空白试验，计算 7 次平行测定结果的标准偏差，按式（1）计算方法检出限。其中，当 n 为 7 次，置信度为 99% 时，$t_{(n-1,0.99)}=3.143$。以 4 倍的样品检出限作为测定下限，即 RQL=4×MDL。本方法检出限及测定下限计算结果见表 5。

$$MDL=t_{(n-1,0.99)}\times S \tag{1}$$

式中：MDL——方法检出限；

n——样品的平行测定次数；

t——自由度为 $n-1$，置信度为 99% 时的 t 分布（单侧）；

S——n 次平行测定的标准偏差。

表5　方法检出限及测定下限

平行样品号	石油类测定值/（mg/L）
1	0.042
2	0.034
3	0.037
4	0.041
5	0.039
6	0.042
7	0.037
平均值 $\bar{x}$	0.039
标准偏差 S	0.003
方法检出限	0.01
测定下限	0.04
标准中检出限要求	0.01
标准中测定下限要求	0.04

经验证，本实验室方法检出限和测定下限符合 HJ 970—2018 的要求，相关验证材料见附件5。

3.4　精密度

按照 HJ 970—2018 的要求，采用地下水实际样品加标方式进行方法精密度验证。分别采集 6 份 500 mL 地下水样品，测得石油类为未检出；6 份水样中各加入 1 000 mg/L 的石油类标准溶液 25 μL，得到 6 份实际样品的加标样品。分别加入盐酸酸化至 pH≤2，按照方法要求的样品制备和分析测试全部流程，加标样品经萃取、脱水、吸附前处理后，进行分析测定，计算相对标准偏差，测定结果见表6。

表6　精密度测定结果

平行样品号		样品浓度
测定结果/（mg/L）	1	0.06
	2	0.05
	3	0.06
	4	0.06
测定结果/（mg/L）	5	0.05
	6	0.06
平均值 $\bar{x}$/（mg/L）		0.06

平行样品号	样品浓度
标准偏差 S/（mg/L）	0.005
相对标准偏差/%	9.1
标准中实验室内相对标准偏差/%	8.2～16

经验证，对地下水实际样品加标进行 6 次平行测定，其相对标准偏差为 9.1%，符合标准方法要求（参考多家实验室内相对标准偏差范围），相关验证材料见附件 6。

3.5　正确度

按照标准方法要求，采用有证标准样品重复测定 3 次进行方法正确度验证。石油类有证标准样品的正确度测定结果见表 7。

表 7　有证标准样品的正确度测定结果

平行样品号	石油类标准样品测定浓度/（μg/mL）
1	18.8
2	19.2
3	18.9
标准样品浓度	18.8±1.5

经验证，对石油类有证标准样品（编号：BW02100Z5904）进行了 3 次平行测定，测定结果均在给定浓度范围内，符合标准规定的要求，相关验证材料见附件 7。

4　实际样品测定

按照标准方法的适用范围，选择地表水和海水实际样品进行测定，监测报告及相关原始记录见附件 9。

4.1　样品采集和保存

按照 HJ 970—2018 的要求，采集地表水和海水的实际样品。样品采集后加盐酸酸化至 pH≤2；不能在 24 h 内测定时，应在 0～4℃冷藏保存，3 天内测定。样品采集和保存情况见表 8。

表 8　样品采集和保存情况

序号	样品类型及性状	采样依据	样品保存方式
1	地表水/无色液体	《水质　石油类的测定　紫外分光光度法（试行）》（HJ 970—2018）、《水质　样品的保存和管理技术规定》（HJ 493—2009）	加盐酸至水样的 pH≤2；在 4℃冰箱内冷藏保存，采样后第 2 天测定
2	海水/无色液体	《水质　石油类的测定　紫外分光光度法（试行）》（HJ 970—2018）、《海洋监测规范　第 3 部分：样品采集、贮存与运输》（GB 17378.3—2007）	

经验证，本实验室石油类样品采集和保存能力满足 HJ 970—2018 的要求，样品采集、保存和流转相关证明材料见附件 8。

4.2　样品前处理

本方法验证过程中，地表水、海水样品前处理步骤按照 HJ 970—2018 的要求进行，具体操作如下。

（1）萃取：采用手动萃取方式，将水样全部转移至 1 000 mL 分液漏斗中，量取 25.0 mL 正己烷洗涤采样瓶后，全部转移至分液漏斗中。充分振荡分液漏斗 2 min，其间要开启旋塞排气，静置分层后，将水相全部转移至 1 000 mL 量筒中，测量样品体积。

（2）脱水：将上层萃取液转移至已加入 3 g 无水硫酸钠的锥形瓶中，盖紧旋塞，振荡数次，静置。无水硫酸钠全部结块，补加无水硫酸钠至不再结块。

（3）吸附：继续向萃取液中加入 3 g 硅酸镁，置于振荡器上，以 200 r/min 的速度振荡 20 min，静置沉淀。在玻璃漏斗底部垫上玻璃棉过滤，滤液待测。

4.3　样品测定结果

按照标准方法要求，对经上述步骤制备的地表水和海水实际样品分别进行测定。在波长 225 nm 处，使用 2 cm 比色皿，以正己烷作参比，测定吸光度。实际样品测定结果见表 9，实际样品监测报告及相关原始记录见附件 9。

表 9　实际样品测定结果

监测项目	样品类型	测定结果/（mg/L）
石油类	地表水	0.15
	海水	0.09

4.4 质量控制

本方法验证过程中，实验室空白试验、校准曲线建立、准确度测定等质控措施，均满足标准方法要求。相关原始记录见附件 9。

4.4.1 空白试验

本方法验证过程中，按照标准要求进行了实验室空白样品测定，其测量条件与样品测定相同。

经验证，空白试验结果符合标准方法要求，空白试验测定结果见表 10。

表 10 空白试验测定结果

空白类型	监测项目	测定结果/（mg/L）	标准规定/（mg/L）
实验室空白 1	石油类	0.01	＜0.04
实验室空白 2	石油类	0.01	＜0.04

4.4.2 校准曲线

本次实际样品测定标准曲线相关系数为 0.999 9，满足标准要求的 ≥0.999，校准曲线绘制测定等相关原始记录见附件 9。

4.4.3 准确度

本次实际样品测定同时分析浓度为（18.8±1.5）µg/mL 的石油类有证标准物质（编号：BW02100Z5904），其测定结果在保证值范围内。

5 验证结论

综上所述，本实验室人员通过培训和能力确认后，依据 HJ 970—2018 开展方法验证，并进行了实际样品测定。所用仪器设备、标准物质、关键试剂耗材、采取的质量保证和质量控制措施，以及经实验验证得出的方法检出限、测定下限、精密度和正确度等，均满足标准方法相关要求，验证合格。

附件 1   验证人员培训、能力确认及持证情况的证明材料（略）

附件 2   仪器设备的溯源证书及结果确认等证明材料（略）

附件 3   有证标准物质证书及关键试剂耗材验收材料（略）

附件 4   校准曲线绘制原始记录（略）

附件 5   检出限和测定下限验证原始记录（略）

附件6　精密度验证原始记录（略）

附件7　正确度验证原始记录（略）

附件8　样品采集、保存、流转和前处理相关原始记录（略）

附件9　实际样品监测报告及相关原始记录（略）

———————————

《水质 氰化物的测定 流动注射-分光光度法》
（HJ 823—2017）
方法验证实例

1 方法名称及适用范围

1.1 方法名称及编号

《水质 氰化物的测定 流动注射-分光光度法》（HJ 823—2017）。本方法验证中采用异烟酸-巴比妥酸法。

1.2 适用范围

本方法适用于地表水、地下水、生活污水和工业废水中总氰化物和易释放氰化物的测定。

2 实验室基础条件确认

2.1 人员

参加方法验证的人员均通过了培训和能力确认（表 1），验证人员相关培训、能力确认情况等证明材料见附件 1。

表 1 验证人员情况信息

序号	姓名	年龄	职称	专业	参加本标准方法相关要求培训情况（是/否）	能力确认情况（是/否）	相关监测工作年限/年	验证工作内容
1	××	45	正高级工程师	环境工程	是	是	22	采样及现场监测
2	××	42	高级工程师	劳动卫生与环境卫生	是	是	17	采样及现场监测、分析测试
3	××	34	工程师	环境工程	是	是	12	

2.2 仪器设备

本方法验证中，使用了分析测试仪器。主要仪器设备情况见表2，相关仪器设备的检定/校准证书及结果确认等证明材料见附件2。

表2　主要仪器设备情况

序号	过程	仪器名称	仪器规格型号	仪器编号	溯源/核查情况	溯源/核查结果确认情况	其他特殊要求
1	分析测试	流动注射分析仪	××	××	校准	合格	光程1 cm，通光管道孔径约为1.5 mm，配有在线蒸馏模块
		超声波仪	××	××	—	—	—
		分析天平	××	××	检定	合格	精度为0.1 mg

2.3 标准物质及主要试剂耗材

本方法验证中，使用的标准物质、主要试剂耗材情况见表3，有证标准物质证书、主要试剂耗材验收记录等证明材料见附件3。

表3　标准物质、主要试剂耗材情况

序号	过程	名称	生产厂家	技术指标（规格/浓度/纯度/不确定度）	证书/批号	标准物质基体类型	标准物质是否在有效期内	关键试剂耗材验收情况
1	分析测试	氰化物标准溶液	××	1 000 mg/L	××	水质	是	合格
		总氰化物标准样品	××	（32.6±3.0）μg/L	××	水质	是	合格
		异烟酸	××	分析纯，≥99.5%	—	—	—	合格
		巴比妥酸	××	分析纯，≥99.5%	××	—	—	合格
		氯胺T	××	氯胺T三水，分析纯，≥24.0%（以活性氯计）	××	—	—	合格

2.4 相关体系文件

本方法配套使用的监测原始记录为《流动注射法原始记录表》（标识：SCHJ/RD-02-089-2019）；监测报告格式为SCHJ/RD-02-001（1）-2019。

3 方法性能指标验证

3.1 测试条件

本方法验证的仪器分析条件见表4。

表4 仪器分析条件

仪器参数	总氰化物	易释放氰化物
蒸馏酸度	pH<2	pH=4
蒸馏试剂	EDTA、磷酸	酒石酸，乙酸锌溶液、氢氧化钠
加热温度	145℃/50℃	125℃/50℃
进样时间	140 s	140 s
进样针清洗时间	10 s	10 s
清洗时间	50 s	50 s
泵速	35	35
到达阀时间	180 s	180 s
注射时间	100 s	100 s
样品周期时间	220 s	220 s
检测灯	钨灯（紫外灯）	钨灯
滤光片波长	600 nm	600 nm
出峰时间	30 s	30 s
积分方式	峰面积	峰面积
积分宽度	45 s	45 s

3.2 校准曲线

按照标准方法要求，分别绘制总氰化物和易释放氰化物工作曲线，工作曲线的绘制情况见表5和表6。

表5 工作曲线的绘制情况（总氰化物）

校准点	1	2	3	4	5	6	7
浓度/（μg/L）	0.00	2.00	5.00	10.0	20.0	50.0	100
响应值（峰面积）	0.419 4	5.023 5	12.530 2	24.654 5	45.381 9	112.813 0	223.710 6
工作曲线方程	$y=2.2279x+1.1314$						

校准点	1	2	3	4	5	6	7
相关系数（r）				0.999 9			
标准规定要求				≥0.995			
是否符合标准要求				是			

表6　工作曲线的绘制情况（易释放氰化物）

校准点	1	2	3	4	5	6	7
浓度/（μg/L）	0	2	5	10	20	50	100
响应值（峰面积）	0.584 2	5.355 7	11.786 6	24.061 1	45.536 1	111.636 6	224.910 2
工作曲线方程				$y=2.178\ 6x+0.689\ 4$			
相关系数（r）				0.999 9			
标准规定要求				≥0.995			
是否符合标准要求				是			

经验证，本实验室校准曲线结果符合标准方法要求，相关验证材料见附件 4。

3.3　方法检出限及测定下限

按照《环境监测分析方法标准制订技术导则》（HJ 168—2020）附录 A.1（b）的规定，采取空白加标的方式进行方法检出限和测定下限验证。

向 96.00 mL 的纯水中加入 4.00 mL 浓度为 100 μg/L 的氰化物标准溶液，得到浓度为 4.0 μg/L 的空白加标样品，再加入 0.1 g 氢氧化钠。取适当样品放入样品杯中，分别按照总氰化物和易释放氰化物进行测定，同样的测定进行 7 次。将测定结果换算为样品的浓度或含量。

按式（1）计算方法检出限。以 4 倍的检出限作为测定下限，即 RQL=4×MDL。当 n 为 7 次，置信度为 99%，$t_{(n-1,0.99)}$=3.143。以 4 倍的样品检出限作为测定下限，即 RQL=4×MDL。本方法检出限及测定下限计算结果见表 7。

$$MDL=t_{(6,0.99)} \times S \qquad (1)$$

式中：MDL——方法检出限；

$t_{(6,0.99)}$——自由度为 6，置信度为 99%时的 t 分布（单侧）；

S——7 次重复性测定的标准偏差。

表7   方法检出限及测定下限计算结果

平行样品号	测定值/（mg/L）	
	总氰化物	易释放氰化物
1	0.004 4	0.004 1
2	0.004 2	0.004 0
3	0.004 2	0.003 7
4	0.003 9	0.004 3
5	0.003 9	0.004 1
6	0.004 1	0.004 2
7	0.004 4	0.004 1
平均值	0.004 2	0.004 1
标准偏差 S	0.000 21	0.000 19
方法检出限	0.001	0.001
测定下限	0.004	0.004
标准规定检出限	0.001	
标准规定测定下限	0.004	

经验证，本实验室方法检出限和测定下限符合标准方法要求，相关验证材料见附件5。

3.4   精密度

按照标准方法要求，总氰化物采用电镀废水样品进行6次重复性测定；易释放氰化物采用地下水实际样品加标方式进行6次重复性测定，计算相对标准偏差，测定结果见表8。

表8   精密度测定结果

平行样品号		样品浓度	
		总氰化物	易释放氰化物
测定结果/（mg/L）	1	0.028	0.005
	2	0.029	0.005
	3	0.028	0.005
	4	0.028	0.005
	5	0.028	0.005
	6	0.028	0.005
平均值 $\bar{x}$ /（mg/L）		0.028	0.005
标准偏差 S/（mg/L）		0.000 4	0
相对标准偏差/%		1.5	0
多家实验室内相对标准偏差/%		3.9	

地下水实际样品加标过程为：向 95.00 mL 的地下水样品中，加入 0.1 mg/L 氰化物标液 5.0 mL，得到加标样品的浓度为 0.005 mg/L。

经验证，对浓度为 0.028 mg/L 的电镀废水样品中总氰化物和浓度为 0.005 mg/L 的地下水样品加标样品中易释放氰化物分别进行 6 次重复性测定，相对标准偏差分别为 1.5% 和 0，符合标准方法要求，相关验证材料见附件 6。

3.5 正确度

按照标准方法要求，总氰化物采用有证标准样品进行 3 次重复性测定；易释放氰化物采用地下水实际样品进行 3 次加标回收率测定，验证方法正确度。

3.5.1 有证标准样品验证

氰化物有证标准样品的正确度测定结果见表 9。

表 9　有证标准样品测定结果

平行样品号	有证标准样品测定值/（μg/L）
	总氰化物
1	30.8
2	31.4
3	29.9
有证标准样品含量/（μg/L）	32.6±3.0

经验证，对水质总氰化物有证标准样品（编号：202272）进行 3 次重复性测定，测定结果均在其保证值范围内，符合标准方法要求，相关验证材料见附件 7。

3.5.2 加标回收率验证

取 95.00 mL 的地下水实际样品 4 份，均加入 0.1 g 氢氧化钠固体调节水样 pH 至 12～12.5，其中 1 份直接测定，另外 3 份分别加入 5.00 mL 浓度为 0.1 mg/L 氰化物标准溶液，按照易释放氰化物的测定步骤同时进行测定，测定结果见表 10。

表 10　实际样品加标回收率测定结果

监测项目	平行样品号	实际样品测定结果/（mg/L）	加标量 μ/（mg/L）	加标后测定值/（mg/L）	加标回收率 P/%	标准规定的加标回收率 P/%
易释放氰化物	1	0.001 L	0.005	0.005	100	70～120
	2		0.005	0.005	100	
	3		0.005	0.005	100	

经验证，对地下水实际样品进行 3 次易释放氰化物的加标回收率测定，加标回收率均为 100%，符合标准方法要求，相关验证材料见附件 7。

4 实际样品测定

按照标准方法要求，选择电镀废水和地下水加标样品进行测定，监测报告及相关原始记录见附件 8。

4.1 样品采集和保存

按照 HJ 823—2017、《污水监测技术规范》（HJ 91.1—2019）采集废水样品；按照 HJ 823—2017、《地下水环境监测技术规范》（HJ/T 164—2020）采集地表水样品。

样品采集和保存情况见表 11。

表 11 样品采集和保存情况

序号	样品类型及性状	采样依据	样品保存方式
1	地下水	《地下水环境监测技术规范》（HJ/T 164—2020）、《水质 氰化物的测定 流动注射-分光光度法》（HJ 823—2017）	加入氢氧化钠固体，调节 pH 至 12.0；4℃冷藏
2	电镀废水	《污水监测技术规范》（HJ 91.1—2019）、《水质 氰化物的测定 流动注射-分光光度法》（HJ 823—2017）	加入氢氧化钠固体，调节 pH 至 12.0；4℃冷藏

经验证，本实验室样品采集和保存能力满足标准方法要求。

4.2 样品前处理

本次方法验证过程中，其样品前处理步骤根据标准方法和实验室实际情况进行。测定总氰化物和易释放氰化物，均使用在线蒸馏模块进行分析，总氰化物蒸馏酸度控制在 pH<2，易释放氰化物蒸馏酸度控制在 pH=4。

4.3 样品测定结果

实际样品测定结果见表 12。

表 12　实际样品测定结果

监测项目	样品类型	测定结果/（mg/L）
总氰化物	电镀废水	0.028
易释放氰化物	地下水	0.005
	电镀废水	0.028

4.4　质量控制

按照标准方法要求，采用的质量控制措施包括空白试验、标准样品测定、加标回收率测定、平行样测定和连续校准等。

4.4.1　空白试验

空白试验测定结果见表 13。

经验证，空白试验测定结果符合标准方法要求。

表 13　空白试验测定结果

空白类型	监测项目	测定结果/（mg/L）	标准规定的要求/（mg/L）
实验室空白 1	总氰化物	0.001	＜0.001
实验室空白 2		0.001	＜0.001
全程序空白		0.001	＜0.004
实验室空白 1	易释放氰化物	0.001	＜0.001
实验室空白 2		0.001	＜0.001
全程序空白		0.001	＜0.004

4.4.2　标准样品测定

对浓度为（32.6±3.0）μg/L 的总氰化物标准样品（编号：202272）进行测定，测定结果在保证值范围内，符合标准方法要求。

4.4.3　加标回收率测定

总氰化物：对浓度为 0.028 mg/L 的电镀废水样品进行加标回收率测定，得到加标回收率为 109%，符合方法中规定的 70%～120%的要求。

易释放氰化物：对浓度为 0.005 mg/L 的地下水实际加标样品进行加标回收率测定，得到回收率为 100%，符合方法中规定的 70%～120%的要求。

4.4.4　平行样测定

总氰化物：对浓度为 0.028 mg/L 的电镀废水样品进行平行测定，相对偏差为 1.7%，符合方法规定的平行样相对偏差应≤20%的要求。

易释放氰化物：对地下水加标实际样品进行了平行测定，相对偏差为0。符合方法规定的平行样相对偏差应≤20%的要求。

4.4.5 连续校准（校准有效性检查）

每分析 10 个样品，分析 1 次校准曲线的中间浓度点，总氰化物相对误差为 0.5%，易释放氰化物相对误差为 2.5%，符合方法中规定的连续校准（校准有效性）相对误差在±10%以内。

5 验证结论

综上所述，本实验室人员通过培训和能力确认后，依据 HJ 823—2017 开展方法验证，并进行了实际样品测试。所用仪器设备、标准物质、关键试剂耗材、采取的质量保证和质量控制措施，以及经实验验证得出的方法检出限、测定下限、精密度和正确度等，均满足标准方法要求，验证合格。

附件 1   验证人员培训、能力确认情况的证明材料（略）

附件 2   仪器设备的溯源证书及结果确认等证明材料（略）

附件 3   有证标准物质证书及关键试剂耗材验收材料（略）

附件 4   校准曲线绘制原始记录（略）

附件 5   检出限和测定下限验证原始记录（略）

附件 6   精密度验证原始记录（略）

附件 7   正确度验证原始记录（略）

附件 8   实际样品监测报告及相关原始记录（略）

《水质　氯酸盐、亚氯酸盐、溴酸盐、二氯乙酸和 三氯乙酸的测定　离子色谱法》 （HJ 1050—2019） 方法验证实例

1　方法名称及适用范围

1.1　方法名称及编号

《水质　氯酸盐、亚氯酸盐、溴酸盐、二氯乙酸和三氯乙酸的测定　离子色谱法》 （HJ 1050—2019）。

1.2　适用范围

本方法适用于地表水、地下水、生活污水和工业废水中氯酸盐、亚氯酸盐、溴酸盐、 二氯乙酸和三氯乙酸的测定。

2　实验室基础条件确认

2.1　人员

参加方法验证的人员均通过了培训和能力确认（表 1），验证人员相关培训、能力确 认情况等证明材料见附件 1。

表 1　验证人员情况信息

序号	姓名	年龄	职称	专业	参加本标准方法相关要求培训情况（是/否）	能力确认情况（是/否）	相关监测工作年限/年	验证工作内容
1	××	36	高级工程师	环境工程	是	是	12	采样及现场监测

序号	姓名	年龄	职称	专业	参加本标准方法相关要求培训情况（是/否）	能力确认情况（是/否）	相关监测工作年限/年	验证工作内容
2	××	28	工程师	应用化学	是	是	6	采样及现场监测
3	××	31	工程师	化学	是	是	9	前处理
4	××	31	工程师	化学	是	是	9	分析测试

2.2 仪器设备

本方法验证中，使用了前处理仪器和分析测试仪器等。主要仪器设备情况见表2，相关仪器设备的检定/校准证书及结果确认等证明材料见附件2。

表2 主要仪器设备情况

序号	过程	仪器名称	仪器规格型号	仪器编号	溯源/核查情况	溯源/核查结果确认情况	其他特殊要求
1	前处理	阴离子净化柱	Ag 型和 Ba 型，1 g	××	—	—	—
		有机物净化柱	C_{18}，1 g	××	—	—	—
2	分析测试	离子色谱仪（配有四元梯度泵）	××	××	检定	合格	电导检测器
		淋洗液在线发生装置	××	××	—	—	—
		AS19 分离柱	（4×250）mm	××	—	—	—
		AG19 保护柱	（4×250）mm	××	—	—	—

2.3 标准物质及主要试剂耗材

本方法验证中，使用的标准物质、主要试剂耗材情况见表3，有证标准物质证书、主要试剂耗材验收记录等证明材料见附件3。

表3 标准物质、主要试剂耗材情况

序号	过程	名称	生产厂家	技术指标（规格/浓度/纯度/不确定度）	证书/批号	标准物质基体类型	标准物质是否在有效期内	关试剂耗材验收情况
1	采样及现场监测	硫脲	××	优级纯	××	—	—	合格
		氢氧化钠	××	优级纯	××	—	—	合格

序号	过程	名称	生产厂家	技术指标（规格/浓度/纯度/不确定度）	证书/批号	标准物质基体类型	标准物质是否在有效期内	关试剂耗材验收情况
2	分析测试	乙腈	××	4 L/瓶，色谱纯	××	—	—	合格
		二氯乙酸	××	1 g，99.0%	××	—	是	合格
		三氯乙酸	××	0.25 g，99.5%	××	—	是	合格
		亚氯酸盐	××	100 mL，1 000 μg/mL	××	水质	是	合格
		氯酸盐	××	100 mL，1 000 μg/mL	××	水质	是	合格
		溴酸盐	××	100 mL，1 000 μg/mL	××	水质	是	合格

2.4 相关体系文件

本方法配套使用的监测原始记录为《水质离子色谱法分析记录》（标识：LNEMC-TR-ZF-032）；监测报告格式为SOP-T-02-02。

3 方法性能指标验证

3.1 测试条件

本方法验证的仪器分析条件设置为：AS19 阴离子分离柱（4 mm×250 mm），流速1.0 mL/min，电导池温度35℃，柱温30℃，进样体积：200 μL。

氢氧根淋洗体系梯度淋洗条件：0～20 min 时 c（OH$^-$）为 5 mmol/L，20～30 min 时 c（OH$^-$）由 5 mmol/L 升至 35 mmol/L，30～35 min 时 c（OH$^-$）为 5 mmol/L。

3.2 校准曲线

按照标准方法要求绘制校准曲线，校准曲线的绘制情况见表 4，标准溶液的谱图见图 1。

表 4　校准曲线绘制情况

项目	校准曲线方程	相关系数（r）	标准规定要求	是否符合标准要求
ClO$_3^-$	$y=0.881x-0.021$	0.999 7	≥0.999	是
ClO$_2^-$	$y=0.901x-0.002$	0.999 7	≥0.999	是
BrO$_3^-$	$y=0.538x-0.001$	0.999 8	≥0.999	是

项目	校准曲线方程	相关系数（r）	标准规定要求	是否符合标准要求
DCAA	$y=0.435x-0.001$	0.999 9	≥0.999	是
TCAA	$y=0.413x-0.022$	0.999 6	≥0.999	是

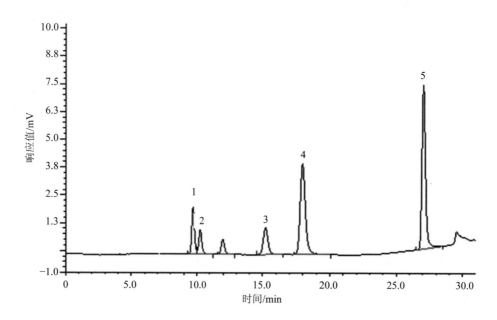

1—ClO$_2^-$；2—BrO$_3^-$；3—DCAA；4—ClO$_3^-$；5—TCAA

图 1　标准溶液的谱图

经验证，本实验室建立的校准曲线符合标准方法要求，相关验证材料见附件 4。

3.3　方法检出限及测定下限

按照《环境监测分析方法标准制订技术导则》（HJ 168—2020）附录 A.1 的规定，进行方法检出限和测定下限验证。

向 100 mL 的空白中，加入 1.00 mL 氯酸盐、亚氯酸盐、溴酸盐、二氯乙酸和三氯乙酸浓度分别为 2.00 mg/L、0.80 mg/L、0.50 mg/L、2.00 mg/L 和 5.00 mg/L 的混合标准使用液，得到空白加标样品的氯酸盐、亚氯酸盐、溴酸盐、二氯乙酸和三氯乙酸浓度分别为 0.020 mg/L、0.008 mg/L、0.005 mg/L、0.020 mg/L 和 0.05 mg/L。按照标准方法要求，对氯酸盐、亚氯酸盐、溴酸盐、二氯乙酸和三氯乙酸浓度分别为 0.020 mg/L、0.008 mg/L、0.005 mg/L、0.020 mg/L 和 0.05 mg/L 的空白加标样品进行至少 7 次重复性测定，按式（1）计算方法检出限。以 4 倍的检出限作为测定下限，即 RQL=4×MDL。本方法检出限及测定下限计算结果见表 5。

表 5　方法检出限及测定下限　　　　　　　　　　　单位：mg/L

| 项目名称 | 测定结果 | | | | | | | | 标准偏差 S | 方法检出限 | 测定下限 | 标准规定检出限 | 标准规定测定下限 |
	1	2	3	4	5	6	7	平均值 $\bar{x}$					
ClO_3^-	0.020 9	0.021 9	0.025 9	0.023 3	0.023 4	0.023 2	0.024 1	0.023 2	0.001 5	0.005	0.020	0.005	0.020
ClO_2^-	0.007 1	0.007 3	0.007 7	0.007 3	0.007 2	0.007 7	0.008 9	0.007 6	0.000 6	0.002	0.008	0.002	0.008
BrO_3^-	0.004 8	0.004 4	0.004 5	0.004 9	0.004 7	0.004 9	0.004 5	0.004 7	0.000 2	0.001	0.004	0.002	0.008
DCAA	0.017 6	0.018 9	0.018 2	0.017 0	0.019 9	0.016 2	0.018 0	0.018 0	0.001 1	0.004	0.016	0.005	0.020
TCAA	0.044	0.044	0.053	0.045	0.047	0.049	0.05	0.047	0.003 4	0.01	0.04	0.01	0.04

经验证，本实验室方法检出限和测定下限符合标准方法要求，相关验证材料见附件 5。

3.4　精密度

按照标准方法要求，采用污水处理厂出口水样加标样品进行 6 次重复性测定，计算相对标准偏差，测定结果见表 6。污水处理厂出口水样加标后氯酸盐、亚氯酸盐、溴酸盐、二氯乙酸和三氯乙酸浓度分别为 0.100 mg/L、0.020 mg/L、0.020 mg/L、0.030 mg/L 和 0.200 mg/L。

表 6　精密度测定结果

| 平行样品号 | | 样品浓度 | | | | |
		ClO_3^-	ClO_2^-	BrO_3^-	DCAA	TCAA
测定结果/（mg/L）	1	0.091	0.017	0.019	0.029	0.203
	2	0.090	0.017	0.018	0.028	0.198
	3	0.090	0.016	0.018	0.028	0.198
	4	0.091	0.017	0.019	0.028	0.197
	5	0.091	0.017	0.019	0.027	0.200
	6	0.091	0.016	0.018	0.026	0.199
平均值 $\bar{x}$/（mg/L）		0.091	0.017	0.018	0.028	0.199
标准偏差 S/（mg/L）		0.000 5	0.000 5	0.000 5	0.001 0	0.002 1
相对标准偏差/%		0.6	3.1	3.0	3.7	1.1
多家实验室内相对标准偏差/%		7.3	24	4.9	15	5.0

经验证，对氯酸盐、亚氯酸盐、溴酸盐、二氯乙酸和三氯乙酸浓度分别为 0.100 mg/L、0.020 mg/L、0.020 mg/L、0.030 mg/L 和 0.200 mg/L 的污水处理厂水样加标样品进行 6 次重复性测定，氯酸盐相对标准偏差为 0.6%，亚氯酸盐相对标准偏差为 3.1%，溴酸盐相对标准偏差为 3.0%，二氯乙酸相对标准偏差为 3.7%，三氯乙酸相对标准偏差为 1.1%，符合标准方法要求（参考 HJ 1050—2019 附录 C 表 C.2 中生活污水的实验室内相对标准偏差范围），相关验证材料见附件 6。

3.5 正确度

取 100 mL 生活污水实际样品 4 份，其中 1 份直接测定，另 3 份分别加入 1.00 mL 氯酸盐、亚氯酸盐、溴酸盐、二氯乙酸和三氯乙酸浓度分别为 8.00 mg/L、2.00 mg/L、2.00 mg/L、8.00 mg/L 和 20.0 mg/L 的混合标准使用液，得到氯酸盐、亚氯酸盐、溴酸盐、二氯乙酸和三氯乙酸加标浓度分别为 0.080 mg/L、0.020 mg/L、0.020 mg/L、0.080 mg/L 和 0.200 mg/L 的生活污水加标样品，按照样品的测定步骤同时进行测定，测定结果见表 7。

表 7 实际样品加标回收率测定结果

监测项目	平行样品号	实际样品测定结果/（mg/L）	加标量/（mg/L）	加标后测定值/（mg/L）	加标回收率 P/%	标准规定的加标回收率 P/%
ClO_3^-	1	0.005 L	0.080	0.084	105	65～130
	2		0.080	0.084	105	65～130
	3		0.080	0.085	106	65～130
ClO_2^-	1	0.002 L	0.020	0.021	105	65～130
	2		0.020	0.019	95.0	65～130
	3		0.020	0.018	90.0	65～130
BrO_3^-	1	0.002 L	0.020	0.021	105	65～130
	2		0.020	0.020	100	65～130
	3		0.020	0.021	105	65～130
DCAA	1	0.005 L	0.080	0.076	95.0	65～130
	2		0.080	0.078	97.5	65～130
	3		0.080	0.079	98.8	65～130
TCAA	1	0.01 L	0.20	0.209	105	65～130
	2		0.20	0.209	105	65～130
	3		0.20	0.203	102	65～130

经验证，对生活污水的实际样品进行 3 次加标回收率测定，氯酸盐、亚氯酸盐、溴酸盐、二氯乙酸和三氯乙酸加标回收率分别为 105%～106%、90.0%～105%、100%～105%、95.0%～98.8%和 102%～105%，符合标准方法要求，相关验证材料见附件 7。

4 实际样品测定

按照标准方法要求，选择生活污水加标的实际样品进行测定，监测报告及相关原始记录见附件 8。

4.1 样品采集和保存

按照标准方法要求，采集生活污水类型的实际样品，样品采集和保存情况见表 8。

表 8 样品采集和保存情况

序号	样品类型及性状	采样依据	样品保存方式
1	生活污水，聚乙烯瓶装，澄清	《污水监测技术规范》（HJ 91.1—2019）	调节 pH 至 7 左右，500 mL 样品中加入 1.0 g 硫脲，4℃以下冷藏、密封、避光保存

经验证，本实验室样品采集和保存能力满足标准方法要求。

4.2 样品前处理

按照标准方法要求对生活污水的实际样品进行前处理，具体操作为：使用 Ag 型和 Ba 型阴离子净化柱去除存在的氯离子和硫酸根的干扰，用注射器抽取 10 mL 实验用水，以 2～4 mL/min 慢速过柱，静置平放 30 min 后，取适量样品，以同样的速度过柱，弃去 3 倍柱体积初滤液后直接测定。

4.3 样品测定结果

加标的实际样测定结果见表 9。

表 9 实际样品测定结果

监测项目	样品类型	测定结果/（mg/L）
ClO_3^-	生活污水	0.089
ClO_2^-	生活污水	0.027
BrO_3^-	生活污水	0.021

监测项目	样品类型	测定结果/（mg/L）
DCAA	生活污水	0.045
TCAA	生活污水	0.219

4.4 质量控制

按照标准方法要求，采用的质量控制措施包括空白试验、加标回收率测定、平行样测定等。

4.4.1 空白试验

空白试验测定结果见表 10。经验证，空白试验测定结果符合标准方法要求。

表 10 空白试验测定结果

空白类型	监测项目	测定结果/（mg/L）	标准规定的要求/（mg/L）
实验室空白	ClO_3^-	0.005 L	＜0.005
实验室空白	ClO_2^-	0.002 L	＜0.002
实验室空白	BrO_3^-	0.002 L	＜0.002
实验室空白	DCAA	0.005 L	＜0.005
实验室空白	TCAA	0.01 L	＜0.01

4.4.2 加标回收率测定

对生活污水样品进行加标回收率测定，得到加标回收率为 90%～106%，符合方法中规定的 65%～130%的要求。

4.4.3 平行样测定

对氯酸盐、亚氯酸盐、溴酸盐、二氯乙酸和三氯乙酸浓度分别为 0.089 mg/L、0.027 mg/L、0.021 mg/L、0.045 mg/L 和 0.219 mg/L 的生活污水加标样品平行测定 2 次，相对偏差为 2.7%，符合方法中规定的平行样相对偏差应≤35%的要求。

4.4.4 连续校准

对氯酸盐、亚氯酸盐、溴酸盐、二氯乙酸和三氯乙酸浓度分别为 0.100 mg/L、0.040 mg/L、0.040 mg/L、0.100 mg/L 和 0.20 mg/L 标准溶液进行测定，氯酸盐、亚氯酸盐、溴酸盐、二氯乙酸和三氯乙酸相对误差分别为 1.5%、0、−1.3%、−0.5%和−2.0%，符合方法中规定的连续校准相对误差应在±15%以内。

5 验证结论

综上所述，本实验室人员通过培训和能力确认后，依据 HJ 1050—2019 开展方法验证，并进行了实际样品测试。所用仪器设备、标准物质、关键试剂耗材、采取的质量保证和质量控制措施，以及经实验验证得出的方法检出限、测定下限、精密度和正确度等，均满足标准方法要求，验证合格。

附件1　验证人员培训、能力确认情况的证明材料（略）

附件2　仪器设备的溯源证书及结果确认等证明材料（略）

附件3　有证标准物质证书及关键试剂耗材验收材料（略）

附件4　校准曲线绘制/仪器校准原始记录（略）

附件5　检出限和测定下限验证原始记录（略）

附件6　精密度验证原始记录（略）

附件7　正确度验证原始记录（略）

附件8　实际样品（或现场）监测报告及相关原始记录（略）

―――――――

《水质　吡啶的测定　顶空/气相色谱法》

（HJ 1072—2019）

方法验证实例

1　方法名称及适用范围

1.1　方法名称及编号

《水质　吡啶的测定　顶空/气相色谱法》（HJ 1072—2019）。

1.2　适用范围

本方法适用于地表水、地下水、生活污水和工业废水中吡啶的测定。

2　实验室基础条件确认

2.1　人员

参加方法验证的人员均通过了培训和能力确认（表1），验证人员相关培训、能力确认情况等证明材料见附件1。

表1　验证人员情况信息

序号	姓名	年龄	职称	专业	参加本标准方法相关要求培训情况（是/否）	能力确认情况（是/否）	相关监测工作年限/年	验证工作内容
1	××	23	助理工程师	分析化学	是	是	2	采样及现场监测
2	××	30	工程师	环境工程	是	是	10	采样及现场监测
3	××	28	助理工程师	应用化学	是	是	6	前处理
4	××	28	助理工程师	应用化学	是	是	6	分析测试
5	××	37	高级工程师	分析化学	是	是	12	分析测试

2.2　仪器设备

本方法验证中，使用了采样仪器、前处理仪器和分析测试仪器。主要仪器设备情况见表2，相关仪器设备的检定/校准证书及结果确认等证明材料见附件2。

表2　主要仪器设备情况

序号	过程	仪器名称	仪器规格型号	仪器编号	溯源/核查情况	溯源/核查结果确认情况	其他特殊要求
1	前处理	顶空进样器	××	××	核查	合格	—
2	分析测试	气相色谱仪	××	××	校准	合格	氢火焰离子化检测器
		毛细管色谱柱［固定相为强极性聚乙二醇（PEG）］	30 m×0.32 mm×0.5 μm	××	核查	合格	—

2.3　标准物质及主要试剂耗材

本方法验证中，使用的标准物质、主要试剂耗材情况见表3，有证标准物质证书、主要试剂耗材验收材料见附件3。

表3　标准物质、主要试剂耗材情况

序号	过程	名称	生产厂家	技术指标（规格/浓度/纯度/不确定度）	证书/批号	标准物质基体类型	标准物质是否在有效期内	主要试剂耗材验收情况
1	采样及现场监测	硫代硫酸钠	××	优级纯	××	—	—	合格
		40 mL 棕色螺口玻璃瓶	××	—	—	—	—	合格
2	前处理	氯化钠	××	分析纯	××	—	—	合格
		甲醇	××	农残级	××	—	—	合格
3	分析测试	吡啶标准溶液	××	2.0 mg/L	××	甲醇	是	合格

2.4　相关体系文件

本方法配套使用的监测原始记录为《样品前处理原始记录表》（标识：GDEEMC TTA-061_v0）、《分析报告单（单因子）》（标识：GDEEMC TTA-054_v0）；监测报告格式为 GDEEMC QP-27_v9.3。

3　方法性能指标验证

3.1　测试条件

（1）气相色谱仪器条件

进样口温度：200℃；FID 检测器：230℃；柱温：70℃；色谱柱流速：3 mL/min；燃烧气流速：50 mL/min；助燃气流速：350 mL/min；尾吹气流速：30 mL/min；分流比10∶1。毛细管色谱柱：强极性聚乙二醇（PEG）柱，30 m×0.32 mm×0.5 μm。

（2）顶空进样器条件

加热平衡温度：60℃；加热平衡时间：30 min；进样阀温度：100℃；传输线温度：110℃；进样体积：1.0 mL；压力化平衡时间：1 min；进样时间：0.1 min。

3.2　校准曲线

校准溶液曲线配制浓度系列按照标准方法规定进行，配制成吡啶质量浓度分别为0.20 mg/L、0.50 mg/L、1.00 mg/L、2.00 mg/L 和 5.00 mg/L 的标准系列。标准溶液的谱图见图 1，校准曲线绘制情况见表 4，相关验证材料见附件 4。

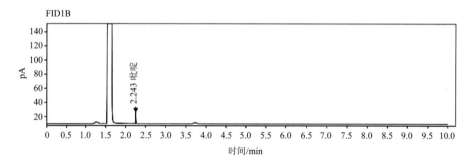

图 1　标准溶液的谱图

表 4　校准曲线绘制情况

校准点	1	2	3	4	5
浓度/（mg/L）	0.20	0.50	1.00	2.00	5.00
响应值（峰面积）	2.429	5.508	11.343	22.861	54.111
校准曲线方程	$y=10.8x+0.488$				
相关系数（r）	0.999 5				
标准规定要求	≥0.995				
是否符合标准要求	是				

经验证，本实验室校准曲线/仪器校准结果符合标准方法要求，相关验证材料见附件4。

3.3 方法检出限及测定下限

按照《环境监测分析方法标准制订技术导则》（HJ 168—2020）附录A.1的规定，进行方法检出限和测定下限验证。

分别取7个顶空瓶，预先加入3 g氯化钠，准确加入9.97 mL一级水，再加入吡啶标准使用液0.03 mL（0.30 μg），即加标浓度为0.03 mg/L，立即压盖密封，摇匀后上机分析测定。计算7次平行测定的标准偏差，按式（1）计算方法检出限。其中，当 n 为7次，置信度为99%，$t_{(n-1,0.99)}$=3.143。以4倍的样品检出限作为测定下限，即 RQL=4×MDL。本方法检出限及测定下限计算结果见表5。

$$MDL=t_{(n-1,0.99)} \times S \tag{1}$$

式中：MDL——方法检出限；

n ——样品的平行测定次数；

t ——自由度为 $n-1$，置信度为99%时的 t 分布（单侧）；

S —— n 次平行测定的标准偏差。

表5 方法检出限及测定下限

平行样品号	吡啶的测定浓度/（mg/L）
1	0.022
2	0.021
3	0.019
4	0.018
5	0.018
6	0.017
7	0.018
平均值 $\bar{x}$	0.020
标准偏差 S	0.001 8
方法检出限	0.006
测定下限	0.024
标准中检出限要求	0.03
标准中测定下限要求	0.12

经验证，方法检出限和测定下限符合《水质 吡啶的测定 顶空/气相色谱法》（HJ 1072—2019）的要求，相关验证材料见附件5。

3.4 精密度

按照标准方法要求，采用实际样品加标方式进行 6 次重复性测定，分别取 6 个顶空瓶，预先加入 3 g 氯化钠，分别加入 6.00 mL 工业废水，再加入 4.00 mL 吡啶标准使用液（ρ=10.0 mg/L），加标浓度为 4.00 mg/L，立即压盖密封，摇匀后上机分析测定，精密度测定情况见表 6。

表 6 精密度测定情况

平行样品号		样品中吡啶的测定浓度
测定结果/（mg/L）	1	4.12
	2	3.97
	3	3.90
	4	3.88
	5	3.90
	6	3.89
平均值 $\bar{x}$/（mg/L）		3.94
标准偏差 S/（mg/L）		0.092
相对标准偏差/%		2.3
多家实验室内相对标准偏差/%		6.7

经验证，对实际样品加标进行 6 次平行测定，其相对标准偏差为 2.3%，符合标准规定的要求（参考 HJ 1072—2019 中 9.1 精密度加标浓度为 4.50 mg/L 的实验室内相对标准偏差范围），相关验证材料见附件 6。

3.5 正确度

按照标准方法要求，采用实际样品加标方式进行方法正确度验证。

分别取 6 个顶空瓶，预先加入 3 g 氯化钠，分别加入 8.00 mL 废水样品，加入 2.00 mL 吡啶标准使用液（ρ=10.0 mg/L），加标浓度为 2.00 mg/L，立即压盖密封，摇匀后上机分析测定，测定结果见表 7。

表 7 正确度测定（实际样品加标）

监测项目	平行样品号	实际样品测定结果/（mg/L）	加标浓度/（mg/L）	加标后测定值/（mg/L）	加标回收率 P/%	标准规定的加标回收率 P/%
吡啶	1	0.03 L	2.00	2.09	105	80～110
	2	0.03 L		1.92	96	80～110
	3	0.03 L		2.13	107	80～110

经验证，对加标的实际样品进行 3 次加标回收率测定，加标回收率为 96%～107%，符合标准方法要求，相关验证材料见附件 7。

4 实际样品测定

按照标准方法要求，选择地表水、生活污水和工业废水的加标的实际样品进行测定，监测报告及相关原始记录见附件 8。

4.1 样品采集和保存

按照《地表水环境质量监测技术规范》（HJ 91.2—2022）的要求进行地表水样品的采集和保存，按照《污水监测技术规范》（HJ 91.1—2019）的要求进行生活污水样品和工业废水样品的采集和保存，样品采集和保存情况见表 8。

表 8 样品采集和保存情况

序号	样品类型	采样依据	样品保存方式
1	生活污水	《污水监测技术规范》（HJ 91.1—2019）	4℃以下冷藏，避光密封保存
2	工业废水	《污水监测技术规范》（HJ 91.1—2019）	4℃以下冷藏，避光密封保存
3	地表水	《地表水环境质量监测技术规范》（HJ 91.2—2022）	4℃以下冷藏，避光密封保存

经验证，本实验室对吡啶样品采集和保存能力满足标准方法要求。

4.2 样品前处理

按照标准方法对地表水、生活污水、工业废水的实际样品进行前处理，具体操作为：向顶空瓶中预先加入 3 g 氯化钠，加入 10.0 mL 样品，立即加盖密封，摇匀，待测。

4.3 样品测定结果

加标的实际样品测定结果见表 9。

表 9 实际样品测定结果

监测项目	样品类型	测定结果/（mg/L）
吡啶	地表水	0.64
吡啶	生活污水	1.06
吡啶	工业废水	2.07

4.4 质量控制

质控措施应满足方法标准和技术规范的要求，包括实验室空白、全程序空白、实际样品加标、样品平行等。

4.4.1 空白测定

空白试验测定结果见表 10。

经验证，空白试验测定结果符合标准方法要求。

表 10 空白试验测定结果

空白类型	监测项目	测定结果/（mg/L）	标准规定的要求/（mg/L）
实验室空白	吡啶	0.03 L	＜0.03
全程序空白 1	吡啶	0.03 L	＜0.03
全程序空白 2	吡啶	0.03 L	＜0.03

4.4.2 加标回收率测定

对实际样品进行加标回收试验，加标浓度分别为 0.60 mg/L、1.0 mg/L、2.0 mg/L，得到加标回收率分别为 107%、106%、103%，符合方法中规定的 80%～110%的要求。

4.4.3 平行样测定

分别对浓度为 0.60 mg/L、1.0 mg/L、2.0 mg/L 的实际样品进行平行测定，相对标准偏差分别为 1.0%、0.4%、0.9%，符合方法要求的平行样相对偏差≤20%的要求。

5 验证结论

综上所述，本实验室人员通过培训和能力确认后，依据 HJ 1072—2019 开展方法验证，并进行了实际样品测试。所用仪器设备、标准物质、关键试剂耗材、采取的质量保证和质量控制措施，以及经实验验证得出的方法检出限、测定下限、精密度和正确度等，均满足标准方法相关要求，验证合格。

附件 1 验证人员培训、能力确认情况的证明材料（略）

附件 2 仪器设备的溯源证书及结果确认等证明材料（略）

附件 3 有证标准物质证书及关键试剂耗材验收材料（略）

附件 4 校准曲线绘制/仪器校准原始记录（略）

附件 5 检出限和测定下限验证原始记录（略）

附件 6　精密度验证原始记录（略）

附件 7　正确度验证原始记录（略）

附件 8　实际样品（或现场）监测报告及相关原始记录（略）

—————————————

《水质　烷基汞的测定　吹扫捕集/气相色谱-冷原子荧光光谱法》（HJ 977—2018）方法验证实例

1　方法名称及适用范围

1.1　方法名称及编号

《水质　烷基汞的测定　吹扫捕集/气相色谱—冷原子荧光光谱法》（HJ 977—2018）。

1.2　适用范围

本方法适用于地表水、地下水、生活污水、工业废水和海水中烷基汞的测定。

2　实验室基础条件确认

2.1　人员

参加方法验证的人员均通过了培训和能力确认（表 1），验证人员相关培训、能力确认情况等证明材料见附件 1。

表 1　验证人员情况信息

序号	姓名	年龄	职称	专业	参加本标准方法相关要求培训情况（是/否）	能力确认情况（是/否）	相关监测工作年限/年	验证工作内容
1	××	37	助理工程师	环境工程	是	是	11	采样及现场监测
2	××	47	高级工程师	环境工程	是	是	23	采样及现场监测
3	××	38	工程师	环境工程	是	是	12	前处理及分析测试
4	××	30	助理工程师	分析化学	是	是	1	前处理及分析测试

2.2　仪器设备

本方法验证中，使用了样品前处理及分析测试仪器等。主要仪器设备情况见表2，相关仪器设备的检定/校准证书及结果确认等证明材料见附件2。

表2　主要仪器设备情况

序号	过程	仪器名称	仪器规格型号	仪器编号	溯源/核查情况	溯源/核查结果确认情况	其他特殊要求
1	前处理	蒸馏装置	××	××	—	—	—
2	分析测试	全自动总汞烷基汞二位一体分析系统	××	××	校准	合格	—

注：蒸馏瓶、蒸馏装置中的连接管线需为聚四氟乙烯材质。

2.3　标准物质及主要试剂耗材

本方法验证中，使用的标准物质、主要试剂耗材情况见表3，有证标准物质证书及主要试剂耗材验收材料见附件3。

表3　标准物质、主要试剂耗材情况

序号	过程	名称	生产厂家	技术指标（规格/浓度/纯度/不确定度）	证书/批号	标准物质基体类型	标准物质是否在有效期内	主要试剂耗材验收情况
1	采样及现场监测	采样瓶	××	500 mL、1 L 具螺口的高密度聚乙烯瓶	—	—	—	合格
		五水硫酸铜	××	分析纯	××	—	—	合格
		盐酸	××	优级纯	××	—	—	合格
2	分析测试	甲基汞标准溶液	××	浓度为1.00 mg/L	××	甲醇	是	合格
		乙基汞标准溶液	××	浓度为1.00 mg/L	××	甲醇	是	合格
		四丙基硼化钠	××	纯度≥98%	××	—	—	合格

2.4　相关体系文件

本方法配套使用的监测原始记录为《水质监测采样原始记录单》（标识：SXHJ-04-

2019-TY-036）和《气相色谱-冷原子荧光光谱法分析原始记录单》（标识：SXHJ-04-2021-SZ-024）；监测报告格式为 SXHJ-04-2020-TY-048。

3　方法性能指标验证

3.1　测试条件

3.1.1　吹扫捕集热脱附分析条件

吹扫气：氩气；流速：350 mL/min；吹扫时间：10 min；载气：氩气；热脱附温度：130℃；热脱附时间：10 s（载气流速 35 mL/min）。

3.1.2　色谱与裂解分析条件

填充柱：39℃；载气流速：35 mL/min；裂解温度：750℃。

3.1.3　冷原子荧光测汞仪分析条件

光电倍增管（PMT）负高压：780 V；载气流速：35 mL/min。

3.2　校准曲线

在进样瓶中预先加入 40 mL 纯水和 500 μL 醋酸-醋酸钠缓冲溶液，再用移液器分别移取 0 μL、50 μL、100 μL 的 0.10 g/L 混合标准使用液，及 20 μL、50 μL、100 μL 的 1.00 g/L 混合标准使用液，注入其中，制备成 6 个浓度点的标准系列，目标化合物含量分别为 0 pg、5.00 pg、10.0 pg、20.0 pg、50.0 pg、100 pg，再分别在每个进样瓶中加入 50 μL 四丙基硼化钠溶液，加水至满瓶，密封，反应 20 min，采用异位吹扫捕集进样。按照上述仪器条件，从低含量到高含量依次对标准系列溶液进行测定，以标准系列溶液中的目标化合物含量（pg）为横坐标，以其对应的峰高为纵坐标，绘制校准曲线，结果见表 4。100 pg 的甲基汞和乙基汞的标准色谱图见图 1。

表 4　烷基汞校准曲线

校准溶液名称	校准曲线方程	相关系数（r）	标准规定要求	是否符合标准要求
甲基汞	$y=470x-260$	0.999	≥0.996	是
乙基汞	$y=190x-160$	0.999	≥0.996	是

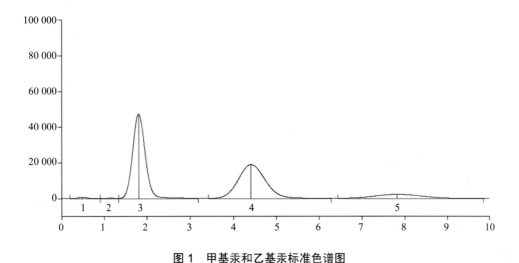

图 1   甲基汞和乙基汞标准色谱图

经验证，校准曲线相关系数满足标准方法的要求，本实验室校准曲线验证结果符合标准方法要求，相关验证材料见附件 4。

3.3   方法检出限及测定下限

按照《环境监测分析方法标准制订技术导则》（HJ 168—2020）附录 A.1 的规定，采取空白加标的方法进行方法检出限和测定下限验证。

取 45.0 mL 纯水，加入绝对量均为 3.6 pg（浓度为 0.08 ng/L）的甲基汞和乙基汞，再加入 0.18 mL 盐酸和 0.10 mL 饱和硫酸铜溶液，按照标准方法完成试样制备和测试的全部步骤，重复 7 次试验，计算各个样品中烷基汞含量，并计算方法检出限与测定下限，结果见表 5。

表 5   方法检出限及测定下限

平行样品号	测定值（ng/L）	
	甲基汞	乙基汞
1	0.067	0.071
2	0.074	0.082
3	0.058	0.065
4	0.069	0.077
5	0.067	0.075
6	0.072	0.065
7	0.065	0.075
平均值 $\bar{x}$	0.067	0.073

平行样品号	测定值（ng/L）	
	甲基汞	乙基汞
标准偏差 S	0.005	0.006
方法检出限	0.02	0.02
测定下限	0.08	0.08
标准规定检出限	0.02	0.02
标准规定测定下限	0.08	0.08

经验证，方法检出限和测定下限符合 HJ 977—2018 的要求，相关验证材料见附件 5。

3.4 精密度

按照标准方法要求，对浓度为 1.11 ng/L 的加标样品（样品制备方法：量取纯水样品 45 mL，分别加入 0.18 mL 盐酸、0.10 mL 饱和硫酸铜溶液和相应绝对量 50 pg 的混合标准样品）平行测定 6 次，计算 6 次测定结果的平均值、标准偏差、相对标准偏差，测得的精密度结果见表 6。

表 6　精密度测定结果

平行样品号		样品浓度	
		甲基汞	乙基汞
测定结果/（ng/L）	1	1.02	1.07
	2	1.06	1.10
	3	1.05	1.11
	4	1.04	1.07
	5	1.04	1.11
	6	0.91	0.95
平均值/（ng/L）		1.02	1.07
标准偏差/（ng/L）		0.055	0.061
相对标准偏差 RSD/%		5.4	5.7
多家实验室内相对标准偏差/%		≤6.0	≤6.9

经验证，甲基汞、乙基汞 6 次测定的相对标准偏差分别为 5.4%、5.7%，符合标准规定的要求，相关验证材料见附件 6。

3.5 正确度

按照标准方法要求，取某污水处理厂总排口水质样品，平行配制 3 个加标样品，加标浓度为 1.00 ng/L，分别测定验证方法正确度，结果见表 7。

表 7　正确度测定结果

监测项目	平行样品号	实际样品测定结果/（ng/L）	加标量/（ng/L）	加标后测定值/（ng/L）	加标回收率 P/%	标准规定的加标回收率 P/%
甲基汞	1	0.02 L	1.00	0.85	85	75～120
	2			0.89	89	
	3			0.95	95	
乙基汞	1	0.02 L	1.00	0.86	86	70～120
	2			0.81	81	
	3			0.91	91	

经验证，甲基汞和乙基汞的加标回收率分别为 85%～95%、81%～91%，符合标准中加标回收率范围的要求。相关验证材料见附件 7。

4　实际样品测定

4.1　样品采集和保存

按照《污水监测技术规范》（HJ 91.1—2019）及本方法的要求，工业废水样品直接采集至专用的烷基汞采样瓶中。采样后每升样品加入适量盐酸，使样品的 pH 在 1～2，然后加入 2 mL 饱和硫酸铜溶液，摇匀，并用干净的聚乙烯袋密封，置于 4℃以下避光冷藏保存，避免存放在高汞环境中或与高汞浓度样品一起保存，3 天内完成分析。样品采集和保存情况见表 8。

表 8　样品采集和保存情况

序号	样品类型	采样依据	样品保存方式
1	工业废水	《污水监测技术规范》（HJ 91.1—2019）	保存剂（盐酸、硫酸铜）避光、4℃冷藏

经验证，本实验室水质烷基汞样品采集和保存能力满足 HJ 977—2018 的要求，样品采集、保存和流转相关证明材料见附件 8。

4.2　样品前处理

量取 45 mL 样品于 60 mL 蒸馏瓶中，在接收瓶中加入 4.5 mL 水和 500 μL 醋酸-醋酸钠缓冲溶液，摇匀。预先将加热装置温度设定在 125～130℃，用聚四氟乙烯材质管线连接蒸馏瓶和接收瓶，确保蒸馏瓶密封。先放入蒸馏瓶进行加热，待蒸汽进入接收瓶时再将接收瓶放入冷却装置，以防止接收瓶中液体结冰。当蒸馏出约 80%的样品量时，停止蒸馏，此时馏出液的 pH 为 5.4。

4.3 样品测定结果

实际样品测定结果见表 9，相关验证材料见附件 9。

表 9 实际样品测定结果

监测项目	样品类型	测定结果/（ng/L）
甲基汞	工业废水	0.06
乙基汞	工业废水	0.04

4.4 质量控制

4.4.1 空白测定

本次方法验证中，按照标准要求进行了空白样品测定，其测量条件与样品测定相同。

经验证，空白试样中的目标化合物含量均低于方法检出限，满足标准规定的要求，空白测定情况见表 10。

表 10 空白测定情况

空白类型	监测项目	测定结果/（ng/L）	标准规定的要求/（ng/L）
实验室空白	甲基汞	0.02 L	＜0.02
		0.02 L	＜0.02
	乙基汞	0.02 L	＜0.02
		0.02 L	＜0.02

4.4.2 实际样品加标分析

对甲基汞浓度为 0.06 ng/L、乙基汞浓度为 0.04 ng/L 的实际样品进行加标回收试验，得到加标回收率分别为 84%和 80%，符合方法中规定的 75%～120%的要求。

4.4.3 平行样

对甲基汞浓度为 0.06 ng/L、乙基汞浓度为 0.04 ng/L 的实际样品进行平行测定，相对偏差为 0，符合方法中相对偏差≤20%的要求。

5　验证结论

综上所述，本实验室人员通过培训和能力确认后，依据 HJ 977—2018 开展方法验证，并进行了实际样品测试，所用仪器设备、标准物质、关键试剂耗材、采取的质量保证和质量控制措施，以及经实验验证测试得出的方法检出限、测定下限、精密度和正确度等，均满足标准方法相关要求，验证合格。

附件 1　验证人员培训及能力确认情况的证明材料（略）

附件 2　仪器设备的检定/校准证书及结果确认证明材料（略）

附件 3　有证标准物质证书及关键试剂耗材验收材料（略）

附件 4　校准曲线绘制原始记录（略）

附件 5　检出限和测定下限验证原始记录（略）

附件 6　精密度验证原始记录（略）

附件 7　正确度验证原始记录（略）

附件 8　样品采集、保存、流转和前处理相关原始记录（略）

附件 9　实际样品监测报告及相关原始记录（略）

———————————

《水质　多溴二苯醚的测定　气相色谱-质谱法》（HJ 909—2017）方法验证实例

1　方法名称及适用范围

1.1　方法名称及编号

《水质　多溴二苯醚的测定　气相色谱-质谱法》（HJ 909—2017）。

1.2　适用范围

本方法适用于地表水、地下水、工业废水和生活污水中 8 种多溴二苯醚同类物的测定。

2　实验室基础条件确认

2.1　人员

参加方法验证的人员均通过了培训和能力确认（表 1），验证人员相关培训、能力确认情况等证明材料见附件 1。

表 1　验证人员情况信息表

序号	姓名	年龄	职称	专业	参加本标准方法相关要求培训情况（是/否）	能力确认情况（是/否）	相关监测工作年限/年	项目验证工作内容
1	××	30	工程师	环境工程	是	是	10	采样及现场监测
2	××	27	助理工程师	环境科学	是	是	4	采样及现场监测

序号	姓名	年龄	职称	专业	参加本标准方法相关要求培训情况（是/否）	能力确认情况（是/否）	相关监测工作年限/年	项目验证工作内容
3	××	28	助理工程师	环境工程	是	是	6	前处理
4	××	37	高级工程师	分析化学	是	是	12	分析测试

2.2　仪器设备

本方法验证中，使用仪器设备包括样品采集、样品前处理和分析测试仪器。主要仪器设备情况见表2，相关仪器设备的检定/校准证书及结果确认等证明材料见附件2。

表2　主要仪器设备情况

序号	过程	仪器名称	仪器规格型号	仪器编号	溯源/核查情况	溯源/核查结果确认情况	其他特殊要求
1	前处理	液液振荡仪	××	××	核查	合格	—
		旋转蒸发仪	××	××	核查	合格	—
2	分析测试	气相色谱-质谱联用仪（EI源）	××	××	校准	合格	具毛细管柱和脉冲高压的分流/不分流进样口
		毛细管色谱柱（固定相为5%苯基-甲基聚硅氧烷）	15 m×0.25 mm×0.1 μm	××	核查	合格	—

2.3　标准物质及主要试剂耗材

本方法验证中，使用的标准物质、主要试剂耗材情况见表3，有证标准物质证书、主要试剂耗材验收材料见附件3。

表3　标准物质、主要试剂耗材情况

序号	过程	名称	生产厂家	技术指标（规格/浓度/纯度/不确定度）	证书/批号	标准物质基体类型	标准物质是否在有效期内	关键试剂耗材验收情况
1	采样及现场监测	硫代硫酸钠	××	优级纯	××	—	—	合格
		4 L 聚四氟乙烯内衬旋盖棕色细口玻璃瓶	××	—		—	—	合格
2	前处理	二氯甲烷	××	农残级	××	—	—	合格
		浓硫酸	××	优级纯	××	—	—	合格
		正己烷	××	农残级	××	—	—	合格
		硅胶	××	60～200 目	××	—	—	合格
		酸性氧化铝	××	酸性、活度 I	××	—	—	合格
3	分析测试	MBDE-MXFS（多溴二苯醚同位素内标）	××	2 000 ng/mL	××	甲苯/壬烷（4/1）	是	合格
		MBDE-209（BDE 209 同位素内标）	××	25 μg/mL	××	甲苯	是	合格
		BDE-CSM（8 种多溴二苯醚混标）	××	20/200 μg/mL	××	异辛烷/甲苯（4/1）	是	合格
		BDE-209	××	50 μg/mL	××	异辛烷/甲苯（1/1）	是	合格
		^{13}C-PCB-209	××	40 μg/mL	××	壬烷	是	合格

2.4　相关体系文件

本方法配套使用的监测原始记录为《样品前处理原始记录表》（GDEEMC TTA-061_v0）、《分析报告单（多因子）》（GDEEMC TTA-055_v0）；监测报告格式为 GDEEMC QP-27_v9.3。

3 方法性能指标验证

3.1 测试条件

3.1.1 仪器分析条件

（1）GC 条件

进样方式：高压脉冲进样 1 μL（15 psi）。

进样口温度：270℃。

载气流量（恒流模式）：2.0 mL/min。

色谱柱：固定相为 5%苯基-甲基聚硅氧烷（15 m×0.25 mm×0.1 μm）。

程序升温：60℃（保持 1 min），以 30℃/min 升至 200℃（保持 1 min），再以 10℃/min 升至 260℃，再以 20℃/min 升至 320℃（保持 3 min）。

（2）MS 参考条件

离子源温度：300℃；四极杆温度：150℃；传输线温度：300℃；离子化能量：70 eV。数据采集方式：选择离子监测。

3.1.2 仪器自检（调谐）

仪器使用前用全氟三丁胺对质谱仪系统进行调谐。样品分析前且每运行 12 h，需注入 1.0 μL 十氟三苯基膦（DFTPP，50 μg/mL），对仪器整个系统进行检查。仪器自检（调谐）过程正常，结果符合标准要求。

样品分析前且每运行 12 h，应对气相色谱质谱系统进行检查，注入 1.0 μL p,p'-DDT（5.0 μg/mL），使用全扫描方式测定，计算 p,p'-DDT 的降解率，结果符合15%标准要求。相关验证材料见附件 4。

3.2 校准曲线

本方法验证过程中，仪器校准按照标准规定的步骤进行：配制成 2.00 ng/mL、5.00 ng/mL、10.0 ng/mL、50.0 ng/mL、200 ng/mL、500 ng/mL（BDE-209 20.0 ng/mL、50.0 ng/mL、100 ng/mL、500 ng/mL、2000 ng/mL、5000 ng/mL）标准系列。标准溶液的谱图见图 1，校准曲线绘制情况见表 4，相关验证材料见附件 5。

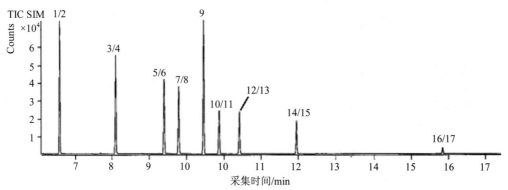

1—BDE-28；2—¹³C-BDE-28（净化内标）；3—BDE-47；4—¹³C-BDE-47（净化内标）；5—BDE-100；
6—¹³C-BDE-100（净化内标）；7—BDE-99；8—¹³C-BDE-99（净化内标）；9—¹³C-PCB-209（净化内标）；
10—BDE-154；11—¹³C-BDE-154（净化内标）；12—BDE-153；13—¹³C-BDE-153（净化内标）；14—BDE-183；
15—¹³C-BDE-183（净化内标）；16—BDE-209；17—¹³C-BDE-209（净化内标）

图 1   50.0 ng/mL（BDE-209 500 ng/mL）标准溶液谱图

表 4   校准曲线

校准溶液名称	校准曲线方程	相关系数（r）	标准规定要求	是否符合标准要求
BDE-28	$y=0.952x-0.038$	0.999 8	≥0.997	是
BDE-47	$y=0.976x-0.073$	0.999 7	≥0.997	是
BDE-100	$y=1.12x-0.039$	0.999 9	≥0.997	是
BDE-99	$y=1.08x-0.022$	0.999 9	≥0.997	是
BDE-154	$y=1.03x-0.045$	0.999 9	≥0.997	是
BDE-153	$y=1.10x-0.053$	0.999 9	≥0.997	是
BDE-183	$y=0.948x+0.067$	0.999 8	≥0.997	是
BDE-209	$y=0.321x+0.053$	0.999 6	≥0.997	是

3.3　方法检出限及测定下限

按照《环境监测分析方法标准制订技术导则》（HJ 168—2020）附录 A.1 的规定，进行方法检出限和测定下限验证。

平行取 7 份 1 L 一级水，分别加入 10.0 μL 多溴二苯醚混合标准使用液 II[ρ =200 μg/L（$\rho_{BDE-209}$ =2.0 mg/L）]和 10.0 μL BDE-209（$\rho_{BDE-209}$ =2.5 mg/L），再分别加入 10.0 μL PBDEs 的净化内标 BDE-MXFS（ρ=2.00 mg/L）和 ¹³C-BDE-209（ρ=25.0 mg/L），混匀。经过二氯甲烷萃取，浓硫酸、酸性硅胶氧化铝柱净化后，浓缩定容至 1 mL，上机分析。本方法检出限及测定下限计算结果见表 5。

表5   方法检出限及测定下限

平行样品号	测定值/（ng/L）							
	BDE-28	BDE-47	BDE-100	BDE-99	BDE-154	BDE-153	BDE-183	BDE-209
1	1.84	1.86	1.87	1.90	1.76	1.80	1.81	53.0
2	1.99	1.90	1.98	2.25	2.02	2.13	1.83	59.0
3	2.00	1.90	2.06	2.16	2.07	2.00	2.30	58.0
4	2.03	2.01	2.14	1.96	1.88	2.08	1.69	52.0
5	1.99	1.94	2.04	1.96	1.96	1.86	2.13	60.0
6	2.00	1.98	1.99	2.07	1.96	1.90	1.92	50.0
7	2.01	1.97	1.97	2.04	1.96	1.89	2.24	49.0
平均值 $\bar{x}_i$	1.98	1.94	2.01	2.05	1.94	1.95	1.99	54.4
标准偏差 S_i	0.06	0.05	0.08	0.12	0.10	0.12	0.23	4.50
方法检出限	0.2	0.2	0.3	0.4	0.4	0.4	0.8	15
测定下限	0.8	0.8	1.2	1.6	1.6	1.6	3.2	60
标准中检出限要求	0.5	0.8	1.1	1.3	1.4	1.6	1.6	20
标准中测定下限要求	2.0	3.2	4.4	5.2	5.6	6.4	6.4	80

经验证，方法检出限和测定下限符合 HJ 909—2017 的要求，相关验证材料见附件 6。

3.4   精密度

平行取 6 份 1 L 生活污水样品，每份样品中分别加入 50.0 μL 多溴二苯醚混合标准使用液 [ρ =2.0 mg/L（$\rho_{BDE-209}$ =20.0 mg/L）]，经过萃取、净化、浓缩定容至 1 mL，上机分析。精密度测定情况见表 6。

表6   精密度测定情况

平行样品号		样品浓度							
		BDE-28	BDE-47	BDE-100	BDE-99	BDE-154	BDE-153	BDE-183	BDE-209
测定结果/（ng/L，BDE-209 μg/L）	1	94.8	90.8	93.5	93.9	91.9	92.2	91.4	0.86
	2	99.1	93.9	96.6	98.1	95.1	94.4	96.1	0.86
	3	93.5	89.8	92.8	92.4	91.3	91.9	87.1	0.92
	4	99.8	96.1	99.3	99.1	97.2	98.9	96.5	0.93
	5	96.0	92.8	93.7	93.7	93.3	95.2	93.7	0.93
	6	99.3	96.6	97.5	98.0	94.7	96.4	97.2	0.93

平行样品号	样品浓度							
	BDE-28	BDE-47	BDE-100	BDE-99	BDE-154	BDE-153	BDE-183	BDE-209
平均值 $\bar{x}_i$ /（ng/L，BDE-209 µg/L）	97.1	93.3	95.6	95.9	93.9	94.8	93.7	0.91
标准偏差 S_i /（ng/L，BDE-209 µg/L）	2.67	2.75	2.61	2.85	2.19	2.64	3.87	0.04
相对标准偏差/%	2.7	2.9	2.7	3.0	2.3	2.8	4.1	3.9
多家实验室内相对标准偏差/%	8.2	6.7	6.3	11	5.8	5.4	5.1	29

经验证，对实际样品加标进行 6 次平行测定，其相对标准偏差为 2.3%～4.1%，符合标准规定的要求[参考 HJ 909—2017 附录 C 表 C.1 中浓度为 90 ng/L（BDE-209 900 ng/L）的实验室内相对标准偏差]，相关验证材料见附件 7。

3.5 正确度

平行取 3 份 1 L 工业废水样品，每份样品中分别加入 150.0 µL 多溴二苯醚混合标准使用液［ρ =2.0 mg/L（$\rho_{BDE-209}$ =20.0 mg/L）］，按样品测定步骤进行测定，工业废水实际样品加标的测定结果见表 7。

表 7　正确度测定结果（实际样品加标）

监测项目	平行样品号	实际样品测定结果/（ng/L，BDE-209 µg/L）	加标量/（ng/L，BDE-209 µg/L）	加标后测定值/（ng/L，BDE-209 µg/L）	加标回收率 P/%	标准规定的加标回收率 P/%
BDE-28	1	0.5 L	300	264	88.0	60～140
	2			282	94.0	60～140
	3			276	92.0	60～140
BDE-47	1	0.8 L	300	271	90.3	60～140
	2			289	96.3	60～140
	3			279	93.0	60～140
BDE-100	1	1.1 L	300	280	93.3	60～140
	2			296	98.7	60～140
	3			287	95.7	60～140
BDE-99	1	1.3 L	300	288	96.0	60～140
	2			296	98.7	60～140
	3			292	97.3	60～140

监测项目	平行样品号	实际样品测定结果/（ng/L，BDE-209 μg/L）	加标量/（ng/L，BDE-209 μg/L）	加标后测定值/（ng/L，BDE-209 μg/L）	加标回收率 P/%	标准规定的加标回收率 P/%
BDE-154	1	1.4 L	300	289	96.3	60～140
	2			297	99.0	60～140
	3			295	98.3	60～140
BDE-153	1	1.6 L	300	293	97.7	60～140
	2			295	98.3	60～140
	3			298	99.3	60～140
BDE-183	1	1.6 L	300	295	98.3	60～140
	2			295	98.3	60～140
	3			292	97.3	60～140
BDE-209	1	0.02 L	3.00	3.09	103	60～140
	2			2.87	95.7	60～140
	3			2.84	94.7	60～140

经验证，对工业废水样品进行 3 次重复加标测定，其加标回收率为 88.0%～103%，符合标准中规定的加标回收率要求，相关验证材料见附件 8。

4　实际样品测定

按照标准方法要求，选择地表水、生活污水和工业废水的加标实际样品进行测定，监测报告及相关原始记录见附件 9。

4.1　样品采集和保存

按照《地表水环境质量监测技术规范》（HJ 91.2—2022）的要求进行地表水样品的采集和保存，按照《污水监测技术规范》（HJ 91.1—2019）的要求进行生活污水样品和工业废水样品的采集和保存，样品采集和保存情况见表 8。

表 8　样品采集和保存情况

序号	样品类型及性状	采样依据	样品保存方式
1	地表水无色透明	《地表水环境质量监测技术规范》（HJ 91.2—2022）	每升水加入 80 mg 硫代硫酸钠于 4℃保存
2	生活污水无色透明	《污水监测技术规范》（HJ 91.1—2019）	
3	工业废水无色透明	《污水监测技术规范》（HJ 91.1—2019）	

经验证，本实验室对地表水、生活污水和工业废水样品采集和保存能力满足 HJ 909—2017 的要求。

4.2 样品前处理

本次方法验证过程中，其样品前处理步骤根据 HJ 909—2017 和实验室实际情况进行，具体操作如下。

（1）萃取

在 2 L 分液漏斗中加入 1 L 水样，分别加入 20 ng PBDEs 的净化内标（^{13}C-BDE-209 净化内标为 250 ng），再加入 5%氯化钠，分别用 40 mL 二氯甲烷萃取 3 次，每次振荡萃取 10 min。将萃取液过无水硫酸钠后进行下一步处理（视其水体性质决定是否需要进行下一步净化）。

（2）净化

浓硫酸净化：将试样溶液用浓缩器浓缩到 2 mL 左右。将浓缩液转入 22 mL 玻璃管中，用正己烷定容至 7 mL，加入 8 mL 硫酸，漩涡振荡混匀，离心（转速 3 000 r/rcf，时间 1 min），弃去下层硫酸。如果硫酸层中仍有颜色则重复上述操作至硫酸层无色为止。向玻璃管加入 8 mL 超纯水洗涤有机相，漩涡振荡混匀，离心（转速 3 000 r/rcf，时间 1 min），弃去水相，重复上述操作至有机相中性为止。有机相经无水硫酸钠脱水后，氮吹浓缩至 1 mL。视其水体性质可以继续进行酸性硅胶氧化铝柱净化。

酸性硅胶氧化铝柱净化：制备 8 cm 的酸性硅胶柱（上）和 8 cm 的酸性氧化铝柱（下）（两柱串联），先用 15～20 mL 正己烷润洗，然后将萃取浓缩液完全转移至酸性硅胶柱（正己烷润洗 3～4 次，每次 1 mL 正己烷），用 21 mL 正己烷淋洗酸性硅胶柱（注意每次用 1～2 mL 进行淋洗，并且保证液面高于填充柱），该液体可以当作废液或收集起来。待酸性硅胶柱滴完以后撤去该柱，用 30 mL 二氯甲烷/正己烷（20/80，*V/V*）淋洗酸性氧化铝柱（每次 1～2 mL 进行淋洗），此时需收集淋洗液（样品）。

如果酸性硅胶柱过完样品后颜色较深，需要再次净化，将第一次接收的淋洗液进行氮吹浓度至 2 mL 左右，再次重复上面的步骤，直至酸性硅胶柱颜色较浅或无变色。

（3）样品的浓缩

所得的淋洗液用高纯氮气进行浓缩，注意氮吹气流不能过大，避免溅出样品或污染样品。浓缩至低于 1 mL，此时一定要注意避免吹干。

（4）添加进样内标

添加 20.0 μL 浓度为 4.00 mg/L 的进样内标后用正己烷定容至 1 mL，使进样内标浓度同制作标准曲线进样内标浓度相同，上机分析。

4.3 样品测定结果

实际样品测定结果见表9。

表 9   实际样品测定结果

监测项目	样品类型	测定结果/（ng/L，BDE-209 μg/L）
BDE-28	地表水	5.0
	生活污水	97.0
	工业废水	273
BDE-47	地表水	4.8
	生活污水	92.4
	工业废水	280
BDE-100	地表水	5.0
	生活污水	95.1
	工业废水	288
BDE-99	地表水	5.3
	生活污水	96.0
	工业废水	292
BDE-154	地表水	4.9
	生活污水	93.5
	工业废水	293
BDE-153	地表水	5.0
	生活污水	93.3
	工业废水	294
BDE-183	地表水	5.1
	生活污水	93.8
	工业废水	295
BDE-209	地表水	0.05
	生活污水	0.86
	工业废水	2.98

4.4 质量控制

质控措施应满足方法标准和技术规范的要求，包括空白试验、标准样品测定、加标回收率测定、平行样测定等。

4.4.1 空白测定

本方法验证中，按照标准要求进行了实验室空白样品测定，其测量条件与样品测定相同。

经验证，空白试样中的目标化合物含量满足标准规定的要求，空白测定情况见表10。

表 10 空白试验测定结果

空白类型	监测项目	测定结果/ （ng/L，BDE-209 μg/L）	标准规定的要求/ （ng/L，BDE-209 μg/L）
实验室空白	BDE-28	0.5 L	<0.5
实验室空白	BDE-47	0.8 L	<0.8
实验室空白	BDE-100	1.1 L	<1.1
实验室空白	BDE-99	1.3 L	<1.3
实验室空白	BDE-154	1.4 L	<1.4
实验室空白	BDE-153	1.6 L	<1.6
实验室空白	BDE-183	1.6 L	<1.6
实验室空白	BDE-209	0.02 L	<0.02

4.4.2 加标回收率测定

实际样品同位素净化内标加标分析：对所有实际样品进行同位素净化内标加标回收试验，得到加标回收率为 52.0%～166%，符合方法中规定的 50%～180% 的要求。

4.4.3 平行样测定

分别对浓度为 5.0 ng/L（BDE-209 0.05 μg/L）、100 ng/L（BDE-209 1.00 μg/L）、300 ng/L（BDE-209 3.00 μg/L）的实际样品进行平行测定，相对标准偏差为 0～11%，符合方法要求的平行样相对偏差应≤40%。

4.4.4 连续校准

对浓度为 50.0 ng/L（BDE-209 0.50 μg/L）的标准溶液进行测定，相对误差为 −5.6%～4.6%，符合方法要求的连续校准相对误差应在 ±30% 以内。

5 验证结论

综上所述，本实验室人员通过培训和能力确认后，依据 HJ 909—2017 开展方法验证，并进行了实际样品测试。所用仪器设备、标准物质、关键试剂耗材、采取的质量保证和质量控制措施，以及经实验验证得出的方法检出限、测定下限、精密度和正确度等，均满足标准方法相关要求，验证合格。

附件 1　验证人员培训、能力确认情况的证明材料（略）

附件 2　仪器设备的溯源证书及结果确认等证明材料（略）

附件 3　有证标准物质证书及关键试剂耗材验收材料（略）

附件 4　仪器自检原始记录（略）

附件 5　校准曲线绘制/仪器校准原始记录（略）

附件 6　检出限和测定下限验证原始记录（略）

附件 7　精密度验证原始记录（略）

附件 8　正确度验证原始记录（略）

附件 9　实际样品（或现场）监测报告及相关原始记录（略）

————————

《水质　4种硝基酚类化合物的测定　液相色谱-三重四极杆质谱法》（HJ 1049—2019）方法验证实例

1　方法名称及适用范围

1.1　方法名称及编号

《水质　4种硝基酚类化合物的测定　液相色谱-三重四极杆质谱法》（HJ 1049—2019）。

1.2　适用范围

本方法适用于地表水、地下水、生活污水和工业废水中2,6-二硝基酚、2,4-二硝基酚、4-硝基酚和2,4,6-三硝基酚等4种硝基酚类化合物的测定。

2　实验室基础条件确认

2.1　人员

参加方法验证的人员均通过了培训和能力确认（表1），验证人员相关培训、能力确认情况等证明材料见附件1。

表1　验证人员情况信息

序号	姓名	年龄	职称	专业	参加本标准方法相关要求培训情况（是/否）	能力确认情况（是/否）	相关监测工作年限/年	验证工作内容
1	××	32	工程师	化学工程	是	是	9	采样及现场监测
2	××	31	工程师	环境工程	是	是	5	采样及现场监测

序号	姓名	年龄	职称	专业	参加本标准方法相关要求培训情况（是/否）	能力确认情况（是/否）	相关监测工作年限/年	验证工作内容
3	××	34	工程师	有机化学	是	是	4	前处理
4	××	32	工程师	环境工程	是	是	3	分析测试

2.2 仪器设备

本方法验证中，使用了采样及现场监测仪器、前处理仪器和分析测试仪器。主要仪器设备情况见表2和表3，相关仪器设备的检定/校准证书及结果确认等证明材料见附件2。

表2 主要仪器设备情况

序号	过程	仪器名称	仪器规格型号	仪器编号	溯源/核查情况	溯源/核查结果确认情况	其他特殊要求
1	分析测试	液相色谱-三重四极杆质谱仪	××	××	校准	合格	配有 ESI 离子源，具备梯度洗脱和多反应监测功能
		高效液相色谱柱	××	××	核查	合格	—
		离心机	××	××	核查	合格	—

表3 主要仪器设备性能要求确认情况

	标准方法规定指标要求		仪器设备指标	结果确认情况
仪器性能指标	离心机	最高转速不低于 4 000 r/min	最高转速 6 000 r/min	合格

2.3 标准物质及主要试剂耗材

本方法验证中，使用的标准物质、主要试剂耗材情况见表4，有证标准物质证书、主要试剂耗材验收记录等证明材料见附件3。

表 4 标准物质、主要试剂耗材情况

序号	过程	名称	生产厂家	技术指标（规格/浓度/纯度/不确定度）	证书/批号	标准物质基体类型	标准物质是否在有效期内	主要试剂耗材验收情况
1	采样及现场监测	氨水	××	500 mL/瓶，0.91 g/mL，优级纯	××	—	—	合格
		甲酸	××	250 mL/瓶，≥99.0%，优级纯	××	—	—	合格
2	前处理	正己烷	××	4 L/瓶，农残级	××	—	—	合格
		二氯甲烷	××	4 L/瓶，农残级	××	—	—	合格
3	分析测试	甲酸	××	50 mL/瓶，≥99.0%，HPLC 级	××	—	—	合格
		甲酸铵	××	25 g/瓶，99.9%，质谱级	××	—	—	合格
		2,4-二硝基苯酚-d₃贮备液	××	1.2 mL，ρ=100 mg/L	S018273	有机溶剂：甲醇	是	合格
		硝基酚类化合物标准贮备液	××	1.2 mL，ρ=1 000 mg/L	219111184	有机溶剂：甲醇	是	合格

2.4 相关体系文件

本方法配套使用的监测采样原始记录为《地下水采样记录》（标识：JL-T-S-002b）、《地表水采样及现场监测记录 I》（标识：JL-T-S-001）、《污染源废水采样及现场监测记录》（标识：JL-T-W-001a）；分析原始记录为《液相色谱质谱法定量测定原始记录》（标识：JL-T-L-116）；监测报告格式为《报告格式管理规定作业指导书》（监测报告编号 THQT-004g）。

3 方法性能指标验证

3.1 测试条件

3.1.1 仪器分析条件

本方法验证的仪器分析条件如下。

（1）色谱条件

进样量：10 μL，柱温 30℃；流动相流速：0.2 mL/min；流动相组成：A：甲酸铵-甲酸缓冲溶液，B：甲醇；梯度洗脱程序：见表5。

表5　梯度洗脱程序

时间/min	A/%	B/%
0	60.0	40.0
4.5	45.0	55.0
5.00	10.0	90.0
7.00	10.0	90.0
7.10	60.0	40.0

（2）质谱条件

离子源：电喷雾离子源（ESI），负离子模式。

监测方式：多反应监测（MRM）。

毛细管电压：4 500 V。

离子源温度：300℃。

雾化器压力：35 psi。

目标化合物的多反应监测条件，具体见表6。

表6　目标化合物的多反应监测条件

化合物名称	前体离子（m/z）	产物离子（m/z）	碎裂电压/V	碰撞能/eV
2,6-二硝基酚	183.0	153.0	112	15
		79.2		25
2,4-二硝基酚	183.0	109.0	90	28
		123.0		20
2,4,6-三硝基酚	227.9	182.0	120	14
		197.9		12
4-硝基酚	138.0	108.1	100	17
		46.1		28
2,4-二硝基酚-d_3	186.0	112.0	100	28

3.1.2　仪器自检（调谐）

按照仪器说明书在规定时间和频次内对质谱仪进行仪器质量数和分辨率的校正，结果符合标准方法要求，相关验证材料见附件4。

3.2 校准曲线

准确移取浓度为 1.00 mg/L 的硝基酚标准溶液 5.0 µL、10.0 µL、20.0 µL、50.0 µL、100 µL、200 µL、500 µL 于 10 mL 容量瓶中，用纯水定容至标线，摇匀，配制成浓度分别为 0.5 µg/L、1.0 µg/L、2.0 µg/L、5.0 µg/L、10.0 µg/L、20.0 µg/L、50.0 µg/L 的标准系列。分别取 1.0 mL，加入 10.0 µL 内标使用液，混匀后依次进样分析。按照标准方法要求绘制校准曲线，校准曲线的绘制情况见表 7，标准溶液的谱图见图 1。

表 7 校准曲线绘制情况

监测项目	校准曲线方程	相关系数（r）	标准规定相关系数（r）	是否符合标准要求
2,6-二硝基酚	$y = 0.400x + 0.004\ 87$	0.999	≥0.995	是
2,4-二硝基酚	$y = 1.06x - 0.003\ 56$	0.999	≥0.995	是
2,4,6-三硝基酚	$y = 1.98x + 0.014\ 5$	0.999	≥0.995	是
4-硝基酚	$y = 3.02x - 0.024\ 9$	0.998	≥0.995	是

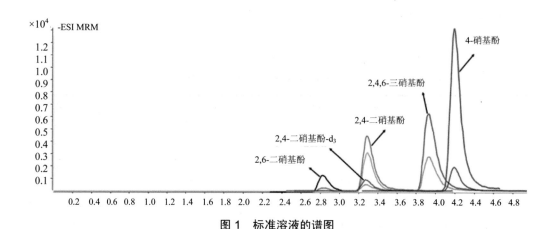

图 1 标准溶液的谱图

经验证，本实验室校准曲线结果符合标准方法要求，相关验证材料见附件 5。

3.3 方法检出限及测定下限

按照《环境监测分析方法标准制订技术导则》（HJ 168—2020）附录 A.1 的规定，进行方法检出限和测定下限验证。

按照标准方法要求，向 10 mL 的空白中，加入 10.0 µL 浓度为 1.00 mg/L 的标准溶液，得到空白加标样品的浓度为 1.0 µg/L。对浓度为 1.0 µg/L 的空白加标样品进行 7 次重复性测定，将测定结果换算为样品的浓度或含量，按式（1）计算方法检出限。以 4 倍的检出限作为测定下限，即 RQL=4×MDL。本方法检出限及测定下限计算结果见表8。

$$\text{MDL}=t_{(6-1,0.99)} \times S \quad\quad\quad (1)$$

式中：MDL——方法检出限；

$t_{(6,0.99)}$——自由度为 n−1（n 为测定次数 7），置信度为 99%时的 t 分布（单侧）；

S——7 次平行测定的标准偏差。

表 8   方法检出限及测定下限

平行样品号	测定值/（μg/L）			
	2,6-二硝基酚	2,4-二硝基酚	2,4,6-三硝基酚	4-硝基酚
1	0.968	0.867	0.913	1.06
2	0.823	0.819	1.12	1.22
3	0.831	0.97	1.09	1.19
4	0.906	0.95	0.928	1.02
5	0.804	0.883	0.958	1.24
6	0.998	0.841	1.05	1.07
7	0.916	0.833	1.02	1.02
平均值 $\overline{x}$	0.892	0.88	1.01	1.12
标准偏差 S	0.075 3	0.058 6	0.080 6	0.096
方法检出限	0.3	0.2	0.3	0.4
测定下限	1.2	0.8	1.2	1.6
标准规定检出限	0.6	0.4	0.5	0.4
标准规定测定下限	2.4	1.6	2.0	1.6

经验证，本实验室方法检出限和测定下限符合标准方法要求，相关验证材料见附件6。

3.4 精密度

按照标准方法要求，采用实际加标样品进行 6 次重复性测定，取 9.80 mL 工业废水样品于 15 mL 样品管中，加入 200 μL 浓度为 1.00 mg/L 的标准溶液，得到加标样品的浓度为 20.0 μg/L，按照相同的配制过程配制 6 个平行样品。样品混匀后分别经 0.22 μm 聚四氟乙烯微孔滤膜过滤后，各取 1.0 mL，加入 10.0 μL 内标使用液，混匀，上机检测。计算相对标准偏差，测定结果见表9。

表 9 精密度验证结果

平行样品号		样品浓度			
		2,6-二硝基酚	2,4-二硝基酚	2,4,6-三硝基酚	4-硝基酚
测定结果/ （μg/L）	1	19.8	19.3	18.9	19.7
	2	20.8	20.8	20.1	21.0
	3	19.5	19.0	18.7	19.4
	4	20.4	21.0	20.5	21.2
	5	20.3	20.5	20.7	21.3
	6	19.9	19.3	19.5	20.1
平均值 $\bar{x}$ /（μg/L）		20.1	20.0	19.7	20.5
标准偏差 S/（μg/L）		0.471	0.880	0.833	0.822
相对标准偏差/%		2.3	4.4	4.2	4.0
标准中实验室内相对 标准偏差/%		≤8.5	≤10	≤10	≤13

经验证，对浓度为 20.0 μg/L 的工业废水的加标样品进行 6 次重复性测定，相对标准偏差为 2.3%～4.4%，符合标准方法要求（参考多家实验室内相对标准偏差范围），相关验证材料见附件 7。

3.5 正确度

按照标准方法要求，采用地表水实际样品进行 3 次加标回收率测定，验证方法正确度。

取 9.90 mL 的实际样品 4 份，其中 1 份直接测定，另 3 份分别加入 100 μL 的 1.00 mg/L 的标准溶液，按照样品的测定步骤同时进行测定，测定结果见表 10。

表 10 实际样品加标回收率测定结果

监测 项目	平行样 品号	实际样品 测定结果/ （μg/L）	加标量/ （μg/L）	加标后测定值/ （μg/L）	加标回收率/%	标准规定的加标 回收率/%
2,6- 二硝基酚	1	0.6 L	10.0	10.6	106	70～130
	2		10.0	10.6	106	70～130
	3		10.0	10.7	107	70～130
2,4- 二硝基酚	1	0.4 L	10.0	10.6	106	70～130
	2		10.0	11.1	111	70～130
	3		10.0	11.1	111	70～130

监测项目	平行样品号	实际样品测定结果/（μg/L）	加标量/（μg/L）	加标后测定值/（μg/L）	加标回收率/%	标准规定的加标回收率/%
2,4,6-三硝基酚	1	0.5 L	10.0	10.7	107	70～130
	2		10.0	11.2	112	70～130
	3		10.0	10.8	108	70～130
4-硝基酚	1	0.4 L	10.0	10.3	103	70～130
	2		10.0	10.9	109	70～130
	3		10.0	10.3	103	70～130

经验证，对地表水的实际样品进行 3 次加标回收率测定，加标回收率为 103%～112%，符合标准方法要求，相关验证材料见附件 8。

4 实际样品测定

按照标准方法要求，选择地表水实际样品进行测定，相关原始记录和监测报告见附件 9。

4.1 样品采集和保存

按照标准方法要求，采集地表水的实际样品，样品采集和保存情况见表 11。

表 11 样品采集和保存情况

序号	样品类型及性状	采样依据	样品保存方式
1	地表水/液态	《地表水环境质量监测技术规范》（HJ 91.2—2022）、《水质 4 种硝基酚类化合物的测定 液相色谱-三重四极杆质谱法》（HJ 1049—2019）	4℃以下冷藏，避光保存

经验证，本实验室样品采集和保存能力满足标准方法要求。

4.2 样品前处理

按照标准方法要求对地表水的实际样品进行前处理，具体操作为：水样经 0.22 μm 聚四氟乙烯滤膜过滤，弃去至少 1 mL 初滤液后，移取 1.0 mL 过滤后的样品于棕色进样瓶中，加入 10.0 μL 内标使用液，混匀待测。

4.3 样品测定结果

实际样品测定结果见表 12。

表 12 实际样品测定结果

监测项目	样品类型	测定结果/（μg/L）
2,6-二硝基酚	地表水	0.6 L
2,4-二硝基酚	地表水	0.4 L
2,4,6-三硝基酚	地表水	0.5 L
4-硝基酚	地表水	0.4 L

4.4 质量控制

按照标准方法要求，采用的质量控制措施包括空白实验、加标回收率测定、平行样测定和连续校准。

4.4.1 空白试验

空白试验测定结果见表 13。经验证，空白试验测定结果符合标准方法要求。

表 13 空白试验测定结果

空白类型	监测项目	测定结果/（μg/L）	标准规定要求/（μg/L）
实验室空白	2,6-二硝基酚	0.6 L	＜0.6
	2,4-二硝基酚	0.4 L	＜0.4
	2,4,6-三硝基酚	0.5 L	＜0.5
	4-硝基酚	0.4 L	＜0.4

4.4.2 加标回收率测定

对浓度为 2,6-二硝基酚：0.4 μg/L，2,4-二硝基酚：0.6 μg/L，2,4,6-三硝基酚：0.4 μg/L，4-硝基酚：0.5 μg/L 的实际样品进行加标回收率测定，得到加标回收率为 80.0%～100%，符合方法中规定的 70%～130%的要求。

4.4.3 平行样测定

对浓度为 2,6-二硝基酚：0.4 μg/L，2,4-二硝基酚：0.6 μg/L，2,4,6-三硝基酚：0.4 μg/L，4-硝基酚：0.5 μg/L 的实际样品进行平行测定，相对偏差为 0～12%，符合方法中规定的平行样相对偏差≤25%的要求。

4.4.4 连续校准

对浓度为 10 μg/L 的标准溶液进行测定，相对误差为 -4.0%～4.0%，符合方法中规定的连续校准相对误差应在±20%以内的要求。

5　验证结论

综上所述，本实验室人员通过培训和能力确认后，依据 HJ 1049—2019 开展方法验证，并进行了实际样品测试。所用仪器设备、标准物质、关键试剂耗材，采取的质量保证和质量控制措施，以及经实验验证得出的方法检出限、测定下限、精密度和正确度等，均满足标准方法要求，验证合格。

附件 1　验证人员培训、能力确认情况的证明材料（略）

附件 2　仪器设备的溯源证书及结果确认等证明材料（略）

附件 3　有证标准物质证书及关键试剂耗材验收材料（略）

附件 4　仪器自检（调谐）证明材料（略）

附件 5　校准曲线绘制/仪器校准原始记录（略）

附件 6　检出限和测定下限验证原始记录（略）

附件 7　精密度验证原始记录（略）

附件 8　正确度验证原始记录（略）

附件 9　实际样品监测报告及相关原始记录（略）

《环境空气　氟化物的测定　滤膜采样/氟离子选择电极法》（HJ 955—2018）方法验证实例

1　方法名称及适用范围

1.1　方法名称及编号

《环境空气　氟化物的测定　滤膜采样/氟离子选择电极法》（HJ 955—2018）。

1.2　适用范围

本方法适用于环境空气中气态和颗粒态氟化物的测定。

2　实验室基础条件确认

2.1　人员

参加方法验证的人员均通过了培训和能力确认（表 1），验证人员相关培训、能力确认情况的证明材料见附件 1。

表 1　验证人员情况信息

序号	姓名	年龄	职称	专业	参加本标准方法相关要求培训情况（是/否）	能力确认情况（是/否）	相关监测工作年限/年	验证工作内容
1	×××	35	工程师	环境工程	是	是	8	采样
2	×××	27	助理工程师	环境工程	是	是	2	
3	×××	47	高级工程师	分析化学	是	是	20	前处理及分析测试
4	×××	50	高级工程师	环境监测	是	是	25	

2.2 仪器设备

本方法验证中，使用的仪器设备包括样品采集及现场监测仪器、样品前处理仪器和分析仪器等。主要仪器设备情况见表 2，相关仪器设备的检定/校准证书及结果确认等证明材料见附件2。

表 2　主要仪器设备情况

序号	过程	仪器名称	仪器规格型号	仪器编号	溯源/核查情况	溯源/核查结果确认情况	其他
1	采样及现场监测	高负载大气颗粒物采样器	××	××	校准	合格	流量范围为10～60 L/min
		大气综合流量校准仪	××	××	校准	合格	流量范围为10～60 L/min
		采样头	××	××	—	合格	可放置 90 mm 滤膜，配有两层聚乙烯滤膜网垫，网垫间有2～3 mm 的间隔圈相隔
2	前处理	电热恒温鼓风干燥箱	××	××	校准	合格	—
		超声波清洗器	××	××	—	合格	频率为40～60 kHz
3	分析测试	离子活度计	××	××	校准	合格	分辨率为 0.1 mV
		氟离子选择电极	××	××	—	合格	测量氟离子浓度范围为 10^{-5}～10^{-1} mol/L
		参比电极	××	××	—	—	—
		磁力搅拌器	××	××	—	合格	聚乙烯包裹的搅拌子
		温度计	0～100℃	××	检定	合格	—

2.3 标准物质及主要试剂耗材

本方法验证中，使用的标准物质、主要试剂耗材情况见表3，有证标准物质证书、主要试剂耗材验收材料见附件3。

表3　标准物质、主要试剂耗材情况

序号	用途	名称	生产厂家	技术指标	证书/批号	标准物质基体类型	标准物质是否在有效期内	主要试剂耗材验收情况
1	采样及现场监测	乙酸-硝酸纤维微孔滤膜	××	孔径5 μm，直径90 mm	××	—	—	合格
		磷酸氢二钾	××	分析纯	××	—	—	合格
2	前处理	盐酸	××	分析纯	××	—	—	合格
3	分析测试	总离子强度缓冲溶液	××	—	××	—	—	合格
		氢氧化钠	××	优级纯	××	—	—	合格
		氟标准溶液	××	500 μg/mL	××	水质	是	合格
		滤膜中氟标准样品	××	（30±1.8）μg，（60±3.6）μg	××	滤膜	是	合格

2.4　环境条件

本方法验证中，环境条件监控情况见表4，相关环境条件监控记录资料见附件4。

表4　环境条件监控情况

序号	过程	控制项目	环境条件控制要求	实际环境条件	环境条件确认情况
1	分析测试	溶液温度	15～35℃	环境温度为22～25℃，溶液温度为23℃	合格
		测试温度	试样测定应与标准曲线建立同时进行，试样测定时与建立标准曲线时温度之差不超过±2℃	试样测定与标准曲线建立同时进行，试样测定时与建立标准曲线时温度均为23℃，两者之差为0	合格

2.5　相关体系文件的确认

本方法配套使用的监测原始记录为《空气和废气无组织排放采样原始记录单》（标识：SXHJ-04-2019-DQ-004）和《电极法分析原始记录单（气样）》（标识：SXHJ-04-2021-DQ-019）；监测报告格式为SXHJ-04-2020-TY-048。

3 方法性能指标验证

3.1 校准曲线

本方法验证过程中，仪器按照使用规程进行平衡直至清洗电极时示值≥370 mV。

按照标准要求，分别移取 0.50 mL、1.00 mL、2.00 mL、5.00 mL、10.0 mL 和 20.0 mL 浓度为 10 μg/mL 的氟标准使用液于 50 mL 容量瓶中，加入 TISAB 溶液 10 mL，用水定容至标线，混匀。从低浓度到高浓度依次将标准系列溶液转移至 100 mL 的聚乙烯烧杯中，将清洗干净的氟离子选择电极及参比电极插入待测液中测定。测定结束后，以氟含量（μg）的对数为横坐标，其对应的电位值（mV）为纵坐标，建立校准曲线，见表 5。

表 5　校准曲线

校准点	1	2	3	4	5	6
校准系列溶液的 F⁻ 含量/μg	5.00	10.0	20.0	50.0	100	200
电极电位/mV	306.1	288.0	270.6	246.4	228.3	210.3
校准曲线方程	$y=-59.8\lg x +348.01$					
相关系数（r）	0.999 9					
标准规定要求	$r \geqslant 0.999$，温度为 20～25℃时，氟离子浓度每改变 10 倍，电极电位变化应满足-58.0 mV± 2.0 mV					
是否符合标准要求	是					

经验证，本实验室校准曲线/仪器校准结果符合标准方法要求，相关验证材料见附件 5。

3.2 方法检出限及测定下限

参考 HJ 955—2018 的编制说明，本次验证方法检出限及测定下限时，采用了两种方法（可以只用其中一种）。

3.2.1 检出限及测定下限方法一

按照《环境监测分析方法标准制订技术导则》（HJ 168—2020）附录 A.1.4 的规定，进行方法检出限和测定下限验证。用空白滤膜（两张）的测定值作为空白电位，取标准曲线的直线延长线与通过空白电位且平行于浓度轴的直线相交时，交点所对应的浓度值作为检出限，测定下限为 4 倍的检出限。测定结果见表 6，相关验证材料见附件 6。

表6 方法检出限和测定下限

测定次数	电位 E/mV	测定结果/μg
1	294.5	5.0
2	280.1	10.0
3	263.2	20.0
4	240.8	50.0
5	222.9	100.0
6	205.2	200.0
标准曲线	$y=-56.2\lg x+335.35$ $r=0.999\,9$	
检出限/μg	0.34	
测定下限/μg	1.36	
24 h 均值，采样体积为 24 m³ 时方法检出限/（μg/m³）	0.02	
24 h 均值，采样体积为 24 m³ 时方法测定下限/（μg/m³）	0.08	
标准中 24 h 均值方法检出限/（μg/m³）	0.06	
标准中 24 h 均值测定下限/（μg/m³）	0.24	
1 h 均值，采样体积为 3 m³ 时方法检出限/（μg/m³）	0.12	
1 h 均值，采样体积为 3 m³ 时方法测定下限/（μg/m³）	0.48	
标准中 1 h 均值方法检出限/（μg/m³）	0.50	
标准中 1 h 均值测定下限/（μg/m³）	2.00	

3.2.2 检出限及测定下限方法二

按照 HJ 168—2020 附录 A.1.1 的规定，进行方法检出限和测定下限验证。

由于空白滤膜只有极微量检出，无法满足检出限试验的需要，故分别选取 7 组空白滤膜，每组两张。移取 0.10 mL 浓度为 10 μg/mL 的氟化物标准溶液分别加在每张滤膜上，使得每张空白滤膜氟化物加标含量为 1.0 μg，共获得 2×7 组低含量氟化物空白滤膜加标样品。将上述其中 7 组空白滤膜加标样品放置 1 h，另外 7 组空白滤膜加标样品放置 24 h。贮存在密闭容器中，并于 3 天内（标准要求在 40 天内）完成分析。分别计算 1 h 及 24 h 空白滤膜加标样品平行测定的标准偏差，按式（1）计算方法检出限。其中，当 n 为 7 次，置信度为 99%，$t_{(n-1,0.99)}=3.143$。以 4 倍的样品检出限作为测定下限，即 RQL=4×MDL。本方法检出限计算结果见表 7，相关验证材料见附件 6。

$$\text{MDL}=t_{(n-1,0.99)} \times S \tag{1}$$

式中：MDL——方法检出限；

n ——样品的平行测定次数；

t ——自由度为 $n-1$，置信度为 99% 时的 t 分布（单侧）；

S —— n 次平行测定的标准偏差。

表7 方法检出限和测定下限

平行样品号	测定结果/μg	
	1 h 加标滤膜	24 h 加标滤膜
1	2.33	2.23
2	2.09	2.12
3	2.27	2.27
4	2.46	2.33
5	2.26	2.06
6	2.15	2.15
7	2.04	1.89
平均值 X_i/μg	2.23	2.15
标准偏差 S_i/μg	0.146	0.147
检出限/μg	0.46	0.46
测定下限/μg	1.84	1.84
1 h 采样体积/m³	3	—
1 h 均值方法检出限/（μg/m³）	0.15	—
1 h 均值测定下限/（μg/m³）	0.60	—
标准中 1 h 均值方法检出限（μg/m³）	0.50	—
标准中 1 h 均值测定下限/（μg/m³）	2.00	—
24 h 采样体积/m³	—	24
24 h 均值方法检出限/（μg/m³）	—	0.02
24 h 均值测定下限/（μg/m³）	—	0.08
标准中 24 h 均值方法检出限/（μg/m³）	—	0.06
标准中 24 h 均值测定下限/（μg/m³）	—	0.24

经验证，以上两种验证方法得出的方法检出限和测定下限均符合 HJ 955—2018 的要求。

3.3 精密度

选取多组实际样品进行加标回收测定以验证精密度。按照标准方法要求，样品采集前制得加标膜，加标量为 10 μg。样品采集分别以 16.7 L/min 流量采集 24 h，以 50 L/min 流量采集 1 h，各采集 6 次，每次采集 2 组，每组 3 个样品，其中 2 个为原膜采集的平行样品，第 3 个为加标膜采集的样品，共获得 12 组滤膜样品。计算实际样品加标回收率及相对标准偏差。精密度测定结果见表 8。

表 8　精密度测定结果

平行样品号		样品含量					
		1 h 均值实际样品加标测定			24 h 均值实际样品加标测定		
		原膜样品平均值/μg	加标膜样品/μg	回收率/%	原膜样品平均值/μg	加标膜样品/μg	回收率/%
测定结果	1	2.12	11.12	90.0	5.74	14.64	89.0
	2	2.53	11.43	89.0	2.62	11.92	93.0
	3	1.98	11.98	100	2.33	11.33	90.0
	4	1.84	11.31	95.0	2.42	12.12	97.0
	5	2.13	11.03	89.0	5.35	14.15	88.0
	6	2.05	11.30	92.5	5.81	14.81	90.0
平均值 $\bar{x}$		—	—	92.6	—	—	91.2
标准偏差 S		—	—	4.3	—	—	3.3
相对标准偏差/%		—	—	4.7	—	—	3.6
多家实验室内相对标准偏差/%		—	—	≤5.4	—	—	≤5.4

经验证，对环境空气实际样品加标进行 6 次平行测定，其中 1 h 均值监测相对标准偏差为 4.7%，24 h 均值监测相对标准偏差为 3.6%，均满足标准方法要求（参考 HJ 955—2018 中加标量为 10.0 μg 的实验室内相对标准偏差范围为 1.0%～5.4%），验证材料见附件 7。

3.4　正确度

参考 HJ 955—2018 的编制说明，本次验证方法正确度时，采用了两种方法（可以只用其中一种）。

3.4.1　有证标准样品验证

按照标准方法要求，将滤膜中氟有证标准样品重复测定 3 次，正确度结果见表 9。

表 9　正确度测定结果（滤膜中氟有证标准样品）

平行样品号	测定结果/μg	
	标准样品 1	标准样品 2
1	31.3	62.5
2	28.7	63.3
3	31.6	57.1
有证标准样品含量/μg	30±1.8	60±3.6

经验证，对滤膜中氟有证标准样品测定结果均在给定值范围内，符合标准规定要求。

3.4.2　加标回收率验证

按照标准方法要求，样品采集前制得加标膜，加标量为 100 μg。样品采集分别以 16.7 L/min 流量采集 24 h，以 50 L/min 流量采集 1 h，各采集 3 次，每次采集 2 组，每组 3 个样品，其中第 2 个为原膜采集的平行样品，第 3 个为加标膜采集的样品，共获得 6 组滤膜样品，计算实际样品加标回收率。正确度测定结果见表 10。

表 10　正确度测定结果（实际样品加标）

测定次数	1 h 均值实际样品加标测定			24 h 均值实际样品加标测定		
	原膜样品平均值/μg	加标膜样品/μg	回收率/%	原膜样品平均值/μg	加标膜样品/μg	回收率/%
1	2.05	98.5	96.4	5.89	103	97.1
2	2.13	103	101	6.03	105	99.0
3	2.02	99.8	97.8	5.78	102	96.2
平均值	—	—	98.4	—	—	97.4
标准中加标回收率最终值/%	—	—	91.0±13.4	—	—	91.4±9.6

经验证，对环境空气实际样品加标，加标量为 100 μg，进行 3 次平行测定，其中 1 h 均值加标回收率平均值 98.4%；24 h 均值加标回收率平均值为 97.4%，满足方法标准要求（参考 HJ 955—2018 中多家实验室监测统计的加标回收率最终值）。相关验证材料见附件 8。

4　实际样品测定

按照标准方法要求，选择环境空气实际样品进行测定，监测报告及相关原始记录见附件 9。

4.1　样品采集和保存

按照 HJ 955—2018 和《环境空气质量手工监测技术规范》（HJ 194—2017）及修改单的要求，采集 1 h 均值及 24 h 均值环境空气样品（在采样头的第二层支撑滤膜网垫上放置一张磷酸氢二钾浸渍滤膜，中间用 2 mm 厚的膜垫圈相隔，再放置第一层支撑滤膜网垫，在第一层支撑滤膜网垫上放置第二张磷酸氢二钾浸渍滤膜；以 50 L/min 流量采样 60 min 为 1 h 均值样品，以 16.7 L/min 流量采样 23.5 h 为 24 h 均值样品），并按要求同时采集全程序空白样品。

样品采集结束后，分别将滤膜对折放入塑料盒（袋）中密封，贮存在密闭容器中，并于3天内（标准要求在40天内）完成分析，样品采集依据和保存情况见表11。

表 11　样品采集依据和保存情况

序号	样品类型	采样依据	样品保存方式
1	环境空气颗粒态和气态氟化物总量	《环境空气　氟化物的测定　滤膜采样/氟离子选择电极法》（HJ 955—2018）、《环境空气质量手工监测技术规范》（HJ 194—2017）及修改单	密闭容器中保存，40 天内完成分析

经验证，氟化物滤膜样品采集和保存能力满足 HJ 955—2018 和 HJ 194—2017 及修改单的要求。

4.2　样品前处理

本方法验证过程中，其样品前处理步骤按照 HJ 955—2018 的要求进行，具体操作为：将两张样品滤膜剪成小碎块（约 5 mm×5 mm），放入 50 mL 带盖聚乙烯瓶中，加入盐酸溶液 20.0 mL，摇动使滤膜充分分散并浸湿后，在超声清洗器中提取 30 min，取出。待溶液温度冷却至室温，再加入氢氧化钠溶液 5.0 mL，水 15.0 mL 及 TISAB 溶液 10.0 mL，总体积 50.0 mL，混匀后转移至 100 mL 聚乙烯烧杯中待测定。

4.3　样品测定结果

本次验证采集环境空气样品进行测定，结果见表12。

表 12　实际样品测定结果

监测项目	样品类型	测定结果/（µg/m^3）
氟化物总量	环境空气 1 h 均值	1.1
	环境空气 24 h 均值	0.15

4.4　质量控制

4.4.1　空白测定

本方法验证过程中，按照标准要求进行了全程序空白和实验室空白试样的制备，其测量条件与样品测定相同。经验证，实验室空白中氟化物含量低于 1.4 µg，全程序空白中氟化物含量低于 2.0 µg，满足标准方法要求，空白测定结果见表13。

表 13   空白测定结果   单位：μg

空白类型	监测项目	测定结果	标准规定的要求
全程序空白	氟化物（1 h）	1.0	<2.0
	氟化物（24 h）	1.4	<2.0
实验室空白	氟化物	0.9	<1.4
	氟化物	0.9	<1.4

4.4.2   校准曲线

按标准要求，实际样品测定时建立了标准曲线，校准曲线方程为 $y=-59.4\lg x+346.20$，相关系数（r）为 0.999 8，温度为 24.2℃。

4.4.3   标准样品的测定

对含量为（30±1.8）μg（编号：××）的滤膜中氟标准样品进行测定，测定结果为 31.5 μg，在保证值范围内，符合标准方法要求。

4.4.4   仪器流量控制

采样前对采样器流量进行检查校准，在 50 L/min 的流量下，其流量示值为 49.8 L/min，示值误差为-0.4%；在 16.7 L/min 的流量下，其流量示值为 16.6 L/min，示值误差为-0.6%，均不超过±2%，符合标准要求。

采样起始到结束的流量变化均为 0，不超过±10%，符合标准要求。

5   验证结论

综上所述，本实验室人员通过培训和能力确认后，依据 HJ 955—2018 开展方法验证，并进行了实际样品测试，所用仪器设备、标准物质、关键试剂耗材、采取的质量保证和质量控制措施，以及经实验验证得出的方法检出限、测定下限、精密度和正确度等，均满足标准方法相关要求，验证合格。

附件 1   验证人员培训、能力确认情况的证明材料（略）

附件 2   仪器设备的溯源证书及结果确认等证明材料（略）

附件 3   有证标准物质证书及关键试剂耗材验收材料（略）

附件 4   环境条件监控原始记录（略）

附件 5   校准曲线绘制/仪器校准原始记录（略）

附件 6   检出限和测定下限验证原始记录（略）

附件 7　精密度验证原始记录（略）

附件 8　正确度验证原始记录（略）

附件 9　实际样品监测报告及相关原始记录（略）

————————

《固定污染源废气　低浓度颗粒物的测定　重量法》
（HJ 836—2017）
方法验证实例

1　方法名称及适用范围

1.1　方法名称及编号

《固定污染源废气　低浓度颗粒物的测定　重量法》（HJ 836—2017）。

1.2　适用范围

本标准适用于各类燃煤、燃油、燃气锅炉、工业窑炉、固定式燃气轮机以及其他固定污染源废气中颗粒物的测定。

本标准适用于低浓度颗粒物的测定，当测定结果大于 50 mg/m^3 时，表述为"＞50 mg/m^3"。

2　实验室基础条件确认

2.1　人员

参加方法验证的人员均通过了培训和能力确认（表 1），验证人员相关培训、能力确认情况等证明材料见附件 1。

表 1　验证人员情况信息

序号	姓名	年龄	职称	专业	参加本标准方法相关要求培训情况（是/否）	能力确认情况（是/否）	相关监测工作年限/年	验证工作内容
1	××	44	工程师	环境工程	是	是	9	采样及现场监测
2	××	35	工程师	环境工程	是	是	8	采样及现场监测

序号	姓名	年龄	职称	专业	参加本标准方法相关要求培训情况（是/否）	能力确认情况（是/否）	相关监测工作年限/年	验证工作内容
3	××	35	工程师	化学工程	是	是	8	样品处理及分析
4	××	31	工程师	环境科学	是	是	4	样品处理及分析

2.2 仪器设备

本方法验证中，使用的主要仪器设备包括采样及现场监测、样品前处理及分析称重设备等。主要仪器设备情况见表 2。相关仪器设备的检定/校准证书及结果确认等证明材料见附件 2。

表 2　主要仪器设备情况

序号	过程	仪器名称	仪器规格型号	仪器编号	溯源/核查情况	溯源/核查结果确认情况	其他特殊要求
1	采样及现场监测	便携式大流量低浓度烟尘自动测试仪	××	××	校准	合格	—
		低浓度采样管	××	××	校准	合格	具备加热功能
		采样头	××	××	核查	合格	—
		含湿量测试仪	××	××	校准	合格	—
2	前处理及分析称重	恒温恒湿称量设备	××	××	校准	合格	温度控制在 15～30℃，控温精度为±1℃，相对湿度应控制在（50±5）%RH
		电子天平	××	××	检定	合格	分辨率为 0.01 mg
		电热鼓风干燥箱	××	××	校准	合格	精度为±5℃
		温度计	××	××	检定	合格	测量范围为-30～50℃，精度为±5℃
		湿度计	××	××	检定	合格	测量范围为 10%～100%RH，精度为±5%RH

2.3 标准物质及主要试剂耗材

本方法验证中使用的主要试剂耗材情况见表 3，主要试剂耗材验收材料见附件 3。

表3　主要试剂耗材

序号	用途	名称	生产厂家	技术指标（规格/浓度/纯度）	证书/批号	主要试剂耗材验收情况
1	采样及现场监测	滤膜	××	滤膜直径为（47±0.25）mm，对于直径为 0.3 μm 的标准粒子，滤膜的捕集效率大于 99.5%；对于直径为 0.6 μm 的标准粒子，滤膜的捕集效率大于 99.9%。滤膜材质不应吸收或与废气中的气态化合物发生化学反应，在最大采样温度下应保持热稳定，并避免质量损失	××	合格
2	前处理	丙酮	××	干残留量≤10 mg/L，ρ（CH₃COCH₃）=0.788 g/mL	××	合格

2.4　环境条件

本方法验证中，环境条件监控情况见表4，相关环境条件监控记录见附件4。

表4　环境条件监控情况

序号	过程	控制项目	环境条件控制要求	实际环境条件	环境条件确认情况
1	采样及现场监测	温度	当烟气中水分影响采样正常进行时，应开启采样管加热功能，加热温度不超过 110℃	采样管加热温度为 100℃	合格
2	前处理	温度、湿度	（1）采样前处理：前弯头、密封铝圈、不锈钢托网烘烤温度为 105～110℃，烘干 1 h；石英材质滤膜烘焙温度为 180℃或大于烟温 20℃，烘焙 1 h。冷却后，上述部件及滤膜封装在一起，在恒温恒湿系统内平衡 24 h。（2）采样后处理：烘烤采样头 1 h，烘烤温度为 105～110℃，冷却后在恒温恒湿系统内平衡 24 h。（3）平衡温度、湿度：温度控制在 15～30℃，控温精度为±1℃，相对湿度应控制在（50±5）%RH 范围内。采样前后恒温恒湿系统平衡条件不变	（1）采样前处理：前弯头、密封铝圈、不锈钢托网烘烤温度为 110℃，烘干 1 h；石英材质滤膜烘焙温度为 180℃，烘焙 1 h。冷却后装在一起，在恒温恒湿系统内平衡 24 h。（2）采样后处理：烘烤采样头 1 h，烘烤温度为 110℃；冷却后在恒温恒湿系统平衡 24 h。（3）采样前后平衡温度均为 25 ℃，相对湿度均为 50%RH	合格

序号	过程	控制项目	环境条件控制要求	实际环境条件	环境条件确认情况
3	分析称重	温度、湿度	采样前后称量：在恒温恒湿系统内称量采样头。恒温恒湿系统温度控制在15～30℃，控温精度为±1℃，相对湿度应控制在（50±5）%RH范围内	采样前后称量：在恒温恒湿系统内称量采样头。采样前后恒温恒湿系统温度均为 25℃，相对湿度50%RH	合格

2.5 相关体系文件

本方法配套使用的监测原始记录为《固定污染源测试记录表》（标识：HBHJ-JL-2016-DQ-00A）和《空气和废气重量法分析原始记录》（标识：HBHJ-JL-2018-DQ-008B）；监测报告格式为 HBHJ-JL-2016-038。

3 方法性能指标验证

3.1 测试条件

采样前对采样系统是否漏气进行检查。经检查，采样系统符合《固定污染源排气中颗粒物测定与气态污染物采样方法》（GB/T 16157—1996）中系统现场检漏的要求。

3.2 仪器校准

采样前对颗粒物采样器进行流量校准，误差不超过±2.5%，满足《烟尘采样器技术条件》（HJ/T 48—1999）中流量准确度的要求。

3.3 方法检出限

按照《环境监测分析方法标准制订技术导则》（HJ 168—2020）附录 A.1 的规定，进行方法检出限验证。

选取洁净环境空气为零气，以 45 L/min 恒定流速采集 45 min，采集 7 次，每次为一个空白样品。按照样品分析的全部步骤，重复 7 次空白试验，将各测定结果换算为样品中颗粒物的浓度，计算 7 次平行测定的标准偏差，按式（1）计算方法检出限。其中，当 n 为 7 次，置信度为 99%时，$t_{(n-1,0.99)}$=3.143。本方法检出限验证结果见表 5。

$$MDL = t_{(n-1,0.99)} \times S \tag{1}$$

式中：MDL——方法检出限；

n——样品的平行测定次数；

t——自由度为 $n-1$，置信度为 99%时的分布（单侧）；

S——n次平行测定的标准偏差。

表5　方法检出限验证结果

测定结果		重量差/g	采样体积/m³	浓度/（mg/m³）
平行样品号	1	0.000 21	1.253 7	0.17
	2	0.000 25	1.263 9	0.20
	3	0.000 43	1.287 9	0.33
	4	0.000 29	1.274 9	0.23
	5	0.000 57	1.294 3	0.44
	6	0.000 35	1.267 5	0.28
	7	0.000 50	1.286 5	0.39
平均值 $\bar{x}_i$ /（mg/m³）		0.35		
标准偏差 S_i/（mg/m³）		0.15		
方法检出限/（mg/m³）		0.45		
标准规定检出限/（mg/m³）（当采样体积为 1 m³ 时）		1.0		

经验证，本实验室方法检出限符合 HJ 836—2017 的要求，相关验证材料见附件5。

4　实际样品测定

4.1　采样位置和采样点

在某电厂废气总排口，采集固定污染源低浓度颗粒物样品，进行实际样品测定。

采样位置和采样点依据 GB/T 16157—1996 确定。现场实际测量烟道直径为 5 m，选择十字交叉的采样孔采样，确定 4 个采样孔位置，每个采样孔确定采样点 5 个。采样孔内径为 100 mm。

4.2　采样准备

监测期间电厂生产设备和除尘设施运行正常，锅炉运行负荷达 75%，工况条件符合监测要求。

采样前根据采样平面的基本情况和标准相关要求，确定了现场的测量系列、采样时间和采样嘴直径；对采样头进行了平衡处理、称量及密封保存；对采样装置流量进行了校准；核查了现场工况，采样孔、采样平台、工作电源、安全设施等采样条件符合标准要求。

4.3　样品采集及保存

本方法验证实际样品监测，按照 HJ 836—2017 和 GB/T 16157—1996 的规定进行样品采集和保存。

依据 GB/T 16157—1996 的相关规定，现场检查采样系统的气密性，确保采样系统不漏气。

样品采集时，采样头固定装置的加热温度设为 100℃，采用等速采样，跟踪率误差小于 10%。采样结束后，取下采样头，用聚四氟乙烯材质堵套塞好采样嘴，将采样头放入密封袋内，再放入样品箱保存。

采集全程序空白样品。采集过程中，采样嘴背对废气气流方向，采样管在烟道中放置时间和移动方式与实际采样相同；采样管与采样器主机断开的连接，采样管末端接口密封，无废气进入采样系统。

样品采集和保存情况见表 6。

表 6　样品采集和保存情况

序号	样品类型及性状	采样依据	样品保存方式
1	固定污染源废气/××号采样头（样品）	《固定污染源废气　低浓度颗粒物的测定重量法》（HJ 836—2017）《固定污染源排气中颗粒物测定与气态污染物采样方法》（GB/T 16157—1996）	密封袋保存
2	固定污染源废气/××号采样头（全程序空白）	《固定污染源废气　低浓度颗粒物的测定重量法》（HJ 836—2017）《固定污染源排气中颗粒物测定与气态污染物采样方法》（GB/T 16157—1996）	密封袋保存

经验证，样品采集和保存能力满足 HJ 836—2017 的相关要求。样品采集、保存和流转相关原始记录见附件 6。

4.4　废气水分、温度、压力、流速的测定

按照 GB/T 16157—1996 的规定测定废气的水分、温度、压力、流速。废气含湿量的测定步骤符合《固定污染源烟气（SO_2、NO_x、颗粒物）排放连续监测系统技术要求及检测方法》（HJ 76—2017）中附录 D 要求；废气温度的测量符合 GB/T 16157—1996 中废气温度测定的规定；废气中压力、流速的测定符合 GB/T 16157—1996 中废气压力、流速测定的规定。烟气参数测定结果见表 7。相关原始记录见附件 6。

表7　烟气参数测定结果

序号	参数	结果
1	排气温度	48℃
2	排气压力	动压：14 Pa；静压：0.02 Pa
3	排气流速	12 m/s
4	排气含湿量	13.8%RH

4.5　样品前处理

本方法验证过程中，其样品前处理步骤按照 HJ 836—2017 的要求进行，具体操作为：

（1）采样前

在去离子水中用超声波清洗前弯管、密封铝圈和不锈钢托网，清洗 5 min 后再用去离子水冲洗干净。将上述部件放置在烘箱内，用 105℃的烘烤温度烘干 1 h。

将石英材质滤膜用 180℃的烘焙温度烘焙 1 h。冷却后，将滤膜和不锈钢托网用密封铝圈同前弯管封装在一起，在恒温恒湿系统内平衡 24 h。

在恒温恒湿系统内用天平对处理平衡后的采样头称重，每个样品称量 2 次，称量间隔大于 1 h，2 次称量结果最大偏差为 0.16 mg，小于 0.20 mg，满足标准要求。

（2）采样后

在通风橱中用蘸有丙酮的石英棉对采样头外表面进行擦拭清洗。清洗后，用 105℃烘烤温度烘烤采样头 1 h。待采样头干燥冷却后放入恒温恒湿系统内平衡 24 h。采样前后的恒温恒湿系统平衡条件一致。

在恒温恒湿系统内用天平对处理平衡后的采样头称重，称重步骤和要求与采样前相同。

对称重后的采样头进行检查，检查结果为滤膜无破损。

4.6　样品测定结果

按照 HJ 836—2017 的要求，对某电厂废气总排口低浓度颗粒物样品进行测定，连续1 h 采集排气筒中废气，所得实际样品测定结果见表 8，实际样品监测报告及相关原始记录见附件 6。

表8　实际样品测定结果

监测项目	样品类型	样品重量/g	样品体积/m^3	测定结果/(mg/m^3)	折算后结果/(mg/m^3)
低浓度颗粒物	固定污染源废气	0.005 62	1.0	5.6	5.8

4.7 质量控制

本方法验证过程中,按照标准方法要求,采用的质量控制措施包括:全程序空白测定,仪器与设备的检定和校准、运行和维护,称量及采样时的质量控制措施等,均满足 HJ 836—2017 的要求。相关原始记录见附件 6。

4.7.1 全程序空白测定

按照标准要求进行了全程序空白样品的采集和测定。全程序空白样品采样前后处理和称量条件与样品相同。经验证,全程序空白试验结果符合标准方法要求。全程序空白测定结果见表 9,相关原始记录见附件 6。

表 9　全程序空白测定结果

空白类型	监测项目	测定结果		标准规定
		增重/g	浓度/（mg/m³）	
全程序空白	低浓度颗粒物	0.000 16	0.2	①任何低于全程序空白增重的样品均无效。②全程序空白增重除以对应测量系列的平均体积不应超过排放限值的10%

4.7.2 仪器与设备

依据《固定源废气监测技术规范》（HJ/T 397—2007）和《固定污染源监测质量保证与质量控制技术规范（试行）》（HJ/T 373—2007）,对采样、前处理、称量、烘干等过程使用的仪器设备进行了检定和校准、运行和维护;采样设备在采样前进行了流量校准,校准结果见表 10。仪器与设备的检定和校准、运行和维护符合标准方法要求。

表 10　采样设备流量校准结果

仪器名称	仪器型号及编号	气密性检查情况	设定值/（L/min）	实测值/（L/min）		误差/%	技术要求/%
				单次	均值		
便携式大流量低浓度烟尘自动测试仪	××	良好	30.0	29.7	29.8	0.7	2.5
				29.8			
				29.8			

4.7.3 称量的质量控制

（1）天平校准

采样前后称重时均对天平进行了校准。天平校准情况见表11。

表 11 天平校准情况

过程	仪器名称	仪器型号及编号	标准砝码编号	砝码重量/g	称量结果/g		误差/mg	允许误差/mg
					单次	均值		
采样前	电子天平	××	8529932	10	10.000 06 / 10.000 05 / 10.000 06	10.000 06	0.06	±0.10
采样后			8529932	10	10.000 05 / 10.000 06 / 10.000 06	10.000 06	0.06	±0.10

（2）称量过程控制

本方法验证由同一人使用编号为24700609的天平对采样前后的采样头进行称量。采样前后平衡及称量时，保持温度 20.0℃、湿度 50%、无静电影响的环境条件。称量人员在放置、安装、取出、标记、转移采样部件时应佩戴无粉末、抗静电的一次性手套。

称量过程中，每个样品称量 2 次，称量间隔 1 h 以上，2 次称量结果最大偏差应满足标准规定，要求小于 0.20 mg。称量误差结果见表 12。

表 12 称量误差结果

样品	第 1 次称量/g	第 2 次称量/g	称量误差/mg	标准规定的称量误差/mg
××号采样头/采样前	12.344 56	12.344 68	0.12	<0.20
××号采样头/采样后	12.350 16	12.350 32	0.16	<0.20

（3）称量结果控制

本次实际样品重量（0.005 62 g）大于全程序空白增重（0.000 16 g），样品有效。全程序空白增重除以对应测量系列的平均体积为排放限值的 2%，满足标准要求。颗粒物浓度为 5.6 mg/m³，高于方法检出限。

4.7.4 采样时质量控制

现场采样时跟踪率误差小于 10%；采样过程中，采样断面最大流速和最小流速之比不大于 3∶1；现场监测时，选取了入口直径大的 10 号采样嘴并及时清理采样管；样品采集时，样品的采样体积大于 1 m³。

5 验证结论

综上所述，本实验室人员通过培训和能力确认后，依据 HJ 836—2017 开展方法验证，并进行了实际样品测定。所用仪器设备、关键试剂耗材、采取的质量保证和质量控制措施，以及经实验验证得出的方法检出限等，均满足该标准方法相关要求，验证合格。

附件 1　验证人员培训、能力确认情况的证明材料（略）

附件 2　仪器设备的溯源证书及结果确认等证明材料（略）

附件 3　关键试剂耗材验收材料（略）

附件 4　环境条件监控原始记录（略）

附件 5　检出限验证原始记录（略）

附件 6　实际样品监测报告及相关原始记录（略）

《固定污染源废气　一氧化碳的测定　定电位电解法》
（HJ 973—2018）
方法验证实例

1　方法名称及适用范围

1.1　方法名称及编号

《固定污染源废气　一氧化碳的测定　定电位电解法》（HJ 973—2018）。

1.2　适用范围

本方法适用于固定污染源废气中一氧化碳的测定。

2　实验室基础条件确认

2.1　人员

参加方法验证的人员均通过了培训和能力确认（表 1），验证人员相关培训、能力确认情况等证明材料见附件 1。

表 1　验证人员情况信息

序号	姓名	年龄	职称	专业	参加本标准方法相关要求培训情况（是/否）	能力确认情况（是/否）	相关监测工作年限/年	验证工作内容
1	××	40	工程师	环境科学	是	是	10	采样及现场监测
2	××	45	高级工程师	物理学	是	是	15	采样及现场监测

2.2 仪器设备

本方法验证中，使用了采样及现场监测仪器等。主要仪器设备情况见表 2，主要仪器设备性能要求确认情况见表 3，相关仪器设备的检定/校准证书及结果确认等证明材料见附件 2。

表 2 主要仪器设备情况

序号	过程	仪器名称	仪器规格型号	仪器编号	溯源/核查情况	溯源/核查结果确认情况	其他特殊要求
1	采样及现场监测	采样管	—	—	—	—	含滤尘装置
		烟气分析仪	××	××	检定	合格	—

表 3 主要仪器设备性能要求确认情况

标准方法规定指标要求			仪器设备指标	结果确认情况
仪器性能指标	示值误差	标准气体浓度值 ≥ 100 μmol/mol 时，不超过±5%	通入 300 μmol/mol 的标准气体，测量结果为 299 μmol/mol，示值误差为 −0.3%	合格
		标准气体浓度值 ＜ 100 μmol/mol 时，不超过±5 μmol/mol	通入 30 μmol/mol 的标准气体，测量结果为 29 μmol/mol，示值误差为 −1 μmol/mol	合格
	系统偏差	不超过±5%	测试 30 μmol/mol 的标准气体，直接导入分析仪的测量结果为 29 μmol/mol，经采样管导入分析仪的测量结果为 29 μmol/mol，系统偏差为 0	合格
	零点漂移	校准量程＞200 μmol/mol 时，不超过±3%	校准量程设为 300 μmol/mol 时，高纯氮气测试前测量结果为 0，测试后测量结果为 0.2 μmol/mol，零点漂移为 0.07%	合格
		校准量程≤200 μmol/mol 时，不超过±5%	校准量程设为 30 μmol/mol 时，高纯氮气测试前测量结果为 0，测定后测定结果为 0.2 μmol/mol，零点漂移为 0.7%	合格
	量程漂移	校准量程＞200 μmol/mol 时，不超过±3%	校准量程设为 300 μmol/mol 时，浓度为 300 μmol/mol 的标准气体测试前测量结果为 299 μmol/mol，测试后测量结果为 300 μmol/mol，量程漂移为 0.3%	合格

标准方法规定指标要求		仪器设备指标	结果确认情况
仪器性能指标	量程漂移	校准量程≤200 μmol/mol 时，不超过±5%	校准量程设为 30 μmol/mol 时，浓度为 30 μmol/mol 的标准气体测试前测量结果为 29 μmol/mol，测试后测量结果为 30 μmol/mol，量程漂移为3.3%	合格
	具有采样流量显示功能		可显示采样流量	合格

2.3 标准物质及主要试剂耗材

本方法验证中，使用的标准物质及主要试剂耗材情况见表4，有证标准物质证书、主要试剂耗材验收记录等证明材料见附件3。

表4 标准物质及主要试剂耗材

序号	过程	名称	生产厂家	技术指标（规格/浓度/纯度/不确定度）	证书/批号	标准物质基体类型	标准物质是否在有效期内	主要试剂耗材验收情况
1	采样及现场监测	一氧化碳有证标准气体	××	5 μmol/mol 不确定度2%	××	气体（氮气）	是	合格
				30 μmol/mol 不确定度2%	××	气体（氮气）	是	合格
				300 μmol/mol 不确定度2%	××	气体（氮气）	是	合格
		氮气	××	纯度≥99.99%	××	—	—	合格

2.4 环境条件

标准要求仪器应在其规定的环境温度、环境湿度等条件下工作。本方法验证中，环境条件监控情况见表5，相关环境条件监控记录见附件4。

表5 环境条件监控情况

序号	过程	控制项目	环境条件控制要求	实际环境条件	环境条件确认情况
1	采样及现场监测	环境温度	5～40℃	19℃	合格
		环境湿度	10%～70%	35%	合格
		废气温度	进入传感器的废气温度应不高于40℃	4℃	合格

注：进入传感器的废气温度值取采样管设置的冷凝温度。

2.5 相关体系文件

本方法配套使用的监测原始记录为《废气中污染物分析记录表》（标识：SDEM-TR-063）、《现场监测仪器测试前后仪器性能核查表》（标识：SDEM-TR-073）；监测报告格式为 SDEM-QR-069。

3 方法性能指标验证

3.1 仪器气密性检查

按照仪器说明书，正确连接采样管、分析仪、导气管等，启动分析仪，达到工作条件后，堵住采样管进气口，打开抽气泵抽气，1 min 时流量示值降至 0，符合《固定污染源排气中颗粒物测定与气态污染物采样方法》（GB/T 16157—1996）中 2 min 内流量示值降至 0 的要求，仪器气密性良好。

3.2 仪器校准

3.2.1 零点校准

将氮气导入分析仪，按仪器规定的步骤校准仪器零点。

3.2.2 量程校准

将 30 μmol/mol（37.5 mg/m³）标准气体钢瓶与采样管进气口连接，打开钢瓶气阀门，调节减压阀和流量计，以分析仪规定的流量，将标准气体导入分析仪。按仪器规定的步骤进行校准。

3.3 方法检出限及测定下限

按照《环境监测分析方法标准制订技术导则》（HJ 168—2020）附录 A.1 的规定，进行方法检出限和测定下限验证。

按照样品分析的全部步骤，对浓度值为 5 μmol/mol（6.25 mg/m³）的样品进行 7 次重复性测定，计算 7 次平行测定的标准偏差，按式（1）计算方法检出限。其中，当 n 为 7 次，置信度为 99%，$t_{(n-1,0.99)}$ =3.143。以 4 倍的样品检出限作为测定下限，即 RQL=4×MDL。本方法检出限计算结果见表 6。

$$MDL=t_{(n-1,0.99)} \times S \qquad （1）$$

式中：MDL——方法检出限；

　　　n——样品的平行测定次数；

　　　t——自由度为 n-1，置信度为 99% 时的 t 分布（单侧）；

S —— n 次平行测定的标准偏差。

表 6　方法检出限及测定下限

平行样品号	一氧化碳测定值/（mg/m^3）
1	6.25
2	5.00
3	6.25
4	7.50
5	7.50
6	6.25
7	6.25
平均值 $\bar{x}$	6.43
标准偏差 S	0.69
方法检出限	3
测定下限	12
标准规定检出限	3
标准规定测定下限	12

经验证，本实验室方法检出限和测定下限均符合标准方法要求，相关验证材料见附件 5。

3.4　精密度

按照 HJ 973—2018 的要求规定，选择 30 μmol/mol（37.5 mg/m^3）浓度标准样品进行 6 次平行测定。精密度测定结果见表 7。

表 7　精密度测定结果

平行样品号		一氧化碳样品浓度
测定结果/ （μmol/mol）	1	29
	2	29
	3	29
	4	30
	5	30
	6	29
平均值 $\bar{x}$/（μmol/mol）		29.3

平行样品号	一氧化碳样品浓度
标准偏差 S/（μmol/mol）	0.5
相对标准偏差/%	1.8
多家实验室内相对标准偏差/%	2.6

经验证，对浓度为 30 μmol/mol 的标准样品进行 6 次重复性测定，相对标准偏差为 1.8%，符合标准方法要求（参考 HJ 973—2018 中浓度为 50 mg/m³ 的实验室内相对标准偏差），相关验证材料见附件 6。

3.5 正确度

按照 HJ 973—2018 的要求规定，选择 30 μmol/mol（37.5 mg/m³）浓度标准样品进行 3 次重复性测定，验证方法正确度。一氧化碳标准样品的正确度测定结果见表 8。

表 8 标准样品的正确度测定结果

平行样品号	一氧化碳标准样品测定浓度/（μmol/mol）
1	29
2	29
3	29
平均值/（μmol/mol）	29
有证标准样品含量/（μmol/mol）	30（扩展不确定度为 2%）
示值误差/（μmol/mol）	−1
标准要求/（μmol/mol）	±5

经验证，对一氧化碳标准样品（编号：××）进行 3 次重复性测定，测定结果均符合标准规定的要求，相关验证材料见附件 7。

4 实际样品测定

按照标准方法要求，选择对某公司 3# 500 t/d 焚烧炉外排废气中一氧化碳进行测定，监测报告及相关原始记录见附件 8。

4.1 样品测定结果

实际样品测定结果见表 9。

表9   实际样品测定结果

监测项目	样品类型	测定结果/（mg/m³）
一氧化碳	固定污染源废气	14

4.2   质量控制

按照标准方法要求，采用的质量控制措施包括零点校准和标准样品测定。

4.2.1   零点校准

采用纯度≥99.99%的氮气对设备进行零点校准，以及测前和测后检查，仪器的零点漂移为 0.3%，符合标准方法要求。

4.2.2   标准样品测定

采用浓度为 30 μmol/mol（37.5 mg/m³）标准气体对设备进行量程校准，以及测前和测后检查，测定前后全系统示值误差分别为 0.9 μmol/mol 和 1.9 μmol/mol，量程漂移为3.3%，符合标准方法要求。

4.2.3   实际样品测定结果有效性判定

实际样品测定结果为 14 mg/m³，处于仪器校准量程的 37%，符合标准方法要求。

5   验证结论

综上所述，本实验室人员通过培训和能力确认后，依据 HJ 973—2018 开展方法验证，并进行了实际样品测试。所用仪器设备、标准物质、关键试剂耗材、采取的质量保证和质量控制措施，以及经实验验证得出的方法检出限、测定下限、精密度和正确度等，均满足标准方法要求，验证合格。

附件 1   验证人员培训、能力确认情况的证明材料（略）

附件 2   仪器设备的溯源证书及结果确认等证明材料（略）

附件 3   有证标准物质证书及关键试剂耗材验收材料（略）

附件 4   环境条件监控原始记录（略）

附件 5   检出限和测定下限验证原始记录（略）

附件 6   精密度验证原始记录（略）

附件 7   正确度验证原始记录（略）

附件 8   实际样品监测报告及相关原始记录（略）

————————————

《固定污染源废气 二氧化硫的测定 便携式紫外吸收法》（HJ 1131—2020）方法验证实例

1 方法名称及适用范围

1.1 方法名称及编号

《固定污染源废气 二氧化硫的测定 便携式紫外吸收法》（HJ 1131—2020）。

1.2 适用范围

本方法适用于固定污染源废气中二氧化硫的测定。

2 实验室基础条件确认

2.1 人员

参加方法验证的人员均通过了培训和能力确认（表1），验证人员相关培训、能力确认情况等证明材料见附件1。

表 1 验证人员情况信息

序号	姓名	年龄	职称	专业	参加本标准方法相关要求培训情况（是/否）	能力确认情况（是/否）	相关监测工作年限/年	项目验证工作内容
1	××	40	工程师	环境科学	是	是	10	采样及现场监测
2	××	37	工程师	计算机	是	是	6	采样及现场监测

2.2　仪器设备

本方法验证中，使用了采样及现场监测仪器等，采用冷干法前处理方式。主要仪器设备情况见表 2，主要仪器设备性能要求确认情况见表 3，相关仪器设备的检定/校准证书及结果确认等证明材料见附件 2。

表 2　主要仪器设备情况

序号	过程	仪器名称	仪器规格型号	仪器编号	溯源/核查情况	溯源/核查结果确认情况	其他特殊要求
1	采样及现场监测	采样管	—	—	—	—	加热温度在 120～160℃可设、可调
		紫外差分烟气综合分析仪	××	××	检定	合格	—

表 3　主要仪器设备性能要求确认情况

标准方法规定指标要求		仪器设备指标	结果确认情况
仪器性能指标	示值误差	校准量程＞100 μmol/mol 时，相对误差不超过±3%	校准量程设为 150 μmol/mol 时，70.2 μmol/mol 标准气体测量结果为 69 μmol/mol，相对误差为−1.7%	合格
		校准量程≤100 μmol/mol 时，绝对误差不超过±3.0 μmol/mol	校准量程设为 10.1 μmol/mol 时，10.1 μmol/mol 标准气体测量结果为 10 μmol/mol，绝对误差为−0.1 μmol/mol	合格
	系统误差	校准量程＞60 μmol/mol 时，相对误差不超过±5%	校准量程设为 150 μmol/mol 时，70.2 μmol/mol 标准气体直接测定模式测定结果为 69 μmol/mol，系统测定模式测定结果为 68 μmol/mol，相对误差为 0.6%	合格
		校准量程≤60 μmol/mol 时，绝对误差不超过±3.0 μmol/mol	校准量程设为 10.1 μmol/mol 时，10.1 μmol/mol 标准气体直接测定模式测定结果为 10 μmol/mol，系统测定模式测定结果为 9.7 μmol/mol，绝对误差为 0.3 μmol/mol	合格
	零点漂移	校准量程＞100 μmol/mol 时，相对误差不超过±3%	校准量程设为 150 μmol/mol 时，高纯氮气测定前测定结果为 0，测定后测定结果为 1 μmol/mol，相对误差为 0.7%	合格

标准方法规定指标要求			仪器设备指标	结果确认情况
仪器性能指标	零点漂移	校准量程≤100 μmol/mol 时,绝对误差不超过±3.0 μmol/mol	校准量程设为 10.1 μmol/mol 时,高纯氮气测定前氮气测定结果为 0,测定后测定结果为−0.3 μmol/mol,绝对误差为−0.3 μmol/mol	合格
	量程漂移	校准量程>100 μmol/mol 时,相对误差不超过±3%	校准量程设为 150 μmol/mol 时,浓度为 150 μmol/mol 的标准气体测定前测定结果为 150 μmol/mol,测定后测定结果为 152 μmol/mol,相对误差为1.3%	合格
		校准量程≤100 μmol/mol 时,绝对误差不超过±3.0 μmol/mol	校准量程设为 10.1 μmol/mol 时,浓度为 10.1 μmol/mol 的标准气体测定前测定结果为 10 μmol/mol,测定后测定结果为 9.7 μmol/mol,绝对误差为−0.3 μmol/mol	合格
	具有采样流量显示功能		可显示采样流量	合格
	采样管加热及保温温度	120~160℃可设、可调	120~160℃可设、可调	合格

2.3 标准物质及主要试剂耗材

本方法验证中,使用的标准物质、主要试剂耗材情况见表 4,有证标准物质证书、主要试剂耗材验收记录等证明材料见附件 3。

表 4 标准物质、主要试剂耗材情况

序号	过程	名称	生产厂家	技术指标(规格/浓度/纯度/不确定度)	证书/批号	标准物质基体类型	标准物质是否在有效期内	关键试剂耗材验收情况
1	采样及现场监测	二氧化硫有证标准气体	××	3.08 μmol/mol 不确定度为2%	××	气体(氮气)	是	合格
				10.1 μmol/mol 不确定度为2%	××	气体(氮气)	是	合格
				20.3 μmol/mol 不确定度为2%	××	气体(氮气)	是	合格
				70.2 μmol/mol 不确定度为2%	××	气体(氮气)	是	合格
				150 μmol/mol 不确定度为2%	××	气体(氮气)	是	合格
		零点气	××	纯度≥99.99%的氮气	××	—	是	合格

2.4　环境条件

标准要求仪器应在其规定的环境温度、环境湿度等条件下工作。本方法验证中，环境条件监控情况见表5，相关环境条件监控记录见附件4。

表5　环境条件监控情况

序号	过程	控制项目	环境条件控制要求	实际环境条件	环境条件确认情况
1	采样及现场监测	环境温度	−10～40℃	23℃	合格
		环境湿度	10%～70%	34%	合格

2.5　相关体系文件

本方法配套使用的监测原始记录为《废气中污染物分析记录表》（××××-××-×××）、《现场监测仪器测试前后仪器性能核查表》（××××-××-×××）；监测报告格式为××××-××-×××。

3　方法性能指标验证

3.1　仪器气密性检查

正确连接采样管、分析仪、导气管等，启动分析仪，达到工作条件后，密封采样管入气口，打开抽气泵抽气，流量为0时压力为−51.64 kPa，30 s后压力为−51.47 kPa，负压下降0.17 kPa，符合《固定污染源烟气（二氧化硫和氮氧化物）便携式紫外吸收法测量仪器技术要求及检测方法》（HJ 1045—2019)附录C中负压下降应不超过0.2 kPa的要求，仪器气密性良好。

3.2　仪器校准

3.2.1　零点校准

将氮气导入分析仪，按仪器规定的步骤校准仪器零点。

3.2.2　量程校准

将70.2 μmol/mol（201 mg/m^3）标准气体钢瓶与采样管进气口连接，打开钢瓶气阀门，调节减压阀和流量计，以分析仪规定的流量，将标准气体导入分析仪。按仪器规定的步骤进行校准。

3.3 方法检出限及测定下限

按照《环境监测分析方法标准制订技术导则》（HJ 168—2020）附录 A.1 的规定，进行方法检出限和测定下限验证。

按照样品分析的全部步骤，对浓度值为 9 mg/m³（3.08 μmol/mol）的样品进行重复 7 次测定，计算 7 次平行测定的标准偏差，按式（1）计算方法检出限。其中，当 n 为 7 次，置信度为 99%，$t_{(n-1,0.99)}$ =3.143。以 4 倍的样品检出限作为测定下限，即 RQL=4×MDL。本方法检出限计算结果见表 6。

$$MDL=t_{(n-1,0.99)} \times S \qquad (1)$$

式中：MDL——方法检出限；

n——样品的平行测定次数；

t——自由度为 n-1，置信度为 99% 时的 t 分布（单侧）；

S——n 次平行测定的标准偏差。

表 6 方法检出限及测定下限

平行样品号	二氧化硫测定值/（mg/m³）
1	9
2	8
3	8
4	9
5	9
6	9
7	9
平均值 $\bar{x}$	9
标准偏差 S	0.5
方法检出限	2
测定下限	8
标准规定检出限	2
标准规定测定下限	8

经验证，本实验室方法检出限和测定下限符合标准方法要求，相关验证材料见附件 5。

3.4 精密度

按照 HJ 1131—2020 的规定，选择 20.3 μmol/mol（58 mg/m³）标准样品进行 6 次平行测定。精密度测定情况见表 7。

表 7   精密度测定情况

平行样品号		二氧化硫样品浓度
测定结果/（mg/m³）	1	56
	2	57
	3	58
	4	58
	5	59
	6	59
平均值 $\bar{x}$/（mg/m³）		57.8
标准偏差 S/（mg/m³）		1.2
相对标准偏差/%		2.0
多家实验室内相对标准偏差/%		3.1

经验证，对浓度为 58 mg/m³ 的标准样品进行 6 次重复性测定，相对标准偏差为 2.0%，符合标准方法要求（参考 HJ 1131—2020 中浓度为 28 mg/m³ 的实验室内相对标准偏差范围 0.5%～3.1%），相关验证材料见附件 6。

3.5   正确度

按照 HJ 1131—2020 的规定，选择 20.3 µmol/mol（58 mg/m³）标准样品进行 3 次重复性测定，验证方法正确度。二氧化硫标准样品的正确度测定结果见表 8。

表 8   正确度测定结果

平行样品号	二氧化硫标准样品测定浓度/（mg/m³）
1	56
2	57
3	58
平均值/（mg/m³）	57
有证标准样品含量/（mg/m³）	58（扩展不确定度为 2%）
示值误差/（mg/m³）	−1
标准要求/（mg/m³）	±8.6

经验证，对二氧化硫标准样品（编号：××）进行 3 次重复性测定，测定结果均符合标准规定的要求，相关验证材料见附件 7。

4　实际样品测定

按照标准方法要求，选择对××公司 7#机组外排废气中的二氧化硫进行测定，相关原始记录和监测报告见附件 8。

4.1　样品测定结果

实际样品测定结果见表 9。

表 9　实际样品测定结果

监测项目	样品类型	测定结果/（mg/m³）
二氧化硫	固定污染源废气	15

4.2　质量控制

按照标准方法要求，采取的质量控制措施包括零点校准、标准样品测定。

4.2.1　零点校准

采用氮气对设备进行零点校准，以及测前和测后检查，仪器的零点漂移为 1 mg/m³，符合标准方法要求。

4.2.2　标准样品测定

采用 10.1 μmol/mol（28.9 mg/m³）标准气体对设备进行量程校准，以及测前和测后检查，测定前后全系统示值误差分别为 0 mg/m³ 和−1 mg/m³，量程漂移为−1 mg/m³，符合标准方法要求。

4.2.3　实际样品测定结果有效性判定

实际样品测定结果为 15 mg/m³，处于仪器校准量程的 52%，符合标准方法要求。

5　验证结论

综上所述，本实验室人员通过培训和能力确认后，依据 HJ 1131—2020 开展方法验证，并进行了实际样品测试，所用仪器设备、标准物质、关键试剂耗材、采取的质量保证和质量控制措施，以及经实验验证得出的方法检出限、测定下限、精密度和正确度等，均满足标准方法要求，验证合格。

附件 1　验证人员培训、能力确认情况的证明材料（略）

附件 2　仪器设备的溯源证书及结果确认等证明材料（略）

附件 3　有证标准物质证书及关键试剂耗材验收材料（略）

附件 4　环境条件监控原始记录（略）

附件 5　检出限和测定下限验证原始记录（略）

附件 6　精密度验证原始记录（略）

附件 7　正确度验证原始记录（略）

附件 8　实际样品监测报告及相关原始记录（略）

《固定污染源废气 油烟和油雾的测定 红外分光光度法》（HJ 1077—2019）方法验证实例

1 方法名称及适用范围

1.1 方法名称及编号

《固定污染源废气 油烟和油雾的测定 红外分光光度法》（HJ 1077—2019）。

1.2 适用范围

本方法适用于固定污染源废气中油烟和油雾的测定。

2 实验室基础条件确认

2.1 人员

参加方法验证的人员均通过了培训和能力确认（表 1），验证人员相关培训、能力确认情况等证明材料见附件 1。

表 1 验证人员情况信息

序号	姓名	年龄	职称	专业	参加本标准方法相关要求培训情况（是/否）	能力确认情况（是/否）	相关监测工作年限/年	项目验证工作内容
1	××	××	工程师	环境与资源工程	是	是	15	采样及现场监测
2	××	××	工程师	环境科学	是	是	11	采样及现场监测
3	××	××	工程师	环境工程	是	是	17	采样及现场监测

序号	姓名	年龄	职称	专业	参加本标准方法相关要求培训情况（是/否）	能力确认情况（是/否）	相关监测工作年限/年	项目验证工作内容
4	××	××	助理工程师	环境工程	是	是	4	采样及现场监测
5	××	××	工程师	化学	是	是	11	前处理
6	××	××	工程师	化学	是	是	11	分析测试

2.2 仪器设备

本方法验证中，使用了样品采集及现场监测仪器、样品前处理仪器及分析测试仪器等。主要仪器设备情况见表2，相关仪器设备的检定/校准证书及结果确认等证明材料见附件2。

表2 主要仪器设备情况

序号	过程	仪器名称	仪器规格型号	仪器编号	溯源/核查情况	溯源/核查结果确认情况	其他特殊要求
1	采样及现场监测	自动烟尘测试仪	××	××	校准	合格	玻璃纤维滤筒采样管
			××	××	校准	合格	金属滤筒采样管及配套滤筒
2	前处理	超声波清洗器	××	××	核查	合格	—
3	分析测试	红外测油仪	××	××	校准	合格	配有4 cm带盖石英比色皿，仪器扫描范围：2 400～3 400 cm^{-1}

2.3 标准物质及关键试剂耗材

本方法验证中，使用的标准物质、主要试剂耗材情况见表3，有证标准物质证书、主要试剂耗材验收材料见附件3。

表3 标准物质证书、主要试剂耗材情况

序号	过程	名称	生产厂家	技术指标（规格/浓度/纯度）	证书/批号	标准物质基体类型	标准物质是否在有效期内	主要试剂耗材验收情况
1	采样及现场监测	金属采样滤筒	××	316不锈钢，内部填充316不锈钢纤维；油烟油雾浓度＞10 mg/m^{3}时，采集效率应≥95%	—	—	—	合格

序号	过程	名称	生产厂家	技术指标（规格/浓度/纯度）	证书/批号	标准物质基体类型	标准物质是否在有效期内	主要试剂耗材验收情况
1	采样及现场监测	玻璃纤维滤筒	××	ϕ 28 mm×70 mm，对 0.5 μm 粒子捕集率≥99.9%，失重≤0.2%	3#	—	—	合格
2	前处理	四氯乙烯	××	用 4 cm 比色皿，空气池做参比，在波数 2 930 cm^{-1}、2 960 cm^{-1} 和 3 030 cm^{-1} 处吸光度应分别不超过 0.34、0.07 和 0	—	—	—	合格
3	分析测试	油烟标准油溶液	××	1 000 mg/L	××	有机溶剂（四氯乙烯）	是	合格
		油雾标准油溶液	××	1 000 mg/L	××	有机溶剂（四氯乙烯）	是	合格
		油烟标准油样品	××	（35.7±3.21）mg/L	××	有机溶剂（四氯乙烯）	是	合格
		石油类标准样品	××	（50.4±5.1）mg/L	××	有机溶剂（四氯乙烯）	是	合格

2.4 安全防护设备设施

本方法验证中，实验人员样品前处理在通风橱中进行，并佩戴防护面具，满足标准方法要求。

2.5 相关体系文件

本方法配套使用的采样记录为《固定污染源现场监测原始记录（Ⅰ）》（标识：SEMC-TRD-110），分析记录为《油烟和油雾分析原始记录》（标识：SEMC-TRD-241）；检测报告格式同固定污染源废气模板。

3 方法性能指标验证

3.1 测试条件

3.1.1 仪器分析条件

本方法验证的仪器分析条件为：按照标准方法的要求在波数分别为 2 930 cm^{-1}、2 960 cm^{-1} 和 3 030 cm^{-1} 谱带处，使用 4 cm 带盖石英比色皿，以四氯乙烯做参比，测定吸光度。

3.1.2　仪器自检（调谐）

按照仪器说明书进行仪器预热、自检，然后仪器进入测量状态。仪器自检过程正常，结果符合标准要求。

3.2　仪器校准

使用的红外分光光度计出厂时设定了校正系数，具体为：X=125.0、Y=250.0、Z=600.0、F=80.0。根据标准要求对校正系数进行检验。相关验证材料见附件5。

本次方法验证过程中，使用油烟浓度为 20.0 mg/L 的四氯乙烯油烟标准溶液进行校正系数的检验，测定结果为 20.2 mg/L。测定值与标准值的相对误差为 1%，在标准规定的 ±10%以内，校正系数可采用。

使用油雾浓度为 20.0 mg/L 的四氯乙烯石油类标准样品进行校正系数的检验，测定结果为 19.7 mg/L。测定值与标准值的相对误差为−1.5%，在标准规定的±10%以内，校正系数可采用。

3.3　方法检出限及测定下限

按照《环境监测分析方法标准制订技术导则》（HJ 168—2020）附录 A.1 的规定，进行方法检出限和测定下限的验证。

按照样品分析的全部步骤，重复 7 次空白试验，将测定结果换算为样品中的浓度或含量，计算 7 次平行测定的标准偏差，按式（1）计算方法检出限。其中，当 n 为 7 次，置信度为 99%，$t_{(n-1,0.99)}$=3.143。以 4 倍的样品检出限作为测定下限，即 RQL=4×MDL。本方法油烟和油雾的检出限及测定下限计算结果见表4。

$$MDL=t_{(n-1,0.99)} \times S \qquad (1)$$

式中：MDL——方法检出限；

　　　n——样品的平行测定次数；

　　　t——自由度为 n-1，置信度为 99%时的 t 分布（单侧）；

　　　S——n 次平行测定的标准偏差。

表 4　方法检出限及测定下限

平行样品号	油烟测定值/（mg/m³）	油雾测定值/（mg/m³）
1	0.053	0.080
2	0.050	0.045
3	0.052	0.055

平行样品号	油烟测定值/（mg/m³）	油雾测定值/（mg/m³）
4	0.050	0.092
5	0.052	0.082
6	0.088	0.098
7	0.111	0.072
平均值 $\bar{x}$	0.065	0.075
标准偏差 S	0.029	0.019
方法检出限	0.08	0.06
测定下限	0.32	0.24
标准中检出限要求	0.1	0.1
标准中测定下限要求	0.4	0.4

经验证，本实验室方法检出限和测定下限符合 HJ 1077—2019 的要求，相关验证材料见附件 4。

3.4 精密度

按照标准方法要求，采用实际样品加标方式进行 6 次平行测定。将 6 个空白滤筒分别加入 250 μg 油烟/油雾实际样品，抽取 125 L 清洁空气，按油烟的试样制备方法萃取测定，进行包含前处理和分析测试全部流程的测试。计算浓度为 2.0 mg/m³ 的油烟/油雾样品平均值、标准偏差及相对标准偏差精密度测定结果见表 5。

表 5 精密度测定结果

平行样品号		样品浓度	
		油烟	油雾
测定结果/（mg/m³）	1	1.98	1.89
	2	1.93	1.81
	3	1.90	181
	4	1.88	1.88
	5	1.86	1.77
	6	1.94	1.78
平均值 $\bar{x}$ /（mg/m³）		1.91	1.82
标准偏差 S/（mg/m³）		0.052	0.050
相对标准偏差/%		2.4	2.7
标准中实验室内相对标准偏差参考值/%		1.6～2.6	1.7～2.9

经验证，对油烟实际样品加标分别进行 6 次平行测定，其相对标准偏差为 2.4%，对油雾实际样品加标分别进行 6 次平行测定，其相对标准偏差为 2.7%，均符合标准方法要求（参考多家实验室内相对标准偏差范围），相关验证材料见附件 5。

3.5　正确度

按照标准方法要求，采用有证标准样品进行 3 次重复性测定，采用××类型的实际样品进行 3 次加标回收率测定，验证方法的正确度。

3.5.1　有证标准样品验证

油烟和油雾标准样品的测定结果见表 6。

表 6　有证标准样品测定结果

平行样品号	有证标准样品测定值/（mg/L）	
	油烟	油雾
1	36.5	51.4
2	36.2	51.1
3	36.8	51.7
有证标准样品含量/（mg/L）	35.7±3.21	50.4±5.1

经验证，对油烟有证标准样品（编号：AA1123）和油雾有证标准样品（编号：337201）分别进行 3 次重复性测定，测定结果均在其保证值范围内，符合标准方法要求，相关验证材料见附件 6。

3.5.2　加标回收率验证

将 6 个空白滤筒分别加入 125 μg 的油烟统一实际样品，抽取清洁空气 125 L。再将其中 3 个滤筒分别加入 125 μg 的油烟标准油，抽取清洁空气 125 L。3 个一次加标样品作为本底样品，3 个二次加标样品作为加标样品。6 个样品经四氯乙烯萃取后测定，计算浓度水平为 1.0 mg/m^3 的油烟样品加标回收率。油雾的实际样品加标测定与油烟相同。实际样品加标的测定结果见表 7。

表 7　实际样品加标回收率测定结果

监测项目	平行样品号	实际样品测定结果/μg	加标量 μ/μg	加标后测定值/μg	加标回收率 P/%	标准中规定的加标回收率 P/%
油烟	1	151		291	112	
	2	160	125	274	91.2	103±20.4
	3	145		281	109	

监测项目	平行样品号	实际样品测定结果/μg	加标量 μ/μg	加标后测定值/μg	加标回收率 P/%	标准中规定的加标回收率 P/%
油雾	1	112	125	224	89.6	87.9±4.0
	2	109		216	85.6	
	3	102		210	86.4	

经验证，对油烟样品进行 3 次重复加标测定，其加标回收率为 91.2%～112%，对油雾样品进行 3 次重复加标测定，其加标回收率为 85.6%～89.6%，符合标准方法加标回收率要求，相关验证材料见附件 6。

4 实际样品测定

根据标准方法的适用范围，对固定污染源废气中油烟和油雾实际样品分别进行了测定，监测报告及相关原始记录见附件 8。

4.1 样品采集和保存

按照 HJ 1077—2019 的要求，采集固定污染源废气油烟和油雾的实际样品。样品采集后应尽快测定；若不能在 24 h 内测定，可≤4℃冷藏保存 7 天。样品采集和保存情况见表 8。

表 8 样品采集和保存情况

序号	样品类型及性状	采样依据	样品保存方式
1	食堂油烟废气/金属滤筒	《固定污染源废气 油烟和油雾的测定 红外分光光度法》（HJ 1077—2019）、《饮食业油烟排放标准（试行）》（GB 18483—2001）、《固定源废气监测技术规范》（HJ/T 397—2007）	24 h 内测定
2	钢铁公司轧机油雾废气/玻璃纤维滤筒	《固定污染源废气 油烟和油雾的测定 红外分光光度法》（HJ 1077—2019）、《固定污染源排气中颗粒物测定与气态污染物采样方法》（GB/T 16157—1996）及修改单、《固定源废气监测技术规范》（HJ/T 397—2007）	24 h 内测定

经验证，本实验室油烟和油雾样品采集及保存能力满足 HJ 1077—2019 的要求，样品采集、保存和流转相关证明材料见附件 7。

4.2 样品前处理

本方法验证过程中，样品前处理步骤按照 HJ 1077—2019 的要求进行，具体操作为：

（1）油烟：在采样后的套筒中加入四氯乙烯溶剂 12 mL，旋紧套筒盖，将套筒置于超声波清洗器，超声清洗 10 min，萃取液转移至 25 mL 比色管，再加入 6 mL 四氯乙烯超声清洗 5 min，将萃取液转移至上述 25 mL 比色管。用少许四氯乙烯清洗滤筒及聚四氟乙烯套筒两次，清洗液一并转移至上述 25 mL 比色管，加入四氯乙烯至刻度标线，密封待测。

（2）油雾：将采样后的纤维滤筒剪碎后置于 50 mL 烧杯中，用 25 mL 四氯乙烯在超声波清洗器中超声萃取 10 min，萃取液转移至 25 mL 比色管，密封待测。

4.3　样品测定结果

依据标准方法，对制备好的固定污染源废气中油烟和油雾试样分别进行了测定。实际样品测定结果见表 9，实际样品监测报告及相关原始记录见附件 8。

表 9　实际样品测定结果

监测项目	样品类型	测定结果/（mg/m³）
油烟	食堂油烟废气	3.33
油雾	钢铁公司轧机油雾废气	0.61

4.4　质量控制

按照标准方法要求，采取的质量控制措施包括采样过程的质控、实验室空白、全程序空白、校正系数的线性检验等。相关原始记录见附件 8。

4.4.1　采样过程质量控制

实际样品中，油烟样品采集依据 GB 18483—2001 的要求，参照《固定污染源排气中颗粒物测定与气态污染物采样方法》（GB/T 16157—1996）及修改单的烟尘等速采样步骤进行，采样前先检查系统的气密性。油雾样品采集过程中依据 GB/T 16157—1996 及修改单、《固定源废气监测技术规范》（HJ/T 397—2007）的要求进行了全程序空白采集和测定，其测量条件与样品测定相同。

4.4.2　空白试验

本方法验证中，按照标准要求进行了油烟的实验室空白和油雾的全程序空白测定，其测量条件与样品测定相同。经验证，空白试样中的油烟和油雾含量满足标准规定的要求。空白试验测定结果见表 10。

表 10　空白试验测定结果

空白类型	监测项目	测定结果/（mg/m³）	标准规定/（mg/m³）
实验室空白	油烟	<0.1	<0.1
全程序空白	油雾	<0.1	<0.1

4.4.3　校正系数的线性检验

测定 2.00 mg/L、20.0 mg/L 和 50.0/100 mg/L 3 个浓度点的油烟/油雾标准溶液进行校正系数的线性检验，测定结果见表 11。

表 11　标准溶液测定结果

监测项目	测定结果/（mg/L）	相对误差/%	标准规定的要求
油烟	1.96	−2	相对误差在±10%以内
	20.2	1	相对误差在±10%以内
	50.5	1	相对误差在±10%以内
油雾	1.93	−3.5	相对误差在±10%以内
	19.7	−1.5	相对误差在±10%以内
	99.7	−0.3	相对误差在±10%以内

5　验证结论

综上所述，本实验室人员通过培训和能力确认后，依据 HJ 1077—2019 开展方法验证，并进行了实际样品测定。所用仪器设备、标准物质、关键试剂耗材、采取的质量保证和质量控制措施，以及经实验验证得出的方法检出限、测定下限、精密度和正确度等，均满足标准方法相关要求，验证合格。

附件 1　验证人员培训、能力确认及持证情况的证明材料（略）

附件 2　仪器设备的溯源证书及结果确认等证明材料（略）

附件 3　有证标准物质证书及关键试剂耗材验收材料（略）

附件 4　检出限和测定下限验证原始记录（略）

附件 5　精密度验证原始记录（略）

附件 6　正确度验证原始记录（略）

附件 7　样品采集、保存、流转和前处理相关原始记录（略）

附件 8　实际样品监测报告及相关原始记录（略）

《固定污染源废气 总烃、甲烷和非甲烷总烃的测定 气相色谱法》（HJ 38—2017）方法验证实例

1 方法名称及适用范围

1.1 方法名称及编号

《固定污染源废气 总烃、甲烷和非甲烷总烃的测定 气相色谱法》（HJ 38—2017）。

1.2 适用范围

本方法适用于固定污染源有组织排放废气中的总烃、甲烷和非甲烷总烃的测定。

2 实验室基础条件确认

2.1 人员

参加方法验证的人员均通过了培训和能力确认（表1），验证人员相关培训、能力确认情况等证明材料见附件1。

表1 验证人员情况信息

序号	姓名	年龄	职称	专业	参加本标准方法相关要求培训情况（是/否）	能力确认情况（是/否）	相关监测工作年限/年	验证工作内容
1	×××	44	高级工程师	环境工程	是	是	19	采样及现场监测
2	×××	36	工程师	环境工程	是	是	11	
3	×××	33	工程师	生态环境保护与监测	是	是	7	前处理、分析测试
4	×××	27	助理工程师	环境化学	是	是	5	

2.2　仪器设备

本方法验证中，使用了采样及现场监测仪器、前处理仪器和分析测试仪器等。主要仪器设备情况见表 2 和表 3，相关仪器设备的检定/校准证书及结果确认等证明材料见附件 2。

表 2　主要仪器设备情况

序号	过程	仪器名称	仪器规格型号	仪器编号	溯源/核查情况	溯源/核查结果确认情况	其他特殊要求
1	采样及现场监测	污染源真空箱采样器	××	××	核查	合格	—
		自动烟尘（气）测试仪	××	××	校准	合格	加热温度 120℃
		样品保存箱	××	××	核查	合格	避光
2	前处理	样品加热装置	××	××	校准	合格	（120±5）℃
3	分析测试	氢气发生器	××	××	核查	合格	—
		空气发生器	××	××	核查	合格	—
		气体进样器	××	××	校准	合格	带自动配标功能
		气相色谱仪	××	××	检定	合格	氢火焰离子化检测器
		总烃毛细管柱	××	××	核查	合格	—
		甲烷毛细管柱	××	××	核查	合格	—

表 3　主要仪器设备性能要求确认情况

标准方法规定指标要求			仪器设备指标	是否合格
仪器性能指标	样品保存箱	具有避光功能	具有避光功能	合格
	采样装置	气袋采样装置的要求执行 HJ 732—2014 的相关规定：透明或有观察孔，具备足够强度的有机玻璃或不锈钢材质的密封容器，真空箱上盖可开启，盖底四边有密封条	污染源真空采样器：材质为具备足够强度的有机玻璃，透明可观察采样情况，真空采样器上盖可开启，盖底四边有封条	合格
		玻璃注射器采样装置的要求执行 GB/T 16157—1996 的相关规定	玻璃注射器采样装置有加热套管、注射器、特氟龙连接管、玻璃过滤头等，符合 GB/T 16157—1996 的相关规定	合格

2.3 标准物质及主要试剂耗材

本方法验证中，使用的标准物质、主要试剂耗材情况见表4，有证标准物质证书、主要试剂耗材验收记录等证明材料见附件3。

表4 标准物质、主要试剂耗材情况

序号	过程	名称	生产厂家	技术指标（规格/浓度/纯度/不确定度）	证书/批号	标准物质基体类型	标准物质是否在有效期内	主要试剂耗材验收情况
1	采样及现场监测	气体采样袋	××	1 L 和 3 L 均有四氟直通阀	××	—	—	合格
2	分析测试	全玻璃注射器	××	100 mL 和 30 mL	××	—	—	合格
		甲烷标准气体	××	4 L，10.04 mg/m^3 或 9.95 mg/m^3	××	氮气	是	合格
		甲烷标准气体	××	4 L，40.068 mg/m^3	××	氮气	是	合格
		甲烷标准气体	××	4 L，100.57 mg/m^3	××	氮气	是	合格
		高纯氮气	××	40 L，99.999×10^{-2}（V/V）	××	—	—	合格
		除烃空气	××	40 L，21.0%（mol/mol）	××	—	—	合格

2.4 环境条件

本方法验证中，环境条件监控情况见表5，相关环境条件监控记录见附件4。

表5 环境条件监控情况

序号	过程	控制项目	环境条件控制要求	实际环境条件	环境条件确认情况
1	采样及现场监测	温度	开启加热采样管电源，采样时将采样管加热并保持在（120±5）℃（有防爆安全要求的除外）	采样时开启加热采样管电源，将采样管加热并保持在120℃	合格
		光	结束采样后样品应立即放入具有避光功能的样品保存箱，直至样品分析时取出	结束采样后立即放入具有避光功能的样品保存箱保存和运输	合格

序号	过程	控制项目	环境条件控制要求	实际环境条件	环境条件确认情况
2	前处理	液滴凝结	气体采样袋中若有液滴凝结现象，则将气体采样袋放入样品加热装置中加热至液滴消除	将气体采样袋放入样品加热装置中加热到120℃，待液滴消除后立即测定	合格

2.5　安全防护设备设施

本方法验证过程中，采样及现场监测涉及高空作业和采样时加热采样管并保持在120℃，因此配备了安全绳、安全帽、安全标识和隔热手套等防护器具；前处理过程的样品加热装置使用了高温，配备了隔热手套等防护器具。所有安全防护设备设施均满足标准方法要求。

2.6　相关体系文件

本方法配套使用的监测原始记录为《废气采样信息调查表》（标识：JL-04-监测-07）、《废气测试记录计算表（一）》（标识：JL-04-监测-66）、《现场监测点位示意图》（标识：JL-04-监测-170）、《环境空气和废气非甲烷总烃原始记录》（标识：JL-04-监测-189）；监测报告格式为JL-04-监测-89；无新增原始记录表格和报告模板。

3　方法性能指标验证

3.1　测试条件

按照标准方法，根据仪器实际分析情况，选择最佳的实验参数条件，并进行设置，仪器分析条件如下：进样口温度：100℃；柱温：85℃；检测器温度：250℃；载气：氮气；色谱柱流量：30 mL/min；燃烧气：氢气，前检测器流量为 32 mL/min，后检测器流量为 35 mL/min；助燃气：空气，流量 400 mL/min；尾吹气：氮气，流量为 5 mL/min，不分流进样；进样量：1.0 mL。

3.2　校准曲线

本方法验证过程中，按照标准规定的步骤进行标准曲线的绘制：低浓度曲线用甲烷标气（10.04 mg/m³，批号为××），高浓度曲线用甲烷标气（100.57 mg/m³，批号为××），经气体进样器稀释成浓度梯度系列，用带 1 mL 定量管的进样阀分别进样至 GC 进样口中，配制高、低浓度校准曲线。以甲烷、总烃的浓度（mg/m³）为横坐标（基质为氮气，不用扣氧峰），其对应的峰面积为纵坐标，分别绘制甲烷、总烃的校准曲线，目标化合物标准色谱图见图 1，校准曲线绘制情况见表 6～表 9。

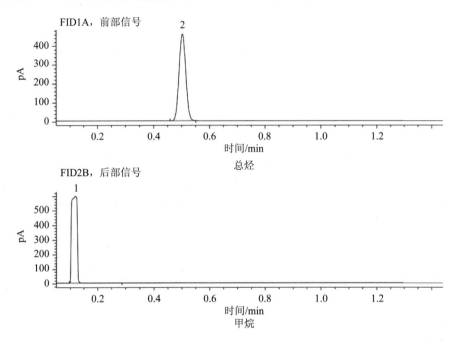

图 1　目标化合物标准色谱图

表 6　总烃低浓度校准曲线绘制情况

校准点	1	2	3	4	5	6	7	8
浓度/（mg/m³）	0.100 4	0.200 8	0.401 6	0.803 2	1.606	3.012	6.024	10.04
响应值（峰面积）	1.450	2.437	4.710	9.162	18.31	34.48	69.28	115.7
曲线方程	$y=11.51x+0.02$							
相关系数 r	0.999 9							
标准规定要求	＞0.995							
是否符合标准要求	是							

表 7　甲烷低浓度校准曲线绘制情况

校准点	1	2	3	4	5	6	7	8
浓度/（mg/m³）	0.100 4	0.200 8	0.401 6	0.803 2	1.606	3.012	6.024	10.04
响应值（峰面积）	1.180	2.279	4.293	8.376	16.58	31.07	62.52	103.9
曲线方程	$y=10.34x+0.08$							
相关系数 r	0.999 9							
标准规定要求	＞0.995							
是否符合标准要求	是							

表 8 总烃高浓度校准曲线绘制情况

校准点	1	2	3	4	5	6	7	8
浓度/（mg/m³）	1.005 7	2.011 4	4.022 8	8.045 6	16.091	30.171	60.342	100.57
响应值（峰面积）	11.91	23.56	46.00	91.10	181.17	341.36	687.57	1 149.1
曲线方程	$y=11.418x-0.68$							
相关系数 r	0.999 9							
标准规定要求	＞0.995							
是否符合标准要求	是							

表 9 甲烷高浓度校准曲线绘制情况

校准点	1	2	3	4	5	6	7	8
浓度/（mg/m³）	1.005 7	2.011 4	4.022 8	8.045 6	16.091	30.171	60.342	100.57
响应值（峰面积）	11.07	20.95	40.02	80.800	162.00	305.58	615.19	1029.2
曲线方程	$y=10.226x-0.78$							
相关系数 r	0.999 9							
标准规定要求	＞0.995							
是否符合标准要求	是							

经验证，本实验室校准曲线符合标准方法的要求，相关验证材料见附件 5。

3.3 方法检出限及测定下限

按照《环境监测分析方法标准制订技术导则》（HJ 168—2020）附录 A.1 的规定，进行方法检出限和测定下限验证。

按照样品分析的全部步骤，用甲烷标气（10.04 mg/m³，批号：××）配制甲烷浓度为 0.100 4 mg/m³ 的样品进行 7 次平行测定，按式（1）计算方法检出限。以 4 倍的样品检出限作为测定下限，即 RQL=4×MDL。本方法检出限及测定下限计算结果见表 10。

$$\text{MDL}=t_{(6,0.99)} \times S \qquad (1)$$

式中：MDL——方法检出限；

$t_{(6,0.99)}$——自由度为 6，置信度为 99% 时的 t 分布（单侧）；

S——7 次重复性测定的标准偏差。

表 10　方法检出限及测定下限

平行样品号	测定值/（mg/m³）	
	甲烷	总烃
1	0.110	0.115
2	0.110	0.125
3	0.125	0.131
4	0.103	0.124
5	0.109	0.124
6	0.115	0.121
7	0.110	0.111
平均值 $\bar{x}$	0.113	0.123
标准偏差 S	0.006 8	0.006 7
方法检出限	0.03	0.03
测定下限	0.12	0.12
标准规定检出限	0.06	0.06
标准规定测定下限	0.24	0.24

经验证,本实验室方法检出限和测定下限符合标准方法要求,相关验证材料见附件6。

3.4　精密度

按照标准方法要求，对××有限公司××喷漆线的废气实际样品进行 6 次重复性测定，计算相对标准偏差，测定情况见表 11。

表 11　精密度测定情况

平行样品号		样品浓度		
		总烃	甲烷	非甲烷总烃（以碳计）
测定结果/ （mg/m³）	1	2.599	1.713	0.664
	2	2.613	1.729	0.663
	3	2.631	1.756	0.656
	4	2.720	1.779	0.706
	5	2.734	1.786	0.711
	6	2.761	1.821	0.705
平均值 $\bar{x}$ /（mg/m³）		2.68	1.76	0.68
标准偏差 S/（mg/m³）		0.070	0.040	0.026
相对标准偏差/%		2.6	2.2	3.7
多家实验室内相对标准偏差/%		5.7	5.7	5.7

经验证，对甲烷、总烃和非甲烷总烃（以碳计）浓度分别为 2.68 mg/m³、1.76 mg/m³、0.68 mg/m³ 的实际样品进行 6 次重复性测定，其相对标准偏差分别为 2.6%、2.2%、3.7%，符合标准方法要求［参考 HJ 38—2017 中 10.1 精密度总烃浓度（以甲烷计）为 0.71 mg/m³ 的实验室内相对标准偏差范围］，相关验证材料见附件 7。

3.5 正确度

按照标准方法要求，采用有证标准样品进行 3 次重复性测定，取平均值进行方法正确度验证。甲烷标准样品的正确度测定结果见表 12。

表 12 有证标准样品测定结果

平行样品号	有证标准样品测定值/（mg/m³）	
	甲烷	总烃
1	40.175	40.133
2	40.044	40.209
3	40.297	40.068
有证标准样品含量/（mg/m³）	40.068±1%	—

经验证，对甲烷标准样品进行 3 次重复性测定，测定结果均在给定浓度范围内，符合标准方法要求，相关验证材料见附件 8。

4 实际样品测定

根据标准方法的适用范围，选择××有限公司××喷漆线（FQ1）的有组织废气样品进行测定，监测报告及相关原始记录见附件 9。

4.1 样品采集和保存

按照标准方法要求进行样品采集和保存。开启加热采样管电源，将采样管加热并保持在 120℃，将清洁气袋置于污染源真空箱采样器中，设置清洗 3 次并采集样品，结束采样后样品立即放置在样品保存箱内保存。样品采集和保存情况见表 13。

表 13 样品采集和保存情况

序号	样品类型及性状	采样依据	样品保存方式
1	有组织废气/气体	《固定污染源排气中颗粒物测定与气态污染物采样方法》（GB/T 16157—1996）及修改单 《固定污染源废气 总烃、甲烷和非甲烷总烃的测定 气相色谱法》（HJ 38—2017）	常温避光

经验证，本实验室样品采集和保存能力满足标准方法要求。

4.2 样品前处理

按照标准方法要求对有组织废气实际样品进行前处理，具体操作为：在样品分析之前，将样品气袋放入样品加热装置中加热至120℃，待液滴凝结现象消除，然后迅速分析。

4.3 样品测定结果

××有限公司××喷漆线（FQ1）的有组织废气实际样品结果见表14。

表14   实际样品/现场测定结果

监测项目	样品类型	测定结果					
		实测浓度/（mg/m^3）			排放速率/（kg/h）		
		FQ1-1-1	FQ1-1-2	FQ1-1-3	FQ1-1-1	FQ1-1-2	FQ1-1-3
总烃	有组织废气	2.61	2.70	2.74	$7.86×10^{-2}$	$8.13×10^{-2}$	$8.25×10^{-2}$
甲烷		2.06	2.06	1.98	$6.20×10^{-2}$	$6.20×10^{-2}$	$5.96×10^{-2}$
非甲烷总烃（以甲烷计）		0.55	0.64	0.76	$1.66×10^{-2}$	$1.93×10^{-2}$	$2.29×10^{-2}$

注：废气流量为$3.01×10^4$ m^3/h，废气温度为27.3℃。

4.4 质量控制

按照标准方法要求，采取的质控措施包括试剂空白、实验室空白、运输空白、标准样品、平行样测定等。

4.4.1 空白试验

空白试验测定结果见表15。

表15   空白试验测定结果

空白类型	监测项目	测定结果/（mg/m^3）	标准规定的要求/（mg/m^3）
试剂空白	总烃	0.48 mg/m^3，但在甲烷柱上测定，除氧峰外无其他峰	总烃含量（含氧峰）≤0.40 mg/m^3（以甲烷计）；或在甲烷柱上测定，除氧峰外无其他峰
实验室空白	总烃	＜0.06	＜0.06
运输空白	总烃	＜0.06	＜0.06

经验证，空白试验测定结果符合标准方法要求。

4.4.2 标准样品测定

对浓度为 9.95 mg/m³ 的甲烷标气（编号：××）进行测定，测定结果在保证值范围内，符合标准方法要求，标准样品测定情况见表 16。

表 16 标准样品测定情况

监测项目	测定结果/（mg/m³）	标准样品浓度/（mg/m³）
甲烷	9.98	9.95±1%

4.4.3 平行样测定

对总烃、甲烷、非甲烷总烃的实际样品进行平行测定，相对偏差分别为 2.4%、2.5%、2.0%，符合方法要求的平行样相对偏差应≤15%，实际样品平行测定情况见表 17。

表 17 实际样品平行测定情况

监测项目	测定结果/（mg/m³）		平均值/（mg/m³）	相对偏差/%	标准规定的相对偏差/%
	第一次	第二次			
总烃	2.68	2.81	2.74	2.4	≤15
甲烷	1.93	2.03	1.98	2.5	≤15
非甲烷总烃（以甲烷计）	0.75	0.78	0.76	2.0	≤15

5 验证结论

综上所述，本实验室人员通过培训和能力确认后，依据 HJ 38—2017 开展方法验证，并进行了实际样品测试。所用仪器设备、标准物质、关键试剂耗材、采取的质量保证和质量控制措施，以及经实验验证得出的方法检出限、测定下限、精密度和正确度等，均满足标准方法要求，验证合格。

附件 1 验证人员培训、能力确认情况的证明材料（略）

附件 2 仪器设备的溯源证书及结果确认等证明材料（略）

附件 3 有证标准物质证书及关键试剂耗材验收材料（略）

附件 4 环境条件监控原始记录（略）

附件 5 校准曲线绘制/仪器校准原始记录（略）

附件 6   检出限和测定下限验证原始记录（略）

附件 7   精密度验证原始记录（略）

附件 8   正确度验证原始记录（略）

附件 9   实际样品（或现场）监测报告及相关原始记录（略）

————————

《固定污染源废气 醛、酮类化合物的测定 溶液吸收-高效液相色谱法》（HJ 1153—2020）方法验证实例

1 方法名称及适用范围

1.1 方法名称及编号

《固定污染源废气 醛、酮类化合物的测定 溶液吸收-高效液相色谱法》（HJ 1153—2020）。

1.2 适用范围

本方法适用于固定污染源有组织排放废气中甲醛、乙醛、丙烯醛、丙酮、丙醛、丁烯醛、2-丁酮、正丁醛、苯甲醛、异戊醛、正戊醛、正己醛共 12 种醛、酮类化合物的测定。

2 实验室基础条件确认

2.1 人员

参加方法验证的人员均通过了培训和能力确认（表 1），验证人员相关培训、能力确认情况等证明材料见附件 1。

表 1 验证人员情况信息

序号	姓名	年龄	职称	专业	参加本标准方法相关要求培训情况（是/否）	能力确认情况（是/否）	相关监测工作年限/年	项目验证工作内容
1	××	33	助理工程师	应用化学	是	是	6	采样
2	××	35	工程师	环境工程	是	是	7	
3	××	36	高级工程师	应用化学	是	是	11	前处理和分析测试
4	××	31	工程师	环境工程	是	是	9	
5	××	48	高级工程师	环境学	是	是	25	

2.2 仪器设备

本方法验证中，使用了采样、前处理仪器及分析测试仪器设备等。主要仪器设备情况见表 2，相关仪器设备的检定/校准证书及结果确认等证明材料见附件 2。

表 2 主要仪器设备情况

序号	过程	仪器名称	仪器规格型号	仪器编号	溯源/核查情况	溯源/核查结果确认情况	其他特殊要求
1	采样及现场监测	智能双路烟气采样器	××	××	校准	合格	具有抗负压功能
		伴热采样管	—	—	校准	合格	采样管采用硬质玻璃或氟树脂材质，并具备加热和保温功能，加热温度≥120℃
		空盒气压计	××	××	检定	合格	—
		棕色气泡吸收瓶	75 mL	—	—	—	—
2	前处理	分液漏斗	250 mL	—	—	—	—
		氮吹仪	××	××	—	—	—
3	分析测试	高效液相色谱仪	××	××	检定	合格	具有紫外或二极管阵列检测器和梯度洗脱功能
4		色谱柱	C$_{18}$柱（4.60 mm×250 mm×5.0 μm）	××	—	—	pH：2~11，填料为十八烷基硅烷键合硅胶（ODS）的双封端反相色谱柱

2.3 标准物质及主要试剂耗材

本方法验证中，使用的标准物质、主要试剂耗材情况见表 3，有证标准物质证书、主要试剂耗材验收材料见附件 3。

表 3　标准物质、主要试剂耗材情况

序号	过程	名称	生产厂家	技术指标（规格/浓度/纯度）	证书/批号	标准物质基体类型	标准物质是否在有效期内	主要试剂耗材验收情况
1	采样及现场监测	2,4-二硝基苯肼 DNPH	××	$W \geqslant 98.0\%$	—	—	—	合格
2	前处理	二氯甲烷	××	HPLC 级	—	—	—	合格
		乙腈	××	HPLC 级	—	—	—	合格
		正己烷	××	HPLC 级	—	—	—	合格
		盐酸	××	优级纯	—	—	—	合格
		无水硫酸钠	××	—	—	—	—	合格
3	分析测试	氮气	××	纯度 ≥99.999%	—	—	—	合格
		丙烯醛	××	$W \geqslant 98.0\%$	—	—	—	合格
		丁烯醛	××	$W \geqslant 98.0\%$	—	—	—	合格
		12 种醛、酮类标准贮备液	××	1 000 μg/mL	—	乙腈相	是	合格
		12 种醛、酮类-DNPH 衍生物标准贮备液	××	100 μg/mL	—	乙腈相	是	合格

2.4　环境条件

　　本方法验证中，按照标准方法要求，对样品采集及保存环境条件进行控制，并按照高效液相色谱仪使用说明书规定的温度条件对实验室仪器间温度进行监控并记录，环境条件监控情况见表 4，相关环境条件监控记录资料见附件 4。

表 4　环境条件监控情况

序号	过程	控制项目	环境条件控制要求	实际环境条件	环境条件确认情况
1	采样及现场监测	DNPH 饱和吸收液保存条件	DNPH 溶液装入经乙腈冲洗并干燥的棕色试剂瓶中，密封，于装有活性炭的干燥器内保存	棕色试剂瓶密封，于装有活性炭的干燥器内保存	合格
		采样流量	0.2～0.5 L/min，采样间流量波动应≤±10%	0.5 L/min，采样期间流量波动≤±10%	合格

序号	过程	控制项目	环境条件控制要求	实际环境条件	环境条件确认情况
1	采样及现场监测	样品采集温度	持采样管保温夹套温度≥120℃	120℃	合格
		样品保存温度	样品应于 4℃以下密封避光冷藏保存	样品在 2~3℃冷藏箱中密封避光冷藏保存	合格
2	分析测试	标准贮备液和使用液存储温度和避光	于 4℃以下密闭、避光冷藏	4℃以下密闭、避光冷藏	合格

2.5　相关体系文件

本方法配套使用的监测原始记录为《固定污染源废气采样与检测原始记录（富集法）》（标识：BJQRD-J-HJ-YS009）、《液相色谱检测原始记录表》（标识：BJQRD-J-FX-YS006）、监测报告格式为《××市生态环境监测中心监测报告》（标识：BJQRD-J-HJ-BG036）、无新增原始记录表格和报告模板。

3　方法性能指标验证

3.1　测试条件

3.1.1　仪器分析条件

按照标准方法推荐的仪器参考条件设置仪器参数，本方法验证过程中高效液相色谱仪使用的色谱柱为 SB-C$_{18}$柱［4.60 mm×250 mm×5.0 μm，pH 为 2~11，填料为十八烷基硅烷键合硅胶（ODS）的双封端反相色谱柱］，色谱柱温箱温度为 35℃，进样体积为 10 μL，紫外检测器波长为 360 nm，梯度洗脱程序见表 5。

表5　梯度洗脱程序

时间/min	流动相流速/（mL/min）	乙腈/%	水/%
0.00	1.3	43.0	57.0
6.00	1.3	43.0	57.0
8.00	1.5	25.0	75.0
10.00	1.5	25.0	75.0
10.01	1.3	43.0	57.0

3.1.2 仪器自检

按照仪器说明书进行仪器预热和自检，然后仪器进入测量状态。仪器自检过程正常，结果符合标准要求。

3.2 校准曲线

本方法验证过程中，按照标准规定的标准溶液配制及校准过程绘制校准曲线，具体为：分别移取 10 μL、20 μL、50 μL、100 μL、200 μL 和 400 μL 醛、酮类-DNPH 衍生物标准使用液（10.0 μg/mL）于乙腈中，用乙腈定容至 1 mL，配制浓度（以醛、酮类化合物计）分别为 0.10 μg/mL、0.20 μg/mL、0.50 μg/mL、1.00 μg/mL、2.00 μg/mL 和 4.00 μg/mL 的标准系列溶液。按照高效液相色谱参考分析条件，从低浓度到高浓度依次对标准系列溶液进行测定，以醛、酮类化合物浓度为横坐标，与其对应的峰面积为纵坐标建立标准曲线。12 种醛、酮类-DNPH 衍生物的标准色谱图见图 1；在 250 mL 分液漏斗中，加入 150 mL DNPH 饱和吸收液，再加入 100 μL 丙烯醛和丁烯醛标准使用液，按照与试样的制备相同的操作步骤制备试样。按仪器参考条件进行分析，记录丙烯醛腙聚合物和丁烯醛腙聚合物的保留时间，用于定性，谱图见图 2；校准曲线绘制情况见表 6。

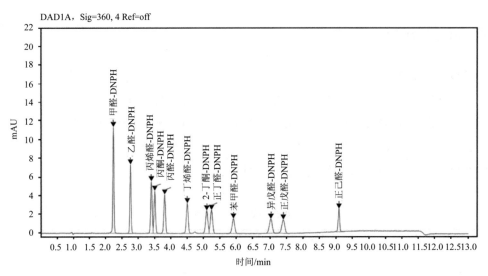

1—甲醛-DNPH；2—乙醛-DNPH；3—丙烯醛-DNPH；4—丙酮-DNPH；5—丙醛-DNPH；6—丁烯醛-DNPH；
7—2-丁酮-DNPH；8—正丁醛-DNPH；9—苯甲醛-DNPH；10—异戊醛-DNPH；11—正戊醛-DNPH；12—正己醛-DNPH

图 1 12 种醛、酮类-DNPH 衍生物的标准色谱图

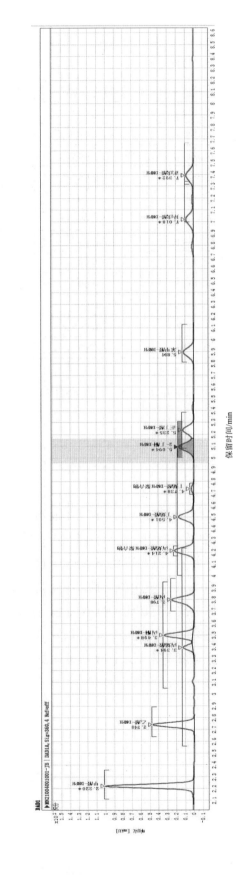

1—甲醛-DNPH；2—乙醛-DNPH；3—丙烯醛-DNPH；4—丙酮-DNPH；5—丙醛-DNPH；6—丙烯醛-DNPH 聚合物；7—丁烯醛-DNPH；8—丁烯醛-DNPH 聚合物；
9—2-丁酮-DNPH；10—正丁醛-DNPH；11—苯甲醛-DNPH；12—异戊醛-DNPH；13—正戊醛-DNPH

图 2 醛、酮类化合物标准溶液成腙反应后的标准色谱图（含聚合物）

表6　校准曲线

项目	校准曲线方程	相关系数（r）	标准规定要求	是否符合标准要求
甲醛	$y=135.133\,5x-0.789\,2$	0.999 8	≥0.995	是
乙醛	$y=99.131\,5x+0.527\,9$	0.999 9	≥0.995	是
丙烯醛	$y=89.005\,0x+0.544\,6$	0.999 9	≥0.995	是
丙酮	$y=73.846\,8x+0.604\,2$	0.999 9	≥0.995	是
丙醛	$y=75.459\,3x+0.338\,7$	0.999 9	≥0.995	是
丁烯醛	$y=67.272\,5x+0.139\,7$	0.999 9	≥0.995	是
2-丁酮	$y=58.727\,7x-0.422\,5$	0.999 9	≥0.995	是
正丁醛	$y=57.284\,3x-0.141\,6$	0.999 6	≥0.995	是
苯甲醛	$y=45.644\,6x-0.167\,5$	0.999 8	≥0.995	是
异戊醛	$y=49.641\,2x+0.040\,2$	0.999 9	≥0.995	是
正戊醛	$y=47.644\,4x-0.096\,7$	0.999 6	≥0.995	是
正己醛	$y=40.422\,3x-0.144\,5$	0.999 8	≥0.995	是

经验证，本实验室校准曲线结果满足标准方法要求，相关验证材料见附件5。

3.3　方法检出限及测定下限

按照《环境监测分析方法标准制订技术导则》（HJ 168—2020）附录 A.1 的规定，进行方法检出限和测定下限验证。

本次验证参考编制说明，将 100 μL 浓度为 10 μg/mL 的醛、酮标准混合溶液加入 7 组装有 50 mL DNPH 饱和吸收液的棕色气泡吸收瓶中，模拟有组织废气采样，采样流量为 0.5 L/min，采样时间为 40 min，采样体积为 20 L（标准状态下的干气体积）。按照样品前处理和分析的全部步骤，用乙腈定容至 10.0 mL，充分混合后，经滤膜过滤至样品瓶中待测，对 7 组加标平行样品进行测定，计算 7 次平行测定的标准偏差，按式（1）计算方法检出限。其中，当 n 为 7 次，置信度为 99%，$t_{(n-1,0.99)}=3.143$。以 4 倍的样品检出限作为测定下限，即 RQL=4×MDL。本方法检出限和测定下限计算结果见表7。

$$MDL=t_{(n-1,0.99)} \times S \tag{1}$$

式中：MDL——方法检出限；

n——样品的平行测定次数；

t——自由度为 n-1，置信度为 99%时的 t 分布（单侧）；

S——n 次平行测定的标准偏差。

表7   方法检出限及测定下限

平行样品号	测定值/（mg/m³）											
	甲醛	乙醛	丙烯醛	丙酮	丙醛	丁烯醛	2-丁酮	正丁醛	苯甲醛	异戊醛	正戊醛	正己醛
1	0.044	0.058	0.044	0.062	0.049	0.049	0.038	0.032	0.046	0.034	0.035	0.030
2	0.045	0.060	0.044	0.060	0.047	0.050	0.036	0.034	0.046	0.030	0.034	0.031
3	0.048	0.060	0.044	0.062	0.045	0.052	0.038	0.030	0.044	0.034	0.034	0.040
4	0.051	0.064	0.046	0.062	0.046	0.048	0.036	0.034	0.048	0.034	0.033	0.031
5	0.043	0.058	0.043	0.058	0.047	0.049	0.037	0.032	0.048	0.031	0.034	0.030
6	0.044	0.058	0.042	0.060	0.048	0.050	0.034	0.032	0.048	0.038	0.034	0.032
7	0.046	0.058	0.045	0.058	0.046	0.044	0.038	0.035	0.046	0.030	0.034	0.036
平均值 $\bar{x}$	0.05	0.06	0.04	0.06	0.05	0.05	0.04	0.03	0.05	0.03	0.03	0.03
标准偏差 S	0.002 8	0.002 2	0.001 3	0.001 8	0.001 3	0.002 5	0.001 5	0.001 7	0.001 5	0.002 9	0.000 6	0.003 8
方法检出限	0.01	0.01	0.01	0.01	0.01	0.01	0.01	0.01	0.01	0.01	0.01	0.02
测定下限	0.04	0.04	0.04	0.04	0.04	0.04	0.04	0.04	0.04	0.04	0.04	0.08
标准检出限	0.01	0.01	0.01	0.01	0.02	0.01	0.01	0.01	0.02	0.02	0.02	0.02
标准测定下限	0.04	0.04	0.04	0.04	0.08	0.04	0.04	0.04	0.08	0.08	0.08	0.08

经验证，本实验室方法检出限和测定下限符合标准要求，相关验证材料见附件6。

3.4   精密度

按照标准方法要求，采用实际样品加标方式进行 6 次重复性测定。向 6 组装有 DNPH 饱和吸收液的棕色气泡吸收瓶中定量加入目标化合物 100 μg/mL 标准溶液 20 μL，即加标量 2.0 μg，模拟有组织废气采样，采样流量为 0.5 L/min，采样时间为 40 min，采样体积为 20 L（标准状态下的干气体积），相当于废气浓度分别为 0.10 mg/m³，按照样品前处理和分析的全部步骤进行 6 个平行样品的测定。精密度测定情况见表8。

表 8　精密度测定情况

平行样品号		样品浓度											
		甲醛	乙醛	丙烯醛	丙酮	丙醛	丁烯醛	2-丁酮	正丁醛	苯甲醛	异戊醛	正戊醛	正己醛
测定结果/ (mg/m³)	1	0.113	0.114	0.085	0.116	0.089	0.088	0.069	0.060	0.088	0.076	0.077	0.076
	2	0.092	0.118	0.081	0.118	0.095	0.082	0.067	0.063	0.093	0.069	0.075	0.063
	3	0.104	0.115	0.093	0.112	0.091	0.077	0.066	0.070	0.088	0.081	0.072	0.067
	4	0.102	0.109	0.076	0.101	0.092	0.080	0.064	0.062	0.093	0.073	0.073	0.078
	5	0.101	0.115	0.085	0.107	0.090	0.079	0.070	0.064	0.089	0.076	0.065	0.067
	6	0.091	0.118	0.076	0.116	0.092	0.083	0.064	0.061	0.094	0.077	0.068	0.076
平均值 $\bar{x}$ /（mg/m³）		0.10	0.11	0.08	0.11	0.09	0.08	0.07	0.06	0.09	0.08	0.07	0.07
标准偏差 S/ (mg/m³)		0.008	0.003	0.006	0.007	0.002	0.008	0.002	0.004	0.003	0.004	0.004	0.007
相对标准偏差/%		8.0	2.7	7.5	6.4	2.2	4.7	2.9	6.7	3.3	5.0	5.7	7.6
附录 B.1 中的实验室内相对标准偏差/%		5.4~ 8.5	4.6~ 6.6	5.3~ 8.6	5.0~ 9.8	4.1~ 6.1	4.0~ 6.6	3.4~ 8.4	5.8~ 8.0	3.9~ 6.2	4.0~ 7.1	4.2~ 8.7	3.6~ 7.7

经验证，对 0.10 mg/m³ 的实际加标样品进行 6 次重复性测定，相对标准偏差为 2.2%～8.0%，符合标准方法要求，相关验证材料见附件 7。

3.5　正确度

按照标准方法要求，使用 3 台空气采样器平行采集 6 个无组织排放样品，选用其中 3 个样品为本底，另外 3 个装有 DNPH 饱和吸收液，定量加入目标化合物 100 μg/mL 标准溶液 50 μL，即加标量 5.0 μg，模拟无组织废气采样；采样流量为 0.5 L/min，采样时间为 40 min，采样体积为 20 L（标准状态下的干气体积），相当于废气浓度为 0.25 mg/m³，按照试样制备过程对加标样品进行前处理，使用高效液相色谱仪进行测定。实际样品加标的测定结果见表 9。

表 9　正确度测定结果（实际样品加标）

监测项目	平行样品号	实际样品测定结果/（mg/m³）	加标量/（mg/m³）	加标后测定值/（mg/m³）	加标回收率 P/%	附录 B.2 中的加标回收率范围 P/%
甲醛	1	<0.01	0.25	0.242	96.8	76.3~88.5
	2	<0.01		0.222	88.8	
	3	<0.01		0.207	82.8	

监测项目	平行样品号	实际样品测定结果/（mg/m³）	加标量/（mg/m³）	加标后测定值/（mg/m³）	加标回收率 P/%	附录 B.2 中的加标回收率范围 P/%
乙醛	1	＜0.01	0.25	0.235	94.0	84.2～91.3
	2	＜0.01		0.234	93.6	
	3	＜0.01		0.243	97.2	
丙烯醛	1	＜0.01	0.25	0.217	86.8	71.4～85.9
	2	＜0.01		0.198	79.2	
	3	＜0.01		0.181	72.4	
丙酮	1	＜0.01	0.25	0.230	92.0	64.5～81.6
	2	＜0.01		0.232	92.8	
	3	＜0.01		0.246	98.4	
丙醛	1	＜0.02	0.25	0.217	86.4	72.9～83.6
	2	＜0.02		0.211	84.4	
	3	＜0.02		0.221	88.4	
丁烯醛	1	＜0.01	0.25	0.239	95.6	91.1～102
	2	＜0.01		0.233	93.2	
	3	＜0.01		0.228	91.2	
2-丁酮	1	＜0.01	0.25	0.163	65.2	61.7～77.1
	2	＜0.01		0.161	64.4	
	3	＜0.01		0.160	64.0	
正丁醛	1	＜0.01	0.25	0.188	75.2	69.9～83.6
	2	＜0.01		0.179	71.6	
	3	＜0.01		0.186	74.4	
苯甲醛	1	＜0.02	0.25	0.227	90.8	84.1～92.3
	2	＜0.02		0.219	87.6	
	3	＜0.02		0.228	91.2	
异戊醛	1	＜0.02	0.25	0.216	86.4	86.4～99.6
	2	＜0.02		0.223	89.2	
	3	＜0.02		0.220	88.0	
正戊醛	1	＜0.02	0.25	0.210	84.0	81.8～90.6
	2	＜0.02		0.206	82.4	
	3	＜0.02		0.206	82.4	
正己醛	1	＜0.02	0.25	0.176	70.4	70.1～82.0
	2	＜0.02		0.191	76.4	
	3	＜0.02		0.183	73.2	

经验证，对加标浓度为 0.25 mg/m³ 的实际样品进行 3 次加标测定，加标回收率为

64.0%～98.4%，符合标准方法要求，相关验证材料见附件 8。

4 实际样品测定

按照标准方法要求，选择某印刷企业有组织废气总排口进行醛、酮类化合物样品采集和测试，监测报告及相关原始记录见附件 9 和附件 10。

4.1 样品采集和保存

按照标准方法要求，采集某印刷企业有组织废气实际样品，实际样品采集时天气晴朗，采样时烟温为 80℃、加热管加热温度为 120℃。串联三支各装有 50 mL DNPH 饱和吸收液的棕色气泡吸收瓶，与烟气采样器连接，按照气态污染物采集方法，以 0.5 L/min 的流量，连续采样 60 min，采样期间流量波动≤±10%。为保证样品有检出，实际采样时在第一个吸收瓶中定量加入了目标化合物 100 μg/mL 的标准溶液 10 μL，即加标量 1.0 μg，采集后的样品于 4℃以下密闭、避光、冷藏保存，样品采集后 2 天内完成试样制备，制备好的试样在 1 天内完成分析。样品采集和保存见表 10，相关原始记录见附件 9。

表 10 样品采集和保存

序号	样品类型及性状	采样依据	样品保存方式
1	有组织废气	《固定污染源排气中颗粒物测定与气态污染物采样方法》（GB/T 16157—1996 及修改单）	4℃以下密封避光冷藏保存

经验证，本实验室样品采集和保存能力满足标准方法要求。

4.2 样品前处理

按照标准方法要求对实际样品进行前处理，具体操作为：将吸收瓶中的样品转移至 250 mL 分液漏斗中，用少量二氯甲烷清洗吸收瓶 2 次，再分别用水和二氯甲烷清洗，清洗液一并转移至分液漏斗，加入 10 mL 二氯甲烷，振摇 3 min，静置分层，收集有机相于 150 mL 三角瓶中。再用 10 mL 二氯甲烷重复萃取水相 2 次，合并有机相，加入无水硫酸钠至硫酸钠颗粒可自由流动。放置 30 min，脱水干燥。将样品提取液转移至氮吹仪中，于 45℃以下浓缩至近干，更换溶剂为乙腈，并用乙腈定容至 10.0 mL，充分混合后，经 0.45 μm 聚四氟乙烯滤膜过滤至样品瓶中，使用高效液相色谱仪进行检测。

4.3 样品测定结果

实际样品测定结果见表 11，相关原始记录见附件 10。

表 11   实际样品测定结果

化合物名称	实际样品/（mg/m³）
甲醛	0.05
乙醛	0.05
丙烯醛	0.05
丙酮	0.05
丙醛	0.05
丁烯醛	0.05
2-丁酮	0.04
正丁醛	0.04
苯甲醛	0.05
异戊醛	0.04
正戊醛	0.04
正己醛	0.04

4.4   质量控制

按照标准方法要求，本次实际样品共采集和分析 2 个实验室空白、1 个运输空白和 1 个现场平行样品，并进行了曲线中间校核点的核查。

4.4.1   空白试验

实际样品测试过程中，按照标准要求进行了吸收液、实验室空白和运输空白样品测定，其测量条件与样品测定相同，测定结果见表 12。

表 12   空白试验测定结果

化合物名称	吸收液中各物质含量/μg	实验室空白 1/μg	实验室空白 2/μg	运输空白/μg	标准中要求的吸收液和空白样品的限值/μg
甲醛	0.30	0.25	0.24	0.34	0.50
乙醛	0.21	<0.13	<0.13	0.16	0.30
丙烯醛	<0.13	<0.13	<0.13	<0.13	0.30
丙酮	0.20	<0.17	<0.17	0.40	0.90
丙醛	<0.24	<0.24	<0.24	<0.24	0.30
丁烯醛	<0.16	<0.16	<0.16	<0.16	0.30
2-丁酮	<0.16	<0.16	<0.16	<0.16	0.30
正丁醛	<0.16	<0.16	<0.16	<0.16	0.30
苯甲醛	<0.29	<0.29	<0.29	<0.29	0.30

化合物名称	吸收液中各物质含量/μg	实验室空白1/μg	实验室空白2/μg	运输空白/μg	标准中要求的吸收液和空白样品的限值/μg
异戊醛	<0.28	<0.28	<0.28	<0.28	0.30
正戊醛	<0.26	<0.26	<0.26	<0.26	0.30
正己醛	<0.22	<0.22	<0.22	<0.22	0.30

经验证，150 mL 吸收液中醛、酮类化合物含量：甲醛为 0.30 μg、乙醛为 0.21 μg、丙酮为 0.20 μg，其他物质均≤0.30 μg，满足标准方法规定的空白吸收液的质控要求。实验室空白和运输空白中各目标化合物的含量为：甲醛≤0.50 μg、乙醛≤0.30 μg、丙酮≤0.90 μg、其他物质均≤0.30 μg，均满足标准方法规定的限值要求。

4.4.2 连续校准

实际样品测试过程中，按照标准要求进行了 1 次曲线中间校核点测定，具体测定结果见表 13。

表 13 曲线中间校核点测定结果

化合物名称	中间校核点实测浓度/（0.5 μg/mL）	中间校核点相对误差/%
甲醛	0.50	0
乙醛	0.50	0
丙烯醛	0.49	−2
丙酮	0.49	−2
丙醛	0.50	0
丁烯醛	0.50	0
2-丁酮	0.51	2
正丁醛	0.51	2
苯甲醛	0.50	0
异戊醛	0.49	−2
正戊醛	0.51	2
正己醛	0.50	0

经验证，12 种目标化合物校核点的相对误差为−2%～2%，满足标准规定的目标化合物的测定值和标准值的相对误差应在±20%以内的要求。

5 验证结论

综上所述，本实验室人员通过培训和能力确认后，依据 HJ 1153—2020 开展方法验证，并进行了实际样品测试。所用仪器设备、标准物质、关键试剂耗材、采取的质量保证和质量控制措施，以及经实验验证得出的方法检出限、测定下限、精密度和正确度等，均满足标准方法相关要求，验证合格。

附件 1　验证人员培训、能力确认情况的证明材料（略）

附件 2　仪器设备的溯源证书及结果确认等证明材料（略）

附件 3　有证标准物质证书及关键试剂耗材验收材料（略）

附件 4　环境条件监控原始记录（略）

附件 5　校准曲线绘制原始记录（略）

附件 6　检出限和测定下限验证原始记录（略）

附件 7　精密度验证原始记录（略）

附件 8　正确度验证原始记录（略）

附件 9　样品采集、保存、流转和前处理相关原始记录（略）

附件 10　实际样品检测报告及相关原始记录（略）

————————

《土壤　水溶性氟化物和总氟化物的测定　离子选择电极法》（HJ 873—2017）方法验证实例

1　方法名称及适用范围

1.1　方法名称及编号

《土壤　水溶性氟化物和总氟化物的测定　离子选择电极法》（HJ 873—2017）。

1.2　适用范围

本方法适用于土壤中水溶性氟化物和总氟化物的测定。

2　实验室基础条件确认

2.1　人员

参加方法验证的人员均通过了培训和能力确认（表 1），验证人员相关培训、能力确认情况等证明材料见附件 1。

表 1　验证人员情况信息

序号	姓名	年龄	职称	专业	参加本标准方法相关要求培训情况（是/否）	能力确认情况（是/否）	相关监测工作年限/年	验证工作内容
1	××	38	高级工程师	土壤学	是	是	14	采样及现场监测
2	××	27	工程师	能源与环境	是	是	1	
3	××	27	助理工程师	环境科学	是	是	1	前处理
4	××	29	助理工程师	化学工程	是	是	3	分析测试

2.2 仪器设备

本方法验证中，使用了前处理仪器和分析测试仪器等。主要仪器设备情况见表2，相关仪器设备的检定/校准证书核查情况及结果确认等证明材料见附件2。

表2 主要仪器设备情况

序号	过程	仪器名称	仪器规格型号	仪器编号	溯源/核查情况	溯源/核查结果确认情况	其他特殊要求
1	前处理	电子天平	××	××	检定	合格	感量 0.1 mg
		电子天平	××	××	检定	合格	感量 1 mg
		高速离心机	××	××	核查	合格	最高转速≥4 000 r/min，聚乙烯离心管，聚乙烯提取瓶
		台式超声波清洗机	××	××	核查	合格	频率（40～60 kHz），温度可显示
		箱式电阻炉	××	××	校准	合格	室温～800℃
		自然对流烘箱	××	××	校准	合格	—
		球磨机	××	××	—	—	—
2	分析测试	玻璃液体温度计	××	××	校准	合格	0～50℃
		酸度计	××	××	检定	合格	分辨率 0.1 mV

2.3 标准物质及主要试剂耗材

本方法验证中，使用的标准物质、主要试剂耗材情况见表3，有证标准物质证书、主要试剂耗材验收记录等证明材料见附件3。

表3 标准物质、主要试剂耗材情况

序号	过程	名称	生产厂家	技术指标（规格/浓度/纯度/不确定度）	证书/批号	标准物质基体类型	标准物质是否在有效期内	主要试剂耗材验收情况
1	前处理	氢氧化钠	××	优级纯	××	—	—	合格
2	分析测试	柠檬酸三钠	××	分析纯	××	—	—	合格
		浓盐酸	××	优级纯	××	—	—	合格

序号	过程	名称	生产厂家	技术指标（规格/浓度/纯度/不确定度）	证书/批号	标准物质基体类型	标准物质是否在有效期内	主要试剂耗材验收情况
2	分析测试	土壤标准物质	××	水溶性氟：（8.40±0.89）mg/kg；总氟：（782±72）mg/kg	××	土壤	是	合格
		水中氟化物溶液	××	标准溶液：500 mg/L	××	水质	是	合格

2.4 环境条件

本方法验证中，环境条件监控情况见表 4，相关环境条件监控记录见附件 4。

表 4 环境条件监控情况

序号	过程	控制项目	环境条件控制要求	实际环境条件	环境条件确认情况
1	前处理	台式超声波清洗机	水浴温度为（25±5）℃，30 min	25℃，30 min	合格
2	分析测试	室内温度	20~25℃	22℃	合格

2.5 相关体系文件

本方法配套使用的监测原始记录为《离子选择电极法分析原始记录（土壤和沉积物）》（标识：QHJ-04-FX-012C）；监测报告格式为 QHJ-03-605-2022；方法作业指导书为《METTLER TOLEDO Seven compact pH 计（S210）操作规程》（编号：QHJ-03-282-2022）。

3 方法性能指标验证

3.1 校准曲线

按照标准方法要求分别绘制水溶性氟化物和总氟化物校准曲线，步骤如下：

（1）水溶性氟化物校准曲线：准确移取浓度为 50.0 mg/L 的氟标准使用液 0.10 mL、0.20 mL、0.40 mL、1.00 mL、2.00 mL、4.00 mL、10.00 mL 于 50 mL 容量瓶中，加入 10.0 mL 总离子强度调节缓冲溶液，用水定容后混匀。

（2）总氟化物校准曲线：准确移取浓度为 50.0 mg/L 的氟标准使用液 0.10 mL、

0.20 mL、0.40 mL、1.00 mL、2.00 mL、4.00 mL、10.00 mL 于聚乙烯烧杯中，依次加入20.0 mL 总氟化物空白试样和 2 滴溴甲酚紫指示剂，边摇边逐滴加入盐酸溶液，直至溶液由蓝紫色突变为黄色。将溶液全部转移至 50 mL 容量瓶中，加入 10.0 mL 总离子强度调节缓冲溶液，用水定容后混匀。校准曲线的绘制情况见表 5。

表 5　校准曲线的绘制情况

水溶性氟化物曲线校准点	1	2	3	4	5	6	7
氟含量 m/μg	5.0	10.0	20.0	50.0	100	200	500
氟含量对数 lg m	0.699	1.000	1.301	1.699	2.000	2.301	2.699
电位值/mV	138.9	122.0	105.4	82.1	65.3	47.5	23.6
校准曲线方程				$y=-57.54x+179.7$			
相关系数（r）				0.999 8			
标准规定要求				≥0.999			
是否符合标准要求				是			
总氟化物曲线校准点	1	2	3	4	5	6	7
氟含量 m/μg	5.0	10.0	20.0	50.0	100	200	500
氟含量对数 lg m	0.699	1.000	1.301	1.699	2.000	2.301	2.699
电位值/mV	141.4	123.9	106.7	83.7	67.5	49.5	26.1
校准曲线方程				$y=-57.41x+181.5$			
相关系数（r）				0.999 9			
标准规定要求				≥0.999			
是否符合标准要求				是			

经验证，本实验室校准曲线结果符合标准方法要求，相关验证材料见附件 5。

3.2　方法检出限及测定下限

按照《环境监测分析方法标准制订技术导则》（HJ 168—2020）附录 A.1 的规定，进行方法检出限和测定下限验证。

按 HJ 168—2020 附录 A.1 的规定，对水溶性氟化物浓度为 1.6 mg/kg，总氟化物浓度为 160 mg/kg 的空白加标样品进行 7 次重复性测定，将测定结果换算为样品的浓度，按式（1）计算方法检出限。以 4 倍的检出限作为测定下限，即 RQL=4×MDL。本方法检出限及测定下限计算结果见表 6。

$$MDL=t_{(n-1,0.99)} \times S \qquad （1）$$

式中：MDL——方法检出限；

$t_{(6,0.99)}$ ——自由度为 6，置信度为 99%时的 t 分布（单侧）；

S —— n 次平行测定的标准偏差。

表6　方法检出限及测定下限

平行样品号	测定值/（mg/kg）	
	水溶性氟化物	总氟化物
1	1.6	165
2	1.6	167
3	1.7	154
4	1.7	140
5	1.8	161
6	1.5	181
7	1.4	174
平均值 $\bar{x}$	1.6	163
标准偏差 S	0.13	13.4
方法检出限	0.5	43
测定下限	2.0	172
标准规定检出限	0.7	63
标准规定测定下限	2.8	252

经验证，本实验室方法检出限和测定下限均符合标准方法的要求，相关验证材料见附件6。

3.3 精密度

按照标准方法要求，采用土壤实际样品进行 6 次重复性测定，计算相对标准偏差，测定结果见表7。

表7　精密度测定结果

平行样品号		样品浓度	
		水溶性氟化物	总氟化物
测定结果/ （mg/kg）	1	7.6	537
	2	7.2	549
	3	7.6	495
	4	7.4	561
	5	7.9	541
	6	7.1	557

平行样品号	样品浓度	
	水溶性氟化物	总氟化物
平均值 $\bar{x}$ /（mg/kg）	7.5	540
标准偏差 S/（mg/kg）	0.29	23.9
相对标准偏差/%	4.0	4.4
多家实验室内相对标准偏差/%	≤5.7	≤6.0

经验证，对水溶性氟化物浓度为 7.5 mg/kg，总氟化物浓度为 540 mg/kg 的土壤样品分别进行 6 次重复性测定，相对标准偏差分别为 4.0%和 4.4%，符合标准方法规定的多家实验室内相对标准偏差要求，相关验证材料见附件 7。

3.4 正确度

按照标准方法要求，采用有证标准样品进行 3 次重复性测定，验证方法正确度。土壤中水溶性氟化物和总氟化物成分分析标准物质（编号：RMU044）的正确度测定结果见表 8。

表 8　有证标准样品测定结果

平行样品号	标准样品测定浓度/（mg/kg）	
	水溶性氟化物	总氟化物
1	8.3	779
2	8.1	802
3	8.1	776
有证标准样品含量	8.40±0.89	782±72

经验证，对土壤中水溶性氟化物和总氟化物成分分析标准物质（编号：RMU044）进行 3 次重复性测定，测定结果均在其保证值范围内，符合标准方法要求。相关验证材料见附件 8。

4 实际样品测定

按照标准方法要求，选择土壤实际样品进行测定，实际样品监测报告及相关原始记录见附件 9。

4.1 样品采集和保存

按照标准方法要求，依据《土壤环境监测技术规范》（HJ/T 166—2004）采集土壤实际样品，样品采集和保存情况见表 9。

表 9 样品采集和保存情况

序号	样品类型及性状	采样依据	样品保存方式
1	土壤	《土壤环境监测技术规范》（HJ/T 166—2004）	常温、避光

经验证，本实验室样品采集和保存能力满足标准方法要求。

4.2 样品前处理

按照标准方法要求对土壤实际样品进行前处理，具体操作如下。

4.2.1 样品制备

将土壤样品平摊成 2～3 cm 厚的薄层，置于风干盘，先剔除残体，用木棒压碎土块，自然风干。按四分法将风干样品研磨，过 10 目土壤筛后，二次研磨，过 100 目土壤筛，装入样品袋中。

4.2.2 干物质含量的测定

按照《土壤 干物质和水分的测定 重量法》（HJ 613—2011）的要求，测定土壤样品的干物质含量。

4.2.3 水溶性氟化物试样制备

准确称取土样 5.00 g 于 100 mL 提取瓶中，加入 50.0 mL 纯水，加盖摇匀，于 28℃ 水浴温度下超声提取 30 min，静置后转移至离心管中，离心 8 min，转速 4 000 r/min，待测。

4.2.4 总氟化物试样制备

准确称取土样 0.200 0 g 于镍坩埚中，加入 2.0 g 氢氧化钠，加盖，放入马弗炉中。马弗炉温度 300℃ 保持 10 min，升温至 560℃ 保持 30 min。冷却后取出，用 90℃ 热水溶解，转移至聚乙烯烧杯中，冷却后转入 100 mL 比色管中，加入 5.0 mL 盐酸溶液，混匀，纯水定容，摇匀，待测。

4.2.5 空白试样制备

不加土壤样品，按照与试样制备相同的步骤分别制备水溶性氟化物空白试样和总氟化物空白试样。

4.3 样品测定结果

实际样品测定结果见表 10。

表 10　实际样品测定结果

监测项目	样品类型	测定结果/（mg/kg）
水溶性氟化物	土壤	8.7
总氟化物	土壤	266

4.4　质量控制

按照标准方法要求，采取的质量控制措施包括实验室空白、标准样品测定、平行样测定等。

4.4.1　空白试验

空白试验测定结果见表 11。

表 11　空白试验测定结果

空白类型	监测项目	测定结果/（mg/kg）	标准规定的要求/（mg/kg）
实验室空白	水溶性氟化物	未检出	＜0.7
实验室空白	总氟化物	未检出	＜63

经验证，空白试验测定结果符合标准方法要求。

4.4.2　标准样品测定

对水溶性氟化物浓度为（8.40±0.89）mg/kg，总氟化物浓度为（782±72）mg/kg的土壤标准样品（编号：RMU044）进行测定，测定结果在保证值范围内，符合标准方法要求。

4.4.3　平行样测定

对水溶性氟化物浓度为 8.7 mg/kg，总氟化物浓度为 266 mg/kg 的土壤实际样品进行平行测定，相对偏差分别为 4.6%和 2.8%，符合方法要求的平行样相对偏差≤20%。

4.4.4　连续校准

对含量为 50.0 μg 的标准溶液进行 3 次测定，水溶性氟化物的相对误差分别为-2.6%、3.2%和-3.6%，总氟化物的相对误差分别为-4.8%、-1.8%和 4.4%，符合方法中规定的连续校准相对误差应在±10%以内（表 12）。

表 12　校准点测定结果

校准次数	水溶性氟化物测定结果/μg	水溶性氟化物相对误差/%	总氟化物测定结果/μg	总氟化物相对误差/%
1	48.7	−2.6	47.6	−4.8
2	51.6	3.2	49.1	−1.8
3	48.2	−3.6	52.2	4.4

5　验证结论

综上所述，本实验室人员通过培训和能力确认后，依据 HJ 873—2017 开展方法验证，并进行了实际样品测试。所用仪器设备、标准物质、关键试剂耗材、采取的质量保证和质量控制措施，以及经实验验证得出的方法检出限、测定下限、精密度和正确度等，均满足标准方法要求，验证合格。

附件 1　验证人员培训、能力确认情况的证明材料（略）

附件 2　仪器设备的溯源证书及结果确认等证明材料（略）

附件 3　有证标准物质证书及关键试剂耗材验收材料（略）

附件 4　环境条件监控原始记录（略）

附件 5　校准曲线绘制原始记录（略）

附件 6　检出限和测定下限验证原始记录（略）

附件 7　精密度验证原始记录（略）

附件 8　正确度验证原始记录（略）

附件 9　实际样品监测报告及相关原始记录（略）

《土壤和沉积物　六价铬的测定　碱溶液提取-火焰原子吸收分光光度法》（HJ 1082—2019）方法验证实例

1　方法名称及适用范围

1.1　方法名称及编号

《土壤和沉积物　六价铬的测定　碱溶液提取-火焰原子吸收分光光度法》（HJ 1082—2019）。

1.2　适用范围

本方法适用于土壤和沉积物中六价铬的测定。

2　实验室基础条件确认

2.1　人员

参加方法验证的人员均通过了培训和能力确认（表1），验证人员相关培训、能力确认情况等证明材料见附件1。

表1　验证人员情况信息

序号	姓名	年龄	职称	专业	参加本标准方法相关要求培训情况（是/否）	能力确认情况（是/否）	相关监测工作年限/年	项目验证工作内容
1	××	41	高级工程师	环境监测	是	是	16	采样及现场监测
2	××	31	工程师	应用化学	是	是	6	
3	××	34	高级工程师	应用化学	是	是	13	前处理和分析测试
4	××	38	高级工程师	应用化学	是	是	17	

2.2 仪器设备

本方法验证中，使用了采集、前处理仪器及分析测试仪器等。主要仪器设备情况见表2，相关仪器设备的检定/校准证书及结果确认等证明材料见附件2。

表2 主要仪器设备情况

序号	过程	仪器名称	仪器规格型号	仪器编号	溯源情况	溯源结果确认情况	其他特殊要求
1	采样及现场监测	铁铲、木铲等采土工具、采泥设备等	××	××	—	—	—
2	前处理	加热搅拌电热板	××	××	校准	合格	具有磁力加热搅拌器、控温装置,可升温至100℃
		真空抽滤系统	××	××	—	—	—
		臼式研磨仪	××	××	—	—	—
		样品筛	0.15 mm（100目）	××	校准	合格	尼龙筛
3	分析测试	原子吸收分光光度计	××	××	检定	合格	—
		电子天平	××	××	检定	合格	精度0.1 mg
		多参数测试仪（pH部分）	××	××	检定	合格	精度0.1个pH单位

2.3 标准物质及主要试剂耗材

本方法验证中，使用的标准物质、主要试剂耗材情况见表3，有证标准物质证书、主要试剂耗材验收材料见附件3。

表3 标准物质、主要试剂耗材情况

序号	过程	名称	生产厂家	技术指标（规格/浓度/纯度）	证书/批号	标准样品基体状态	标准物质是否在有效期内	关键试剂耗材验收情况
1	前处理	硝酸	××	优级纯	—	—	—	合格
		氢氧化钠	××	配制的碱性提取液pH应大于11.5	—	—	—	合格
		无水碳酸钠	××		—	—	—	合格
		无水氯化镁	××	分析纯	—	—	—	合格
		磷酸氢二钾	××	分析纯	—	—	—	合格
		磷酸二氢钾	××	分析纯	—	—	—	合格

序号	过程	名称	生产厂家	技术指标（规格/浓度/纯度）	证书/批号	标准样品基体状态	标准物质是否在有效期内	关键试剂耗材验收情况
2	分析测试	六价铬标准溶液	××	100 μg/mL	××	水质	是	合格
		六价铬标准样品	××	（3.8±0.4）mg/kg	××	土壤	是	合格
				（7.1±0.7）mg/kg	××	土壤	是	合格
				（68±7）mg/kg	××	土壤	是	合格

2.4 相关体系文件

本方法配套使用的监测原始记录为《火焰原子吸收法测定土壤/沉积物原始记录》（标识：BJQRD-J-FX-YS0204）；监测报告格式为 BJQRD-J-HJ-BG036。

3 方法性能指标验证

3.1 测试条件

3.1.1 仪器分析条件

按照标准方法推荐的仪器参考条件，本方法验证进一步优化了仪器参数，仪器测量条件见表4。

表4 仪器测量条件

元素	铬（Cr）	标准中仪器参考条件（Cr）
测定波长/nm	357.9	357.9
灯电流/mA	4	—
通带宽度/nm	0.2	0.2
火焰性质	富燃还原性（使光源光斑通过火焰亮蓝的部分）	富燃还原性（使光源光斑通过火焰亮蓝的部分）
燃烧头高度/mm	10	调整至使光源光斑通过中间反应区
扣背景方式	氘灯	—

3.1.2 仪器自检

按照仪器说明书进行仪器预热、自检，仪器自检过程正常，结果符合标准要求。

3.2 校准曲线

按照标准方法要求绘制工作曲线，具体为：分别移取 0 mL、0.10 mL、0.20 mL、0.50 mL、1.00 mL、2.00 mL 浓度为 100 mg/L 的六价铬标准使用液置于 250 mL 烧杯中，加入碱性提取液、氯化镁和缓冲溶液，按照标准方法规定的试样制备的步骤，制备工作曲线溶液。以空白试样调仪器零点，测定各浓度点吸光度。以六价铬浓度为横坐标，吸光度为纵坐标，建立工作曲线。工作曲线绘制情况和谱图见表 5 和图 1。

表 5 工作曲线绘制情况

校准点	1	2	3	4	5	6
浓度/（mg/L）	0	0.10	0.20	0.50	1.0	2.0
吸光度	−0.000 54	0.007 40	0.014 80	0.039 61	0.073 95	0.146 36
曲线方程	$y=0.073\ 2x+0.000\ 6$					
相关系数（r）	0.999 7					
标准规定要求	≥0.999					
是否符合标准要求	是					

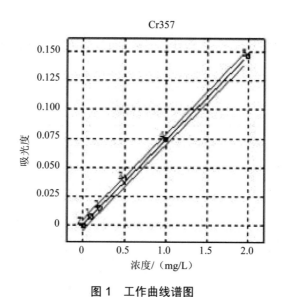

图 1 工作曲线谱图

经验证，本实验室工作曲线结果符合标准方法要求，相关验证材料见附件 4。

3.3 方法检出限及测定下限

按照《环境监测分析方法标准制订技术导则》（HJ 168—2020）附录 A.1（b）的规定，

采取空白加标样品进行方法检出限和测定下限验证。

分别移取浓度为 50.0 mg/L 的六价铬标准溶液 0.20 mL 至 7 个锥形瓶，配制成 7 个含量为 10 μg 的空白加标样品。加入碱性提取液、氯化镁和缓冲溶液，按照标准规定的操作步骤制备试样，并定容至 100 mL，上机测定。按土壤或沉积物称样量 5.0 g 将测定结果换算为样品中的含量，按式（1）计算方法检出限。以 4 倍的检出限作为测定下限，即 RQL=4×MDL。本方法检出限和测定下限计算结果见表 6。

$$MDL = t_{(6,0.99)} \times S \tag{1}$$

式中：MDL——方法检出限；

$t_{(6,0.99)}$——自由度为 6，置信度为 99%时的 t 分布（单侧）；

S——7 次重复性测定的标准偏差。

表6　方法检出限及测定下限

平行样品号	六价铬测定值/（mg/L）
1	0.100
2	0.093
3	0.092
4	0.101
5	0.100
6	0.091
7	0.096
平均值 $\bar{x}$	0.096
标准偏差 S	0.005
检出限	0.02
方法检出限/（mg/kg）	0.4
测定下限/（mg/kg）	1.6
标准中检出限要求/（mg/kg）	0.5
标准中测定下限要求/（mg/kg）	2.0

经验证，本实验室方法检出限和测定下限均符合标准方法要求，相关验证材料见附件 5。

3.4　精密度

按照标准方法要求，分别选取一种土壤样品加标和一种沉积物样品加标进行精密度验证。具体方法为：分别各称取 6 份土壤和沉积物样品 5.0 g 至两组锥形瓶中，加入浓度为 50.0 mg/L 的六价铬标准溶液 0.30 mL（加标量为 15 μg），加入碱性提取液、氯化镁和缓冲溶液，按照标准规定的操作步骤制备各试样，并定容体积 100 mL，测定结果见表 7。

表 7　精密度测定结果

平行样品号		土壤加标样品	沉积物加标样品
测定结果/ （mg/kg）	1	3.7	3.1
	2	4.2	3.0
	3	4.3	3.0
	4	3.9	3.0
	5	3.8	3.0
	6	3.8	3.1
平均值 $\bar{x}$ /（mg/kg）		4.0	3.0
标准偏差 S/（mg/kg）		0.24	0.052
相对标准偏差/%		6.0	1.7
标准要求的相对标准偏差/%		≤14	≤9.3

经验证，对土壤和沉积物加标样品进行 6 次重复性测定，其相对标准偏差分别为 6.0% 和 1.7%，符合标准方法要求，相关验证材料见附件 6。

3.5　正确度

按照标准方法要求，采用一种土壤有证标准样品、一种土壤样品加标和一种沉积物样品加标进行正确度验证。

3.5.1　有证标准样品验证

土壤标准样品的正确度测定结果见表 8。

表 8　有证标准样品的正确度测定结果

平行样品号	有证标准样品测定值/（mg/kg）
1	3.7
2	4.2
3	3.9
有证标准样品含量/（mg/kg）	3.8±0.4

经验证，对土壤六价铬有证标准样品［编号：GBW（E）070253（S6Cr-3）］进行 3 次重复性测定，测定结果均在其保证值范围内，符合标准方法要求，相关验证材料见附件 7。

3.5.2   加标回收率验证

分别称取 4 份土壤和沉积物实际样品，样品称样量约 5.0 g，其中 1 份直接测定，另外 3 份分别加入 100 μg 的六价铬标准溶液，按照样品的测定步骤同时进行测定，测定结果见表 9。

表 9   实际样品加标回收率测定结果

监测项目	平行样品号	实际样品测定结果/（mg/kg）	加标量/μg	加标后测定值/（mg/kg）	加标回收率 P/%	标准规定的加标回收率 P/%
土壤样品	1	未检出		21.6	108	
	2	未检出	100	21.5	108	70～130
	3	未检出		21.6	108	
沉积物样品	1	未检出		22.1	110	
	2	未检出	100	19.7	98.5	70～130
	3	未检出		21.0	105	

经验证，对土壤和沉积物实际样品进行 3 次加标回收率测定，加标回收率范围为 98.5%～110%，符合标准方法要求，相关验证材料见附件7。

4   实际样品测定

按照标准方法要求，选择农田土壤和河流沉积物样品进行测定，监测报告及相关原始记录见附件9。

4.1   样品采集和保存

按照《土壤环境监测技术规范》（HJ/T 166—2004）采集农田土壤样品并保存，按照《地表水和污水监测技术规范》（HJ/T 91—2002）采集河流沉积物样品并保存，样品采集和保存情况见表10。

表 10   样品采集和保存情况

序号	样品类型	采样依据	样品保存方式
1	农田土壤	《土壤环境监测技术规范》（HJ/T 166—2004）	<4℃
2	河流沉积物	《地表水和污水监测技术规范》（HJ/T 91—2002）	常温

经验证，本实验室土壤样品采集和保存能力满足 HJ/T 166—2004 采集和保存要求，沉积物样品采集和保存能力满足 HJ/T 91—2002 河流沉积物样品采集和保存要求，样品采

集、保存和流转相关证明材料见附件 8。

4.2 样品前处理

风干：在风干室将土样/沉积物样品放置于风干盘中，除去土壤/沉积物中混杂的砖瓦石块、石灰结核和根茎动植物残体等，摊成 2～3cm 的薄层，经常翻动。半干状态时，用木棍压碎或用两个木铲搓碎样品，置于阴凉处自然风干。

粗磨：将自然风干的全部样品粗磨，粗磨后过 2 mm 筛的样品全部置于无色聚乙烯薄膜或牛皮纸上，充分搅拌直至混合均匀，用四分法分样。

细磨：将四分法分样的样品用玛瑙研磨机研磨，并全部通过孔径 0.15 mm（100 目）筛筛分，以备样品测试。

消解定容：称取 5.0 g（精确至 0.01 g）土壤六价铬标准物质和实际土壤/沉积物样品置于 250 mL 烧杯中，加入 50.0 mL 碱性提取溶液，再加入 400 mg 无水氯化镁和 0.5 mL 磷酸二钾酸-磷酸二氢钾缓冲溶液，放入搅拌子，用聚乙烯薄膜封口，置于搅拌加热装置上，常温下搅拌样品 5 min 后，开启加热装置，加热搅拌至 90～95℃，保持 60 min。取下烧杯，冷却至室温。用滤膜抽滤，将滤液置于 250 mL 烧杯中，用浓硝酸调节溶液 pH 至 7.5±0.5。将此溶液转移至 100 mL 容量瓶中，用水定容至标线，摇匀，待测。

4.3 样品测定结果

消解处理后的土壤/沉积物样品上机测定，土壤和沉积物实际样品中的六价铬均未检出，实际样品测定结果见表 11，相关原始记录见附件 9。

表 11 实际样品测定结果

样品类型	监测项目	测定结果/（mg/kg）
农田土壤	六价铬	未检出
沉积物	六价铬	未检出

4.4 质量控制

按照标准方法要求，本次实际样品测试选取了实验室空白、有证标准样品、实际样品加标等质控措施。空白试样、平行样品测定和实际样品加标等相关原始记录见附件 9。

4.4.1 实验室空白

按照标准要求，每 20 个样品或每批次（少于 20 个样品/批）分析 1 个实验室空白，测定结果为未检出。

经验证，空白试验测定结果符合标准方法要求，测定情况见表12。

表12　空白试验测定结果

样品类型	监测项目	测定结果/（mg/kg）	标准规定的要求/（mg/kg）
实验室空白	六价铬	未检出	<0.5

4.4.2　平行样

按照标准方法要求，每20个样品或每批次（少于20个样品/批）分析1个平行样，测定结果均为未检出，平行样测定值的相对偏差≤20%，满足标准方法要求。

4.4.3　加标回收率测定

对土壤实际样品和沉积物样品进行加标回收率测定，得到加标回收率分别为106%和97%，符合方法中规定的70%～130%的要求。

5　验证结论

综上所述，本实验室人员通过培训和能力确认后，依据 HJ 1082—2019 开展方法验证，并进行了实际样品测试。所用仪器设备、标准物质、关键试剂耗材、采取的质量保证和质量控制措施，以及经实验验证得出的方法检出限、测定下限、精密度和正确度等，均满足标准方法相关要求，验证合格。

附件1　验证人员培训、能力确认及持证情况的证明材料（略）

附件2　仪器设备的溯源证书及结果确认等证明材料（略）

附件3　有证标准物质证书及关键试剂耗材验收材料（略）

附件4　校准曲线绘制原始记录（略）

附件5　检出限和测定下限验证原始记录（略）

附件6　精密度验证原始记录（略）

附件7　正确度验证原始记录（略）

附件8　样品采集、保存、流转和前处理相关原始记录（略）

附件9　实际样品分析等相关原始记录（略）

《土壤和沉积物　无机元素的测定　波长色散 X 射线荧光光谱法》（HJ 780—2015）方法验证实例

1　方法名称及适用范围

1.1　方法名称及编号

《土壤和沉积物　无机元素的测定　波长色散 X 射线荧光光谱法》（HJ 780—2015）。

1.2　适用范围

本方法规定了土壤和沉积物中 25 种无机元素和 7 种氧化物的波长色散 X 射线荧光光谱法。

本方法适用于土壤和沉积物中 25 种无机元素和 7 种氧化物的测定，包括砷（As）、钡（Ba）、溴（Br）、铈（Ce）、氯（Cl）、钴（Co）、铬（Cr）、铜（Cu）、镓（Ga）、铪（Hf）、镧（La）、锰（Mn）、镍（Ni）、磷（P）、铅（Pb）、铷（Rb）、硫（S）、钪（Sc）、锶（Sr）、钍（Th）、钛（Ti）、钒（V）、钇（Y）、锌（Zn）、锆（Zr）、二氧化硅（SiO_2）、三氧化二铝（Al_2O_3）、三氧化二铁（Fe_2O_3）、氧化钾（K_2O）、氧化钠（Na_2O）、氧化钙（Ca_2O）和氧化镁（Mg_2O）。

2　实验室基础条件确认

2.1　人员

参加方法验证的人员均通过了培训和能力确认（表 1），验证人员相关培训、能力确认情况等证明材料见附件 1。

表1　验证人员情况信息

序号	姓名	年龄	职称	专业	参加本标准方法相关要求培训情况（是/否）	能力确认情况（是/否）	相关监测工作年限/年	验证工作内容
1	××	32	工程师	环境工程	是	是	3	现场采样
2	××	31	工程师	应用化学	是	是	6	
3	××	33	高级工程师	地球化学	是	是	9	分析测试
4	××	39	正高级工程师	环境工程	是	是	17	
5	××	34	高级工程师	应用化学	是	是	13	

2.2　仪器设备

本方法验证中，使用了采集、样品前处理及分析测试仪器等。主要仪器设备情况见表2，相关仪器设备的检定/校准证书及结果确认等证明材料见附件2。

表2　主要仪器设备情况

序号	过程	仪器名称	仪器规格型号	仪器编号	溯源/核查情况	溯源/核查结果确认情况	其他特殊要求
1	前处理	半自动压样机	××	××	核查	合格	最大压力：40 t
		电子天平	××	××	检定	合格	精度0.1 mg
		电热鼓风干燥箱	××	××	校准	合格	（105±1）℃
		标准筛	××	—	校准	合格	非金属筛200目
2	分析	波长色散X射线荧光光谱仪	××	××	校准	合格	检测器流气正比计数器和闪烁计数器两个

2.3　标准物质及主要试剂耗材

本方法验证中，使用的标准物质、主要试剂耗材情况见表3，有证标准物质证书、主要试剂耗材验收记录见附件3。

表3 标准物质、主要试剂耗材情况

序号	过程	名称	生产厂家	技术指标（规格/浓度/纯度/不确定度）	证书/批号	标准物质基体类型	标准物质是否在有效期内	主要试剂耗材验收情况
1	分析测试	硼酸	××	分析纯	××	—	—	合格
		氩气-甲烷气	××	90%氩气+10%甲烷气	××	—	—	合格
		土壤成分分析标准物质	××	见证书	××	土壤	是	合格
		环境标准物质	××	见证书	××	土壤	是	合格
		环境标准物质	××	见证书	××	土壤	是	合格
		水系沉积物标准物质	××	见证书	××	沉积物	是	合格
		土壤成分分析标准物质	××	见证书	××	土壤	是	合格
		河流沉积物标准物质	××	见证书	××	沉积物	是	合格
		污染农田土壤成分分析标准物质	××	见证书	××	土壤	是	合格
		农业土壤成分分析标准物质	××	见证书	××	土壤	是	合格
		河流沉积物标准物质	××	见证书	××	沉积物	是	合格

2.4 环境条件

本方法验证中，实验所用的波长色散 X 射线荧光光谱仪对实验室环境条件有特别要求，具体的环境条件控制要求及监控情况见表4，相关环境条件监控记录见附件4。

表4 环境条件监控情况

序号	过程	控制项目	环境条件控制要求	实际环境条件	环境条件确认情况
1	实验室分析	温度	17～29℃	24℃	合格
		湿度	20%～80%	35%	合格

2.5　相关体系文件

本方法验证配套使用的监测原始记录为《波长色散 X 射线荧光光谱测定原始记录》（标识：BJQRD-J-FX-YS104）；监测报告格式为 BJQRD-J-HJ-BG0010。

3　方法性能指标验证

3.1　仪器分析条件

本方法验证的仪器分析条件参考标准方法，并结合仪器实际情况，选择的仪器参数条件见表 5。其中采用 34 mm 准直器面罩，单个样品的测量时间约为 35 min。

表 5　波长色散 X 射线荧光光谱仪测量条件

元素	滤光片	准直器/(°)	分析线	分析晶体	2θ/(°)			检测器	功率 kV/mA	测量时间/s		PHA/%
					峰值	背景 1	背景 2			谱峰	背景	
Na	None	0.46	Kα1	XS-55	24.689	—	—	FC	30/120	20	—	50～160
Mg	None	0.23	Kα1	XS-55	20.430	—	—	FC	30/120	10	—	50～160
Al	None	0.23	Kα1	PET	144.521	—	—	FC	30/90	8	—	40～250
Si	None	0.23	Kα1	PET	108.978	—	—	FC	30/35	10	—	40～250
P	None	0.46	Kα1	PET	89.416	92.520	—	FC	30/120	20	10	50～150
S	None	0.46	Kα1	PET	75.751	79.628	—	FC	30/120	16	8	50～150
Cl	None	0.23	Kα1	PET	65.444	67.012	—	FC	30/120	30	10	50～150
K	None	0.46	Kα1	LiF200	136.677	—	—	FC	50/72	10	—	40～250
Ca	None	0.46	Kα1	LiF200	113.133	—	—	FC	50/40	8	—	40～250
Sc	None	0.23	Kα1	LiF200	97.725	96.930	—	FC	50/72	40	20	50～150
Ti	None	0.23	Kα1	LiF200	86.159	85.180	—	FC	50/72	10	10	50～150
V	None	0.23	Kα1	LiF200	76.945	78.136	—	FC	50/72	24	16	50～150
Cr	None	0.23	Kα1	LiF200	69.361	70.670	—	SC	60/60	40	20	50～150
Mn	None	0.23	Kα1	LiF200	62.991	64.808	—	SC	60/60	10	4	50～150
Fe	None	0.23	Kα1	LiF200	57.534	—	—	SC	60/5	6	—	40～250
Co	None	0.23	Kα1	LiF200	52.808	54.001	—	SC	60/60	40	20	50～150
Ni	None	0.46	Kα1	LiF200	48.690	49.866	—	SC	60/60	30	20	50～150
Cu	None	0.46	Kα1	LiF200	45.049	46.855	—	SC	60/60	40	20	50～150
Zn	None	0.23	Kα1	LiF200	41.807	42.532	—	SC	60/60	30	20	50～150
Ga	None	0.23	Kα1	LiF200	38.926	39.524	—	SC	60/60	20	10	50～150
As	None	0.23	Kα1	LiF200	33.971	32.499	35.110	SC	60/60	60	60	50～140

元素	滤光片	准直器/(°)	分析线	分析晶体	2θ/(°) 峰值	背景1	背景2	检测器	功率 kV/mA	测量时间/s 谱峰	背景	PHA/%
Br	None	0.23	Kα1	LiF200	29.971	28.889	32.537	SC	60/60	40	40	50~150
Rb	None	0.23	Kα1	LiF200	26.628	24.500	28.889	SC	60/60	12	12	50~150
Sr	None	0.23	Kα1	LiF200	25.156	24.500	—	SC	60/60	10	4	50~150
Y	None	0.23	Kα1	LiF200	23.783	24.500	—	SC	60/60	20	10	50~150
Zr	None	0.23	Kα1	LiF200	22.546	24.500	—	SC	60/60	12	6	50~150
Ba	None	0.23	Lα1	LiF200	87.176	89.260	—	FC	50/72	20	10	50~150
La	None	0.46	Lα1	LiF200	82.960	81.850	—	FC	50/72	40	20	50~150
Ce	None	0.46	Lα1	LiF200	79.233	81.850	—	FC	50/72	40	20	50~150
Hf	None	0.23	Lα1	LiF200	45.969	46.802	—	SC	60/60	40	20	50~150
Pb	None	0.23	Lβ1	LiF200	28.268	28.810	—	SC	60/60	40	20	50~150
Th	None	0.23	Lα1	LiF200	27.474	29.510	—	SC	60/60	40	20	50~150

3.2 校准曲线

选取了60个不同浓度的土壤和沉积物标准物质压成薄片，按照本方法设定的仪器参数条件，依次上机测定分析，记录X射线荧光强度。以X射线荧光强度（kcps）为纵坐标，以对应各元素（或氧化物）的质量分数（mg/kg或百分数）为横坐标，建立校准曲线。各元素校准曲线范围、相关系数见表6，相关验证材料见附件5。

表6　校准曲线范围、相关系数

元素	校准曲线 质量分数范围	相关系数（r^2）	标准资料性附录D 质量分数范围
Na_2O	0.039~8.99	0.988	0.70~7.16
MgO	0.12~8.82	0.989	0.21~4.14
Al_2O_3	2.84~29.26	0.984	7.70~29.26
SiO_2	32.69~88.89	0.953	6.65~82.89
P	140~1 520	0.982	38.4~4 130
S	50~11 700	0.999	50~940
Cl	24~7 800	0.999	10.8~1 400
K_2O	0.13~5.20	0.995	1.03~7.48
CaO	0.08~13.12	0.997	0.08~8.27
Sc	1.99~29.5	0.944	4.4~43
Ti	1 270~20 200	0.998	1 270~46 100
V	16.5~332	0.997	15.6~768

元素	校准曲线 质量分数范围	相关系数（r^2）	标准资料性附录 D 质量分数范围
Cr	3.7～410	0.999	7.2～795
Mn	218～2 490	0.997	10.8～2 490
Fe$_2$O$_3$	1.46～18.76	0.998	1.90～18.76
Co	2.6～97	0.997	2.6～97
Ni	2.3～349	0.999	2.7～333
Cu	2.8～1 230	0.999	4.1～1 230
Zn	18～2 600	0.999	24.0～3 800
Ga	6.4～39	0.993	3.2～39
As	1.7～412	0.999	2.0～841
Br	0.5～26	0.997	0.25～40
Rb	9.2～470	0.999	4.79～470
Sr	17.9～3 430	0.999	28～1 198
Y	7.0～67	0.984	2.4～67
Zr	70～524	0.995	3.0～1 540
Ba	42～1 350	0.998	44.3～1 900
La	11.8～164	0.970	21～164
Ce	24～402	0.982	3.5～402
Hf	1.8～14.5	0.955	4.9～34
Pb	10.2～636	0.999	7.6～636
Th	4.1～70	0.989	3.6～79.3

3.3　方法检出限及测定下限

本次方法验证采用了两种方法对检出限和测定下限进行验证。

3.3.1　方法一

参考《环境监测分析方法标准制订技术导则》（HJ 168—2020）附录 A.1.1 的规定，采用一种较低浓度的标准样品，压片成 7 个平行样品进行测定，计算方法检出限，并按照 HJ 780—2015 规定的 3 倍的方法检出限计算测定下限，得到的方法检出限及测定下限结果见表 7。

3.3.2　方法二

按照标准方法编制说明中的检出限计算方式，在表 5 规定的仪器设备分析条件下，取 3 倍背景的标准偏差为方法检出限，以 3 倍的方法检出限作为测定下限，得到的方法检出限及测定下限结果见表 7。

经验证，两种方法所得方法检出限和测定下限均符合 HJ 780—2015 的要求，相关验证材料见附件 6。

表7 方法检出限及测定下限

平行样品号	Na₂O/%	MgO/%	Al₂O₃/%	SiO₂/%	P/(mg/kg)	S/(mg/kg)	Cl/(mg/kg)	K₂O/%	CaO/%	Fe₂O₃/%	Sc/(mg/kg)
1	0.15	0.22	9.39	53.5	180	314	25.5	2.05	0.37	1.5	2.20
2	0.15	0.22	9.40	53.4	182	313	21.5	2.05	0.36	1.52	1.90
3	0.14	0.22	9.39	53.5	181	314	18.5	2.04	0.36	1.50	1.80
4	0.15	0.23	9.39	53.4	179	319	19.9	2.04	0.36	1.50	2.00
5	0.15	0.22	9.39	53.5	179	321	15.3	2.04	0.36	1.48	2.30
6	0.15	0.22	9.42	53.5	182	320	16.4	2.04	0.36	1.51	2.30
7	0.15	0.23	9.4	53.4	179	320	20.2	2.04	0.36	1.51	2.30
平均值	0.15	0.22	9.40	53.4	180	317	19.6	2.04	0.36	1.50	2.11
标准偏差	0.004	0.005	0.011	0.029	1.34	3.31	3.39	0.005	0.004	0.013	0.212
方法检出限1*	0.01	0.02	0.03	0.09	4.2	10.4	10.6	0.02	0.01	0.04	0.7
测定下限1*	0.03	0.06	0.09	0.27	12.6	31.2	31.8	0.06	0.03	0.12	2.1
方法检出限2*	0.002	0.003	0.018	0.064	3.1	1.6	3.8	0.001	0.001	0.005	2.0
测定下限2*	0.006	0.009	0.054	0.20	9.3	4.8	14.5	0.003	0.003	0.015	6.0
标准要求检出限	0.05	0.05	0.07	0.27	10.0	30.0	20.0	0.05	0.09	0.05	2.4
标准要求测定下限	0.15	0.15	0.18	0.81	30.0	90.0	60.0	0.15	0.27	0.15	6.6

平行样品号	Ti/(mg/kg)	V/(mg/kg)	Cr/(mg/kg)	Mn/(mg/kg)	Co/(mg/kg)	Ni/(mg/kg)	Cu/(mg/kg)	Zn/(mg/kg)	Ga/(mg/kg)	As/(mg/kg)	Br/(mg/kg)
1	1399	14.5	13.3	219	3.40	5.60	11.7	19.9	12.0	4.0	3.0
2	1394	17.2	11.9	218	3.20	5.10	11.1	20.0	11.8	4.3	2.9
3	1400	16.1	14.2	220	2.70	5.70	11.2	20.1	11.3	4.4	2.8
4	1397	17.3	13.2	220	2.60	6.20	11.0	19.6	11.7	4.9	3.2
5	1358	15.1	12.1	219	3.10	4.90	10.9	19.6	11.8	3.6	3.0
6	1394	17.5	12.6	215	3.40	5.50	11.1	20.4	12.3	4.4	2.7
7	1398	16.0	12.7	216	3.60	5.50	11.1	19.6	11.9	4.3	3.0
平均值	1391	16.24	12.9	218	3.14	5.50	11.2	19.9	11.8	4.3	2.9
标准偏差	15.0	1.16	0.785	1.97	0.374	0.420	0.257	0.308	0.304	0.399	0.162
方法检出限1*	47.0	4.0	2.5	1.2	1.3	0.8	1.0	1.0	1.0	1.3	0.5
测定下限1*	141	12.0	7.5	3.6	3.9	2.4	3.0	3.0	3.0	3.9	1.5
方法检出限2*	5.4	2.7	1.4	2.6	1.0	1.0	0.8	0.8	0.9	1.0	0.5
测定下限2*	16.2	8.1	4.2	7.8	3.0	3.0	2.4	2.4	2.7	3.0	1.5
标准要求检出限	50.0	4.0	3.0	10.0	1.6	1.5	1.2	2.0	2.0	2.0	1.0
标准要求测定下限	150	12.0	9.0	30.0	4.8	4.5	3.6	6.0	6.0	6.0	3.0

平行样品号	Rb/ (mg/kg)	Sr/ (mg/kg)	Y/ (mg/kg)	Zr/ (mg/kg)	Ba/ (mg/kg)	La/ (mg/kg)	Hf/ (mg/kg)	Pb/ (mg/kg)	Ce/ (mg/kg)	Th/ (mg/kg)
1	76.8	288	25.4	228	193	15.4	5.2	29.2	84.9	13.2
2	77.6	289	25.8	228	197	12.6	5.2	28.7	81.8	12.6
3	77.0	288	25.6	227	198	10.1	5.3	28.1	81.5	12.7
4	78.0	288	25.3	228	196	11.9	5.4	28.9	78.5	13.4
5	77.7	289	25.4	229	187	14.7	5.3	29.4	77.6	13.9
6	76.9	288	25.4	227	192	14.9	5.4	28.0	88.8	13.6
7	77.7	289	25.2	227	191	11.2	5.3	29.0	85.8	13.7
平均值	77.4	288	25.4	228	193	13.0	5.3	28.8	82.7	13.3
标准偏差	0.474	0.576	0.199	0.552	3.72	2.05	0.082	0.532	4.03	0.497
方法检出限 1*	1.5	1.8	0.6	1.7	11.7	6.5	0.3	1.7	12.7	1.6
测定下限 1*	4.5	5.4	1.8	5.1	35.1	19.5	0.9	5.1	38.1	4.8
方法检出限 2*	0.9	0.9	0.6	0.9	9.1	5.9	0.2	1.5	10.5	1.5
测定下限 2*	2.7	2.7	1.8	2.7	27.3	17.7	0.6	4.5	31.5	4.5
标准要求检出限	2.0	2.0	1.0	2.0	11.7	10.6	1.7	2.0	24.1	2.1
标准要求测定下限	6.0	6.0	3.0	6.0	35.1	31.8	5.1	6.0	72.3	6.3

注：* 方法检出限 1 为按照 HJ 168—2020，7 次测量结果计算所得方法检出限。测定下限 1 为方法检出限 1 的 3 倍；方法检出限 2 为 3 倍背景的标准偏差计算所得方法检出限，测定下限 2 为方法检出限 2 的 3 倍。

3.4 精密度

按照标准方法要求，分别选择一种土壤实际样品和一个水系沉积物样品进行 6 次重复性测定，计算相对标准偏差，测定结果见表 8 和表 9。

经验证，土壤实际样品的相对标准偏差为 0.2%～8.1%，水系沉积物实际样品的相对标准偏差为 0.2%～13.3%，符合标准方法要求。相关原始记录见附件 7。

3.5 正确度

按照标准方法要求规定，分别选择一种土壤标准样品（编号：GSS-31）和一种水系沉积物标准样品（编号：GSD-26）进行 3 次重复性测定，验证方法正确度。正确度测定情况见表 10 和表 11。

经验证，土壤标准样品的相对误差为 -9.2%～7.8%，$\Delta \lg C$（GBW）为 0～0.04，符合标准方法规定的正确度要求。沉积物标准样品的相对误差为 -15.8%～17.9%，$\Delta \lg C$（GBW）为 0.002～0.07，符合标准方法规定的正确度要求，正确度相关原始记录见附件 8。

4 实际样品测定

按照标准方法要求，选择一个农田土壤实际样品和一个河流沉积物土壤实际样品进行测定，监测报告及相关原始记录见附件 9。

4.1 样品采集和保存

按照《土壤环境监测技术规范》（HJ/T 166—2004）的要求进行了农田土壤样品采集和保存；按照《地表水和污水监测技术规范》（HJ/T 91—2002）采集了河流沉积物样品并保存，具体见表 12。

表 8　精密度测定结果（土壤）

测定值	Na₂O/%	MgO/%	Al₂O₃/%	SiO₂/%	P/(mg/kg)	S/(mg/kg)	Cl/(mg/kg)	K₂O/%	CaO/%	Fe₂O₃/%	Sc/(mg/kg)
1	1.07	2.32	13.5	51.8	682	5 162	170	2.06	8.96	6.14	15.4
2	1.07	2.32	13.6	51.8	689	4 884	163	2.07	8.98	6.14	15.2
3	1.10	2.36	13.7	52.0	685	4 799	170	2.07	9.02	6.17	14.1
4	1.10	2.35	13.7	52.0	682	4 622	180	2.08	8.99	6.16	13.9
5	1.10	2.36	13.7	52.1	678	4 619	178	2.08	9.02	6.17	17.2
6	1.14	2.38	13.8	52.3	680	4 651	180	2.09	9.06	6.19	16.1
平均值	1.10	2.35	13.7	52.0	683	4 790	174	2.08	9.01	6.16	15.3
标准偏差	0.026	0.024	0.103	0.190	3.88	212	6.92	0.010	0.036	0.019	1.24
相对标准偏差/%	2.4	1.0	0.8	0.4	0.6	4.4	4.0	0.5	0.4	0.3	8.1
标准物质资料性附录 E 中实验室内相对标准偏差/%	2.1	0.4	1.0	0.4	1.2	4.6	2.6	2.1	2.2	0.9	6.4
标准中要求最大允许相对偏差/%	±5	±5	±5	±5	±5	±5	±10	±5	±5	±5	±10

测定值	Ti/(mg/kg)	V/(mg/kg)	Cr/(mg/kg)	Mn/(mg/kg)	Co/(mg/kg)	Ni/(mg/kg)	Cu/(mg/kg)	Zn/(mg/kg)	Ga/(mg/kg)	As/(mg/kg)	Br/(mg/kg)
1	4 081	118	104	848	18.5	50.1	46.8	117	18.4	10.0	9.0
2	4 095	115	103	850	19.1	50.6	47.2	117	19.2	9.7	8.4
3	4 104	118	103	850	18.8	51.2	48.2	119	18.8	10.1	8.8
4	4 105	116	104	851	18.0	50.7	47.0	118	18.6	9.1	8.8
5	4 106	114	106	853	18.7	52.4	47.8	118	19.4	10.1	8.8

	Ti/(mg/kg)	V/(mg/kg)	Cr/(mg/kg)	Mn/(mg/kg)	Co/(mg/kg)	Ni/(mg/kg)	Cu/(mg/kg)	Zn/(mg/kg)	Ga/(mg/kg)	As/(mg/kg)	Br/(mg/kg)
测定值 6	4 124	117	105	853	19.4	51.4	47.8	118	19.1	9.7	8.9
平均值	4 103	116	104	851	18.8	51.1	47.5	118	18.9	9.8	8.8
标准偏差	14.2	1.63	1.17	1.94	0.485	0.799	0.547	0.753	0.382	0.382	0.204
相对标准偏差/%	0.3	1.4	1.1	0.2	2.6	1.6	1.2	0.6	2.0	3.9	2.3
标准资料性附录 E 中的实验室内相对标准偏差/%	0.48	2.8	2.4	3.9	7.2	1.4	3.1	1.6	3.2	9.2	8.3
标准中要求最大允许相对偏差/%	±5	±10	±10	±5	±10	±10	±10	±10	±10	±10	±20

	Rb/(mg/kg)	Sr/(mg/kg)	Y/(mg/kg)	Zr/(mg/kg)	Ba/(mg/kg)	La/(mg/kg)	Hf/(mg/kg)	Pb/(mg/kg)	Ce/(mg/kg)	Th/(mg/kg)
测定值 1	103	257	24.3	171	592	40.6	5.0	49.9	72.6	12.5
2	103	257	24.5	170	603	40.6	5.2	49.5	66.6	10.6
3	103	257	24.4	170	597	41.2	5.2	49.5	68.1	13.2
4	103	257	24.8	170	594	39.3	5.1	50.9	67.3	12.7
5	103	258	24.5	171	580	34.4	5.3	50.2	75.0	13.3
6	103	259	24.8	172	597	35.9	5.1	49.8	67.3	12.6
平均值	103	258	24.6	171	594	38.7	5.2	50.0	69.5	12.5
标准偏差	0.000	0.837	0.207	0.816	7.73	2.83	0.105	0.528	3.46	0.979
相对标准偏差/%	0.0	0.3	0.8	0.5	1.3	7.3	2.0	1.1	5.0	7.8
标准资料性附录 E 中的实验室内相对标准偏差/%	2.0	1.1	1.6	1.8	2.3	13.0	13.2	4.4	15.7	9.9
标准中要求最大允许相对偏差/%	±10	±5	±10	±5	±5	±10	±10	±10	±10	±20

表 9　精密度测定结果（沉积物）

测定值	Na₂O/%	MgO/%	Al₂O₃/%	SiO₂/%	P/(mg/kg)	S/(mg/kg)	Cl/(mg/kg)	K₂O/%	CaO/%	Fe₂O₃/%	Sc/(mg/kg)
1	1.05	2.48	10.8	57.4	1 896	3 752	414	1.84	6.64	4.46	10.3
2	1.05	2.48	10.9	57.6	1 909	3 915	428	1.85	6.66	4.47	9.5
3	1.08	2.52	11.0	58.0	1 911	3 839	435	1.86	6.69	4.48	9.6
4	1.08	2.49	10.9	57.5	1 916	3 556	431	1.85	6.66	4.46	8.3
5	1.09	2.51	11.0	57.7	1 900	3 512	438	1.85	6.69	4.46	8.5
6	1.11	2.53	11.0	57.9	1 913	3 502	442	1.86	6.71	4.47	9.4
平均值	1.08	2.50	10.9	57.7	1 908	3 727	431	1.85	6.68	4.47	9.7
标准偏差	0.023	0.021	0.082	0.232	7.82	233	9.83	0.008	0.026	0.008	1.28
相对标准偏差/%	2.2	0.9	0.7	0.4	0.4	4.9	2.3	0.4	0.4	0.2	8.0
标准资料性附录E中实验室内相对标准偏差/%	2.1	0.4	1.0	0.4	1.2	4.6	2.6	2.1	2.2	0.9	6.4
标准中要求最大允许相对偏差/%	±5	±5	±5	±5	±5	±5	±10	±5	±5	±5	±10

测定值	Ti/(mg/kg)	V/(mg/kg)	Cr/(mg/kg)	Mn/(mg/kg)	Co/(mg/kg)	Ni/(mg/kg)	Cu/(mg/kg)	Zn/(mg/kg)	Ga/(mg/kg)	As/(mg/kg)	Br/(mg/kg)
1	3 749	80.7	88.1	498	12.5	31.9	114	505	14.2	10.6	8.6
2	3 745	84.3	90.9	499	12.2	32.2	114	508	15.0	10.6	8.8
3	3 769	82.7	90.5	503	13.1	32.4	114	512	14.4	10.6	8.8
4	3 743	81.9	90.2	500	13.2	31.9	113	507	14.2	10.8	9.0
5	3 750	81.9	89.1	502	12.2	32.2	115	509	14.2	10.6	8.5
6	3 769	79.7	91.6	500	13.2	32.3	115	510	14.5	10.3	8.6

测定值	Ti/(mg/kg)	V/(mg/kg)	Cr/(mg/kg)	Mn/(mg/kg)	Co/(mg/kg)	Ni/(mg/kg)	Cu/(mg/kg)	Zn/(mg/kg)	Ga/(mg/kg)	As/(mg/kg)	Br/(mg/kg)
平均值	3 754	81.9	90.1	500	12.7	32.2	114	509	14.4	10.6	8.7
标准偏差	11.8	1.59	1.27	1.86	0.489	0.207	0.753	2.43	0.313	0.160	0.183
相对标准偏差/%	0.3	1.9	1.4	0.4	3.8	0.6	0.7	0.5	2.2	1.5	2.1
标准资料性附录E中实验室内相对标准偏差/%	0.48	2.8	2.4	3.9	7.2	1.4	3.1	1.6	3.2	9.2	8.3
标准中要求最大允许相对偏差/%	±5	±10	±10	±5	±10	±10	±10	±10	±10	±10	±20

测定值	Rb/(mg/kg)	Sr/(mg/kg)	Y/(mg/kg)	Zr/(mg/kg)	Ba/(mg/kg)	La/(mg/kg)	Hf/(mg/kg)	Pb/(mg/kg)	Ce/(mg/kg)	Th/(mg/kg)	
1	75.0	242	20.8	210	655	31.9	6.3	62.5	51.4	10.1	
2	75.1	244	20.7	210	648	32.9	6.1	63.3	56.3	10.2	
3	75.2	244	20.9	211	652	28.0	6.3	63.6	52.5	12.8	
4	75.4	243	20.9	209	641	37.4	6.2	62.2	64.2	9.9	
5	75.0	243	21.0	209	643	33.8	6.3	63.4	61.1	9.6	—
6	75.9	244	20.6	210	651	37.0	6.3	64.3	60.5	10.3	
平均值	75.3	243	20.8	210	648	33.5	6.3	63.2	57.7	10.5	
标准偏差	0.344	0.816	0.147	0.753	5.43	3.48	0.084	0.763	5.11	1.16	
相对标准偏差/%	0.5	0.3	0.7	0.4	0.8	10	1.3	1.2	8.9	11.1	
标准资料性附录E中实验室内相对标准偏差/%	2.0	1.1	1.6	1.8	2.3	13.0	13.2	4.4	15.7	9.9	
标准中要求最大允许相对偏差/%	±10	±5	±10	±5	±5	±10	±10	±10	±10	±20	

表 10　正确度测定结果（土壤）

测定值	Na₂O/%	MgO/%	Al₂O₃/%	SiO₂/%	P/(mg/kg)	S/(mg/kg)	Cl/(mg/kg)	K₂O/%	CaO/%	Fe₂O₃/%	Sc/(mg/kg)
1	1.37	2.2	14.9	63.7	963	173	72.2	2.72	2.05	5.90	15.1
2	1.36	2.18	14.9	63.6	954	171	71.3	2.72	2.05	5.91	15.6
3	1.34	2.15	14.8	63.2	949	174	66.7	2.71	2.04	5.88	15.6
平均值	1.36	2.18	14.9	63.5	955	173	70.1	2.72	2.05	5.90	15.4
标准样品含量	1.44±0.1	2.16±0.08	14.85±0.45	62.79±0.35	952±41	180±8	65±5	2.65±0.13	2.1±0.12	5.92±0.11	14.6±0.4
相对误差 RE/%	-5.8	0.8	0.1	1.1	0.4	-4.1	7.8	2.5	-2.5	-0.4	5.7
标准资料性附录 E 中的相对误差/%	-12.8~3.6	2.8~6.1	-0.7~-0.2	-3.8~-1.6	-6.5~-1.8	-10.2~32.7	335	-1.8~3.4	-4.9~-2.4	-3.7~-0.9	1.4~26.8
ΔlgC (GBW)	0.02~0.03	0.002~0.008	0.001	0.003~0.006	0.001~0.005	0.01~0.02	0.01~0.05	0.010~0.011	0.010~0.013	0.001~0.003	0.01~0.03
标准中要求的 ΔlgC (GBW)	0.07	0.07	0.05	0.05	0.10	0.10	0.10	0.07	0.07	0.05	0.10

测定值	Ti/(mg/kg)	V/(mg/kg)	Cr/(mg/kg)	Mn/(mg/kg)	Co/(mg/kg)	Ni/(mg/kg)	Cu/(mg/kg)	Zn/(mg/kg)	Ga/(mg/kg)	As/(mg/kg)	Br/(mg/kg)
1	5 006	131	83.8	912	17.0	41.8	38.7	106	20.6	13.5	3.0
2	5 003	131	85.4	906	16.9	41.3	38.6	106	19.7	13.5	2.7
3	4 992	130	84.9	912	17.7	41.4	38.5	105	19.8	13.1	2.2
平均值	5 000	131	84.7	910	17.2	41.5	38.6	106	20.0	13.4	2.6
标准样品含量	4 880±100	125±3	82±3	907±15	16.9±0.7	41±3	37±2	104±3	19.8±0.5	13±1.2	2.9±0.5
相对误差 RE/%	2.5	4.5	3.3	0.3	1.8	1.2	4.3	1.6	1.2	2.8	-9.2

测定值	Ti/(mg/kg)	V/(mg/kg)	Cr/(mg/kg)	Mn/(mg/kg)	Co/(mg/kg)	Ni/(mg/kg)	Cu/(mg/kg)	Zn/(mg/kg)	Ga/(mg/kg)	As/(mg/kg)	Br/(mg/kg)
标准资料性附录 E 中的相对误差/%	-2.9~2.9	-2.8~1.1	-8.6~-4.9	-1.6~2.9	-8.1~-3.4	-0.8~1.9	-1.3~2.0	-6.0~-0.4	-71.2~-0.2	-3.4~6.2	-2.7~14.8
ΔlgC（GBW）	0.010~0.011	0.01~0.02	0.01~0.02	0.001~0.002	0.003~0.02	0.003~0.0208	0.017~0.020	0.004~0.008	0.001~0.02	0.003~0.02	0.01~0.12
标准中要求的 ΔlgC（GBW）	0.10	0.10	0.10	0.10	0.10	0.10	0.10	0.10	0.10	0.10	0.12

	Rb/(mg/kg)	Sr/(mg/kg)	Y/(mg/kg)	Zr/(mg/kg)	Ba/(mg/kg)	La/(mg/kg)	Hf/(mg/kg)	Pb/(mg/kg)	Ce/(mg/kg)	Th/(mg/kg)
测定值 1	117	139	30.9	240	825	44.5	7.1	28.7	81.8	12.6
2	118	140	30.8	240	824	42.3	7.0	28.1	81.5	12.7
3	117	138	30.4	239	823	43.5	6.8	28.9	78.5	13.4
平均值	117	139	30.7	240	824	43.4	7.0	28.6	80.6	12.9
标准样品含量	114±3	136±5	30±1	238±10	800±18	43±1	6.6±0.2	28±3	81±2	13.4±0.4
相对误差 RE/%	2.9	2.2	2.3	0.7	3.0	1.0	5.6	2.0	-0.5	-3.7
标准资料性附录 E 中的相对误差/%	-5.6~4.6	-2.7~2.2	3.3~8.8	-2.1~-0.5	-2.9~4.6	-4.2~9.5	2.9~6.1	-5.6~-5.3	-0.9~1.6	-1.0~19.0
ΔlgC（GBW）	0.011~0.015	0.006~0.013	0.006~0.013	0.002~0.004	0.012~0.013	0.005~0.015	0.01~0.03	0.002~0.014	0.003~0.014	0.000~0.027
标准中要求的 ΔlgC（GBW）	0.10	0.10	0.10	0.10	0.10	0.10	0.12	0.10	0.10	0.10

表 11　正确度测定结果（沉积物）

测定值	Na₂O/%	MgO/%	Al₂O₃/%	SiO₂/%	P/(mg/kg)	S/(mg/kg)	Cl/(mg/kg)	K₂O/%	CaO/%	Fe₂O₃/%	Sc/(mg/kg)
1	0.93	1.56	14.0	64.7	487	112	23.9	3.06	3.82	5.19	11.9
2	0.94	1.57	14.1	64.8	492	109	18.9	3.06	3.83	5.23	12.3
3	0.94	1.57	14.0	64.8	492	106	22.9	3.05	3.83	5.22	12.0
平均值	0.94	1.57	14.0	64.8	490	109	21.9	3.06	3.83	5.21	12.1
标准样品含量	0.83±0.04	1.73±0.07	14.1±0.4	63.48±0.43	498±23	122±10	26±3	3.04±0.11	3.78±0.07	5.16±0.11	12.7±0.6
相对误差 RE/%	12.9	-9.4	-0.5	2.0	-1.5	-10.7	-15.8	0.5	1.2	1.0	-5.0
标准资料性附录E中的相对误差/%	-12.8~3.6	2.8~6.1	-0.7~-0.2	-3.8~-1.6	-6.5~-1.8	-10.2~32.7	335	-1.8~3.4	-4.9~-2.4	-3.7~-0.9	1.4~26.8
ΔlgC（GBW）	0.04~0.05	0.04~0.05	0.001~0.003	0.008~0.009	0.005~0.01	0.04~0.06	0.04~0.14	0.001~0.003	0.005~0.006	0.003~0.006	0.01~0.03
标准中要求的 ΔlgC（GBW）	0.10	0.07	0.05	0.05	0.10	0.12	0.12	0.07	0.07	0.05	0.10

测定值	Ti/(mg/kg)	V/(mg/kg)	Cr/(mg/kg)	Mn/(mg/kg)	Co/(mg/kg)	Ni/(mg/kg)	Cu/(mg/kg)	Zn/(mg/kg)	Ga/(mg/kg)	As/(mg/kg)	Br/(mg/kg)
1	3 807	92.8	69.2	535	14.0	36.4	21.9	103	19.6	32.8	1.3
2	3 803	86.6	69.6	533	13.6	37.3	21.5	103	19.9	32.4	1.6
3	3 799	88.5	67.6	538	13.2	37.1	22.1	103	19.9	32.0	1.7
平均值	3 803	89.3	68.8	535	13.6	36.9	21.8	103	19.8	32.4	1.5
标准样品含量	3 680±150	88.9±3.2	66±8	519±18	12.9±0.7	36.5±1.3	21±1	101±3	18.8±0.6	32.2±2	1.3
相对误差 RE/%	3.3	0.4	4.2	3.1	5.4	1.2	4.0	2.0	5.3	0.6	17.9
标准资料性附录E中的相对误差/%	-2.9~2.9	-2.8~1.1	-8.6~-4.9	-1.6~2.9	-8.1~-3.4	-0.8~-1.9	-1.3~2.0	-6.0~-0.4	-71.2~-0.2	-3.4~6.2	-2.7~14.8

测定值	Ti/(mg/kg)	V/(mg/kg)	Cr/(mg/kg)	Mn/(mg/kg)	Co/(mg/kg)	Ni/(mg/kg)	Cu/(mg/kg)	Zn/(mg/kg)	Ga/(mg/kg)	As/(mg/kg)	Br/(mg/kg)
ΔlgC（GBW）	0.01~0.02	0.002~0.02	0.01~0.02	0.01~0.02	0.01~0.04	0.001~0.009	0.01~0.02	0.009	0.02	0.003~0.008	0~0.12
标准中要求的 ΔlgC（GBW）	0.10	0.10	0.10	0.10	0.10	0.10	0.10	0.10	0.10	0.10	0.12

测定值	Rb/(mg/kg)	Sr/(mg/kg)	Y/(mg/kg)	Zr/(mg/kg)	Ba/(mg/kg)	La/(mg/kg)	Hf/(mg/kg)	Pb/(mg/kg)	Ce/(mg/kg)	Th/(mg/kg)
1	156	77.2	27.2	184	467	38.5	5.4	34.8	70.1	18.0
2	157	77.6	27.5	183	471	41.2	5.1	36.5	73.2	19.4
3	156	77.9	27.5	183	473	36.5	5.1	36.7	70.0	19.8
平均值	156	77.6	27.4	183	470	38.7	5.2	36.0	71.1	19.1
标准样品含量	154±3	78±4.1	26.6±1.2	180±4	460±16	40.4±2.7	5.3±0.26	35±1.4	80±5	16.6±1.1
相对误差 RE/%	1.5	-0.6	3.0	1.9	2.2	-4.1	-1.9	2.9	-11.1	14.9
标准资料性附录E中的相对误差/%	-5.6~-4.6	-2.7~2.2	3.3~8.8	-2.1~-0.5	-2.9~4.6	-4.2~9.5	2.9~6.1	-5.6~-5.3	-0.9~1.6	-1.0~19.0
ΔlgC（GBW）	0.006~0.008	0.001~0.004	0.010~0.014	0.007~0.01	0.007~0.01	0.01~0.04	0.01~0.02	0.002~0.02	0.04~0.06	0.04~0.08
标准中要求的 ΔlgC（GBW）	0.10	0.10	0.10	0.10	0.10	0.10	0.10	0.10	0.10	0.10

表 12 样品采集和保存情况

序号	样品类型	采样依据	样品保存方式
1	土壤	《土壤环境监测技术规范》（HJ/T 166—2004）	新鲜样品要低于4℃保存（实际保存温度为3℃），然后经风干研磨后置于聚乙烯瓶中，放在阴凉、避光、通风、无污染处
2	沉积物	《地表水和污水监测技术规范》（HJ/T 91—2002）	

经验证，本实验室样品采集和保存能力满足 HJ/T 166—2004 和 HJ/T 91—2002 标准方法要求。

4.2 样品前处理

土壤样品按照 HJ/T 166—2004，河流沉积物样品按照 HJ/T 91—2002 等相关要求进行风干，经粗磨、细磨后过 200 目筛，并在 105℃下烘干后备用。

4.3 试样制备

用硼酸垫底，用牛角勺分别将 5 g 左右土壤样品或沉积物样品移取于压片机上，以一定压力制成约 8 mm 厚的薄片。

4.4 样品测定结果

按照与绘制标准曲线相同的仪器测试条件，对农田土壤实际样品和河流沉积物实际样品进行了测定，实际样品测定结果见表 13 和表 14。

4.5 质量控制

实际样品测试过程中，按照标准方法要求采取了有证标准样品、平行样测定等质量控制措施，并按季度进行了漂移测试，相关原始记录见附件 9。

4.5.1 有证标准样品测定

实际样品测试过程中，使用土壤有证标准样品 GSS-31 和沉积物有证标准样品 GSD-26 进行正确度控制，其中土壤有证标准样品各元素的测定值与标准值的相对误差 $\Delta \lg C$（GBW）的范围为 0.001～0.05，满足标准方法要求；沉积物有证标准样品各元素的测定值与标准值的相对误差 $\Delta \lg C$（GBW）的范围为 0～0.10，满足标准方法要求；具体测试结果见表 15 和表 16。

4.5.2 平行样测定

实际样品测试过程中，按照相同的样品前处理和试样制备步骤，对土壤和沉积物样品分别进行平行样测定，其中土壤样品平行样各元素的相对偏差范围为 0～9.7%，沉积物样品平行样各元素的相对偏差为 0～18.2%，均低于标准中要求的各元素平行双样最大允许相对偏差。

4.5.3 漂移校正

对仪器出厂自带的 3 个熔融玻璃片进行扫描并记录它们的强度，与初始轻度进行比较，根据各元素信号强度变化校正各元素的工作曲线。本次实验各元素的漂移量为 −0.674～0.228 mA，详见表 17。

表13　实际样品测定结果（土壤）

测定次数	Na₂O/%	MgO/%	Al₂O₃/%	SiO₂/%	P/(mg/kg)	S/(mg/kg)	Cl/(mg/kg)	K₂O/%	CaO/%	Fe₂O₃/%	Sc/(mg/kg)
1	1.34	2.05	13.2	67.8	1 260	220	54.4	3.03	1.22	4.79	12.3
2	1.30	2.04	13.1	67.3	1 268	225	55.0	3.00	1.20	4.73	11.3
平均值	1.32	2.05	13.2	67.5	1 264	223	54.7	3.02	1.21	4.76	11.8
相对偏差/%	3.0	0.5	0.8	0.7	0.6	2.2	1.1	1.0	1.7	1.3	8.5
标准中要求最大允许相对偏差/%	±5	±5	±5	±5	±5	±5	±10	±5	±5	±5	±10

测定次数	Ti/(mg/kg)	V/(mg/kg)	Cr/(mg/kg)	Mn/(mg/kg)	Co/(mg/kg)	Ni/(mg/kg)	Cu/(mg/kg)	Zn/(mg/kg)	Ga/(mg/kg)	As/(mg/kg)	Br/(mg/kg)
1	4 438	90.3	87.1	1 023	14.3	34.3	45.2	86.8	16.4	12.7	3.9
2	4 403	87.4	85.9	1 015	15.1	33.5	44.0	85.6	15.9	14.0	3.7
平均值	4 420	88.9	86.5	1 019	14.7	33.9	44.6	86.2	16.2	13.4	3.8
相对偏差/%	0.8	3.3	1.4	0.8	5.4	2.4	2.7	1.4	3.1	9.7	5.3
标准中要求最大允许相对偏差/%	±5	±10	±10	±5	±10	±10	±10	±10	±10	±10	±20

测定次数	Rb/(mg/kg)	Sr/(mg/kg)	Y/(mg/kg)	Zr/(mg/kg)	Ba/(mg/kg)	La/(mg/kg)	Hf/(mg/kg)	Pb/(mg/kg)	Ce/(mg/kg)	Th/(mg/kg)	
1	96.8	171	23.9	353	640	36.5	10.4	30.7	64.1	9.0	
2	96.8	170	24.2	357	627	36.2	10.5	30.2	67.4	9.3	
平均值	96.8	170	24.1	355	633	36.4	10.5	30.5	65.8	9.2	
相对偏差/%	0.0	0.6	1.2	1.1	2.1	0.8	1.0	1.6	5.0	3.3	
标准中要求最大允许相对偏差/%	±10	±5	±10	±5	±5	±10	±10	±10	±10	±20	—

表 14　实际样品测定结果（沉积物）

测定次数	Na₂O/%	MgO/%	Al₂O₃/%	SiO₂/%	P/(mg/kg)	S/(mg/kg)	Cl/(mg/kg)	K₂O/%	CaO/%	Fe₂O₃/%	Sc/(mg/kg)
1	2.05	1.43	12.2	68.6	726	152	74.9	2.37	2.66	3.79	8.4
2	2.05	1.44	12.1	68.5	724	152	70.4	2.36	2.65	3.78	9.6
平均值	2.05	1.44	12.1	68.5	725	152	72.6	2.37	2.66	3.79	9.0
相对偏差/%	0.0	0.7	0.8	0.1	0.3	0.0	6.2	0.4	0.4	0.3	13.3
标准中要求最大允许相对偏差%	±5	±5	±5	±5	±5	±5	±10	±5	±5	±5	±10

测定次数	Ti/(mg/kg)	V/(mg/kg)	Cr/(mg/kg)	Mn/(mg/kg)	Co/(mg/kg)	Ni/(mg/kg)	Cu/(mg/kg)	Zn/(mg/kg)	Ga/(mg/kg)	As/(mg/kg)	Br/(mg/kg)
1	4 056	67.1	59.1	684	11.9	21.6	16.3	59.1	14.7	5.8	1.2
2	4 015	68.3	58.6	679	12.2	21.5	15.9	58.9	14.4	5.4	1.0
平均值	4 036	67.7	58.9	681	12.1	21.6	16.1	59.0	14.6	5.6	1.1
相对偏差/%	1.0	1.8	0.8	0.7	2.5	0.5	2.5	0.3	2.1	7.1	18.2
标准中要求最大允许相对偏差%	±5	±10	±10	±5	±10	±10	±10	±10	±10	±10	±20

测定次数	Rb/(mg/kg)	Sr/(mg/kg)	Y/(mg/kg)	Zr/(mg/kg)	Ba/(mg/kg)	La/(mg/kg)	Hf/(mg/kg)	Pb/(mg/kg)	Ce/(mg/kg)	Th/(mg/kg)	
1	85.1	216	26.9	482	638	36.7	13.9	130	66.5	10.6	—
2	84.6	214	26.3	481	628	33.5	13.6	130	70.6	10.5	
平均值	84.9	215	26.6	481	633	35.1	13.8	130	68.6	10.6	
相对偏差/%	0.6	0.9	2.3	0.2	1.6	9.1	2.2	0.0	6.0	0.9	
标准中要求最大允许相对偏差%	±10	±5	±10	±5	±5	±10	±10	±10	±10	±20	

表 15　有证标准样品测定结果（土壤）

GSS-31	Na₂O/%	MgO/%	Al₂O₃/%	SiO₂/%	P/(mg/kg)	S/(mg/kg)	Cl/(mg/kg)	K₂O/%	CaO/%	Fe₂O₃/%	Sc/(mg/kg)
测定值	1.37	2.20	14.90	63.65	963	173	72.2	2.72	2.05	5.90	15.1
标准样品含量	1.44±0.10	2.16±0.08	14.85±0.45	62.79±0.35	952±41	180±8	65±5	2.65±0.13	2.10±0.12	5.92±0.11	14.6±0.4
相对误差 RE/%	-4.9	1.9	0.3	1.4	1.2	-3.9	11.1	2.6	-2.4	-0.3	3.4
ΔlgC（GBW）	0.02	0.01	0.001	0.01	0.005	0.02	0.05	0.01	0.01	0.001	0.01
标准要求的 ΔlgC（GBW）	0.07	0.07	0.05	0.05	0.10	0.10	0.10	0.07	0.07	0.05	0.10

GSS-31	Ti/(mg/kg)	V/(mg/kg)	Cr/(mg/kg)	Mn/(mg/kg)	Co/(mg/kg)	Ni/(mg/kg)	Cu/(mg/kg)	Zn/(mg/kg)	Ga/(mg/kg)	As/(mg/kg)	Br/(mg/kg)
测定值	5 006	131	83.8	912	17.0	41.8	38.7	106	20.6	13.5	3.0
标准样品含量	4 880±100	125±3	82±3	907±15	16.9±0.7	41±3	37±2	104±3	19.8±0.5	13.0±1.2	2.9±0.5
相对误差 RE/%	2.6	4.8	2.2	0.6	0.6	2.0	4.6	1.9	4.0	3.8	3.4
ΔlgC（GBW）	0.01	0.02	0.01	0.002	0.003	0.01	0.02	0.01	0.02	0.02	0.01
标准要求的 ΔlgC（GBW）	0.10	0.10	0.10	0.10	0.10	0.10	0.10	0.10	0.10	0.10	0.12

GSS-31	Rb/(mg/kg)	Sr/(mg/kg)	Y/(mg/kg)	Zr/(mg/kg)	Ba/(mg/kg)	La/(mg/kg)	Hf/(mg/kg)	Pb/(mg/kg)	Ce/(mg/kg)	Th/(mg/kg)	
测定值	117	139	30.9	240	824	44.5	7.1	28.7	81.8	12.6	
标准样品含量	114±3	136±5	30±1	238±10	800±18	43±1	6.6±0.2	28±3	81±2	13.4±0.4	—
相对误差 RE/%	2.6	2.2	3.0	0.8	3.0	3.5	7.6	2.5	1.0	-6.0	
ΔlgC（GBW）	0.01	0.01	0.01	0.004	0.01	0.01	0.03	0.01	0.004	0.03	
标准要求的 ΔlgC（GBW）	0.10	0.10	0.10	0.10	0.10	0.10	0.12	0.10	0.10	0.10	

表 16 有证标准样品测定结果（沉积物）

GSD-26	Na₂O/%	MgO/%	Al₂O₃/%	SiO₂/%	P/(mg/kg)	S/(mg/kg)	Cl/(mg/kg)	K₂O/%	CaO/%	Fe₂O₃/%	Sc/(mg/kg)
测定值	0.93	1.56	13.97	64.73	487.2	102	32.9	3.06	3.82	5.19	11.9
标准样品含量	0.83±0.04	1.73±0.07	14.10±0.40	63.48±0.43	498±23	122±10	26±3	3.04±0.11	3.78	5.16	12.7
相对误差 RE/%	12.0	-9.8	-0.9	2.0	-2.2	-16.4	26.5	0.7	1.1	0.6	-6.3
ΔlgC（GBW）	0.05	0.04	0.004	0.008	0.01	0.08	0.10	0.003	0.005	0.003	0.03
标准要求的 ΔlgC（GBW）	0.1	0.07	0.05	0.05	0.1	0.12	0.12	0.07	0.07	0.05	0.1

GSD-26	Ti/(mg/kg)	V/(mg/kg)	Cr/(mg/kg)	Mn/(mg/kg)	Co/(mg/kg)	Ni/(mg/kg)	Cu/(mg/kg)	Zn/(mg/kg)	Ga/(mg/kg)	As/(mg/kg)	Br/(mg/kg)
测定值	3 807	92.8	69.2	535	14	36.4	21.9	103	19.6	32.8	1.3
标准样品含量	3 680±150	88.9±3.2	66±8	519±18	12.9±0.7	36.5±1.3	21±1	101±3	18.8±0.6	32.2±2.0	(1.3)
相对误差 RE/%	0.01	0.02	0.02	0.01	0.04	0.01	0.02	0.01	0.02	0.01	0.00
ΔlgC（GBW）	0.01	0.002	0.02	0.01	0.02	0.01	0.02	0.009	0.02	0.003	0.07
标准要求的 ΔlgC（GBW）	0.10	0.10	0.10	0.10	0.10	0.10	0.10	0.10	0.10	0.10	0.12

GSD-26	Rb/(mg/kg)	Sr/(mg/kg)	Y/(mg/kg)	Zr/(mg/kg)	Ba/(mg/kg)	La/(mg/kg)	Hf/(mg/kg)	Pb/(mg/kg)	Ce/(mg/kg)	Th/(mg/kg)	
测定值	156	77.2	27.2	184	467	38.5	5.4	34.8	70.1	18	—
标准样品含量	154±3	78.0±4.1	26.6±1.2	180±4	460±16	40.4±2.7	5.30±0.26	35.0±1.4	80±5	16.6±1.1	
相对误差 RE/%	1.3	-1.0	2.3	2.2	1.5	-4.7	1.9	-0.6	-12.4	8.4	
ΔlgC（GBW）	0.01	0.004	0.01	0.01	0.007	0.02	0.01	0.002	0.06	0.04	
标准要求的 ΔlgC（GBW）	0.10	0.10	0.10	0.10	0.10	0.10	0.10	0.10	0.10	0.10	

表 17　漂移校正结果

元素	Na₂O	MgO	Al₂O₃	SiO₂	P	S	Cl	K₂O	CaO	Fe₂O₃	Sc
初始强度/mA	46.229	25.315	50.318	271.237	63.321	63.009	36.649	547.922	352.305	384.037	85.169
漂移校正强度/mA	46.264	25.204	50.379	271.347	63.111	63.042	36.610	547.677	352.125	384.076	85.181
漂移量/mA	0.035	−0.111	0.061	0.110	−0.210	0.033	−0.039	−0.245	−0.180	0.039	0.012

元素	Ti	V	Cr	Mn	Co	Ni	Cu	Zn	Ga	As	Br
初始强度/mA	84.736	84.786	158.699	158.141	358.527	830.213	841.685	1 087.947	1 099.916	1 018.309	1 173.766
漂移校正强度/mA	84.911	84.735	158.533	158.211	358.557	830.441	841.397	1 087.709	1 099.805	1 018.027	1 173.937
漂移量/mA	0.175	−0.051	−0.166	0.070	0.030	0.228	−0.288	−0.238	−0.111	−0.282	0.171

元素	Rb	Sr	Y	Zr	Ba	La	Hf	Pb	Ce	Th	
初始强度/mA	836.663	824.425	958.835	971.540	84.736	23.712	1 087.947	1173.766	23.669	824.425	—
漂移校正强度/mA	836.146	824.292	958.161	971.514	84.625	23.726	1 087.709	1173.937	23.671	824.292	
漂移量/mA	−0.517	−0.133	−0.674	−0.036	−0.111	0.014	−0.238	0.171	0.002	−0.133	

5 验证结论

综上所述，本实验室人员通过培训和能力确认后，依据 HJ 780—2015 开展方法验证，并进行了实际样品测试。所用仪器设备、标准物质、关键试剂耗材、采取的质量保证和质量控制措施，以及经实验验证得出的方法检出限、测定下限、精密度和正确度等，均满足标准方法要求，验证合格。

附件 1   验证人员培训、能力确认情况的证明材料（略）
附件 2   仪器设备的溯源证书及结果确认等证明材料（略）
附件 3   有证标准物质证书及关键试剂耗材验收材料（略）
附件 4   环境条件监控记录（略）
附件 5   校准曲线绘制原始记录（略）
附件 6   检出限和测定下限验证原始记录（略）
附件 7   精密度验证原始记录（略）
附件 8   正确度验证原始记录（略）
附件 9   实际样品监测报告及相关原始记录（略）

《土壤和沉积物　石油烃(C_{10}—C_{40})的测定　气相色谱法》（HJ 1021—2019）方法验证实例

1　方法名称及适用范围

1.1　方法名称及编号

《土壤和沉积物　石油烃（C_{10}—C_{40}）的测定　气相色谱法》（HJ 1021—2019）。

1.2　适用范围

本方法适用于土壤和沉积物中石油烃（C_{10}—C_{40}）的测定。

2　实验室基础条件确认

2.1　人员

参加方法验证的人员均通过了培训和能力确认（表1），验证人员相关培训、能力确认情况等证明材料见附件1。

表 1　验证人员情况信息表

序号	姓名	年龄	职称	专业	参加本标准方法相关要求培训情况（是/否）	能力确认情况（是/否）	相关监测工作年限/年	验证工作内容
1	××	40	高级工程师	环境工程	是	是	18	现场采样、分析测试
2	××	33	工程师	化学	是	是	4	前处理
3	××	31	高级工程师	应用化学	是	是	9	前处理
4	××	37	工程师	环境监测与评价	是	是	15	现场采样、前处理

2.2　仪器设备

本方法验证中，使用仪器设备包括采样仪器、前处理仪器和分析测试仪器等。主要仪器设备情况见表 2，相关仪器设备的检定/校准证书及结果确认等证明材料见附件 2。

表 2　主要仪器设备

序号	过程	仪器名称	仪器规格型号	仪器编号	溯源/核查情况	溯源/核查结果确认情况	其他特殊要求
1	采样及现场监测	土壤采样器、底泥采样器	××	××	核查	合格	—
2	前处理	冷冻干燥仪	××	××	核查	合格	—
		加速溶剂萃取	××	××	核查	合格	—
		烘箱	××	××	检定	合格	—
		旋转蒸发仪+氮吹	××	××	核查	合格	—
		电子天平	××	××	检定	合格	—
3	分析测试	气相色谱仪	××	××	检定	合格	FID 检测器
		毛细管色谱柱（固定相为5%苯基-95%甲基聚硅氧烷）	30.0 m×0.25 mm×0.25 μm	××	核查	合格	—

2.3　标准物质及主要试剂耗材

本方法验证中，使用的标准物质、主要试剂耗材情况见表 3，有证标准物质证书、主要试剂耗材验收记录等证明材料见附件 3。

表 3　标准物质、主要试剂耗材情况

序号	过程	名称	生产厂家	技术指标（规格/浓度/纯度/不确定度）	证书/批号	标准物质基体类型	标准物质是否在有效期内	主要试剂耗材验收情况
1	前处理	硅藻土	××	ASE 专用2 000 g/桶	××	—	—	合格
		无水硫酸钠	××	分析纯1 000 g/瓶	××	—	—	合格
		硅酸镁净化柱	××	1 g，6 mL30 个/盒	××	—	—	合格

序号	过程	名称	生产厂家	技术指标（规格/浓度/纯度/不确定度）	证书/批号	标准物质基体类型	标准物质是否在有效期内	主要试剂耗材验收情况
1	前处理	二氯甲烷	××	Absolv 超纯级/4 L	××	—	—	合格
		正己烷	××	Absolv 超纯级/4 L	××	—	—	合格
2	分析测试	正己烷中 C_{10}—C_{40} 混合标准溶液	××	1 000 mg/L （单体）	××	正己烷	是	合格
		正癸烷和正四十烷混合标准溶液	××	正癸烷：（100±3）mg/L；正四十烷：（300±9）mg/L	××	正己烷	是	合格

2.4　相关体系文件

本方法配套使用的监测原始记录为《气相色谱分析原始记录》（标识：ZHZX/JJ003）；监测报告格式为 ZHJZ/CW35-2021。

3　方法性能指标验证

3.1　测试条件

气相色谱仪器测试条件如下。

进样口温度：320℃；进样方式：不分流进样；色谱柱：石英毛细管色谱柱，30.0 m×250 μm×0.25 μm，固定相为 5%苯基-95%甲基聚硅氧烷。

柱温：初始温度 45℃（保持 5 min），以 40℃/min 升至 230℃，再以 30℃/min 升至 325℃（保持 10.5 min）。

气体流量：高纯氮气：1.8 mL/min，氢气：40 mL/min，空气 350 mL/min，尾吹 25 mL/min。

检测器：FID，330℃；进样量：1.0 μL。

3.2　校准曲线

3.2.1　定性分析

根据石油烃（C_{10}—C_{40}）保留时间窗对目标化合物进行定性，即在本验证的色谱条件下，从正癸烷出峰开始，到正四十烷出峰结束连接一条水平基线进行积分。正癸烷和正四十烷的参考色谱图见图1。

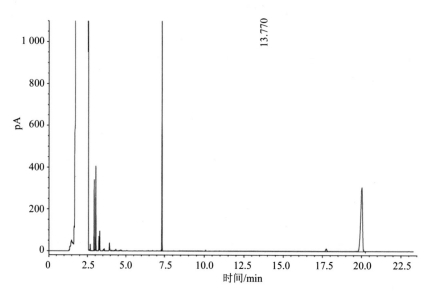

图1 正癸烷和正四十烷的参考色谱图

3.2.2 校准曲线

按照标准方法要求绘制校准曲线，校准曲线的绘制情况见表4和表5，标准溶液的谱图见图2。

表4 校准曲线绘制情况

校准点	1	2	3	4	5	6
浓度/（mg/L）	0	248	775	1 550	3 100	9 300
响应值（峰面积）	463	6 294	17 609	35 094	71 050	20 884
校准曲线方程	$A=22.4C+622.3$					
相关系数（r）	0.999 9					
标准规定要求	≥0.999					
是否符合标准要求	是					

表5 校准曲线绘制情况

校准点	1	2	3	4	5	6	7
浓度/（mg/L）	0	31.0	62.0	124	310	620	1 240
响应值（峰面积）	197	1 191	2 044	3 860	9 039	18 371	36 450
校准曲线方程	$A=29.2C+201.9$						
相关系数（r）	0.999 9						

校准点	1	2	3	4	5	6	7
标准规定要求	≥0.999						
是否符合标准要求	是						

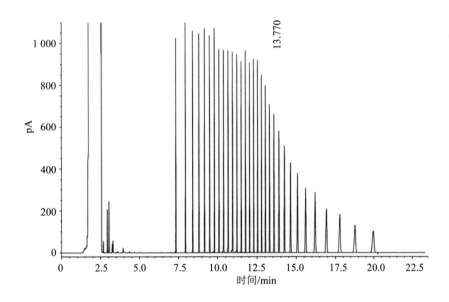

图2　石油烃（C_{10}—C_{40}）的参考色谱图

经验证，本实验室校准曲线/仪器校准结果符合标准方法 HJ 1021—2019 的要求，相关验证材料见附件4。

3.3　方法检出限及测定下限

按照《环境监测分析方法标准制订技术导则》（HJ 168—2020）附录 A.1 的规定，进行方法检出限和测定下限验证。

称取约 10 g 石英砂，移取适量贮备液至空白样品中，用正己烷进行 ASE 提取，提取液经浓缩，硅酸镁小柱净化后，氮吹至 1.0 mL，上 GC 分析。重复上述试验 7 次，将各测定结果换算为样品中的浓度或含量，计算 7 次平行测定的标准偏差，按式（1）计算方法检出限。其中，当 n 为 7 次，置信度为 99%，$t_{(n-1, 0.99)}$=3.143。以 4 倍的样品检出限作为测定下限，即 RQL=4×MDL。本方法检出限及测定下限计算结果见表6。

$$MDL = t_{(n-1, 0.99)} \times S \qquad (1)$$

式中：MDL——方法检出限；

　　　n ——样品的平行测定次数；

　　　t ——自由度为 $n-1$，置信度为 99% 时的 t 分布（单侧）；

　　　S —— n 次平行测定的标准偏差。

表6 方法检出限及测定下限

平行样品号	测定值/（mg/kg）	
	土壤中石油烃（C$_{10}$—C$_{40}$）（石英砂加标）	沉积物中石油烃（C$_{10}$—C$_{40}$）（石英砂加标）
1	12	12
2	12	13
3	12	12
4	11	12
5	12	14
6	11	12
7	11	14
平均值 $\bar{x}$	11.7	12.8
标准偏差 S	0.92	0.83
方法检出限	3	3
测定下限	12	12
标准中检出限要求	6	6
标准中测定下限要求	24	24

经验证，本实验室方法检出限和测定下限符合标准方法 HJ 1021—2019 的要求，相关验证材料见附件5。

3.4 精密度

按照 HJ 1021—2019 的要求，向实际土样和沉积物样品中分别加入 20 μL 浓度为 6 200 mg/L 的标准溶液，对加标后的土壤和沉积物进行 6 次重复性测定，计算相对标准偏差，测定结果见表7。

表7 精密度测定结果

平行样品号		样品浓度	
		土壤中石油烃（C$_{10}$—C$_{40}$）	沉积物中石油烃（C$_{10}$—C$_{40}$）
测定结果/（mg/kg）	1	15	19
	2	14	18
	3	13	21
	4	13	21
	5	12	18
	6	13	20

平行样品号	样品浓度	
	土壤中石油烃（C_{10}—C_{40}）	沉积物中石油烃（C_{10}—C_{40}）
平均值 $\bar{x}$ /（mg/kg）	13.3	19.5
标准偏差 S/（mg/kg）	1.07	1.36
相对标准偏差/%	8.1	7.0
多家实验室内相对标准偏差/%	13	13

经验证，对加标后的土壤和沉积物实际样品进行 6 次平行测定，其相对标准偏差分别为 8.1%和 7.0%，符合标准方法要求（参考 HJ 1021—2019 中 10.1 精密度中浓度为 16 mg/kg 的空白加标样品的多家实验室内标准偏差范围），相关验证材料见附件 6。

3.5 正确度

按照 HJ 1021—2019 标准方法要求，空白加标回收率为 70%～120%，基体加标回收率为 50%～140%。分别对空白加标和基体加标（土壤实样加标、沉积物实样加标）进行加标回收率验证。

空白加标：土壤及沉积物样品各称取约 10 g 石英砂的空白样，加入浓度为 6 200 mg/L 的石油烃（C_{10}—C_{40}）标准溶液 20 μL。

基体加标：分别称取约 10 g 的土壤和沉积物 4 份，其中 1 份土壤和 1 份沉积物直接测定。另外 3 份土壤和 3 份沉积物分别加入浓度为 6 200 mg/L 的石油烃（C_{10}—C_{40}）标准溶液 20 μL。

按照样品的测定步骤同时进行测定，测定结果见表 8。

表 8　空白样品、实际样品加标回收率测定结果

监测项目	平行样品号	实际样品测定结果/（mg/kg）	加标量/mg	加标后测定值/（mg/kg）	加标回收率 P/%	标准规定的加标回收率 P/%
土壤中石油烃空白加标	—	未检出	124	12.0	75.8	70～120
土壤中石油烃（C_{10}—C_{40}）	1	未检出	124	14.9	82.2	50～140
	2	未检出		14.3	77.0	50～140
	3	未检出		12.6	63.2	50～140
沉积物中石油烃空白加标	—	未检出	124	12.0	82.5	70～120
沉积物中石油烃（C_{10}—C_{40}）	1	10.1	124	19.2	72.5	50～140
	2	10.1		17.6	60.3	50～140
	3	10.1		20.6	84.7	50～140

经验证，土壤和沉积物中石油烃的空白加标回收率分别为 75.8% 和 82.5%，符合标准方法要求，相关验证材料见附件 7。

对土壤实际样品进行 3 次重复加标测定，其加标回收率为 63.2%～82.2%；对沉积物实际样品进行 3 次重复加标测定，其加标回收率为 60.3%～84.7%；符合标准方法要求，相关验证材料见附件 7。

4 实际样品测定

按照标准方法 HJ 1021—2019 的要求，选择土壤和沉积物的实际样品进行测定，监测报告及相关原始记录见附件 9。

4.1 样品采集和保存

按照《土壤环境监测技术规范》（HJ/T 166—2004）和《海洋监测技术规范 第 3 部分：样品采集、贮存与运输》（GB 17378.3—2007）的要求进行土壤和沉积物样品的采集和保存，样品采集后，4℃以下密封、避光冷藏保存，14 天内完成提取。提取液 4℃以下密封、避光保存，40 天内完成分析。样品采集和保存情况见表 9。

表 9 样品采集和保存情况

序号	样品类型及性状	采样依据	样品保存方式
1	土壤，灰黄色黏土	《土壤环境监测技术规范》（HJ/T 166—2004）	4℃，避光冷藏
2	沉积物，黑色、腐臭味	《海洋监测技术规范 第 3 部分：样品采集、贮存与运输》（GB 17378.3—2007）	4℃，避光冷藏

经验证，本实验室土壤和沉积物样品采集和保存能力满足 HJ 1021—2019 相关要求，样品采集、保存和流转相关证明材料见附件 8。

4.2 样品前处理

按照标准方法 HJ 1021—2019 的要求，对土壤和沉积物的实际样品进行前处理，具体操作如下。

将样品冷冻干燥后，均化处理成约 1 mm 的颗粒。称取约 10 g（精确到 0.01 g）样品，用正己烷进行 ASE（加速溶剂萃取）提取，提取液经旋转蒸发浓缩、氮吹至约 1 mL 后过硅酸镁净化柱净化［硅酸镁净化柱依次用 10 mL 正己烷：二氯甲烷（1∶1）和 10 mL 正己烷活化后，将浓缩液转移至净化柱后开始收集流出液，用约 2 mL 正己烷洗涤浓缩液收集装置，转移至净化柱，再用 12 mL 正己烷淋洗净化柱，收集淋洗液和流出液，氮吹至

1.0 mL，上 GC 分析]。

4.3　样品测定结果

实际样品测定结果见表 10，相关原始记录见附件 9。

表 10　实际样品中测定结果

监测项目	样品类型	测定结果/（mg/kg）
石油烃（C_{10}—C_{40}）	土壤	21
石油烃（C_{10}—C_{40}）	沉积物	36

4.4　质量控制

按照标准方法 HJ 1021—2019 的要求，采取的质量控制措施包括空白试验、标准样品测定、加标回收率测定、平行样测定等。

4.4.1　空白试验

空白试验测定结果见表 11。

表 11　空白试验测定结果

空白类型	监测项目	测定结果/（mg/kg）	标准规定的要求/（mg/kg）
土壤空白	石油烃（C_{10}—C_{40}）	未检出	<6
沉积物空白	石油烃（C_{10}—C_{40}）	未检出	<6

经验证，空白试验测定结果符合标准方法要求。

4.4.2　标准样品测定

对中位值为 144 mg/kg（编号：01192204）的土壤中石油烃（C_{10}—C_{40}）标准样品进行测定，测定结果为 156 mg/kg 和 138 mg/kg，在保证值范围内（保证值为 64.6～167 mg/kg），符合标准方法要求。

4.4.3　加标回收率测定

对浓度约为 10 mg/kg 的土壤和浓度约为 37 mg/kg 的沉积物分别进行了样品加标测定，加标回收率分别为 89.5% 和 89.5%，符合方法中规定的 50%～140% 的要求。

4.4.4　平行样测定

对浓度约为 53 mg/kg 的土壤和浓度约为 10 mg/kg 的沉积物分别进行了平行样品测定，平行样测定的相对偏差分别为 1.5% 和 4.8%，符合方法中平行样相对偏差应≤25% 的要求。

4.4.5 连续校准

对浓度为 124 mg/L 的标准溶液进行测定，土壤样品测试完成后连续校准的相对误差为–7.0%，沉积物样品测试完成后连续校准的相对误差为–3.3%，符合方法中规定的连续校准相对误差应在±10%以内的要求。

相关原始记录见附件 9。

5 验证结论

综上所述，本实验室人员通过培训和能力确认后，依据 HJ 1021—2019 开展方法验证，并进行了实际样品测试。所用仪器设备、标准物质、关键试剂耗材、采取的质量保证和质量控制措施，以及经实验验证得出的方法检出限、测定下限、精密度和正确度等，均满足标准方法要求，验证合格。

附件 1   验证人员培训、能力确认情况的证明材料（略）

附件 2   仪器设备的溯源证书及结果确认等证明材料（略）

附件 3   有证标准物质证书及关键试剂耗材验收材料（略）

附件 4   校准曲线绘制/仪器校准原始记录（略）

附件 5   检出限和测定下限验证原始记录（略）

附件 6   精密度验证原始记录（略）

附件 7   正确度验证原始记录（略）

附件 8   样品采集、保存、流转和前处理相关原始记录（略）

附件 9   实际样品（或现场）监测报告及相关原始记录（略）

《土壤和沉积物　有机氯农药的测定　气相色谱-质谱法》（HJ 835—2017）方法验证实例

1　方法名称及适用范围

1.1　方法名称及编号

《土壤和沉积物　有机氯农药的测定　气相色谱-质谱法》（HJ 835—2017）。

1.2　适用范围

本方法适用于土壤和沉积物中23种有机氯农药的测定，目标物包括：α-六六六、六氯苯、β-六六六、γ-六六六、δ-六六六、七氯、艾氏剂、环氧化七氯、α-氯丹、α-硫丹、γ-氯丹、p,p'-DDE、狄氏剂、异狄氏剂、β-硫丹、p,p'-DDD、o,p'-DDT、异狄氏剂醛、硫丹硫酸酯、p,p'-DDT、异狄氏剂酮、甲氧滴滴涕、灭蚁灵。

2　实验室基础条件确认

2.1　人员

参加方法验证的人员均通过了培训和能力确认（表1），验证人员相关培训、能力确认情况等证明材料见附件1。

表1　验证人员情况信息表

序号	姓名	年龄	职称	专业	参加本标准方法相关要求培训情况（是/否）	能力确认情况（是/否）	相关监测工作年限/年	验证工作内容
1	×××	34	高级工程师	环境工程	是	是	14	采样
2	×××	27	助理工程师	环境工程	是	是	2	
3	×××	37	高级工程师	环境工程	是	是	15	前处理及分析测试
4	×××	43	高级工程师	分析化学	是	是	17	

2.2 仪器设备

本方法验证中，使用仪器设备包括样品采集、样品前处理及分析共计 5 套。主要仪器设备情况见表 2，相关仪器设备的检定/校准证书及结果确认等证明材料见附件 2。

表 2　主要仪器设备情况

序号	过程	仪器名称	仪器规格型号	仪器编号	溯源/核查情况	溯源/核查结果确认情况	其他特殊要求
1	前处理	冷冻干燥仪	××	××	核查	合格	−60～−50℃
2		电子天平	××	××	检定	合格	—
3		加速溶剂萃取仪	××	××	—	—	—
4		氮吹仪	××	××	—	—	—
5		佛罗里硅土净化小柱	××	××	—	—	—
6	分析测试	气相色谱-质谱仪	××	××	校准	合格	—
7		非极性毛细管色谱柱	30 m×0.25 mm×0.25 μm	××	—	—	—

2.3 标准物质及主要试剂耗材

本方法验证中使用的标准物质、主要试剂耗材情况见表 3，有证标准物质证书、主要试剂耗材验收材料见附件 3。

表 3　标准物质、主要试剂耗材情况

序号	过程	名称	生产厂家	技术指标（规格/浓度/纯度/不确定度）	证书/批号	标准物质基体类型	标准物质是否在有效期内	主要试剂耗材验收情况
1	前处理	十氯联苯标准溶液	××	1 000 mg/L	××	正己烷	是	合格
2		丙酮	××	农残级	—	—	—	合格
3		正己烷	××	农残级	—	—	—	合格
4		无水硫酸钠	××	优级纯	—	—	—	合格
5	分析测试	有机氯农药标准溶液	××	100 mg/L	××	正己烷	是	合格
6		氘代菲内标化合物标准溶液	××	2 000 mg/L	××	正己烷	是	合格

序号	过程	名称	生产厂家	技术指标（规格/浓度/纯度/不确定度）	证书/批号	标准物质基体类型	标准物质是否在有效期内	主要试剂耗材验收情况
7	分析	有机氯农药标准土壤样品	××	13.6～689 µg/kg	××	土壤	是	合格
8	测试	有机氯农药标准沉积物样品	××	0.600～2.801 mg/kg	××	沉积物	是	合格

2.4　相关体系文件

本方法配套使用的监测原始记录为《土壤监测采样原始记录单》（标识：SXHJ-04-2019-TY-008）和《气质联用分析测试原始记录单》（标识：SXHJ-04-2021-TY-032）；监测报告格式为 SXHJ-04-2020-TY-048。

3　方法性能指标验证

3.1　测试条件

3.1.1　仪器分析条件

参考标准方法，根据仪器实际分析情况，选择最佳的实验参数条件，并进行设置，仪器条件应与原始记录中实际分析条件一致。本方法验证的仪器分析条件按气相色谱和质谱分别设置。

（1）气相色谱条件选择

进样口温度：250℃，不分流。

进样量：1.0 µL，柱流量：1.0 mL/min（恒流）。

柱温：80℃保持 2 min；以 20℃/min 速率升至 180℃，保持 5 min；再以 10℃/min 速率升至 290℃，保持 8 min。

（2）质谱条件选择

电子轰击源：EI。

离子源温度：230℃。

离子化能量：70 eV。

接口温度：280℃；四极杆温度：150℃。

质量扫描范围：45～510 u。

溶剂延迟时间：5.0 min。

扫描模式：全扫描（Scan）模式。

3.1.2　仪器调谐

按照方法要求对质谱仪进行抽真空、DFTPP 调谐，调谐评估通过后，仪器进入测量状态。

3.2　校准曲线

仪器校准溶液配制按照标准方法规定进行：配制规定浓度有机氯农药和替代物的质量浓度分别为 1.00 μg/mL、5.00 μg/mL、10.00 μg/mL、20.0 μg/mL、50.0 μg/mL 的浓度系列，添加内标溶液使其质量浓度为 40.0 μg/mL，绘制校准曲线（表 4）。

表 4　规定浓度有机氯农药曲线汇总表

序号	项目名称	平均相对响应因子	响应因子相对标准偏差/%	标准规定要求/%	是否符合标准要求
1	α-六六六	1.77	3.52	≤20	是
2	六氯苯	2.62	11.3	≤20	是
3	β-六六六	1.45	13.7	≤20	是
4	γ-六六六	1.5	7.91	≤20	是
5	δ-六六六	1.28	3.42	≤20	是
6	七氯	1.63	5.92	≤20	是
7	艾氏剂	1.49	4.24	≤20	是
8	环氧化七氯	1.08	3.65	≤20	是
9	γ-氯丹	0.9	5.19	≤20	是
10	α-硫丹	0.5	4.19	≤20	是
11	α-氯丹	0.96	5.18	≤20	是
12	p,p'-DDE	2.58	4.89	≤20	是
13	狄氏剂	1.96	5.33	≤20	是
14	异狄氏剂	0.53	12.9	≤20	是
15	β-硫丹	0.43	6.62	≤20	是
16	p,p'-DDD	4.94	18.2	≤20	是
17	o,p'-DDT	0.32	11.3	≤20	是
18	异狄氏剂醛	0.1	11.8	≤20	是
19	硫丹硫酸酯	0.07	9.27	≤20	是
20	p,p'-DDT	0.43	12.0	≤20	是
21	异狄氏剂酮	0.08	8.68	≤20	是
22	甲氧滴滴涕	0.77	18.3	≤20	是
23	灭蚁灵	0.23	4.86	≤20	是

根据实际样品浓度配制较低浓度的标准系列用于验证检出限等试验，其中有机氯农药和替代物的质量浓度分别为 0.5 μg/mL、1.0 μg/mL、2.0 μg/mL、5.0 μg/mL、8.0 μg/mL、10.0 μg/mL，添加内标溶液使其质量浓度为 8.0 μg/mL，绘制成另一条校准曲线（表5）。

表5 低浓度有机氯农药曲线汇总表

序号	项目名称	平均相对响应因子	响应因子相对标准偏差/%	标准规定要求/%	是否符合标准要求
1	α-六六六	1.85	7.98	≤20	是
2	六氯苯	2.70	4.73	≤20	是
3	β-六六六	1.28	18.9	≤20	是
4	γ-六六六	1.53	14.3	≤20	是
5	δ-六六六	1.31	8.44	≤20	是
6	七氯	1.62	13.8	≤20	是
7	艾氏剂	1.56	8.82	≤20	是
8	环氧化七氯	1.11	9.46	≤20	是
9	γ-氯丹	0.96	13.6	≤20	是
10	α-硫丹	0.51	10.3	≤20	是
11	α-氯丹	0.90	9.80	≤20	是
12	p,p'-DDE	2.63	12.1	≤20	是
13	狄氏剂	1.99	11.2	≤20	是
14	异狄氏剂	0.38	16.9	≤20	是
15	β-硫丹	0.32	18.2	≤20	是
16	p,p'-DDD	4.36	17.2	≤20	是
17	o,p'-DDT	0.31	11.8	≤20	是
18	异狄氏剂醛	0.08	15.1	≤20	是
19	硫丹硫酸酯	0.06	17.6	≤20	是
20	p,p'-DDT	0.34	16.3	≤20	是
21	异狄氏剂酮	0.07	16.4	≤20	是
22	甲氧滴滴涕	0.62	10.8	≤20	是
23	灭蚁灵	0.22	14.7	≤20	是

两条校准曲线均按照仪器参考条件，从低浓度到高浓度依次进行分析。按照方法要求分别计算各目标物平均相对响应因子及响应因子相对标准偏差，计算结果表明校准曲线目标化合物相对响应因子的相对标准偏差均小于20%，色谱分离图见图1。

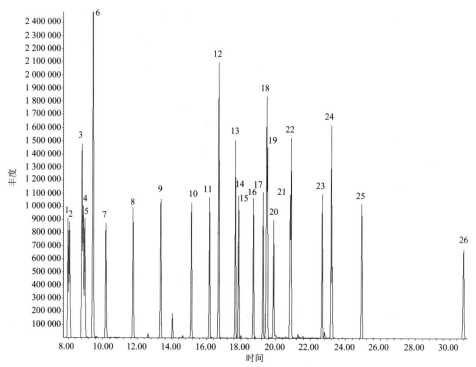

1—α-六六六；2—六氯苯；3—五氯硝基苯（内标）；4—β-六六六；5—γ-六六六；6—菲-d₁₀（内标）；7—δ-六六六；8—七氯；9—艾氏剂；10—环氧化七氯；11—α-氯丹；12—α-硫丹；13—γ-氯丹；14—p,p′-DDE；15—狄氏剂；16—异狄氏剂；17—β-硫丹；18—p,p′-DDD；19—o,p′-DDT；20—异狄氏剂醛；21—硫丹硫酸酯；22—p,p′-DDT；23—异狄氏剂酮；24—甲氧滴滴涕；25—灭蚁灵；26—十氯联苯（替代物）

图 1 色谱分离图

经验证，本实验室校准曲线/仪器校准结果符合标准方法要求，相关验证材料见附件 4。

3.3 方法检出限及测定下限

按照《环境监测分析方法标准制订技术导则》（HJ 168—2020）附录 A.1 中方法 b，空白试验中未检测出目标物进行方法检出限和测定下限验证。

空白加标过程：称取 20.0 g 石英砂，加入 40 μL 浓度为 100 mg/L 的有机氯农药标准溶液，经过提取、浓缩、净化，定容至 1.0 mL，上机分析。

针对 23 种有机氯农药组分，在验证过程中有 18 种物质的浓度在 3～5 倍计算出的方法检出限范围内，其余全部物质的浓度在 1～10 倍计算出的方法检出限范围内，方法检出限和测定下限验证的实验结果见表 6，实验证明用于测定 MDL 的样品浓度满足要求。

经验证，方法检出限和测定下限符合 HJ 835—2017 的要求，相关验证材料见附件 5。

表6 方法检出限及测定下限   单位：mg/kg

序号	项目名称	测定值							平均值 $\bar{x}$	标准偏差 S	方法检出限	标准中检出限要求	测定下限	标准中测定下限要求
		1	2	3	4	5	6	7						
1	α-六六六	0.137	0.114	0.133	0.137	0.143	0.126	0.126	0.131	0.010	0.03	0.07	0.12	0.28
2	六氯苯	0.125	0.108	0.13	0.129	0.137	0.123	0.126	0.125	0.009	0.03	0.03	0.12	0.12
3	β-六六六	0.250	0.249	0.244	0.270	0.265	0.247	0.269	0.256	0.011	0.04	0.06	0.16	0.24
4	γ-六六六	0.133	0.111	0.138	0.126	0.142	0.126	0.127	0.129	0.010	0.03	0.06	0.12	0.24
5	δ-六六六	0.349	0.363	0.416	0.415	0.386	0.421	0.389	0.391	0.028	0.09	0.10	0.36	0.40
6	七氯	0.143	0.119	0.139	0.139	0.151	0.134	0.137	0.137	0.010	0.03	0.04	0.12	0.16
7	艾氏剂	0.134	0.113	0.131	0.137	0.140	0.127	0.127	0.130	0.009	0.03	0.04	0.12	0.16
8	环氧化七氯	0.142	0.126	0.139	0.140	0.149	0.131	0.130	0.137	0.008	0.03	0.09	0.12	0.36
9	α-氯丹	0.102	0.105	0.094	0.106	0.105	0.089	0.102	0.100	0.006	0.02	0.02	0.08	0.08
10	α-硫丹	0.163	0.163	0.166	0.149	0.147	0.155	0.130	0.153	0.013	0.04	0.06	0.16	0.24
11	γ-氯丹	0.117	0.100	0.116	0.110	0.119	0.113	0.107	0.112	0.007	0.02	0.02	0.08	0.08
12	p,p'-DDE	0.144	0.152	0.173	0.172	0.179	0.167	0.159	0.164	0.013	0.04	0.04	0.16	0.16
13	狄氏剂	0.152	0.141	0.157	0.151	0.162	0.151	0.148	0.152	0.007	0.02	0.02	0.08	0.08
14	异狄氏剂	0.210	0.214	0.235	0.201	0.214	0.236	0.199	0.216	0.015	0.05	0.06	0.20	0.24
15	β-硫丹	0.189	0.193	0.192	0.175	0.182	0.180	0.151	0.180	0.015	0.05	0.09	0.20	0.36
16	p,p'-DDD	0.244	0.168	0.221	0.182	0.230	0.221	0.211	0.211	0.027	0.08	0.08	0.32	0.32
17	o,p'-DDT	0.177	0.187	0.214	0.219	0.184	0.182	0.222	0.198	0.020	0.06	0.08	0.24	0.32
18	异狄氏剂醛	0.077	0.089	0.079	0.078	0.083	0.081	0.090	0.082	0.005	0.02	0.08	0.08	0.32
19	硫丹硫酸酯	0.231	0.248	0.265	0.281	0.250	0.243	0.270	0.255	0.017	0.05	0.07	0.20	0.28
20	p,p'-DDT	0.187	0.204	0.225	0.244	0.212	0.196	0.241	0.216	0.022	0.07	0.09	0.24	0.36
21	异狄氏剂酮	0.090	0.097	0.098	0.088	0.110	0.093	0.102	0.097	0.008	0.02	0.05	0.08	0.20
22	甲氧滴滴涕	0.208	0.210	0.240	0.252	0.219	0.216	0.243	0.227	0.018	0.06	0.08	0.24	0.32
23	灭蚁灵	0.151	0.164	0.176	0.181	0.179	0.173	0.177	0.172	0.011	0.03	0.06	0.12	0.24

3.4 精密度

按照标准方法要求，采用实际样品（有检出）进行 6 次平行测定。具体操作方法是：称取 6 份制备好的样品与适量的硅藻土混匀，分别装入 6 个萃取池，分别按照预先设定好的萃取方法，采用快速溶剂萃取仪提取，氮吹浓缩至约 1 mL，使用市售硅酸镁小柱（1 g/6 mL）净化；再次氮吹定容至 1.0 mL，加入与校准曲线一致的内标溶液，按照 1.1

仪器分析条件上机分析。结果见表 7、表 8。

表 7 土壤样品精密度测定结果

序号	项目名称	测定结果/（mg/kg）						平均值 $\bar{x}$/（mg/kg）	标准偏差 S/（mg/kg）	相对标准偏差/%	标准要求的相对标准偏差/%
		1	2	3	4	5	6				
1	α-六六六	0.12	0.11	0.10	0.12	0.11	0.10	0.11	0.009	8.1	<35
2	六氯苯	0.05	0.05	0.04	0.05	0.04	0.04	0.05	0.005	12	<35
3	β-六六六	0.06	0.06	0.05	0.06	0.05	0.06	0.06	0.005	9.1	<35
4	γ-六六六	0.19	0.18	0.17	0.19	0.17	0.17	0.18	0.010	5.5	<35
5	δ-六六六	0.12	0.11	0.10	0.09	0.08	0.12	0.10	0.016	16	<35
6	七氯	0.14	0.15	0.14	0.15	0.16	0.14	0.15	0.008	5.6	<35
7	艾氏剂	0.09	0.09	0.09	0.09	0.08	0.08	0.09	0.005	6.0	<35
8	环氧化七氯	0.09	0.11	0.12	0.10	0.09	0.11	0.10	0.012	12	<35
9	γ-氯丹	0.33	0.32	0.28	0.32	0.31	0.30	0.31	0.018	5.8	<35
10	α-硫丹	0.10	0.10	0.09	0.10	0.10	0.09	0.10	0.005	5.3	<35
11	α-氯丹	0.07	0.06	0.06	0.07	0.06	0.06	0.06	0.005	8.2	<35
12	p,p'-DDE	0.09	0.09	0.08	0.09	0.09	0.08	0.09	0.005	6.0	<35
13	狄氏剂	0.24	0.23	0.21	0.23	0.21	0.21	0.22	0.013	6.0	<35
14	异狄氏剂	0.14	0.13	0.12	0.14	0.14	0.11	0.13	0.013	9.7	<35
15	β-硫丹	0.19	0.19	0.15	0.17	0.18	0.17	0.18	0.015	8.7	<35
16	p,p'-DDD	0.09	0.10	0.09	0.11	0.09	0.12	0.10	0.013	13	<35
17	o,p'-DDT	0.14	0.12	0.13	0.14	0.15	0.12	0.13	0.012	9.1	<35
18	异狄氏剂醛	0.09	0.10	0.11	0.13	0.11	0.12	0.11	0.014	13	<35
19	硫丹硫酸酯	0.10	0.09	0.11	0.12	0.13	0.12	0.11	0.015	13	<35
20	p,p'-DDT	0.20	0.22	0.24	0.19	0.21	0.20	0.21	0.018	8.5	<35
21	异狄氏剂酮	0.12	0.12	0.11	0.11	0.13	0.14	0.12	0.012	9.6	<35
22	甲氧滴滴涕	0.22	0.19	0.17	0.20	0.21	0.17	0.19	0.021	11	<35
23	灭蚁灵	0.10	0.09	0.09	0.10	0.11	0.10	0.10	0.008	7.7	<35

表 8 沉积物样品精密度测定结果

序号	项目名称	测定结果/（mg/kg）						平均值 $\bar{x}$/（mg/kg）	标准偏差 S/（mg/kg）	相对标准偏差/%	标准要求的相对标准偏差/%
		1	2	3	4	5	6				
1	α-六六六	0.13	0.10	0.10	0.18	0.15	0.17	0.14	0.04	25	<35
2	六氯苯	0.51	0.61	0.81	0.86	0.88	0.86	0.76	0.16	21	<35
3	β-六六六	0.44	0.44	0.48	0.51	0.44	0.60	0.49	0.06	13	<35

序号	项目名称	测定结果/（mg/kg）						平均值 $\bar{x}$ /（mg/kg）	标准偏差 S/（mg/kg）	相对标准偏差/%	标准要求的相对标准偏差/%
		1	2	3	4	5	6				
4	γ-六六六	0.31	0.38	0.27	0.38	0.33	0.39	0.34	0.05	14	<35
5	δ-六六六	0.13	0.13	0.17	0.14	0.11	0.11	0.13	0.02	15	<35
6	七氯	0.21	0.23	0.19	0.21	0.23	0.24	0.22	0.20	8.0	<35
7	艾氏剂	0.29	0.29	0.37	0.39	0.36	0.34	0.34	0.04	13	<35
8	环氧化七氯	0.18	0.18	0.22	0.24	0.19	0.19	0.20	0.02	12	<35
9	γ-氯丹	0.23	0.23	0.35	0.29	0.30	0.27	0.28	0.04	15	<35
10	α-硫丹	0.25	0.25	0.35	0.33	0.29	0.29	0.29	0.04	14	<35
11	α-氯丹	0.24	0.24	0.29	0.28	0.25	0.23	0.25	0.03	11	<35
12	p,p'-DDE	0.71	0.71	1.10	1.17	1.17	1.11	1.00	0.22	22	<35
13	狄氏剂	0.32	0.32	0.40	0.40	0.37	0.36	0.36	0.04	11	<35
14	异狄氏剂	0.32	0.32	0.27	0.33	0.34	0.36	0.33	0.03	9.2	<35
15	β-硫丹	0.13	0.13	0.11	0.11	0.12	0.12	0.12	0.01	8.1	<35
16	p,p'-DDD	0.13	0.13	0.16	0.14	0.12	0.11	0.13	0.02	14	<35
17	o,p'-DDT	0.13	0.13	0.14	0.13	0.10	0.09	0.12	0.02	16	<35
18	异狄氏剂醛	0.17	0.17	0.20	0.17	0.12	0.15	0.16	0.03	16	<35
19	硫丹硫酸酯	0.16	0.16	0.11	0.11	0.14	0.11	0.13	0.02	18	<35
20	p,p'-DDT	0.22	0.20	0.12	0.21	0.16	0.20	0.19	0.04	21	<35
21	异狄氏剂酮	0.19	0.19	0.20	0.17	0.21	0.22	0.20	0.02	10	<35
22	甲氧滴滴涕	0.23	0.21	0.23	0.24	0.23	0.28	0.24	0.02	21	<35
23	灭蚁灵	0.16	0.20	0.15	0.25	0.22	0.14	0.18	0.04	24	<35

经验证，对土壤和沉积物实际样品加标进行 6 次平行测定，其相对标准偏差分别为 5.3%～13%、8.0%～25%，符合标准规定的要求（参考 HJ 835—2017 中 10.3 平行样品相对偏差的要求），相关验证材料见附件 6。

3.5　正确度

按照方法要求，选择有证标准物质进行方法正确度验证，测定结果见表 9、表 10。

表 9　正确度测定结果（土壤标准样品）

序号	项目名称	标准样品测定浓度/（μg/kg）				标准样品浓度范围/（μg/kg）
		1	2	3	均值	
1	α-六六六	284	250	222	252	92.6～419
2	六氯苯	109	101	99	103	85.6～215

序号	项目名称	标准样品测定浓度/（μg/kg）				标准样品浓度范围/（μg/kg）
		1	2	3	均值	
3	β-六六六	107	108	83.3	99.4	13.6～167
4	γ-六六六	223	195	182	200	61～321
5	δ-六六六	288	260	222	257	72.0～386
6	七氯	216	200	187	201	75.9～316
7	艾氏剂	323	291	253	289	103～449
8	环氧化七氯	137	124	110	124	47～187
9	γ-氯丹	301	278	231	270	121～387
10	α-硫丹	177	165	128	157	45.9～224
11	α-氯丹	259	231	188	226	94.1～346
12	p,p′-DDE	291	270	224	262	88.9～361
13	狄氏剂	542	510	420	491	207～671
14	异狄氏剂	384	394	320	366	133～411
15	β-硫丹	207	207	165	193	56.2～280
16	p,p′-DDD	152	147	116	138	45.2～239
17	o,p′-DDT	178	190	165	178	56.8～212
18	异狄氏剂醛	153	201	144	166	69.6～580
19	硫丹硫酸酯	251	248	211	237	71.8～472
20	p,p′-DDT	58.8	64.2	53.5	58.8	26.4～184
21	异狄氏剂酮	302	300	239	280	96.4～514
22	甲氧滴滴涕	265	281	210	252	52.7～689
23	灭蚁灵	65.9	78.4	82.8	75.7	60.3～158

表 10　正确度测定结果（沉积物标准样品）

序号	项目名称	标准样品测定浓度/（mg/kg）				标准样品浓度范围/（mg/kg）
		1	2	3	均值	
1	α-六六六	0.931	0.678	0.830	0.813	0.601～1.402
2	六氯苯	1.117	1.945	1.244	1.435	1.000～2.334
3	β-六六六	1.009	0.751	0.904	0.888	0.600～1.400
4	γ-六六六	0.952	0.690	0.844	0.829	0.602～1.400
5	δ-六六六	0.985	0.715	0.845	0.848	0.602～1.404
6	七氯	1.079	0.730	0.785	0.865	0.602～1.405
7	艾氏剂	0.911	0.844	0.925	0.894	0.600～1.400
8	环氧化七氯	0.958	0.907	0.990	0.952	0.600～1.400

序号	项目名称	标准样品测定浓度/（mg/kg）				标准样品浓度范围/（mg/kg）
		1	2	3	均值	
9	γ-氯丹	0.963	0.972	1.080	1.005	0.602～1.405
10	α-硫丹	0.980	1.240	0.884	1.035	0.601～1.403
11	α-氯丹	0.941	1.149	1.076	1.055	0.602～1.404
12	p,p′-DDE	1.094	0.816	1.028	0.980	0.600～1.400
13	狄氏剂	1.063	1.159	0.835	1.019	0.600～1.400
14	异狄氏剂	0.901	1.039	1.142	1.028	0.601～1.402
15	β-硫丹	1.073	0.785	0.990	0.950	0.999～2.330
16	p,p′-DDD	1.307	0.944	1.164	1.138	0.600～1.399
17	o,p′-DDT	1.289	1.176	1.556	1.340	0.999～2.330
18	异狄氏剂醛	0.830	1.110	0.815	0.918	0.600～1.401
19	硫丹硫酸酯	0.912	1.190	0.988	1.030	0.600～1.400
20	p,p′-DDT	0.872	0.766	0.970	0.869	0.600～1.401
21	异狄氏剂酮	0.893	0.625	0.825	0.781	0.600～1.410
22	甲氧滴滴涕	1.200	0.804	1.212	1.072	0.600～1.400
23	灭蚁灵	2.311	2.323	2.439	2.358	1.200～2.801

经验证，对土壤标准样品及沉积物标准样品分别进行 3 次平行测定，测定结果均在给定浓度范围内，符合标准规定的要求，相关验证材料见附件 7。

4 实际样品测定

4.1 样品采集和保存

按照《土壤环境监测技术规范》（HJ/T 166—2004）的要求进行有机氯农药土壤实际样品的采集；按照《海洋监测规范　第 3 部分：样品采集、贮存与运输》（GB 17378.3—2007）的要求进行有机氯农药沉积物实际样品的采集，土壤样品及沉积物样品均需冷藏保存。样品采集和保存信息情况见表 11。

表 11　样品采集和保存信息情况

序号	样品类型	采样依据	样品保存方式
1	土壤表层土	《土壤环境监测技术规范》（HJ/T 166—2004）	使用棕色玻璃瓶采集样品，将样品置于车载冰箱中，密封、避光、4℃冷藏保存
2	沉积物样品	《海洋监测规范　第 3 部分：样品采集、贮存与运输》（GB 17378.3—2007）	使用棕色玻璃瓶采集样品，将样品置于车载冰箱中，密封、避光、4℃冷藏保存

经验证，本实验室有机氯农药土壤实际样品采集和保存能力满足《土壤和沉积物　有机物的提取　加压流体萃取法》（HJ 783—2016）规定的相关技术规范的要求。样品采集、保存和流转相关证明材料见附件 8。

4.2　样品前处理

本次方法验证过程中，其样品前处理步骤按照 HJ 783—2016 的要求进行，具体操作如下。

4.2.1　称量样品

分别称取冷冻干燥后的土壤及沉积物样品 20.0 g，与灼烧后的硅藻土于玻璃研钵中混合均匀，待装填萃取池。

4.2.2　样品萃取

取洗净的萃取池拧紧底盖，垂直放在水平台面上，将专用的玻璃纤维滤膜置于底部，顶部放置专用漏斗，装入上述混合均匀的土壤样品，装入一半时，加入 50 μL 浓度为 200 mg/L 的十氯联苯标准溶液，使得替代物含量为 10 μg，继续装入另一半混合均匀的样品，移去漏斗，样品顶部与萃取池上空留有约 0.5 cm 的距离，用毛刷清扫螺纹周边，拧紧顶盖，放入快速溶剂萃取仪样品盘中。

4.2.3　提取液浓缩净化

提取液经浓缩、佛罗里硅土小柱净化，二次浓缩后，定容至 1.0 mL，加入与校准曲线中相同浓度的内标标准溶液，即 20 μL 浓度为 2 000 mg/L 的 5 种内标混合溶液，待测。

4.3　样品测定结果

依据标准方法的适用范围，结合实验室实际情况，采集了山西北部土壤实际样品与选取典型沉积物样品进行试验；对标准方法中规定的所有目标物进行测定，并采用质控样测定、平行样品测定及样品加标等质量保证措施，以确保测定结果准确可靠，实际样品测定结果见表 12。实际样品分析相关原始记录见附件 9。

表 12　实际样品测定结果

序号	项目名称	分析结果/（mg/kg）	
		土壤实际样品	沉积物实际样品
		2004100101	2004100401
1	α-六六六	0.14	0.09
2	六氯苯	未检出	0.50
3	β-六六六	0.27	未检出

序号	项目名称	分析结果/（mg/kg）	
		土壤实际样品	沉积物实际样品
		2004100101	2004100401
4	γ-六六六	0.26	0.11
5	δ-六六六	0.21	0.17
6	七氯	0.16	未检出
7	艾氏剂	0.15	未检出
8	环氧化七氯	0.31	0.31
9	γ-氯丹	0.35	0.44
10	α-硫丹	0.11	0.18
11	α-氯丹	0.15	0.37
12	p,p'-DDE	0.31	0.60
13	狄氏剂	0.21	0.50
14	异狄氏剂	0.11	0.24
15	β-硫丹	0.34	0.22
16	p,p'-DDD	0.17	0.15
17	o,p'-DDT	未检出	0.12
18	异狄氏剂醛	0.09	0.25
19	硫丹硫酸酯	0.08	未检出
20	p,p'-DDT	0.07	未检出
21	异狄氏剂酮	0.12	0.11
22	甲氧滴滴涕	0.23	0.12
23	灭蚁灵	未检出	0.14

4.4　质量控制

4.4.1　空白测定

　　本方法验证过程中，按照标准要求进行了空白样品测定，其测量条件与样品测定相同。经验证，空白试样中的目标化合物均小于检出限，测定结果见表13。

表 13 空白测定结果 单位：mg/kg

序号	名称	土壤样品空白	沉积物样品空白	序号	名称	土壤样品空白	沉积物样品空白
1	α-六六六	未检出	未检出	13	狄氏剂	未检出	未检出
2	六氯苯	未检出	未检出	14	异狄氏剂	未检出	未检出
3	β-六六六	未检出	未检出	15	β-硫丹	未检出	未检出
4	γ-六六六	未检出	未检出	16	p,p'-DDD	未检出	未检出
5	δ-六六六	未检出	未检出	17	o,p'-DDT	未检出	未检出
6	七氯	未检出	未检出	18	异狄氏剂醛	未检出	未检出
7	艾氏剂	未检出	未检出	19	硫丹硫酸酯	未检出	未检出
8	环氧化七氯	未检出	未检出	20	p,p'-DDT	未检出	未检出
9	γ-氯丹	未检出	未检出	21	异狄氏剂酮	未检出	未检出
10	α-硫丹	未检出	未检出	22	甲氧滴滴涕	未检出	未检出
11	α-氯丹	未检出	未检出	23	灭蚁灵	未检出	未检出
12	p,p'-DDE	未检出	未检出	—	—	—	—

4.4.2 标准样品的测定

对浓度为 23.7～427 μg/kg 的标准物质（生产编号：093）进行测定，结果在保证值范围内。

4.4.3 实际样品加标分析

对浓度为 0.07～0.35 mg/kg 的实际样品进行加标回收试验，得到加标回收率为 61.1%～119%，符合方法中规定的 40%～150%的要求。

4.4.4 平行样品分析

对浓度为 0.07～0.35 mg/kg 的实际样品进行平行测定，相对偏差为 0～25.0%，符合方法中规定的小于 35%的要求。

4.4.5 连续校准

对浓度为 5.0 μg/mL 的标准溶液进行测定，相对标准偏差为 2.0%，符合方法要求的连续校准时，测得的结果与实际浓度值相对标准偏差小于等于 20%的要求。

5 验证结论

综上所述，本实验室人员通过培训和能力确认后，依据 HJ 835—2017 开展方法验证，并进行了实际样品测试。所用仪器设备、标准物质、关键试剂耗材、采取的质量保证和质量控制措施，以及经实验验证得出的方法检出限、测定下限、精密度和正确度等，均满足标准方法相关要求，验证合格。

附件 1　验证人员培训及能力确认的证明材料（略）

附件 2　仪器设备的检定/校准证书及结果确认等证明材料（略）

附件 3　有证标准物质证书和试剂及耗材验收材料（略）

附件 4　绘制校准曲线证明材料（略）

附件 5　检出限和测定下限验证材料（略）

附件 6　精密度验证材料（略）

附件 7　正确度验证材料（略）

附件 8　样品采集、保存和流转相关证明材料（略）

附件 9　实际样品分析相关原始记录及模拟监测报告（略）

———————————

《土壤和沉积物 二噁英类的测定　同位素稀释高分辨气相色谱-高分辨质谱法》（HJ 77.4—2008）方法验证实例

1　方法名称及适用范围

1.1　方法名称及编号

《土壤和沉积物　二噁英类的测定　同位素稀释高分辨气相色谱-高分辨质谱法》（HJ 77.4—2008）。

1.2　适用范围

本方法适用于全国区域土壤背景、农田土壤环境、建设项目土壤环境评价、土壤污染事故以及河流、湖泊与海洋沉积物的环境调查中的二噁英类分析。

2　实验室基础条件确认

2.1　人员

参加方法验证的人员均通过了培训和能力确认（表 1），验证人员相关培训、能力确认情况等证明材料见附件 1。

表 1　验证人员情况信息

序号	姓名	年龄	职称	专业	参加本标准方法相关要求培训情况（是/否）	能力确认情况（是/否）	相关监测工作年限/年	验证工作内容
1	××	38	高级工程师	分析化学	是	是	10	采样及现场监测
2	××	38	工程师	分析化学	是	是	10	前处理
3	××	53	研究员	环境工程	是	是	28	分析测试

2.2　仪器设备

本方法验证中，使用了前处理和分析测试仪器等。主要仪器设备情况见表 2，相关仪器设备的检定/校准证书及结果确认等证明材料见附件 2。

表 2　主要仪器设备情况

序号	过程	仪器名称	仪器规格型号	仪器编号	溯源/核查情况	溯源/核查结果确认情况	其他特殊要求
1	前处理	送风定温干燥箱	××	××	检定	合格	—
2		分液漏斗（垂直）振荡器	××	××	核查	合格	—
3		全自动索氏提取仪	××	××	核查	合格	—
4		加速溶剂萃取仪器	××	××	核查	合格	—
5		二噁英专用净化装置	××	××	核查	合格	—
6		旋转蒸发仪	××	××	核查	合格	—
7		定量浓缩仪	××	××	核查	合格	—
8		超声波清洗机	××	××	核查	合格	—
9	分析测试	气相色谱-高分辨质谱仪	××	××	自校	合格	—
		毛细管色谱柱（固定相 5%苯基-95%甲基聚硅氧烷）	60 m×0.32 mm×0.25 μm	××	核查	合格	—

2.3　标准物质及主要试剂耗材

本方法验证中，使用的标准物质、主要试剂耗材情况见表 3，有证标准物质证书、主要试剂耗材验收记录等证明材料见附件 3。

表 3　标准物质、主要试剂耗材情况

序号	过程	名称	生产厂家	技术指标（规格/浓度/纯度/不确定度）	证书/批号	标准物质基体类型	标准物质是否在有效期内	关键试剂耗材验收情况
1		EPA1613ISS（进样内标）	××	1.2 mL/200 ng/mL ≥99%	××	有机溶剂（壬烷）	是	合格
		EPA1613 LCS（提取内标）	××	1.2 mL/100～200 ng/mL >98%	××	有机溶剂（壬烷）	是	合格
		EPA1613CS1	××	500 μL/0.5～5.0 ng/mL ≥95%	××	有机溶剂（壬烷）	是	合格

序号	过程	名称	生产厂家	技术指标 （规格/浓度/纯度/ 不确定度）	证书/批号	标准物质 基体类型	标准物质是否 在有效期内	关键试剂 耗材验收 情况
1		EPA1613CS2	××	500 μL/ 2～20 ng/mL ≥95%	××	有机溶剂 （壬烷）	是	合格
		EPA1613CS3	××	1.0 mL/ 10～100 ng/mL ≥95%	××	有机溶剂 （壬烷）	是	合格
		EPA1613CS4	××	500 μL/ 40～400 ng/mL ≥95%	××	有机溶剂 （壬烷）	是	合格
		EPA1613CS5	××	500 μL/ 200～2 000 ng/mL ≥95%	××	有机溶剂 （壬烷）	是	合格
		正己烷	××	4 L/农残级	××	—	—	合格
		壬烷	××	250 mL/农残级	××	—	—	合格
		二氯甲烷	××	4 L/农残级	××	—	—	合格
		甲苯	××	4 L/农残级	××	—	—	合格
		丙酮	××	4 L/农残级	××	—	—	合格
		盐酸	××	500 mL/分析纯	××	—	—	合格
2	分析	EPA1613PAR （调谐用）	××	1.2 mL/ 40～400 ng/mL >98%	××	—	是	合格

2.4 环境条件

本方法验证中，环境条件监控情况见表4，相关环境条件监控记录资料见附件4。

表4 环境条件监控情况

序号	过程	控制项目	环境条件控制要求	实际环境条件	环境条件 确认情况
1	分析测试	温度	20～25℃	20～23℃	合格
		湿度	30%～70%	30%～70%	合格
		洁净实验室压力	微负压，10～15 Pa	10～12 Pa	合格

2.5 安全防护设备设施

本方法验证中，配备的特殊安全防护设备设施和个人安全防护用品包括手套、实验服、安全眼镜及防毒面具等，满足标准方法要求。

二噁英类检测活动应该注意人员防护安全，避免意外事故发生。

实验过程中沾有二噁英类标样的废弃物，不得随意丢弃，应标识清楚，在实验室内集中妥善保存。采集的含有二噁英类污染的飞灰或工业固体废物剩余样品，应送回原废物产生单位或委托有资质的单位处置。二噁英类样品前处理和分析过程中产生的一般有机溶剂和填料等废弃物，应委托有资质的单位处理。

2.6 相关体系文件

本方法配套使用的监测原始记录为《高分辨气相色谱/高分辨质谱分析原始记录表》（标识：SDEM-TR-148）；监测报告格式为 SDEM-QR-69。

3 方法性能指标验证

3.1 测试条件

3.1.1 仪器分析条件

本方法验证的仪器分析条件设置为：

气相色谱仪：色谱柱内径 0.32 mm，长 60 m，膜厚 0.25 μm，固定相为 5%苯基-95%甲基聚硅氧烷，最高使用温度不低于 350℃，或选用其他等效色谱柱；程序升温模式为 150℃保持 3 min，以 20℃/min 升至 230℃，以 10℃/min 升至 270℃，保持 10 min，以 2.0℃/min 升至 300℃，保持 5 min，以 3.0℃/min 升至 330℃，保持 3 min；载气为高纯氦气，流量为 1.0 mL/min，不分流进样，进样口温度为 280℃，进样量为 1 μL。

高分辨质谱仪：离子源温度 280℃，离子源电子电离能量 45 eV，数据采集方式为选择离子扫描（SIM，Lock mass），动态分辨率 $R \geqslant 10\,000$。

3.1.2 仪器自检（调谐）

按照仪器说明书进行仪器正常开机，待仪器稳定并扫描 24 h 后，注入 1 μL PFK 进行仪器调谐，仪器调谐过程正常，结果符合标准要求，相关验证材料见附件 5。

3.2 校准曲线

按照标准方法要求绘制校准曲线，校准曲线绘制情况见表 5、表 6，标准溶液的谱图见图 1。

表 5 校准曲线绘制情况

监测项目	平均相对响应因子（$\overline{RRF}$）	相对响应因子的相对标准偏差（RSD）/%	标准规定要求/%	是否符合标准要求
$^{13}C_{12}$-2,3,7,8-T_4CDF	1.81	3.5	±20	是
2,3,7,8-T_4CDF	1.08	4.6	±20	是
$^{13}C_{12}$-2,3,7,8-T_4CDD	1.18	1.4	±20	是
$^{13}C_{12}$-1,2,3,4-T_4CDD	1.00	1.0	±20	是
2,3,7,8-T_4CDD	1.15	6.6	±20	是
$^{13}C_{12}$-1,2,3,7,8-P_5CDF	1.45	5.0	±20	是
$^{13}C_{12}$-2,3,4,7,8-P_5CDF	1.50	5.8	±20	是
1,2,3,7,8-P_5CDF	1.04	5.0	±20	是
2,3,4,7,8-P_5CDF	1.10	4.4	±20	是
$^{13}C_{12}$-1,2,3,7,8-P_5CDD	0.84	5.8	±20	是
1,2,3,7,8-P_5CDD	1.07	4.6	±20	是
$^{13}C_{12}$-1,2,3,4,7,8-H_6CDF	1.33	6.3	±20	是
$^{13}C_{12}$-1,2,3,6,7,8-H_6CDF	1.41	6.8	±20	是
$^{13}C_{12}$-1,2,3,7,8,9-H_6CDF	1.14	6.5	±20	是
1,2,3,4,7,8-H_6CDF	1.23	6.4	±20	是
1,2,3,6,7,8-H_6CDF	1.20	5.8	±20	是
2,3,4,6,7,8-H_6CDF	1.28	5.4	±20	是
1,2,3,7,8,9-H_6CDF	1.20	6.1	±20	是
$^{13}C_{12}$-1,2,3,4,7,8-H_6CDD	0.94	2.1	±20	是
$^{13}C_{12}$-1,2,3,6,7,8-H_6CDD	0.95	2.6	±20	是
$^{13}C_{12}$-1,2,3,7,8,9-H_6CDD	1.00	1.0	±20	是
1,2,3,4,7,8-H_6CDD	1.08	5.0	±20	是
1,2,3,6,7,8-H_6CDD	1.09	8.3	±20	是
1,2,3,7,8,9-H_6CDD	1.07	4.8	±20	是
$^{13}C_{12}$-1,2,3,4,6,7,8-H_7CDF	1.06	3.2	±20	是
$^{13}C_{12}$-1,2,3,4,7,8,9-H_7CDF	0.84	4.1	±20	是
1,2,3,4,6,7,8-H_7CDF	1.33	4.9	±20	是
1,2,3,4,7,8,9-H_7CDF	1.35	3.5	±20	是
$^{13}C_{12}$-1,2,3,4,6,7,8-H_6CDD	0.77	2.6	±20	是
1,2,3,4,6,7,8-H_6CDD	1.10	5.3	±20	是
OCDF	1.31	10.3	±20	是
$^{13}C_{12}$-OCDD	0.73	4.3	±20	是
OCDD	1.05	5.9	±20	是
^{37}Cl-2,3,7,8-T_4CDD	2.09	3.4	±20	是
$^{13}C_{12}$-2,3,4,6,7,8-H_6CDF	1.26	5.6	±20	是

表 6 校准曲线

监测项目	校准曲线方程 [横坐标为标准溶液的浓度/（ng/mL）， 纵坐标为峰面积比值]	相关系数（r）	标准规定要求	是否符合标准要求
2,3,7,8-T$_4$CDF	$y=0.010x+3.11\times10^{-3}$	0.999 9	—	—
2,3,7,8-T$_4$CDD	$y=0.011x+5.99\times10^{-4}$	0.999 9	—	—
1,2,3,7,8-P$_5$CDF	$y=0.010x+2.22\times10^{-3}$	0.999 9	—	—
2,3,4,7,8-P$_5$CDF	$y=0.011x+2.03\times10^{-3}$	0.999 9	—	—
1,2,3,7,8-P$_5$CDD	$y=0.010x+0.023$	0.999 9	—	—
1,2,3,4,7,8-H$_6$CDF	$y=0.012x+7.423\times10^{-3}$	0.999 9	—	—
1,2,3,6,7,8-H$_6$CDF	$y=0.012x+0.013$	0.999 9	—	—
2,3,4,6,7,8-H$_6$CDF	$y=0.012x+7.89\times10^{-3}$	0.999 9	—	—
1,2,3,7,8,9-H$_6$CDF	$y=0.012x+0.015$	0.999 9	—	—
1,2,3,4,7,8-H$_6$CDD	$y=0.010x+0.023$	0.999 9	—	—
1,2,3,6,7,8-H$_6$CDD	$y=0.010x+0.016$	0.999 9	—	—
1,2,3,7,8,9-H$_6$CDD	$y=0.010x+0.030$	0.999 9	—	—
1,2,3,4,6,7,8-H$_7$CDF	$y=0.013x+0.016$	0.999 9	—	—
1,2,3,4,7,8,9-H$_7$CDF	$y=0.013x+5.23\times10^{-3}$	0.999 9	—	—
1,2,3,4,6,7,8-H$_6$CDD	$y=0.011x+1.01\times10^{-3}$	0.999 9	—	—
OCDF	$y=7.284\times10^{-3}x+5.46\times10^{-2}$	0.999 9	—	—
OCDD	$y=5.175\times10^{-3}x+2.04\times10^{-3}$	0.999 9	—	—

本方法验证过程中，仪器校准按照标准规定的步骤进行：各移取 25 μL EPA1613CVS（CS1-CS5）系列标准溶液于 5 个棕色进样小瓶（带内插管）中，按照 3.1.1 中的色谱及质谱条件进行分析，用标准物质与相应的内标物质的峰面积之比和标准系列溶液中标准物质与内标物质的浓度比建立工作曲线，计算出相对响应因子（RRF）。

经验证，检测项目的校准曲线相对响应因子等指标满足标准方法要求。标准溶液的谱图见图 1，标准曲线绘制情况见表 5、表 6，相关验证材料见附件 5。

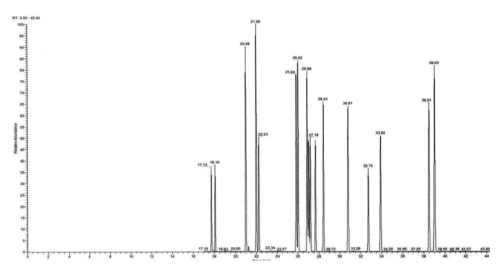

图1　二噁英标准溶液的谱图（第5个浓度点）

3.3　方法检出限及测定下限

按照《环境监测分析方法标准制订技术导则》（HJ 168—2020）附录 A.1 的规定，进行方法检出限和测定下限验证。

按照标准方法要求，对空白加标样品进行至少 7 次重复性测定，将测定结果换算为样品的浓度，按式（1）计算方法检出限。以 4 倍的检出限作为测定下限，即 RQL=4×MDL。本方法检出限及测定下限计算结果见表 7。具体操作步骤如下。

$$MDL = t_{(6,0.99)} \times S \tag{1}$$

式中：MDL——方法检出限；

$t_{(6,0.99)}$——自由度为 6，置信度为 99%时的 t 分布（单侧）；

S——7 次重复性测定的标准偏差。

以 50 g 空白石英砂代替实际样品，使用与实际采样操作相同的试剂，按照 HJ 77.4—2008 中所述方法进行全程序空白操作，在样品前处理之前添加标准物质 EPA 1613 PAR 30 μL（0.8 ng/mL，以 2,3,7,8-T$_4$CDD 计），提取内标 5 μL，依次进行样品提取、净化、浓缩近干后，添加进样内标 5 μL，壬烷 20 μL，超声 5 min 后上机测试。

表 7 方法检出限及测定下限

监测项目	测定值/pg							平均值 $\overline{x}_i$/pg	标准偏差 S_i/pg	方法检出限/pg	测定下限/pg	标准中检出限要求	标准中测定下限要求
	1	2	3	4	5	6	7						
2,3,7,8-T$_4$CDD	1.79	2.25	1.96	2.15	2.46	1.89	1.97	2.07	0.23	0.8 (0.02 ng/kg, 取样量为 50 g)	4	0.05 ng/kg (取样量为 100 g)	—
1,2,3,7,8-P$_5$CDD	9.42	10.47	9.30	10.26	10.85	9.79	9.55	9.95	0.59	2	8	—	—
1,2,3,4,7,8-H$_6$CDD	8.80	8.89	12.27	11.70	10.96	11.24	11.59	10.78	1.38	5	20	—	—
1,2,3,6,7,8-H$_6$CDD	9.08	10.73	8.87	9.89	9.68	8.65	12.08	9.85	1.21	4	16	—	—
1,2,3,7,8,9-H$_6$CDD	10.51	10.53	10.00	10.27	11.00	11.02	10.40	10.53	0.37	2	8	—	—
1,2,3,4,6,7,8-H$_7$CDD	9.80	10.62	10.34	11.09	11.02	12.15	11.61	10.95	0.79	3	12	—	—
OCDD	20.87	22.18	21.19	23.35	21.74	20.43	25.50	22.18	1.75	6	24	—	—
2,3,7,8-T$_4$CDF	2.21	2.48	1.82	1.81	2.94	1.91	2.44	2.23	0.42	2	8	—	—
1,2,3,7,8-P$_5$CDF	9.90	9.90	11.00	10.64	11.47	11.94	11.28	10.87	0.78	3	12	—	—
1,2,3,4,7,8-P$_5$CDF	9.68	10.38	10.27	10.92	11.12	9.27	10.25	10.27	0.65	3	12	—	—
1,2,3,4,7,8-H$_6$CDF	10.75	10.41	10.32	11.35	11.77	11.32	12.14	11.15	0.69	3	12	—	—
1,2,3,6,7,8-H$_6$CDF	10.14	10.84	9.79	10.60	11.30	11.75	13.07	11.07	1.10	4	16	—	—
2,3,4,6,7,8-H$_6$CDF	11.00	10.20	11.29	10.83	10.61	12.14	12.14	11.17	0.74	3	12	—	—
1,2,3,7,8,9-H$_6$CDF	10.51	10.95	11.07	10.46	11.08	10.11	8.34	10.36	0.96	4	16	—	—
1,2,3,4,6,7,8-H$_7$CDF	10.19	11.54	11.10	11.20	12.31	13.55	13.09	11.67	1.21	4	16	—	—
1,2,3,4,7,8,9-H$_7$CDF	10.15	10.31	10.46	11.01	12.31	9.09	10.15	10.50	0.99	4	16	—	—
OCDF	19.38	20.85	19.42	21.47	22.30	24.57	22.10	21.44	1.81	6	24	—	—

经验证，本实验室方法检出限和测定下限符合标准方法要求，相关验证材料见附件6。

3.4 精密度

按照标准方法要求，采用实际土壤加标样品进行 6 次重复性测定，进行方法精密度验证。

取土壤实际样品（T20210602-1，20 g）6 份，分别加入稀释后的 EPA1613 PAR（0.08～0.8 ng/mL）标准溶液 15 μL 和提取内标 5 μL，按照样品的测定步骤同时进行测定，计算相对标准偏差，测定结果见表8。

表 8　精密度测定结果

监测项目	平行样品测定值/pg						平均值 $\bar{x}_i$ /pg	标准偏差 S/pg	相对标准偏差/%	标准要求的相对标准偏差/%
	1	2	3	4	5	6				
2,3,7,8-T$_4$CDD	1.23	1.21	1.12	1.01	1.62	1.03	1.12	0.22	18.6	≤30
1,2,3,7,8-P$_5$CDD	6.61	7.57	8.02	7.13	6.36	5.51	8.02	0.90	13.1	≤30
1,2,3,4,7,8-H$_6$CDD	5.13	7.53	6.29	6.40	6.40	6.60	6.29	0.77	12.0	≤30
1,2,3,6,7,8-H$_6$CDD	8.42	6.41	8.29	9.69	7.42	7.62	8.29	1.11	13.9	≤30
1,2,3,7,8,9-H$_6$CDD	8.56	7.13	7.75	8.23	6.26	6.52	7.75	0.93	12.5	≤30
1,2,3,4,6,7,8-H$_7$CDD	10.85	11.89	16.92	14.01	12.70	13.50	16.92	2.10	15.8	≤30
OCDD	26.11	29.87	29.52	30.53	27.45	24.89	29.52	2.27	8.1	≤30
2,3,7,8-T$_4$CDF	3.83	4.04	4.73	3.97	3.49	4.79	4.73	0.52	12.5	≤30
1,2,3,7,8-P$_5$CDF	9.96	9.01	8.32	8.49	9.52	8.33	8.32	0.68	7.7	≤30
2,3,4,7,8-P$_5$CDF	11.89	11.06	10.56	9.31	10.11	11.74	10.56	0.99	9.2	≤30
1,2,3,4,7,8-H$_6$CDF	9.35	9.42	9.30	11.19	8.09	9.52	9.30	0.99	10.5	≤30
1,2,3,6,7,8-H$_6$CDF	9.57	9.96	9.81	10.37	8.83	9.33	9.81	0.53	5.5	≤30
2,3,4,6,7,8-H$_6$CDF	7.83	8.07	9.98	9.82	9.52	8.82	9.98	0.91	10.2	≤30
1,2,3,7,8,9-H$_6$CDF	6.92	7.37	8.05	6.46	8.99	7.79	8.05	0.90	11.8	≤30
1,2,3,4,6,7,8-H$_7$CDF	18.71	17.95	20.61	22.69	15.58	16.84	20.61	2.58	13.8	≤30
1,2,3,4,7,8,9-H$_7$CDF	5.55	6.90	9.06	7.81	8.89	8.34	9.06	1.34	17.2	≤30
OCDF	23.98	23.73	27.97	29.14	17.52	25.02	27.97	4.08	16.6	≤30

经验证，对土壤的实际样品（T20210602-1）加标样品进行 6 次重复性测定，相对标准偏差为 5.5%～18.6%，符合标准方法的要求。相关验证材料见附件7。

3.5　正确度

按照标准方法要求，采用土壤实际样品进行 3 次加标回收率测定，验证方法正确度。

取土壤实际样品（T20210602-1，20 g）4 份，其中 1 份直接测定，另 3 份分别加入稀释后的 EPA1613PAR（0.08～0.8 ng/mL）标准溶液 15 μL 和提取内标 5 μL，按照样品的测定步骤同时进行测定，测定结果见表 9 和表 10。

表 9　实际样品加标回收率测定结果

监测项目	加标后平行样品测定值/pg			平均值/ $\bar{x}_i$ /pg	加标量/ pg	实际样品 测定值/pg	加标回 收率 P/%	标准规定 的加标回 收率 P/%
	1	2	3					
2,3,7,8-T$_4$CDD	1.23	1.21	1.12	1.24	1.2	0.40	70.2	—
1,2,3,7,8-P$_5$CDD	6.61	7.57	8.02	7.51	6	1.36	102	—
1,2,3,4,7,8-H$_6$CDD	5.13	7.53	6.29	6.24	6	0.80	90.8	—
1,2,3,6,7,8-H$_6$CDD	8.42	6.41	8.29	7.81	6	1.11	112	—
1,2,3,7,8,9-H$_6$CDD	8.56	7.13	7.75	7.82	6	1.46	106	—
1,2,3,4,6,7,8-H$_7$CDD	10.85	11.89	16.92	13.20	6	7.55	49.1	—
OCDD	26.11	29.87	29.52	28.21	12	14.19	117	—
2,3,7,8-T$_4$CDF	3.83	4.04	4.73	4.32	1.2	2.79	76.3	—
1,2,3,7,8-P$_5$CDF	9.96	9.01	8.32	9.22	6	4.46	79.3	—
2,3,4,7,8-P$_5$CDF	11.89	11.06	10.56	11.25	6	4.34	115	—
1,2,3,4,7,8-H$_6$CDF	9.35	9.42	9.30	9.04	6	3.89	85.8	—
1,2,3,6,7,8-H$_6$CDF	9.57	9.96	9.81	9.41	6	3.83	93.0	—
2,3,4,6,7,8-H$_6$CDF	7.83	8.07	9.98	8.38	6	3.38	83.4	—
1,2,3,7,8,9-H$_6$CDF	6.92	7.37	8.05	7.13	6	0.86	105	—
1,2,3,4,6,7,8-H$_7$CDF	18.71	17.95	20.61	16.56	6	13.45	27.2	—
1,2,3,4,7,8,9-H$_7$CDF	5.55	6.90	9.06	6.64	6	1.03	93.4	—
OCDF	23.98	23.73	27.97	23.39	12	14.45	74.5	—

表 10　实际样品提取内标回收率测定结果

提取内标	提取内标回收率/%			内标回收率范围 要求/%
	1	2	3	
$^{13}C_{12}$-2,3,7,8-T$_4$CDD	84	86	89	25～164
$^{13}C_{12}$-1,2,3,7,8-P$_5$CDD	86	86	94	25～181
$^{13}C_{12}$-1,2,3,4,7,8-H$_6$CDD	75	76	83	32～141
$^{13}C_{12}$-1,2,3,6,7,8-H$_6$CDD	74	75	83	28～130

提取内标	提取内标回收率/%			内标回收率范围要求/%
	1	2	3	
$^{13}C_{12}$-1,2,3,4,6,7,8-H_7CDD	61	61	60	23～140
$^{13}C_{12}$-OCDD	37	38	32	17～157
$^{13}C_{12}$-2,3,7,8-T_4CDF	91	88	92	24～169
$^{13}C_{12}$-1,2,3,7,8-P_5CDF	87	85	95	24～185
$^{13}C_{12}$-2,3,4,7,8-P_5CDF	89	87	94	21～178
$^{13}C_{12}$-1,2,3,4,7,8-H_6CDF	80	80	93	32～141
$^{13}C_{12}$-1,2,3,6,7,8-H_6CDF	78	78	90	28～130
$^{13}C_{12}$-2,3,4,6,7,8-H_6CDF	74	77	88	28～136
$^{13}C_{12}$-1,2,3,7,8,9-H_6CDF	78	80	86	29～147
$^{13}C_{12}$-1,2,3,4,6,7,8-H_6CDF	54	56	56	28～143
$^{13}C_{12}$-1,2,3,4,7,8,9-H_7CDF	61	61	62	26～138

经验证,对土壤实际样品进行 3 次加标回收率测定,17 种二噁英的加标回收率为27.2%～117%,提取内标的回收率为 32%～95%,符合标准中规定的要求,相关验证材料见附件 8。

4 实际样品测定

按照标准方法要求,选择土壤的实际样品(有检出)进行测定,监测报告及相关原始记录见附件 9。

4.1 样品采集和保存

按照标准方法要求采集土壤实际样品,样品采集和保存情况见表 11。

表 11 样品采集和保存情况

序号	样品类型	采样依据	样品采集方法	样品保存方式
1	土壤	《土壤环境监测技术规范》(HJ/T 166—2004)	采集表层土,采样深度 20 cm,采集 1 kg,装入样品袋	避光、密封、冷冻保存

经验证,本实验室样品采集和保存能力满足标准方法要求。

4.2 样品前处理

按照标准方法要求对土壤实际样品进行前处理,具体操作为:采集土壤(沉积物)样品经风干、研磨、筛分后,称取一定量土壤样品加入提取内标,使用 2 mol/L 的盐酸处理样品,对盐酸处理液进行液液萃取,将盐酸处理后样品转移至洁净干燥器中,充分干燥后采用 ASE 提取,将萃取液和提取液分别进行旋蒸浓缩并置换为正己烷后合并,再通过硅胶柱、氧化铝柱及活性炭柱进行净化,净化后的洗出液使用旋转蒸发仪再次浓缩到近干,转移至进样小瓶,加入 5 μL 进样内标,20 μL 壬烷,氮吹定容至 25 μL,超声 5 min后上机测试。

4.3 样品测定结果

实际样品测定结果见表 12。

表 12 实际样品测定结果

样品类型	序号	监测项目	测定结果				
			绝对量 Q/pg	实测质量分数 ω/(ng/kg)	样品检出限/(ng/kg)	毒性当量浓度	
						毒性当量因子 TEF	毒性当量质量分数 TEQ/(ng/kg)
土壤实际样品	1	2,3,7,8-T_4CDD	0.397 1	未检出	0.04	1	0.02
	2	1,2,3,7,8-P_5CDD	1.358 7	未检出	0.10	0.5	0.025
	3	1,2,3,4,7,8-H_6CDD	0.795 0	未检出	0.25	0.1	0.013
	4	1,2,3,6,7,8-H_6CDD	1.110 8	未检出	0.20	0.1	0.01
	5	1,2,3,7,8,9-H_6CDD	1.457 8	未检出	0.10	0.1	0.005
	6	1,2,3,4,6,7,8-H_7CDD	7.554 9	0.38	0.15	0.01	0.003 8
	7	OCDD	14.186 1	0.71	0.30	0.001	0.000 71
	8	2,3,7,8-T_4CDF	2.787 1	0.14	0.10	0.1	0.014
	9	1,2,3,7,8-P_5CDF	4.464 6	0.22	0.15	0.05	0.011
	10	2,3,4,7,8-P_5CDF	4.337 7	0.22	0.15	0.5	0.11
	11	1,2,3,4,7,8-H_6CDF	3.893 5	0.19	0.15	0.1	0.019
	12	1,2,3,6,7,8-H_6CDF	3.829 3	未检出	0.20	0.1	0.01
	13	2,3,4,6,7,8-H_6CDF	3.378 5	0.17	0.15	0.1	0.017
	14	1,2,3,7,8,9-H_6CDF	0.856 3	未检出	0.20	0.1	0.01
	15	1,2,3,4,6,7,8-H_7CDF	13.454 8	0.67	0.20	0.01	0.006 7
	16	1,2,3,4,7,8,9-H_7CDF	1.034 9	未检出	0.20	0.01	0.001 0
	17	OCDF	14.452 2	0.72	0.30	0.001	0.000 72
	二噁英类总量Σ(PCDDs+PCDFs)		—				0.3

4.4 质量控制

按照标准方法要求，采取的质量控制措施包括操作空白、试剂空白等方式。

空白试验测定结果见表 13、表 14。经验证，空白试验测定结果符合标准方法要求。

表 13 空白试验测定结果（操作空白）

空白类型	序号	监测项目	测定结果					标准规定的要求/（ng/kg）
			绝对量 Q/pg	实测质量分数 ω/（ng/kg）	样品检出限/（ng/kg）	毒性当量浓度		
						毒性当量因子 TEF	毒性当量质量分数 TEQ/（ng/kg）	
操作空白	1	2,3,7,8-T$_4$CDD	未检出	未检出	0.02	1	0.01	＜0.02
	2	1,2,3,7,8-P$_5$CDD	未检出	未检出	0.04	0.5	0.01	＜0.04
	3	1,2,3,4,7,8-H$_6$CDD	未检出	未检出	0.1	0.1	0.005	＜0.1
	4	1,2,3,6,7,8-H$_6$CDD	未检出	未检出	0.08	0.1	0.004	＜0.08
	5	1,2,3,7,8,9-H$_6$CDD	未检出	未检出	0.04	0.1	0.002	＜0.04
	6	1,2,3,4,6,7,8-H$_7$CDD	未检出	未检出	0.06	0.01	0.000 3	＜0.06
	7	OCDD	未检出	未检出	0.12	0.001	0.000 06	＜0.12
	8	2,3,7,8-T$_4$CDF	未检出	未检出	0.04	0.1	0.002	＜0.04
	9	1,2,3,7,8-P$_5$CDF	未检出	未检出	0.06	0.05	0.001 5	＜0.06
	10	2,3,4,7,8-P$_5$CDF	未检出	未检出	0.06	0.5	0.015	＜0.06
	11	1,2,3,4,7,8-H$_6$CDF	未检出	未检出	0.06	0.1	0.003	＜0.06
	12	1,2,3,6,7,8-H$_6$CDF	未检出	未检出	0.08	0.1	0.004	＜0.08
	13	2,3,4,6,7,8-H$_6$CDF	未检出	未检出	0.06	0.1	0.003	＜0.06
	14	1,2,3,7,8,9-H$_6$CDF	未检出	未检出	0.08	0.1	0.004	＜0.08
	15	1,2,3,4,6,7,8-H$_7$CDF	1.047 0	未检出	0.08	0.01	0.000 4	＜0.08
	16	1,2,3,4,7,8,9-H$_7$CDF	未检出	未检出	0.08	0.01	0.000 4	＜0.08
	17	OCDF	未检出	未检出	0.2	0.001	0.000 1	＜0.2

表 14 空白试验测定结果（试剂空白）

空白类型	序号	监测项目	测定结果					标准规定的要求
			绝对量 Q/pg	实测质量分数 ω/（ng/kg）	样品检出限/（ng/kg）	毒性当量浓度		
						毒性当量因子 TEF	毒性当量质量分数 TEQ/（ng/kg）	
试剂空白	1	2,3,7,8-T$_4$CDD	未检出	未检出	0.02	1	0.01	＜0.02
	2	1,2,3,7,8-P$_5$CDD	未检出	未检出	0.04	0.5	0.01	＜0.04
	3	1,2,3,4,7,8-H$_6$CDD	未检出	未检出	0.1	0.1	0.005	＜0.1
	4	1,2,3,6,7,8-H$_6$CDD	未检出	未检出	0.08	0.1	0.004	＜0.08
	5	1,2,3,7,8,9-H$_6$CDD	未检出	未检出	0.04	0.1	0.002	＜0.04
	6	1,2,3,4,6,7,8-H$_7$CDD	未检出	未检出	0.06	0.01	0.000 3	＜0.06
	7	OCDD	未检出	未检出	0.12	0.001	0.000 06	＜0.12
	8	2,3,7,8-T$_4$CDF	未检出	未检出	0.04	0.1	0.002	＜0.04
	9	1,2,3,7,8-P$_5$CDF	未检出	未检出	0.06	0.05	0.001 5	＜0.06
	10	2,3,4,7,8-P$_5$CDF	未检出	未检出	0.06	0.5	0.015	＜0.06
	11	1,2,3,4,7,8-H$_6$CDF	未检出	未检出	0.06	0.1	0.003	＜0.06
	12	1,2,3,6,7,8-H$_6$CDF	未检出	未检出	0.08	0.1	0.004	＜0.08
	13	2,3,4,6,7,8-H$_6$CDF	未检出	未检出	0.06	0.1	0.003	＜0.06
	14	1,2,3,7,8,9-H$_6$CDF	未检出	未检出	0.08	0.1	0.004	＜0.08
	15	1,2,3,4,6,7,8-H$_7$CDF	未检出	未检出	0.08	0.01	0.000 4	＜0.08
	16	1,2,3,4,7,8,9-H$_7$CDF	未检出	未检出	0.08	0.01	0.000 4	＜0.08
	17	OCDF	未检出	未检出	0.2	0.001	0.000 1	＜0.2

5 验证结论

综上所述，本实验室人员通过培训和能力确认后，依据 HJ 77.4—2008 开展方法验证，并进行了实际样品测试。所用仪器设备、标准物质、关键试剂耗材、采取的质量保证和质量控制措施，以及经实验验证得出的方法检出限、测定下限、精密度和正确度等，均满足标准方法相关要求，验证合格。

附件 1 验证人员培训、能力确认情况的证明材料（略）

附件 2 仪器设备的溯源证书及结果确认等证明材料（略）

附件 3 有证标准物质证书及关键试剂耗材验收材料（略）

附件 4 环境条件监控原始记录（略）

附件 5　校准曲线绘制/仪器校准原始记录（略）

附件 6　检出限和测定下限验证原始记录（略）

附件 7　精密度验证原始记录（略）

附件 8　正确度验证原始记录（略）

附件 9　实际样品监测报告及相关原始记录（略）

————————————

《固体废物　22 种金属元素的测定　电感耦合等离子体发射光谱法》（HJ 781—2016）方法验证实例

1　方法名称及适用范围

1.1　方法名称及编号

《固体废物　22 种金属元素的测定　电感耦合等离子体发射光谱法》（HJ 781—2016）。

1.2　适用范围

本方法适用于固体废物及固体废物浸出液中银（Ag）、铝（Al）、钡（Ba）、铍（Be）、钙（Ca）、镉（Cd）、钴（Co）、铬（Cr）、铜（Cu）、铁（Fe）、钾（K）、镁（Mg）、锰（Mn）、钠（Na）、镍（Ni）、铅（Pb）、锶（Sr）、钛（Ti）、钒（V）、锌（Zn）、铊（Tl）、锑（Sb）等 22 种金属元素的测定。

2　实验室基础条件确认

2.1　人员

参加方法验证的人员均通过了培训和能力确认（表 1），验证人员相关培训、能力确认情况等证明材料见附件 1。

表 1　参加验证人员情况信息

序号	姓名	年龄	职称	专业	参加本标准方法相关要求培训情况(是/否)	能力确认情况(是/否)	相关监测工作年限/年	项目验证工作内容
1	××	39	工程师	计算机应用	是	是	6	采样及现场监测
2	××	30	工程师	热能与动力工程	是	是	6	

序号	姓名	年龄	职称	专业	参加本标准方法相关要求培训情况（是/否）	能力确认情况（是/否）	相关监测工作年限/年	项目验证工作内容
3	××	39	高级工程师	环境科学	是	是	13	前处理
4	××	40	高级工程师	分析化学	是	是	14	分析测试

2.2 仪器设备

本方法验证中，使用了采样及现场监测仪器、前处理仪器和分析测试仪器等。主要仪器设备情况见表2，相关仪器设备的检定/校准证书及结果确认等证明材料见附件2。

表2 主要仪器设备情况

序号	过程	仪器名称	仪器规格型号	仪器编号	溯源/核查情况	溯源/核查结果确认情况	其他特殊要求
1	前处理	微波消解仪	××	××	—	—	具有程序温控功能，最大功率范围为600~1 500 W
2		智能消解赶酸系统	××	××	—	—	
3		智能电热板	××	××	校准	合格	温度控制精度为±1℃
4		翻转振荡器	××	××	校准	合格	温度：（23±2）℃ 转速：（30±2）r/min
5		筛子	××	××	校准	合格	尼龙筛100目
6		便携式抽滤器	××	××	—	—	—
7	分析测试	电子天平	××	××	检定	合格	精度0.1 mg
8		电感耦合等离子体发射光谱仪	××	××	检定	合格	—

2.3 标准物质及主要试剂耗材

本方法验证中，使用的标准物质、主要试剂耗材情况见表3，有证标准物质证书、主要试剂耗材验收记录等证明材料见附件3。

表3 标准物质、主要试剂耗材情况

序号	过程	名称	生产厂家	技术指标（规格/浓度/纯度/不确定度）	证书/批号	标准物质基体类型	标准物质是否在有效期内	关键试剂耗材验收情况
1	前处理	硝酸	××	优级级	××	—	—	合格
		盐酸	××	优级纯	××	—	—	合格
		氢氟酸	××	优级纯	××	—	—	合格
		硫酸	××	优级纯	××	—	—	合格
		过氧化氢	××	优级纯	××	—	—	合格
		高氯酸	××	优级纯	××	—	—	合格
2	分析测试	22种元素标准溶液	××	100 μg/mL	××	水质	是	合格
		固废标准物质（多元素）	××	见证书	××	固废	是	合格

2.4 环境条件

本方法验证中，环境条件监控情况见表4，相关环境条件监控原始记录见附件4。

表4 环境条件监控情况

序号	过程	控制项目	环境条件控制要求	实际环境条件	环境条件确认情况
1	前处理	样品浸出温度	温度：（23±2）℃	22℃	合格

2.5 相关体系文件

本方法配套使用的监测原始记录为《固体废物采样原始记录》（标识：JHJ/JLB-G02）、《固体废物制备原始记录》（标识：JHJ/JLB-T84）、《固体废物浸出原始记录》（标识：JHJ/JLB-T85）、《电感耦合等离子体发射光谱法原始记录表》（标识：JHJ/JLB-G17）；监测报告格式为《××市生态环境监测中心监测报告》（标识：JHJ/JLB-T01）。

3 方法性能指标验证

3.1 测试条件

3.1.1 仪器分析条件

按照标准方法推荐的仪器参考条件设置仪器参数，本方法验证的仪器分析条件设置为：电感耦合等离子体发射光谱仪，射频功率：1 300 W；等离子气流量：12.0 L/min；辅助气流量：0.3 L/min；雾化气流量：0.55 L/min；溶液提升量：1.50 mL/min；径向/轴向观测距离：15 mm。

3.1.2 仪器自检

按照仪器说明书进行仪器预热和自检，然后仪器进入测量状态。仪器自检过程正常，结果符合标准要求。

3.2 校准曲线

本方法验证过程中，按照标准规定的要求配制及校准过程绘制校准曲线，校准曲线根据分析样品及待测元素浓度划分为 3 组浓度序列，具体为：分别移取 2.00 mL、4.00 mL、6.00 mL、8.00 mL、10.0 mL 的 Ag、Be、Tl、Cd 标准使用液（10.0 mg/L）于同一组 100 mL 容量瓶中，用 1%硝酸溶液稀释定容至标线；分别移取 1.00 mL、2.00 mL、3.00 mL、4.00 mL、5.00 mL 的 Co、Cr、Cu、Ni、Pb、Sr、Ti、V、Zn、Sb、Ba 标准溶液（100 mg/L）于同一组 100 mL 容量瓶中，用 1%硝酸溶液稀释定容至标线；分别移取 5.00 mL、10.0 mL、15.0 mL、20.0 mL、25.0 mL 的 Al、Fe、Mn、Ca、Mg、K、Na 标准溶液（100 mg/L）于同一组 100 mL 容量瓶中，用 1%硝酸溶液稀释定容至标线。校准曲线绘制情况见表 5。

表 5　校准曲线绘制情况

项目	校准曲线方程	相关系数（r）	标准规定要求	是否符合标准要求
Ag	$y=6.197\times10^5x+4.66\times10^3$	0.999 6	0.995	是
Be	$y=6.977\times10^6x-5.15\times10^4$	0.999 7	0.995	是
Tl	$y=6.470\times10^3x-55.5$	0.999 6	0.995	是
Cd	$y=2.465\times10^5x-6.19\times10^2$	0.999 9	0.995	是
Co	$y=1.185\times10^5x+4.11\times10^3$	0.999 8	0.995	是
Cr	$y=4.515\times10^5x+5.14\times10^3$	0.999 7	0.995	是
Cu	$y=1.110\times10^6x-4.07\times10^4$	0.999 8	0.995	是
Ni	$y=8.301\times10^4x+2.01\times10^3$	0.999 9	0.995	是
Pb	$y=2.340\times10^4x-1.44\times10^2$	0.999 9	0.995	是

项目	校准曲线方程	相关系数（r）	标准规定要求	是否符合标准要求
Sr	$y=6.882×10^6x-1.30×10^5$	0.999 9	0.995	是
Ti	$y=1.733×10^6x+2.05×10^4$	0.999 9	0.995	是
V	$y=8.986×10^5x+1.86×10^4$	0.999 8	0.995	是
Zn	$y=1.869×10^5x+8.85×10^3$	0.999 6	0.995	是
Sb	$y=7.467×10^3x\ 2.81×10^2$	0.999 8	0.995	是
Al	$y=5.762×10^4x-2.49×10^3$	0.999 8	0.995	是
Ba	$y=4.061×10^6x+6.54×10^4$	0.999 6	0.995	是
Fe	$y=7.808×10^4x+4.25×10^3$	0.999 6	0.995	是
Mn	$y=4.696×10^5x-1.43×10^4$	0.999 8	0.995	是
Ca	$y=4.724×10^4x+7.31×10^2$	0.999 5	0.995	是
Mg	$y=1.289×10^5x+2.70×10^3$	0.999 9	0.995	是
K	$y=1.865×10^4x+4.12×10^2$	0.999 9	0.995	是
Na	$y=9.936×10^4x-2.30×10^4$	0.999 3	0.995	是

经验证，本实验室校准曲线结果符合标准方法要求，相关验证材料见附件 5。

3.3　方法检出限及测定下限

按照《环境监测分析方法标准制订技术导则》（HJ 168—2020）附录 A.1 的规定，进行方法检出限和测定下限验证。

本次验证参考编制说明，采取全程序空白加标的方式进行方法检出限和测定下限验证。其中 Ag、Be、Tl、Cd、Co、Cr、Cu、Ni、Pb、Sr、Ti、V、Zn、Sb 为取 20 mL 全程序空白样品，加入 10 mg/L 标准溶液 0.1 mL；Al、Ba、Fe、Mn、Ca、Mg、K、Na 为取 20 mL 全程序空白样品，加入 10 mg/L 标准溶液 0.2 mL；按照样品前处理和分析的全部步骤，对全程序空白加标样品进行 7 次重复性测定，将结果换算成样品浓度（其中固体废物总量 Ag、Be、Tl、Cd 按称重 1.000 g 样品，其余元素按称重 0.250 0 g 样品，消解后定容至 25 mL 计算检出限），按式（1）计算方法检出限。其中，当 n 为 7 次，置信度为 99%，$t_{(n-1,0.99)}=3.143$。以 4 倍的检出限作为测定下限，即 RQL=4×MDL。本方法检出限和测定下限计算结果见表 6 和表 7。

表 6 方法检出限及测定下限（固体废物总量）

测定值/（mg/kg）

平行样品号	Ag	Be	Tl	Cd	Co	Cr	Cu	Ni	Pb	Sr	Ti	V	Zn	Sb	Al	Ba	Fe	Mn	Ca	Mg	K	Na
1	1.33	1.45	1.27	3.18	1.51	4.73	8.19	2.68	5.00	6.40	3.60	2.65	0.65	1.58	15.6	14.5	8.60	13.1	17.8	11.7	15.6	105
2	1.31	1.46	1.30	3.18	1.26	4.86	8.07	2.76	5.63	6.34	3.66	2.69	0.61	1.62	15.7	14.3	8.40	12.9	17.8	11.7	15.0	105
3	1.31	1.44	1.26	3.19	1.18	4.67	8.17	2.69	5.16	6.36	3.68	2.63	0.63	1.84	15.3	14.6	8.56	13.0	17.7	11.7	14.6	104
4	1.33	1.44	1.27	3.19	1.58	4.64	8.08	2.72	5.59	6.44	3.6	2.71	0.59	1.86	15.5	14.5	8.59	13.0	18.0	11.6	14.5	105
5	1.32	1.45	1.37	3.24	1.3	4.36	8.14	2.67	4.97	6.42	3.62	2.66	0.66	1.80	15.8	14.4	8.63	13.0	17.9	11.6	14.8	105
6	1.33	1.47	1.35	3.21	1.36	4.65	8.15	2.96	4.96	6.32	3.74	2.67	0.77	1.67	15.6	14.4	8.78	13.0	17.9	11.5	14.9	106
7	1.34	1.46	1.33	3.18	1.31	4.53	8.07	2.73	5.13	6.41	3.75	2.62	0.72	1.55	17.3	14.4	8.82	13.0	18.2	11.7	14.4	105
平均值 $\bar{x}$	1.32	1.45	1.31	3.20	1.36	4.63	8.12	2.74	5.21	6.38	3.66	2.66	0.66	1.70	15.8	14.4	8.63	13.0	17.9	11.6	14.8	105
标准偏差 S	0.01	0.012	0.043	0.029	0.142	0.158	0.051	0.101	0.286	0.045	0.063	0.032	0.064	0.129	0.651	0.087	0.139	0.056	0.178	0.063	0.41	0.357
方法检出限	0.03	0.04	0.2	0.1	0.5	0.5	0.2	0.3	0.9	0.2	0.2	0.1	0.2	0.4	2.0	0.3	0.4	0.2	0.6	0.2	1.3	1.1
测定下限	0.12	0.16	0.8	0.4	2.0	2.0	0.8	1.2	3.6	0.8	0.8	0.4	0.8	1.6	8.2	1.2	1.6	0.8	2.4	0.8	5.2	4.4
标准检出限	0.1	0.04	0.4	0.1	0.5	0.5	0.4	0.4	1.4	1.3	3.0	1.5	1.2	0.5	8.9	3.6	8.9	3.1	6.9	2.3	7.7	7.8
标准测定下限	0.4	0.16	1.6	0.4	2.0	2.0	1.6	1.6	5.6	5.2	12.0	6.0	4.8	2.0	35.6	12.4	35.6	12.4	27.6	9.2	30.8	31.2

表 7　方法检出限及测定下限（固体废物浸出液）

测定值/（mg/L）

平行样品号	Ag	Be	Tl	Cd	Co	Cr	Cu	Ni	Pb	Sr	Ti	V	Zn	Sb	Al	Ba	Fe	Mn	Ca	Mg	K	Na
1	0.050	0.048	0.049	0.048	0.044	0.047	0.080	0.025	0.022	0.062	0.033	0.027	0.029	0.047	0.138	0.141	0.049	0.133	0.155	0.129	0.100	0.320
2	0.051	0.049	0.053	0.048	0.043	0.054	0.080	0.022	0.026	0.049	0.034	0.026	0.030	0.045	0.141	0.141	0.052	0.135	0.180	0.138	0.108	0.318
3	0.051	0.044	0.048	0.046	0.043	0.056	0.081	0.026	0.018	0.063	0.034	0.025	0.029	0.046	0.140	0.142	0.053	0.136	0.131	0.134	0.103	0.328
4	0.049	0.050	0.049	0.048	0.044	0.060	0.083	0.022	0.023	0.062	0.035	0.027	0.029	0.047	0.142	0.142	0.052	0.135	0.198	0.141	0.093	0.311
5	0.050	0.045	0.042	0.045	0.045	0.054	0.083	0.024	0.025	0.063	0.034	0.025	0.030	0.052	0.139	0.145	0.052	0.136	0.186	0.148	0.097	0.314
6	0.049	0.049	0.051	0.043	0.042	0.061	0.084	0.024	0.028	0.063	0.033	0.025	0.029	0.051	0.140	0.144	0.052	0.136	0.130	0.154	0.110	0.329
7	0.047	0.048	0.051	0.049	0.037	0.051	0.085	0.023	0.026	0.063	0.035	0.029	0.028	0.053	0.139	0.144	0.051	0.135	0.197	0.141	0.116	0.308
平均值 $\bar{x}$	0.050	0.047	0.049	0.047	0.042	0.055	0.082	0.024	0.024	0.061	0.034	0.026	0.029	0.049	0.140	0.143	0.051	0.135	0.168	0.141	0.104	0.318
标准偏差 S	0.001	0.001	0.003	0.002	0.003	0.005	0.002	0.002	0.003	0.005	0.001	0.001	0.001	0.003	0.001	0.002	0.001	0.001	0.03	0.008	0.01	0.008
方法检出限	0.004	0.003	0.01	0.01	0.01	0.01	0.01	0.005	0.01	0.01	0.002	0.004	0.002	0.01	0.004	0.005	0.004	0.003	0.09	0.03	0.03	0.03
测定下限	0.02	0.012	0.04	0.04	0.04	0.04	0.04	0.02	0.04	0.04	0.01	0.02	0.01	0.04	0.02	0.02	0.02	0.01	0.36	0.12	0.12	0.12
标准检出限要求	0.01	0.004	0.03	0.01	0.02	0.02	0.01	0.02	0.03	0.01	0.02	0.02	0.01	0.02	0.05	0.06	0.05	0.01	0.12	0.03	0.35	0.20
标准测定下限要求	0.04	0.016	0.12	0.04	0.08	0.08	0.04	0.08	0.12	0.04	0.08	0.08	0.04	0.08	0.20	0.24	0.20	0.04	0.48	0.12	1.40	0.80

经验证,本实验室方法检出限和测定下限符合标准方法要求,相关验证材料见附件6。

3.4 精密度

按照标准方法要求,采用××污染地块实际样品进行 6 次重复性测定进行固体废物总量精密度验证,采用垃圾焚烧飞灰浸出液加标样品进行浸出液精密度验证。实际样品固体废物总量测定中 Ag、Be、Tl、Cd、Sb 均未检出,采用实际样品加标的方式进行精密度验证,具体加标过程为:向约 0.2 g 实际样品中加入 0.1 mL 浓度为 10 mg/L 的 Ag、Be、Tl、Cd、Sb 标准溶液,消解后定容至 25 mL 进行测定,计算相对标准偏差。

浸出液加标元素为 Ag、Be、Tl、Cd、Co、Cr、Cu、Ni、Pb、Ti、Zn、Sb、Al、Fe、Mn,具体加标过程为:向 25 mL 浸出液中加入 0.1 mL 浓度为 10 mg/L 的 Ag、Be、Tl、Cd、Co、Cr、Cu、Ni、Pb、Ti、Zn、Sb、Mn 标准溶液;向 25 mL 浸出液中加入 0.2 mL 浓度为 10 mg/L 的 Al、Ba、Fe 标准溶液;消解后进行测定,计算相对标准偏差,测定结果见表 8 和表 9。

经验证,对污染地块实际样品固体废物总量和飞灰实际样品浸出液进行 6 次重复性测定,其中固体废物总量的相对标准偏差为 0.8%～7.5%,固体废物浸出液的相对标准偏差为 0.5%～9.2%,符合标准方法要求,相关验证材料见附件7。

3.5 正确度

按照标准方法要求,固体废物总量采用有证标准样品进行 3 次重复性测定,浸出液采用电厂炉渣实际样品进行 3 次加标回收率测定,验证方法正确度。

3.5.1 有证标准样品验证

有证标准样品(GSS-9)的正确度测定结果见表 10。

经验证,对有证标准样品(GSS-9)进行 3 次重复性测定,测定结果均在其保证值范围内,符合标准方法要求,相关验证材料见附件8。

3.5.2 加标回收率验证

取 20 mL 电厂炉渣实际样品浸提液,加入含 Ag、Be、Tl、Cd,浓度为 10 mg/L 的标准溶液 0.1 mL;加入含 Cr、Cu、Ni、Pb、Sr、Ti、V、Zn,浓度为 10 mg/L 的标准溶液 0.2 mL;加入含 Co、Sb,浓度为 10 mg/L 的标准溶液 0.4 mL;加入含 Al、Ba、Fe、Mn、Ca、Mg、K、Na,浓度为 100 mg/L 的标准溶液 0.2 mL,按照样品的测定步骤同时进行测定,测定结果见表 11。

表 8　精密度测定结果（固体废物总量）

平行样品号	Ag	Be	Tl	Cd	Co	Cr	Cu	Ni	Pb	Sr	Ti	V	Zn	Sb	Al	Ba	Fe	Mn	Ca	Mg	K	Na
测定结果/(mg/kg) 1	6.14	5.90	6.03	5.88	41.5	340	41.5	114	327	204	4 329	240	272	5.79	97 849	422	97 110	1 314	185 197	29 630	30 147	4 477
2	6.37	6.10	6.59	6.02	40.4	331	40.4	116	325	241	4 313	243	273	5.58	99 580	438	97 444	1 406	189 671	29 749	30 400	4 660
3	6.33	5.47	5.95	5.62	44.9	345	44.9	116	317	220	4 266	221	287	5.72	98 669	473	97 140	1 360	184 581	29 003	29 261	4 499
4	5.98	6.05	6.02	5.89	44.8	341	44.8	114	315	222	4 079	229	274	5.69	98 204	490	95 740	1 345	185 169	27 904	28 733	4 488
5	6.24	5.20	5.20	5.63	45.8	354	45.8	119	319	226	4 168	234	292	6.41	98 304	480	97 531	1 317	187 168	28 423	30 152	4 508
6	5.96	5.91	6.18	5.24	42.7	330	42.7	114	323	233	4 248	235	278	6.15	96 842	481	95 783	1 321	185 643	27 922	30 300	4 412
平均值 x̄ /(mg/kg)	6.17	5.77	6.00	5.71	43.4	340	43.4	116	321	224	4 233	234	279	5.89	98 241	464	96 791	1 344	186 238	28 771	29 832	4 507
标准偏差 S/(mg/kg)	0.174	0.357	0.453	0.280	2.15	8.98	2.15	1.97	4.73	12.6	94.7	7.89	8.29	0.320	905	27.4	815	35.4	1 896	818	675	82.2
相对标准偏差/%	2.8	6.2	7.5	4.9	5.0	2.6	5.0	1.7	1.5	5.6	2.2	3.4	3.0	5.4	0.9	5.9	0.8	2.6	1.0	2.8	2.3	1.8
附录 B 中的相对标准偏差范围/%	3.4~8.3	3.4~8.3	3.4~8.3	3.4~8.3	2.4~6.6	5.5~9.8	2.4~6.6	2.6~8.0	5.5~9.8	5.5~9.8	4.3~9.0	5.5~9.8	5.5~9.8	3.4~8.3	0.6~1.0	4.1~13.0	0.6~1.0	4.8~6.4	0.6~1.0	2.5~3.9	2.5~3.9	4.3~9.0

表 9　精密度测定结果（固体废物浸出液）

平行样品号	Ag	Be	Tl	Cd	Co	Cr	Cu	Ni	Pb	Sr	Ti	V	Zn	Sb	Al	Ba	Fe	Mn	Ca	Mg	K	Na
测定结果/(mg/L) 1	0.051	0.077	0.044	0.063	0.055	0.024	0.066	0.064	0.120	0.196	0.044	0.025	0.041	0.073	0.103	0.105	0.074	0.081	51.1	7.77	9.01	26.0
2	0.051	0.077	0.037	0.062	0.048	0.026	0.064	0.057	0.119	0.191	0.042	0.024	0.039	0.070	0.099	0.104	0.051	0.081	52.7	7.51	9.71	24.2
3	0.051	0.078	0.038	0.062	0.045	0.028	0.066	0.057	0.116	0.195	0.043	0.026	0.041	0.075	0.101	0.105	0.047	0.080	52.6	7.34	9.23	23.4
4	0.051	0.077	0.040	0.063	0.044	0.026	0.066	0.066	0.118	0.193	0.043	0.024	0.042	0.072	0.104	0.106	0.073	0.081	51.9	7.21	9.73	24.6
5	0.050	0.078	0.036	0.063	0.048	0.029	0.065	0.066	0.118	0.193	0.044	0.023	0.041	0.072	0.099	0.104	0.045	0.081	53.4	7.65	9.62	24.9
6	0.051	0.079	0.034	0.063	0.047	0.031	0.066	0.061	0.127	0.192	0.043	0.025	0.040	0.080	0.102	0.104	0.045	0.081	49.0	7.87	9.77	25.7
平均值 $\bar{x}$/(mg/L)	0.051	0.078	0.038	0.063	0.048	0.027	0.066	0.062	0.120	0.193	0.043	0.025	0.041	0.074	0.101	0.105	0.056	0.081	51.7	7.56	9.51	24.8
标准偏差 S/(mg/L)	0.001	0.001	0.003	0.001	0.004	0.003	0.001	0.004	0.004	0.002	0.001	0.001	0.001	0.004	0.002	0.001	0.014	0.001	1.57	0.254	0.315	0.961
相对标准偏差/%	0.8	1.1	9.1	0.8	8.1	9.2	1.3	6.7	3.2	1.0	1.7	4.3	2.5	4.8	2.0	0.8	25	0.5	3.0	3.4	3.3	3.9
附录 B 中的相对标准偏差范围/%	8.5~27.3	18.4~33.8	8.5~27.3	18.4~33.8	8.5~27.3	11.7~30.7	18.4~33.8	18.4~33.8	3.9~10.7	3.9~10.7	8.5~27.3	11.7~30.7	8.5~27.3	18.4~33.8	3.9~10.7	3.9~10.7	18.4~33.8	8.4~16.7	3.5~3.9	10.2~33.0	10.2~33.0	14.1~25.1

表 10　有证标准样品测定结果（固体废物总量）

有证标准样品测定值/（mg/kg）

平行样品号	Ag	Be	Tl	Cd	Co	Cr	Cu	Ni	Pb	Sr	Ti
1	0.071	2.07	0.52	0.10	15.1	71.5	24.6	32.5	22.2	173	4 122
2	0.072	2.11	0.63	0.11	15.5	76.3	25.0	32.8	22.6	172	4 249
3	0.076	2.11	0.70	0.11	13.4	75.9	23.9	32.6	24.9	174	4 208
有证标准样品含量	0.076±0.013	2.2±0.1	0.6±0.1	0.10±0.02	14±2	75±5	25±3	33±3	25±3	172±9	4 240±230

有证标准样品测定值/（mg/kg）

平行样品号	V	Zn	Sb	Al	Ba	Fe	Mn	Ca	Mg	K	Na
1	87.1	57.6	1.06	69 880	517	33 979	500	35 620	8 550	16 401	9 346
2	88.3	57.3	1.01	69 723	517	32 928	504	35 498	8 588	16 059	9 662
3	87.5	59.2	1.04	70 472	486	32 931	534	36 233	8 754	16 187	9 792
有证标准样品含量	90±12	61±5	1.1±0.13	70 306±635	520±43	33 600±700	520±24	35 714±714	9 120±1 080	16 430±415	9 497±371

表 11　实际样品加标回收率测定结果（固体废物浸出液）

平行样品号		Ag	Be	Tl	Cd	Co	Cr	Cu	Ni	Pb	Sr	Ti	V	Zn	Sb	Al	Ba	Fe	Mn	Ca	Mg	K	Na
加标后测定值/(mg/L)	1	0.048	0.049	0.049	0.048	0.170	0.091	0.101	0.083	0.108	0.282	0.084	0.117	0.084	0.169	0.992	1.066	0.889	1.028	49.7	7.256	9.434	12.91
	2	0.048	0.049	0.046	0.048	0.179	0.090	0.103	0.083	0.110	0.277	0.084	0.119	0.084	0.169	0.985	1.058	0.883	1.011	50.5	7.328	9.407	12.91
	3	0.048	0.050	0.047	0.048	0.179	0.095	0.104	0.087	0.108	0.282	0.085	0.118	0.085	0.171	0.988	1.053	0.917	1.027	50.0	7.274	9.415	12.87
样品测定结果/(mg/L)		0.000	0.000	0.000	0.000	0.000	0.000	0.006	0.000	0.011	0.193	0.000	0.024	0.000	0.000	0.000	0.061	0.000	0.000	45.2	6.347	8.501	12.0
加标量/mg		0.001	0.001	0.001	0.001	0.004	0.002	0.002	0.002	0.002	0.002	0.002	0.002	0.002	0.004	0.02	0.02	0.02	0.02	0.02	0.02	0.02	0.02
加标回收率/%	1	96.0	98.0	98.0	96.0	85.0	91.0	95.0	83.0	97.0	89.0	84.0	93.0	84.0	84.5	99.2	100.5	88.9	102.8	90.0	90.9	93.3	91.0
	2	96.0	98.0	92.0	96.0	89.5	90.0	97.0	83.0	99.0	84.0	84.0	95.0	84.0	84.5	98.5	99.7	88.3	101.1	105.0	98.1	90.6	91.0
	3	96.0	100.0	94.0	96.0	89.5	95.0	98.0	87.0	97.0	89.0	85.0	94.0	85.0	85.5	98.8	99.2	91.7	102.7	96.0	92.7	91.4	87.0
附录C中的加标回收率范围/%		82.6~95.3	82.3~93.2	76.3~94.0	85.3~93.2	83.5~103	85.0~109	87.3~104	89.4~109	90.7~108	87.7~93.3	87.6~108	82.7~95.4	84.1~106	83.1~90.7	79.4~90.7	82.1~89.6	80.2~95.8	86.0~104	83.6~95.7	82.3~93.1	80.2~102	88.9~108

注：由于 Ca 含量较其他元素明显偏高，故 Ca 的测定及加标回收采用稀释样品的方式进行。表中 Ca 的加标回收率数值为样品稀释 5 倍后加标回收率计算结果。

经验证,对电厂炉渣实际样品进行3次加标回收率测定,加标回收率为83.0%～105%,符合标准方法70%～120%的要求,相关验证材料见附件8。

4 实际样品测定

按照标准方法要求,选择污水处理厂压滤池污泥实际样品和加标的电厂锅炉粉煤灰实际样品进行测定,监测报告及相关原始记录见附件9。

4.1 样品采集和保存

按照《工业固体废物采样制样技术规范》(HJ/T 20—1998)、《危险废物鉴别技术规范》(HJ 298—2019)的要求,采集污水处理厂压滤池污泥、电厂锅炉粉煤灰实际样品,样品采集和保存情况见表12。

表12 样品采集和保存情况

序号	样品类型及性状	采样依据	样品保存方式
1	污水处理厂压滤池污泥	《工业固体废物采样制样技术规范》(HJ/T 20—1998)	常温保存
2	电厂锅炉粉煤灰	《工业固体废物采样制样技术规范》(HJ/T 20—1998)	常温保存

经验证,本实验室样品采集和保存能力满足标准方法要求。

4.2 样品前处理

按照标准方法要求对污水处理厂压滤池污泥进行固体废物总量测定,样品制备过程为:准确称取10 g固体废物样品(精确至0.01 g),自然风干再次称重(精确至0.01 g),研磨,全部通过100目筛备用。

样品消解过程为:称取约0.25 g固态过筛样品置于微波消解罐中,用少量水润湿后加入9 mL浓硝酸、2 mL浓盐酸、3 mL氢氟酸及1 mL过氧化氢,按微波消解升温程序(升温10 min至120℃,保持5 min;升温10 min至160℃,保持10 min;升温15 min至180℃,保持10 min)进行消解,冷却后取出。用少量实验用水将微波消解罐中全部内容物转移至50 mL聚四氟乙烯坩埚中,加入2 mL高氯酸,置于电热板上加热至160～180℃,驱赶至白烟冒尽,且内容物呈黏稠状。取下坩埚稍冷却,加入2 mL、1%硝酸溶液温热溶解残渣,冷却后转移至25 mL比色管中,用适量1%硝酸溶液淋洗坩埚,将淋洗液全部转移至5 mL比色管中,用1%硝酸溶液定容至标线,混匀,待测。

对电厂锅炉粉煤灰实际样品进行固体废物浸出液测定，固体废物样品制备过程为：按照 HJ/T 20—1998，对采集的固体废物进行粉碎、筛分、混合、缩分，全部过 9.5 mm 筛，备用。

固体废物浸出液浸出过程为：按照《固体废物　浸出毒性浸出方法　硫酸硝酸法》（HJ/T 299—2007）配制浸提剂（将质量比为 2∶1 的浓硫酸和浓硝酸混合液加入试剂水中，1 L 水加入约 2 滴混合液，使 pH 为 3.20±0.05），称取 150～200 g 样品，根据样品的含水率，按液固比为 10∶1 加入浸提剂，盖紧瓶盖后固定在翻转式振荡装置上，调节转速为（30±2）r/min，于（23±2）℃振荡（18±2）h。在压力过滤器上装好滤膜，用稀硝酸淋洗过滤器和滤膜，弃掉淋洗液，过滤并收集滤出液，于 4℃保存。

固体废物浸出液消解方法具体操作为：量取固体废物浸出液样品 25.0 mL 于 100 mL 聚四氟乙烯坩埚中，加入 5 mL 浓硝酸，在电热板上于 180℃加热消解 1～2 h，直至溶液澄清。用适量 1%硝酸溶液淋洗坩埚，将淋洗液全部转移至 25 mL 比色管中，用 1%硝酸溶液定容至标线，混匀，待测。

4.3　样品测定结果

实际样品测定结果见表 13。

4.4　质量控制

按照标准方法要求，本次实际样品测试采用的质量控制措施包括空白试验、标准样品测定、加标回收率测定、平行样测定等。

4.4.1　实验室空白试验

固体废物总量实验室空白和固体废物浸出液实验室空白测定结果见表 14。

经验证，实验室空白试验结果符合标准方法要求。

表 13　实际样品测定结果

固体废物总量

平行样品号	Ag	Be	Tl	Cd	Co	Cr	Cu	Ni	Pb	Sr	Ti	V	Zn	Sb	Al	Ba	Fe	Mn	Ca	Mg	K	Na
测定结果/(mg/kg) 1	3.5	1.18	未检出	7.6	6.6	64.3	47.5	8.6	65.6	301	944	19.5	140	未检出	18 143	175	12 635	172	275 278	5 135	5 679	2 876
测定结果/(mg/kg) 2	3.6	1.17	未检出	7.5	6.6	64.4	50.6	9.3	61.1	320	938	20.1	140	未检出	19 906	174	12 510	174	279 088	5 422	5 810	2 865
相对偏差/%	2.0	0.6	0	0.9	0	0.1	4.5	5.5	5.0	4.3	0.5	2.1	0	0	6.6	0.4	0.7	0.8	1.0	3.8	1.6	0.3
标准规定的相对偏差/%	≤35																					

固体废物浸出液

平行样品号	Ag	Be	Tl	Cd	Co	Cr	Cu	Ni	Pb	Sr	Ti	V	Zn	Sb	Al	Ba	Fe	Mn	Ca	Mg	K	Na
测定结果/(mg/L) 1	未检出	未检出	未检出	未检出	未检出	未检出	0.01	未检出	未检出	0.20	未检出	0.03	未检出	未检出	未检出	0.06	未检出	未检出	43.5	6.42	8.50	12.0
测定结果/(mg/L) 2	未检出	未检出	未检出	未检出	未检出	未检出	0.01	未检出	未检出	0.19	未检出	0.02	未检出	未检出	未检出	0.06	未检出	未检出	44.6	6.35	8.56	12.0
加标后测定值/mg	0.05	0.049	0.05	0.05	0.17	0.09	0.10	0.09	0.10	0.28	0.09	0.11	0.09	0.17	0.98	1.05	0.89	1.01	48.1	7.26	9.38	12.8
加标量/mg	0.001	0.001	0.001	0.001	0.004	0.002	0.002	0.002	0.002	0.002	0.002	0.002	0.002	0.004	0.02	0.02	0.02	0.02	0.02	0.02	0.02	0.02
加标回收率%	100	98.0	100	100	85.0	90.0	90.0	90.0	100	85.0	90.0	85.0	90.0	85.0	98.0	99.0	89.0	101	81.0	88.0	85.0	80.0
相对偏差%	0	0	0	0	0	0	0	0	0	3.6	0	28	0	0	0	0	0	0	1.8	0.8	0.5	0
标准规定的相对偏差%	≤35																					

表 14 空白试验测定结果

空白类型	Ag	Be	Tl	Cd	Co	Cr	Cu	Ni	Pb	Sr	Ti
全量空白/(mg/kg)	未检出	未检出	0.6	未检出	未检出	未检出	未检出	未检出	未检出	未检出	未检出
标准规定的要求/(mg/kg)	<0.4	<0.16	<1.6	<0.4	<2.0	<2.0	<1.6	<1.6	<5.6	<5.2	<12.0
浸提量空白/(mg/L)	未检出	未检出	未检出	未检出	未检出	未检出	未检出	未检出	未检出	未检出	未检出
标准规定的要求/(mg/L)	<0.04	<0.016	<0.12	<0.04	<0.08	<0.08	<0.04	<0.08	<0.12	<0.04	<0.08

空白类型	V	Zn	Sb	Al	Ba	Fe	Mn	Ca	Mg	K	Na
全量空白/(mg/kg)	未检出	未检出	未检出	未检出	未检出	未检出	未检出	未检出	未检出	未检出	未检出
标准规定的要求/(mg/kg)	<6.0	<4.8	<2.0	<35.6	<14.4	<35.6	<12.4	<27.6	<9.2	<30.8	<31.2
浸提量空白/(mg/L)	未检出	未检出	未检出	未检出	未检出	未检出	未检出	未检出	未检出	未检出	未检出
标准规定的要求/(mg/L)	<0.08	<0.04	<0.08	<0.20	<0.24	<0.20	<0.04	<0.48	<0.12	<1.40	<0.80

4.4.2 连续校准

对各元素校准曲线中间浓度标准溶液进行测定，相对误差为 0.6%～7.5%，符合方法中规定的连续校准相对误差应在±10%以内的要求，校准曲线连续校准结果见表 15。

表 15 校准曲线连续校准结果

项目	校准曲线中间浓度/ （mg/L）	连续校准测定浓度/ （mg/L）	连续校准相对误差/%	标准规定要求/%
Ag	0.040	0.041	2.5	
Be	0.040	0.042	5.0	
Tl	0.040	0.042	5.0	
Cd	0.040	0.041	2.5	
Co	0.400	0.428	7.0	
Cr	5.00	5.21	4.2	
Cu	0.400	0.418	4.5	
Ni	0.400	0.413	3.2	
Pb	5.00	5.14	2.8	
Sr	5.00	5.17	3.4	
Ti	60.0	62.3	3.8	
V	5.00	5.22	4.4	≤10
Zn	5.00	5.36	7.2	
Sb	0.040	0.043	7.5	
Al	60.0	61.5	2.5	
Ba	5.00	5.07	1.4	
Fe	60.0	62.1	3.5	
Mn	5.00	5.03	0.6	
Ca	60.0	63.0	5.0	
Mg	60.0	60.8	1.3	
K	60.0	61.3	2.2	
Na	60.0	62.4	4.0	

4.4.3 加标回收率测定

对电厂炉渣实际样品进行加标回收率测定，得到加标回收率为 83.0%～105%，符合方法中规定的 70%～120%的要求。

4.4.4 平行样测定

对污水处理厂压滤池污泥和电厂粉煤灰实际样品分别进行了固体废物总量和固体废物浸出液平行测定，固体废物总量各元素的相对偏差为 0～6.6%，固体废物浸出液中各元素的相对偏差为 0～28%，符合方法规定的平行样相对偏差应≤35%的要求。测定结果见表 13。

5 验证结论

综上所述，本实验室人员通过培训和能力确认后，依据 HJ 781—2016 开展方法验证，并进行了实际样品测试。所用仪器设备、标准物质、关键试剂耗材、采取的质量保证和质量控制措施，以及经实验验证得出的方法检出限、测定下限、精密度和正确度等，均满足标准方法要求，验证合格。

附件 1　验证人员培训、能力确认情况的证明材料（略）

附件 2　仪器设备的溯源证书及结果确认等证明材料（略）

附件 3　有证标准物质证书及关键试剂耗材验收材料（略）

附件 4　环境条件监控原始记录（略）

附件 5　校准曲线绘制/仪器校准原始记录（略）

附件 6　检出限和测定下限验证原始记录（略）

附件 7　精密度验证原始记录（略）

附件 8　正确度验证原始记录（略）

附件 9　实际样品（或现场）监测报告及相关原始记录（略）

————————————

《固体废物 汞、砷、硒、铋、锑的测定 微波消解/原子荧光法》（HJ 702—2014）方法验证实例

1 方法名称及适用范围

1.1 方法名称及编号

《固体废物 汞、砷、硒、铋、锑的测定 微波消解/原子荧光法》（HJ 702—2014）。

1.2 适用范围

本方法适用于固体废物和固体废物浸出液中汞、砷、硒、铋、锑的测定。

2 实验室基础条件确认

2.1 人员

参加方法验证的人员均通过了培训和能力确认（表1），验证人员相关培训、能力确认及持证情况等证明材料见附件1。

表1 验证人员情况信息

序号	姓名	年龄	职称	专业	参加本标准方法相关要求培训情况（是/否）	能力确认情况（是/否）	相关监测工作年限/年	验证工作内容
1	×××	29	助理工程师	化学工程	是	是	4	采样
2	×××	31	工程师	环境学	是	是	6	
3	×××	35	工程师	分析化学	是	是	9	前处理及分析测试
4	×××	33	工程师	应用化学	是	是	8	

2.2　仪器设备

本方法验证中，使用了样品前处理及分析测试设备。主要仪器设备情况见表2，相关仪器设备的检定/校准证书及结果确认等证明材料见附件2。

表2　主要仪器设备情况

序号	过程	仪器名称	仪器规格型号	仪器编号	溯源/核查情况	溯源结果确认情况	其他特殊要求
1	前处理	高通量微波消解仪	××	××	—	—	有温度控制和程序升温功能，温度精度为±2.5℃
2		天平	××	××	检定	合格	精度为0.01 g
3		分析天平	××	××	检定	合格	精度为0.000 1 g
4		翻转振荡器	××	××	核查	合格	可控温
5	分析测试	原子荧光光度计	××	××	检定	合格	—

2.3　标准物质及主要试剂耗材

本方法验证中，使用的标准物质、主要试剂耗材情况见表3，有证标准物质证书、主要试剂耗材验收记录等证明材料见附件3。

表3　标准物质、主要试剂耗材情况

序号	过程	名称	生产厂家	技术指标（规格/浓度/纯度/不确定度）	证书/批号	标准物质基体类型	标准物质是否在有效期内	主要试剂耗材验收情况
1	前处理	盐酸	××	GR	××	—	—	合格
		硝酸	××	GR	××	—	—	合格
2	分析测试	氢氧化钠	××	AR	××	—	—	合格
		硼氢化钾	××	GR	××	—	—	合格
		砷标准贮备液	××	100 mg/L	××	水质	是	合格
		汞标准贮备液	××	100 mg/L	××	水质	是	合格
		硒标准贮备液	××	100 mg/L	××	水质	是	合格
		锑标准贮备液	××	100 mg/L	××	水质	是	合格
		铋标准贮备液	××	100 mg/L	××	水质	是	合格

序号	过程	名称		生产厂家	技术指标（规格/浓度/纯度/不确定度）	证书/批号	标准物质基体类型	标准物质是否在有效期内	主要试剂耗材验收情况
2	分析测试	固体废物标准样品	总砷	××	（9.75±0.94）mg/kg	××	固体废物	是	合格
			总汞	××	（0.629±0.061）mg/kg	××	固体废物	是	合格
			总硒	××	（6.46±0.42）mg/kg	××	固体废物	是	合格
			总锑	××	（2.73±0.27）mg/kg	××	固体废物	是	合格
			总铋	××	（2.81±0.27）mg/kg	××	固体废物	是	合格

2.4 环境条件

本方法验证中，环境条件监控情况见表4，相关环境条件监控记录资料见附件4。

表4 环境条件监控情况

序号	过程	控制项目	环境条件控制要求	实际环境条件	环境条件确认情况
1	翻转振荡	温度、转速	温度：23±2℃，转速：（30±2）r/min	温度：25℃，转速：30 r/min	合格
2	分析测试	温度、湿度	—	环境温度：23.5～25.0℃，环境湿度：44%～49%	合格

2.5 相关体系文件

本方法配套使用的监测原始记录为《工业固体废物及煤质采样原始记录单》（标识：SXHJ-04-2019-TY-008）和《原子荧光分析原始记录单》（标识：SXHJ-04-2019-TY-028）；监测报告格式为 SXHJ-04-2020-TY-048。

3 方法性能指标验证

3.1 测试条件

按照标准方法，根据原子荧光光度计仪器性能，选择最佳实验参数条件进行设置，详细参数见表5。

表5 原子荧光光度计参数

工作参数	汞元素	砷元素	硒元素	铋元素	锑元素
光源	汞空心阴极灯	砷空心阴极灯	硒空心阴极灯	铋空心阴极灯	锑空心阴极灯
灯电流/mA	15	60	80	60	80
负高压/V	250	280	280	280	300

3.2 校准曲线

3.2.1 校准曲线系列的准备

本次方法验证过程中，校准曲线按照标准规定的步骤进行：

分别移取 0 mL、0.50 mL、1.00 mL、2.00 mL、3.00 mL、4.00 mL、5.00 mL 汞标准使用液（10.0 μg/L）于 50 mL 比色管中，分别加入 2.5 mL 盐酸溶液，用水稀释至标线，混匀。校准系列溶液浓度分别为 0 μg/L、0.10 μg/L、0.20 μg/L、0.40 μg/L、0.60 μg/L、0.80 μg/L、1.00 μg/L。

分别移取 0 mL、0.50 mL、1.00 mL、2.00 mL、3.00 mL、4.00 mL、5.00 mL 砷标准使用液（100.0 μg/L）于 50 mL 比色管中，分别加入 5 mL 盐酸溶液，10 mL 硫脲-抗坏血酸溶液，室温放置 30 min，用水稀释至标线，混匀。校准系列溶液浓度分别为 0 μg/L、1.00 μg/L、2.00 μg/L、4.00 μg/L、6.00 μg/L、8.00 μg/L、10.00 μg/L。

分别移取 0 mL、0.50 mL、1.00 mL、2.00 mL、3.00 mL、4.00 mL、5.00 mL 硒标准使用液（100.0 μg/L）于 50 mL 比色管中，分别加入 10 mL 盐酸溶液，室温放置 30 min，用水稀释至标线，混匀。校准系列溶液浓度分别为 0 μg/L、1.00 μg/L、2.00 μg/L、4.00 μg/L、6.00 μg/L、8.00 μg/L、10.00 μg/L。

分别移取 0 mL、0.50 mL、1.00 mL、2.00 mL、3.00 mL、4.00 mL、5.00 mL 铋标准使用液（100.0 μg/L）于 50 mL 比色管中，分别加入 5.0 mL 盐酸溶液，10 mL 硫脲和抗坏血酸混合溶液，用水稀释至标线，混匀。校准系列溶液浓度分别为 0 μg/L、1.00 μg/L、2.00 μg/L、4.00 μg/L、6.00 μg/L、8.00 μg/L、10.00 μg/L。

分别移取 0 mL、0.50 mL、1.00 mL、2.00 mL、3.00 mL、4.00 mL、5.00 mL 锑标准使用液（100.0 µg/L）于 50 mL 比色管中，分别加入 5.0 mL 盐酸溶液，10 mL 硫脲和抗坏血酸混合溶液，室温放置 30 min（室温低于 15℃时，置于 30℃水浴中保温 30 min），用水稀释至标线，混匀。校准系列溶液浓度分别为 0 µg/L、1.00 µg/L、2.00 µg/L、4.00 µg/L、6.00 µg/L、8.00 µg/L、10.00 µg/L。

3.2.2　绘制校准曲线

以硼氢化钾溶液为还原剂，盐酸溶液（5+95）为载流，由低浓度到高浓度依次测定砷、汞、硒、铋、锑标准系列的原子荧光强度。以扣除零浓度空白校准系列原子荧光强度为纵坐标，汞、砷、硒、铋、锑质量浓度为横坐标，绘制校准曲线，结果见表 6。

表 6　校准曲线绘制情况

校准溶液名称	校准曲线方程	相关系数（r）	标准规定要求	是否符合标准要求
汞标准溶液	$y=9.94\times10^2x-0.937$	0.999 8	≥0.999	是
砷标准溶液	$y=4.96\times10^1x-2.60$	0.999 7	≥0.999	是
硒标准溶液	$y=5.53\times10^1x-5.37$	0.999 6	≥0.999	是
铋标准溶液	$y=2.11\times10^2x-5.71$	0.999 9	≥0.999	是
锑标准溶液	$y=4.31\times10^2x+9.27$	0.999 9	≥0.999	是

经验证，本实验室建立的校准曲线符合标准方法要求，相关验证材料见附件 5。

3.3　方法检出限及测定下限

按照《环境监测分析方法标准制订技术导则》（HJ 168—2020）附录 A.1 的规定和 HJ 702—2014 的要求，采取空白加标的方法分别对固体废物和固体废物浸出液进行方法检出限和测定下限验证。

3.3.1　固体废物检出限和测定下限

在消解液（6 mL 盐酸、2 mL 硝酸）中加入各目标物标准溶液，使得相当于取汞、砷、硒、铋、锑的浓度分别为 0.005 µg/g、0.04 µg/g、0.04 µg/g、0.04 µg/g、0.04 µg/g 的固体废物 1 g，共制备 7 份空白加标样品，按固体废物实际样品测定全过程进行 7 次重复性测定。按 HJ 168—2020 中方法检出限的确定方法计算方法检出限，以 4 倍的检出限作为测定下限，结果见表 7。

表7 固体废物汞、砷、硒、铋、锑方法检出限和测定下限

平行样品号	固体废物测定值/（µg/g）				
	汞	砷	硒	铋	锑
1	0.004	0.041	0.039	0.040	0.041
2	0.004	0.042	0.042	0.042	0.044
3	0.004	0.041	0.042	0.041	0.045
4	0.004	0.047	0.038	0.043	0.047
5	0.005	0.041	0.039	0.041	0.041
6	0.004	0.041	0.041	0.046	0.043
7	0.004	0.039	0.046	0.039	0.039
平均值 $\bar{x}$	0.004	0.042	0.041	0.042	0.043
标准偏差 S	0.000 4	0.002 5	0.002 7	0.002 3	0.002 7
方法检出限	0.001	0.008	0.009	0.007	0.009
测定下限	0.004	0.032	0.036	0.028	0.036
标准中检出限要求	0.002	0.010	0.010	0.010	0.010
标准中测定下限要求	0.008	0.040	0.040	0.040	0.040

经验证，方法检出限和测定下限符合 HJ 702—2014 的要求，相关验证材料见附件6。

3.3.2 固体废物浸出液检出限和测定下限

以 40 mL 浸提剂为空白试样，加入适量的各目标物标准溶液，使得汞、砷、硒、铋、锑的浓度分别为 0.10 µg/L、0.40 µg/L、0.50 µg/L、0.40 µg/L、0.50 µg/L，平行制备 7 份，按固体废物实际样品浸出液制备的相同步骤进行 7 次重复性测定。依据 HJ 168—2020 中方法检出限的确定方法计算方法检出限，结果见表8。

表8 固体废物浸出液汞、砷、硒、铋、锑方法检出限和测定下限

平行样品号	固体废物浸出液测定值/（µg/L）				
	汞	砷	硒	铋	锑
1	0.09	0.34	0.54	0.29	0.52
2	0.10	0.33	0.49	0.33	0.49
3	0.10	0.32	0.51	0.32	0.51
4	0.09	0.33	0.48	0.27	0.48
5	0.10	0.27	0.48	0.27	0.45
6	0.09	0.32	0.54	0.32	0.54

平行样品号	固体废物浸出液测定值/（μg/L）				
	汞	砷	硒	铋	锑
7	0.08	0.31	0.50	0.31	0.50
平均值 $\bar{x}$	0.09	0.32	0.51	0.30	0.50
标准偏差 S	0.01	0.02	0.03	0.025	0.029
方法检出限	0.02	0.07	0.08	0.08	0.09
测定下限	0.08	0.29	0.32	0.32	0.36
标准规定检出限	0.02	0.10	0.10	0.10	0.10
标准规定测定下限	0.08	0.40	0.40	0.40	0.40

经验证，当固体废物浸出液取样体积为 40 mL 时，方法检出限和测定下限符合 HJ 702—2014 的要求，相关验证材料见附件6。

3.4　精密度

按照标准方法要求，采用有检出的固体废物实际样品，按照方法要求的前处理方式分别制得固体废物试样和固体废物浸出液试样各 6 份，进行 6 次重复性测定，计算相对标准偏差，测定结果见表9、表10。

表9　固体废物实际样品的精密度测定结果

平行样品号		样品浓度				
		汞	砷	硒	铋	锑
测定结果/（μg/g）	1	0.018	14.4	0.171	0.049	0.934
	2	0.017	14.0	0.190	0.058	0.899
	3	0.018	14.0	0.190	0.051	0.905
	4	0.018	14.1	0.172	0.052	0.915
	5	0.018	13.9	0.191	0.049	0.945
	6	0.018	14.1	0.181	0.056	0.908
平均值 $\bar{x}$ /（μg/g）		0.018	14.1	0.183	0.053	0.918
标准偏差 S/（μg/g）		0.000 4	0.172 2	0.009 3	0.003 7	0.018 0
相对标准偏差 RSD/%		2.3	1.2	5.1	7.1	2.0
多家实验室内相对标准偏差/%		4.1～10	1.2～4.4	2.0～7.7	2.2～7.9	1.7～9.7

表 10 固体废物浸出液实际样品的精密度测定结果

平行样品号		样品浓度				
		汞	砷	硒	铋	锑
测定结果/ （μg/L）	1	0.80	0.99	4.12	24.8	29.6
	2	0.84	1.04	3.78	23.9	30.1
	3	0.77	1.02	3.96	25.2	28.9
	4	0.79	1.06	4.17	24.3	30.0
	5	0.81	1.06	4.08	25.3	28.1
	6	0.77	1.03	3.80	24.8	29.3
平均值 $\bar{x}$ /（μg/L）		0.80	1.03	3.99	24.7	29.3
标准偏差 S/（μg/L）		0.03	0.03	0.17	0.53	0.75
相对标准偏差 RSD/%		3.3	2.6	4.2	2.2	2.6
多家实验室内相对 标准偏差/%		1.0～3.5	0.1～3.0	0.6～4.8	0.4～7.0	1.3～6.5

经验证，对固体废物样品中的汞、砷、硒、铋、锑分别进行 6 次平行测定，相对标准偏差分别为 2.3%、1.2%、5.1%、7.1%、2.0%，对固体废物浸出液中的汞、砷、硒、铋、锑分别进行 6 次平行测定，相对标准偏差分别为 3.3%、2.6%、4.2%、2.2%、2.6%。相对标准偏差符合标准方法要求，相关验证材料见附件 7。

3.5 正确度

按照标准方法要求，采用固体废物有证标准样品重复测定 3 次，进行固体废物方法正确度验证；采用固体废物实际样品进行 3 次浸出液加标回收率对固体废物浸出液正确度进行验证。相关验证材料见附件 8。

3.5.1 固体废物有证标准样品的验证

按照 HJ 702—2014 规定的步骤对固体废物标准品试样进行了 3 次测定，测定结果见表 11。

表 11 固体废物正确度测定结果（有证标准样品）

平行样品号	标准样品测定浓度/（mg/kg）				
	汞	砷	硒	铋	锑
1	0.635	10.0	6.52	2.87	2.80
2	0.618	9.88	6.40	2.72	2.73
3	0.641	9.74	6.33	2.91	2.61
标准样品浓度/（mg/kg）	0.629±0.061	9.75±0.94	6.46±0.42	2.81±0.27	2.73±0.27

经验证，对固体废物标准样品的汞、砷、硒、铋、锑测定结果均在给定浓度范围内，符合标准规定要求。

3.5.2 固体废物浸出液加标回收率的验证

移取 3 份 40.0 mL 的固体废物浸出液于 100 mL 溶样杯中，分别加入 2.5 mL 浓度为 100 μg/L 的汞标准溶液，10 μL 浓度为 100 mg/L 的砷、铋、锑标准溶液，7.5 μL 浓度为 100 mg/L 的硒标准溶液，按照标准方法要求进行消解及分析测试。测定结果见表 12。

表 12　固体废物浸出液正确度（实际样品加标）的测定结果

监测项目	平行样品号	实际样品测定结果/μg	加标量/μg	加标后测定值/μg	加标回收率 P/%	标准规定的加标回收率 P/%
汞	1	0.44	0.25	0.62	72.0	70～130
	2	0.44		0.65	84.0	
	3	0.46		0.68	88.0	
砷	1	1.78	1.00	2.70	92.0	70～130
	2	1.72		2.69	97.0	
	3	1.84		2.72	88.0	
硒	1	0.92	0.75	1.68	101	70～130
	2	0.95		1.72	103	
	3	0.97		1.71	98.7	
铋	1	未检出	1.00	0.94	94.0	70～130
	2	未检出		0.97	97.0	
	3	未检出		0.92	92.0	
锑	1	1.10	1.00	2.14	104	70～130
	2	1.05		2.03	98.0	
	3	0.90		1.96	106	

经验证，固体废物浸出液的汞、砷、硒、铋、锑加标回收率均符合标准中规定的加标回收率要求。

4　实际样品测定

4.1　样品采集和保存

按照标准方法要求采集垃圾焚烧厂固体废物样品，样品的采集和保存情况见表 13。

表 13 样品采集和保存

序号	样品类型及性状	采样依据	样品保存方式
1	1#××垃圾焚烧厂固体废物（固态）	《工业固体废物采样制样技术规范》（HJ/T 20—1998）	4℃冷藏
2	2#××垃圾焚烧厂固体废物（固态）	《工业固体废物采样制样技术规范》（HJ/T 20—1998）	4℃冷藏

注：1#样品用于精密度试验；2#样品用于实际样品测定。

经验证，本实验室对固体废物样品采集和保存能力满足标准方法要求，样品采集、保存和流转相关证明材料见附件 9。

4.2 样品前处理

4.2.1 固体废物样品前处理

按照标准方法要求进行固体废物样品前处理，具体操作如下。

（1）准确称取 10 g 固体废物样品（精确至 0.01 g），自然风干再次称重（精确至 0.01 g），研磨，全部通过 100 目筛备用。

（2）称取过筛后的固体废物样品 0.5 g（精确至 0.000 1 g）。将试样置于溶样杯中，用少量蒸馏水润湿。在通风橱中，先加入 6 mL 盐酸，再慢慢加入 2 mL 硝酸，使样品与消解液充分接触。将溶样杯置于消解罐密封，最后将消解罐装入消解罐支架，放入微波消解仪中，按规定的三步升温程序进行消解（升温 5 min 达到 100℃保持 2 min，再升温 5 min 达到 150℃保持 3 min，最后升温 5 min 达到 180℃保持 25 min）。

（3）消解结束后冷却至室温，在通风橱中取出放气，打开。经判断消解完全。

（4）用慢速定量滤纸将消解后的溶液过滤至 50 mL 容量瓶中，用蒸馏水淋洗溶样杯及沉淀至少 3 次。将所有淋洗液并入容量瓶中，用蒸馏水定容至标线，混匀。

（5）分取 10.0 mL 试液置于 50 mL 容量瓶中，盐酸、硫脲和抗坏血酸混合溶液加入量见表 14，用蒸馏水定容至标线，混匀，室温（20～25℃）放置 30 min，待测。

表 14 试剂加入量
单位：mL

试剂名称	用于测汞	用于测硒	用于测砷、铋、锑
盐酸	2.5	10.0	5.0
硫脲和抗坏血酸混合液	—	—	10.0

4.2.2　固体废物浸出液样品前处理

按照标准方法要求进行固体废物浸出液制备，具体操作如下。

（1）将样品粒径较大的颗粒破碎到可以全部通过 9.5 mm 孔径的筛后备用。

（2）按照 HJ/T 299—2007 的规定制备固体废物浸出液。称取 150 g 样品，置于 2 L 聚乙烯提取瓶中，根据测得样品的含水率（3%），按液固比为 10∶1（L/kg）加入 1 496 mL 浸提剂（浸提剂 1#：硝酸/硫酸混合溶液），在翻转式振荡装置上以 30 r/min 的转速、25℃下振荡 18 h，得到固体废物样品的浸出液。

（3）移取固体废物浸出液 40.0 mL 置于 100 mL 溶样杯中，在通风橱中加入 3 mL 盐酸、1 mL 硝酸，混匀。有气泡逸出，待反应结束将溶样杯置于消解罐密封，最后将消解罐装入消解罐支架，放入微波消解仪中，按规定的两步升温程序进行消解（升温 5 min 达到 100℃保持 5 min，再升温 5 min 达到 170℃保持 15 min）。

（4）消解结束后冷却至室温，在通风橱中取出放气，打开。

（5）将试液转移至 50 mL 容量瓶中，用蒸馏水淋洗溶样杯、杯盖至少 3 次。将淋洗液并入容量瓶中，用蒸馏水定容至标线，混匀。

（6）分取 10.0 mL 试液置于 50 mL 容量瓶中，根据不同元素测定加入不同体积的盐酸、硫脲和抗坏血酸混合溶液，用蒸馏水定容至标线，混匀，室温（20～25℃）放置 30 min，待测。

4.3　样品测定结果

固体废物和固体废物浸出液实际样品测定结果见表 15、表 16。

表 15　固体废物实际样品测定结果

监测项目	样品类别	测定结果/（μg/g）
汞	固体废物	0.014
砷	固体废物	未检出
硒	固体废物	0.044
铋	固体废物	0.056
锑	固体废物	0.192

表 16　固体废物浸出液实际样品测定结果

监测项目	样品类别	测定结果/（μg/L）
汞	固体废物浸出液	未检出
砷	固体废物浸出液	未检出
硒	固体废物浸出液	未检出

监测项目	样品类别	测定结果/（μg/L）
铋	固体废物浸出液	未检出
锑	固体废物浸出液	未检出

4.4　质量控制

4.4.1　空白测定

本方法验证过程中，按照标准要求以试剂空白为试样进行了空白样品测定，其样品制备及分析与实际样品测定相同。

经验证，空白试样中的汞、砷、硒、铋、锑含量低于方法的测定下限，符合标准方法中的空白要求，见表17。

表17　空白样品测定结果

物质名称	固体废物的空白/（μg/g）	标准规定要求/（μg/g）	固体废物浸出液的空白/（μg/L）	标准规定要求/（μg/L）
汞	未检出	＜0.008	未检出	＜0.08
砷	未检出	＜0.040	未检出	＜0.40
硒	未检出	＜0.040	未检出	＜0.40
铋	未检出	＜0.040	未检出	＜0.40
锑	未检出	＜0.040	未检出	＜0.40

4.4.2　标准样品测定

对汞、砷、硒、铋、锑浓度分别为（0.629±0.061）mg/kg、（9.75±0.94）mg/kg、（6.46±0.42）mg/kg、（2.81±0.27）mg/kg、（2.73±0.27）mg/kg（编号：RMU112）的标准物质进行测定，测定结果分别为 0.601 mg/kg、9.99 mg/kg、6.53 mg/kg、2.78 mg/kg、2.89 mg/kg，结果在保证值范围内。

4.4.3　实际样品加标分析

对浸出液浓度为汞与砷未检出、硒 0.14 μg/L、铋 0.22 μg/L、锑 0.19 μg/L 的固体废物实际样品进行加标回收试验，得到汞的加标回收率为 80%，砷的加标回收率为 90%，硒的加标回收率为 93%，铋的加标回收率为 89.7%，锑的加标回收率为 95%，符合方法中规定的 70%～130%的要求。

4.4.4　平行样

对浓度为汞 0.014 μg/g、砷 0.020 μg/g、硒 0.044 μg/g、铋 0.056 μg/g、锑 0.192 μg/g 的固体废物实际样品进行平行测定，汞、砷、硒、铋、锑相对偏差分别为 7.1%、10.0%、

5.6%、3.6%、2.1%，符合方法要求的平行样相对偏差≤20%的要求。

5　验证结论

综上所述，本实验室人员通过培训和能力确认后，按照 HJ 702—2014 开展方法验证，并进行了实际样品测试。所用仪器设备、标准物质、关键试剂耗材、采取的质量保证和质量控制措施，以及经实验验证得出的方法检出限、测定下限、精密度和正确度等，均满足标准方法要求，验证合格。

附件 1　验证人员培训及能力确认情况的证明材料（略）
附件 2　仪器设备的检定/校准证书及结果确认等证明材料（略）
附件 3　有证标准物质证书、主要试剂耗材验收记录等证明材料（略）
附件 4　环境条件监控验证材料（略）
附件 5　绘制校准曲线证明材料（略）
附件 6　检出限和测定下限验证材料（略）
附件 7　精密度验证材料（略）
附件 8　正确度验证材料（略）
附件 9　样品采集、保存和流转相关证明材料（略）
附件 10　实际样品分析相关原始记录及模拟监测报告（略）

《固体废物 金属元素的测定 电感耦合等离子体质谱法》（HJ 766—2015）方法验证实例

1 方法名称及适用范围

1.1 方法名称及编号

《固体废物金属元素的测定 电感耦合等离子体质谱法》（HJ 766—2015）。

1.2 适用范围

本方法适用于固体废物和固体废物浸出液中银（Ag）、砷（As）、钡（Ba）、铍（Be）、镉（Cd）、钴（Co）、铬（Cr）、铜（Cu）、锰（Mn）、钼（Mo）、镍（Ni）、铅（Pb）、锑（Sb）、硒（Se）、铊（Tl）、钒（V）、锌（Zn）等17种金属元素的测定。

2 实验室基本条件确认

2.1 人员

参加方法验证的人员均通过了培训和能力确认（表1），验证人员相关培训、能力确认情况等证明材料见附件1。

表1 验证人员情况信息表

序号	姓名	年龄	职称	专业	参加本标准方法相关要求培训情况（是/否）	能力确认情况（是/否）	相关监测工作年限/年	验证工作内容
1	××	38	高级工程师	资源环境科学	是	是	16	现场采样、前处理、分析测试
2	××	38	高级工程师	化学	是	是	9	现场采样

2.2　仪器设备

本方法验证中，使用了采样仪器、前处理仪器和分析测试仪器等。主要仪器设备情况见表2。相关仪器设备的检定证书及结果确认等证明材料见附件2。

表2　主要仪器设备情况

序号	过程	仪器名称	仪器规格型号	仪器编号	溯源/核查情况	溯源/核查结果确认情况	其他特殊要求
1	采样及现场监测	固体废物采样器	××	××	核查	合格	—
2	前处理	全自动石墨消解仪	××	××	核查	合格	—
3	前处理	固体废物特性溶出仪	××	××	核查	合格	温度：（23±2）℃ 转速：（30±2）r/min
4	前处理	电子天平	××	××	检定	合格	精度 0.000 1 g
5	前处理	样品筛	××	××	核查	合格	尼龙筛
6	分析	电感耦合等离子体质谱仪	××	××	检定	合格	—

2.3　标准物质及主要试剂耗材

本方法验证中，使用的标准物质、主要试剂耗材情况见表3，有证标准物质证书、主要试剂耗材验收材料等证明材料见附件3。

表3　标准物质、主要试剂耗材情况

序号	过程	名称	生产厂家	技术指标（规格/浓度/纯度/不确定度）	证书/批号	标准物质基体类型	标准物质是否在有效期内	关键试剂耗材验收情况
1	前处理	纯水	××	二级	××	—	—	合格
		硝酸	××	优级纯	××	—	—	合格
		盐酸	××	优级纯	××	—	—	合格
		氢氟酸	××	优级纯	××	—	—	合格
		双氧水	××	优级纯	××	—	—	合格
2	分析测试	重金属标样	××	100 mg/L	××	水质	是	合格
		重金属内标	××	100 mg/L	××	水质	是	合格
		质谱仪调谐溶液	××	1 μg/L	××	水质	是	合格

2.4　相关体系文件

本方法配套使用的监测原始记录为《ICP-MS 分析原始记录》（标识：ZHZX/JJ085）；监测报告格式为 ZHJZ/ZJ47。

3　方法性能指标验证

3.1　测试条件

3.1.1　仪器分析条件

本方法验证的仪器分析条件为：发射功率 1 400 W，辅助气流量 0.80 L/min，雾化气流量 0.84 L/min，冷却气流量 14.0 L/min。

3.1.2　仪器调谐

按照仪器说明书进行仪器预热、调谐。用质谱仪调谐液对仪器灵敏度、氧化物和双电荷进行调谐，在涵盖待测元素的质量数范围内进行质量校正和分辨率校验。仪器调谐过程正常，结果符合标准要求。

3.2　校准曲线

按照标准方法要求绘制标准曲线：分别移取一定体积的多元素标准使用液和内标（Rh 和 Re）贮备液于容量瓶中，加入 2%的硝酸进行稀释，配制成金属元素浓度分别为 0 μg/L、5.0 μg/L、10.0 μg/L、50.0 μg/L、100 μg/L、200 μg/L、500 μg/L 的标准系列，校准曲线的绘制情况见表 4。

表 4　校准曲线的绘制情况

监测项目	校准曲线方程	相关系数（r）	标准规定要求	是否符合标准要求
Be	$y=3\ 107x+22$	0.999 9	>0.999	是
V	$y=16\ 903x+3\ 292$	0.999 9	>0.999	是
Cr	$y=16\ 468x+6\ 611$	0.999 9	>0.999	是
Mn	$y=26\ 441x+9\ 986$	0.999 2	>0.999	是
Co	$y=18\ 843x+62$	0.999 9	>0.999	是
Ni	$y=3\ 933x+1\ 794$	0.999 9	>0.999	是
Cu	$y=4\ 799x+274$	0.999 9	>0.999	是
Zn	$y=4\ 123x+1\ 704$	0.999 9	>0.999	是
As	$y=2\ 743x+127$	0.999 9	>0.999	是
Se	$y=384x+66$	0.999 9	>0.999	是

监测项目	校准曲线方程	相关系数（r）	标准规定要求	是否符合标准要求
Mo	$y=3\,235x+100$	0.999 9	＞0.999	是
Cd	$y=4\,710x+23$	0.999 9	＞0.999	是
Sb	$y=13\,326x+245$	0.999 9	＞0.999	是
Ba	$y=36\,706x+966$	0.999 3	＞0.999	是
Tl	$y=48\,526x+396$	0.999 5	＞0.999	是
Pb	$y=34\,659x+150$	0.999 5	＞0.999	是
Ag	$y=19\,000x+79$	0.999 9	＞0.999	是

经验证，本实验室校准曲线符合标准方法要求，相关验证材料见附件4。

3.3 方法检出限及测定下限

按照《环境监测分析方法标准制订技术导则》（HJ 168—2020）附录 A.1（b）的规定，空白试验中未检出目标物，采用空白加标样进行方法检出限和测定下限验证。

按照标准方法要求，对 7 份空白加标样品进行重复性测定，将测定结果换算为样品的浓度或含量，按式(1)计算方法检出限。以 4 倍的检出限作为测定下限，即 RQL=4×MDL。本方法检出限及测定下限计算结果见表5、表6。

$$MDL=t_{(6,0.99)} \times S \qquad (1)$$

式中：MDL——方法检出限；

$t_{(6,0.99)}$——自由度为 6，置信度为 99%时的 t 分布（单侧）；

S——7 次重复性测定的标准偏差。

3.3.1 全量检出限测定

在消解罐中加入 100 μg/L 银标准溶液 0.05 mL，加入 100 μg/L 砷、钡、铍、镉、钴、铬、铜、锰、钼、镍、铅、锑、硒、铊、钒、锌标准溶液 0.10 mL，按 HJ 766 方法要求加入四酸消解后定容至 50.0 mL。取样量以 0.1 g 计算检出限。

3.3.2 浸出液检出限测定

在消解罐中加入浓度为 100 μg/L 的银标准溶液 0.05 mL，加入浓度为 100 μg/L 的砷、钡、铍、镉、钴、铬、铜、锰、钼、镍、铅、锑、硒、铊、钒、锌标准溶液 0.10 mL，按 HJ 766 方法要求加入硝酸、盐酸消解后定容至 50.0 mL。

表 5　全量方法检出限及测定下限

测定值/（mg/kg）

平行样品号	Be	V	Cr	Mn	Co	Ni	Cu	Zn	As	Se	Mo	Cd	Sb	Ba	Tl	Pb	Ag
1	0.129	0.127	0.102	0.119	0.110	0.116	0.120	0.152	0.114	0.120	0.135	0.118	0.132	0.119	0.108	0.115	0.061
2	0.115	0.116	0.083	0.113	0.103	0.091	0.111	0.137	0.099	0.115	0.119	0.107	0.120	0.120	0.106	0.115	0.059
3	0.118	0.117	0.096	0.119	0.110	0.102	0.109	0.140	0.110	0.102	0.125	0.118	0.128	0.116	0.108	0.115	0.058
4	0.113	0.107	0.088	0.113	0.105	0.091	0.110	0.144	0.101	0.108	0.127	0.110	0.123	0.117	0.127	0.108	0.057
5	0.114	0.116	0.094	0.115	0.128	0.099	0.126	0.150	0.119	0.096	0.106	0.115	0.117	0.148	0.120	0.099	0.051
6	0.121	0.115	0.091	0.140	0.125	0.095	0.128	0.141	0.110	0.130	0.125	0.115	0.126	0.144	0.123	0.118	0.050
7	0.135	0.102	0.091	0.115	0.126	0.095	0.123	0.181	0.112	0.118	0.126	0.130	0.146	0.146	0.124	0.110	0.050
平均值 $\bar{x}$	0.121	0.114	0.092	0.119	0.115	0.098	0.118	0.149	0.109	0.113	0.123	0.116	0.127	0.130	0.117	0.111	0.055
标准偏差 S	0.008	0.008	0.006	0.010	0.011	0.009	0.008	0.015	0.007	0.012	0.009	0.007	0.010	0.015	0.009	0.006	0.005
方法检出限	0.03	0.03	0.02	0.03	0.04	0.03	0.03	0.05	0.03	0.04	0.03	0.03	0.04	0.05	0.03	0.03	0.02
测定下限	0.12	0.12	0.08	0.12	0.16	0.12	0.12	0.20	0.12	0.16	0.12	0.12	0.16	0.20	0.12	0.12	0.08
标准规定检出限	0.4	0.6	1.0	-1.8	1.1	1.9	1.2	3.2	0.5	0.6	0.8	0.6	1.6	0.9	0.6	2.1	1.4
标准规定测定下限	1.6	2.4	4.0	7.2	4.4	7.6	4.8	12.8	2.0	2.4	3.2	2.4	6.4	3.6	2.4	8.4	5.6

表6　浸出液方法检出限及测定下限

测定值/（μg/L）

平行样品号	Be	V	Cr	Mn	Co	Ni	Cu	Zn	As	Se	Mo	Cd	Sb	Ba	Tl	Pb	Ag
1	0.243	0.216	0.155	0.231	0.209	0.205	0.221	0.320	0.245	0.183	0.237	0.232	0.278	0.217	0.189	0.205	0.117
2	0.240	0.255	0.196	0.247	0.226	0.230	0.215	0.315	0.256	0.246	0.278	0.243	0.290	0.245	0.217	0.235	0.117
3	0.235	0.233	0.207	0.230	0.217	0.221	0.250	0.291	0.227	0.235	0.264	0.231	0.263	0.227	0.207	0.231	0.112
4	0.258	0.264	0.194	0.240	0.217	0.233	0.247	0.278	0.238	0.263	0.267	0.230	0.269	0.231	0.214	0.211	0.116
5	0.224	0.233	0.199	0.235	0.201	0.230	0.239	0.289	0.209	0.225	0.267	0.219	0.261	0.210	0.203	0.208	0.097
6	0.286	0.217	0.193	0.284	0.247	0.218	0.251	0.285	0.231	0.227	0.273	0.270	0.255	0.275	0.250	0.207	0.097
7	0.282	0.200	0.167	0.286	0.248	0.180	0.250	0.251	0.220	0.226	0.235	0.260	0.234	0.268	0.246	0.214	0.095
平均值 $\bar{x}$	0.253	0.231	0.187	0.250	0.224	0.217	0.239	0.290	0.232	0.229	0.260	0.241	0.264	0.239	0.218	0.216	0.107
标准偏差 S	0.024	0.023	0.019	0.024	0.018	0.019	0.015	0.023	0.016	0.025	0.017	0.018	0.018	0.025	0.022	0.012	0.010
方法检出限	0.08	0.08	0.06	0.08	0.06	0.06	0.05	0.08	0.05	0.08	0.06	0.06	0.06	0.08	0.07	0.04	0.04
测定下限	0.32	0.32	0.24	0.32	0.24	0.24	0.20	0.32	0.20	0.32	0.24	0.24	0.24	0.32	0.28	0.16	0.16
标准规定检出限	0.7	1.1	2.0	3.6	2.2	3.8	2.5	6.4	1.0	1.3	1.5	1.2	3.2	1.8	1.3	4.2	2.9
标准规定测定下限	2.8	4.4	8.0	14.4	8.8	15	10.0	25.6	4.0	5.2	6.0	4.8	13	7.2	5.2	17	11.6

经验证,本实验室方法检出限和测定下限符合标准方法要求,相关验证材料见附件 5。

3.4 精密度

按照标准方法要求,采用实际样品加标方式进行 6 次平行测定,计算相对标准偏差。

3.4.1 全量精密度测定

在消解罐中称取污泥样品 0.100 0 g,加入浓度为 10.0 mg/L 的银、砷、钡、铍、镉、钴、铬、铜、锰、钼、镍、铅、锑、硒、铊、钒、锌标准溶液 0.10 mL,按方法要求四酸消解后定容至 50.0 mL,上机测定,测定结果见表 7。

表 7 全量精密度测定结果

平行样品编号		样品浓度																
		Be	V	Cr	Mn	Co	Ni	Cu	Zn	As	Se	Mo	Cd	Sb	Ba	Tl	Pb	Ag
测定结果/（mg/kg）	1	11.3	103	20.7	167	12.6	15.5	18.4	75.5	13.2	12.8	11.4	10.9	10.8	61.8	10.0	21.8	9.6
	2	11.0	102	20.4	166	12.4	15.2	18.2	75.0	13.0	12.5	11.2	10.6	10.5	61.3	9.8	21.5	9.5
	3	10.7	99.4	19.7	161	12.0	14.7	17.5	72.3	12.5	12.1	10.6	10.3	10.1	59.8	9.7	21.5	9.2
	4	10.9	101	20.1	165	12.3	15.2	17.9	74.4	12.7	12.2	10.8	10.6	10.2	60.6	9.7	21.1	9.3
	5	10.9	100	20.2	163	12.3	15.1	18.0	74.0	12.8	12.4	10.8	10.8	10.3	60.4	9.6	21.2	9.4
	6	10.9	100	20.0	162	12.2	15.0	17.8	73.6	12.6	12.2	10.7	10.6	10.3	60.2	9.7	21.3	9.3
平均值 $\bar{x}$ /（mg/kg）		11.0	101	20.2	164	12.3	15.1	18.0	74.1	12.8	12.4	10.9	10.6	10.4	60.7	9.8	21.4	9.4
标准偏差 S /（mg/kg）		0.2	1.4	0.3	2.4	0.2	0.3	0.3	1.1	0.3	0.3	0.3	0.2	0.3	0.7	0.1	0.3	0.1
相对标准偏差/%		1.8	1.4	1.7	1.4	1.6	1.7	1.7	1.5	2.0	2.1	2.9	1.8	2.4	1.2	1.4	1.2	1.6
多家实验室内相对标准偏差/%		13	25	14	3.5	12	11	13	3.5	14	41	20	11	44	11	39	5.1	18

3.4.2 浸出液精密度测定

在消解罐中加入污泥浸出液样品 25.0 mL,加入浓度为 10.0 mg/L 的银、砷、钡、铍、镉、钴、铬、铜、锰、钼、镍、铅、锑、硒、铊、钒、锌标准溶液 0.10 mL,按方法要求加入硝酸、盐酸消解后定容至 50.0 mL,测定结果见表 8。

经验证,对污泥全量加标样分别进行 6 次平行测定,其相对标准偏差为 1.2%~2.9%;对污泥浸出液样品加标分别进行 6 次平行测定,其相对标准偏差为 1.4%~4.9%,符合标准规定的要求,相关验证材料见附件 6。

表 8　浸出液精密度测定结果

平行样品号		样品浓度															
		Be	V	Cr	Mn	Co	Ni	Cu	Zn	As	Se	Mo	Cd	Sb	Ba	Tl	Pb	Ag
测定 结果/ （μg/L）	1	38.0	78.0	96.0	312	34.8	37.6	56.4	122	38.4	42.6	35.2	37.6	33.4	278	35.2	280	33.4
	2	40.2	82.4	103.2	331	36.8	39.6	59.8	129	41.4	47.2	39.4	39.6	37.4	296	37.0	285	35.6
	3	41.0	84.6	106.2	342	37.8	40.8	61.4	132	42.6	48.2	40.2	41.0	38.4	302	37.8	293	36.6
	4	40.6	82.4	103.8	335	37.0	40.6	59.8	131	41.8	47.6	39.8	40.0	37.8	300	37.4	287	36.0
	5	39.6	80.4	100.8	324	35.8	38.8	58.6	128	40.2	46.4	38.8	38.8	37.0	290	37.2	285	35.0
	6	40.4	82.2	104.4	334	36.8	40.0	59.8	131	41.6	47.8	40.2	40.0	38.0	298	37.4	285	35.8
平均值 $\bar{x}$ / （μg/L）		40.0	81.7	102.4	330	36.5	39.6	59.3	129	41.0	46.6	38.9	39.5	37.0	294	37.0	286	35.4
标准偏差 S/ （μg/L）		1.1	2.2	3.6	10.4	1.0	1.2	1.7	3.5	1.5	2.1	1.9	1.2	1.8	8.9	0.9	4.2	1.1
相对标准 偏差/%		2.7	2.7	3.5	3.1	2.9	3.0	2.8	2.7	3.6	4.4	4.9	3.0	4.9	3.0	2.5	1.5	3.1
多家实验室 内相对标准 偏差/%		21	20	16	11	20	13	6.4	7.0	30	30	16	20	17	23	18	5.7	7.3

3.5　正确度

按照标准方法要求，选择污泥样品进行 3 次加标回收率测定，验证方法正确度。

3.5.1　全量加标回收率验证

取 0.100 0 g 污泥 6 份，其中 3 份测定全量，另 3 份分别加入浓度为 10.0 mg/L 的银、砷、铍、镉、钴、铬、铜、钼、镍、铅、锑、硒、铊标准溶液 0.10 mL，浓度为 100.0 mg/L 的钡、锌、锰、钒标准溶液 0.10 mL，按照样品的测定步骤，消解后定容至 50.0 mL，上机测定，测定结果见表 9。

表 9　全量样品加标回收率测定结果

监测 项目	平行样 品号	实际样品 测定结果/ （mg/kg）	加标量/ （mg/kg）	加标后测定值/ （mg/kg）	加标回收率 P/%	标准规定的加标 回收率 P/%
Be	1	未检出	10	10.3	99.9	75~125
	2	未检出		10.4	102	
	3	未检出		10.4	101	

监测项目	平行样品号	实际样品测定结果/（mg/kg）	加标量/（mg/kg）	加标后测定值/（mg/kg）	加标回收率 P/%	标准规定的加标回收率 P/%
V	1	93.0		184	91.2	
	2	92.3	100	187	94.2	75～125
	3	92.5		186	93.4	
Cr	1	10.9		19.3	83.8	
	2	10.7	10	19.6	88.2	75～125
	3	10.8		19.5	86.5	
Mn	1	158		234	75.7	
	2	157	100	238	81.3	75～125
	3	157		239	81.2	
Co	1	2.8		11.6	88.0	
	2	2.8	10	11.8	90.9	75～125
	3	2.8		11.8	89.8	
Ni	1	5.6		14.7	90.4	
	2	5.5	10	14.6	90.3	75～125
	3	5.5		14.5	90.2	
Cu	1	8.4		17.0	85.4	
	2	8.4	10	17.3	88.7	75～125
	3	8.5		17.2	87.4	
Zn	1	65.0		170	105	
	2	63.6	100	173	110	75～125
	3	64.2		172	108	
As	1	2.0		12.0	100	
	2	2.1	10	12.3	102	75～125
	3	2.0		12.3	103	
Se	1	未检出		11.4	112	
	2	未检出	10	11.8	117	75～125
	3	未检出		11.8	116	
Mo	1	未检出		8.9	86.2	
	2	未检出	10	9.8	94.1	75～125
	3	未检出		9.7	93.8	
Ag	1	未检出		8.9	88.0	
	2	未检出	10	9.2	91.0	75～125
	3	未检出		9.2	90.7	

监测项目	平行样品号	实际样品测定结果/（mg/kg）	加标量/（mg/kg）	加标后测定值/（mg/kg）	加标回收率 P/%	标准规定的加标回收率 P/%
Cd	1	未检出	10	10.4	100	75～125
	2	未检出		10.5	102	
	3	未检出		10.5	102	
Sb	1	未检出	10	8.1	80.5	75～125
	2	未检出		9.0	89.8	
	3	未检出		9.0	89.3	
Ba	1	52.5	100	144	91.0	75～125
	2	52.5		149	96.6	
	3	52.7		149	96.0	
Tl	1	未检出	10	9.4	93.4	75～125
	2	未检出		9.6	95.2	
	3	未检出		9.5	94.8	
Pb	1	12.3	10	21.1	88.1	75～125
	2	12.3		21.3	90.3	
	3	12.5		21.2	87.3	

3.5.2 浸出液加标回收率验证

取 25.0 mL 污泥浸出液样品 6 份，其中 3 份直接测定，另 3 份分别加入浓度为 10.0 mg/L 的砷、铍、镉、钴、铬、铜、镍、铅、硒、铊、锌、钒标准溶液 0.25 mL，浓度为 10.0 mg/L 的银标准溶液 0.20 mL，浓度为 10.0 mg/L 的锰、钼、锑、钡标准溶液 1.25 mL，按照样品的测定步骤，消解后定容至 50.0 mL，上机测定，测定结果见表 10。

表 10　浸出液样品加标回收率测定结果

监测项目	平行样品号	实际样品测定结果/（μg/L）	加标量/（μg/L）	加标后测定值/（μg/L）	加标回收率 P/%	标准规定的加标回收率 P/%
Be	1	未检出	50	46.1	91.5	75～125
	2	未检出		42.7	84.6	
	3	未检出		43.3	85.9	
V	1	52.9	50	91.8	78.0	75～125
	2	52.6		93.5	81.8	
	3	52.6		91.6	78.0	

监测项目	平行样品号	实际样品测定结果/（μg/L）	加标量/（μg/L）	加标后测定值/（μg/L）	加标回收率 P/%	标准规定的加标回收率 P/%
Cr	1	77.4	50	119	83.8	75～125
	2	77.4		118	81.7	
	3	77.8		116	76.8	
Mn	1	333	250	555	88.5	75～125
	2	332		546	85.6	
	3	332		527	77.9	
Co	1	未检出	50	39.6	77.5	75～125
	2	未检出		41.3	80.7	
	3	未检出		41.4	80.9	
Ni	1	4.0	50	43.5	79.1	75～125
	2	4.1		44.9	81.5	
	3	4.1		45.3	82.5	
Cu	1	25.9	50	64.5	77.3	75～125
	2	25.5		67.2	83.3	
	3	25.8		66.7	81.8	
Zn	1	96.4	50	342	98.1	75～125
	2	97.1		337	95.8	
	3	97.4		325	91.1	
As	1	2.2	50	44.7	85.1	75～125
	2	2.2		43.0	81.6	
	3	2.1		44.4	84.7	
Se	1	未检出	50	46.6	92.6	75～125
	2	未检出		43.1	85.8	
	3	未检出		46.9	93.2	
Mo	1	2.5	250	198.3	78.3	75～125
	2	2.6		200.9	79.3	
	3	2.5		197.1	77.8	
Ag	1	未检出	40	36.4	89.5	75～125
	2	未检出		37.8	93.1	
	3	未检出		38.5	94.7	
Cd	1	未检出	50	42.3	83.5	75～125
	2	未检出		41.0	80.7	
	3	未检出		42.3	83.5	

监测项目	平行样品号	实际样品测定结果/（μg/L）	加标量/（μg/L）	加标后测定值/（μg/L）	加标回收率 P/%	标准规定的加标回收率 P/%
Sb	1	未检出	250	201.5	80.5	75～125
	2	未检出		204.2	81.6	
	3	未检出		197.6	78.9	
Ba	1	283	250	507	89.6	75～125
	2	281		505	89.5	
	3	284		486	80.8	
Tl	1	未检出	50	38.6	77.0	75～125
	2	未检出		39.2	78.3	
	3	未检出		40.5	80.9	
Pb	1	281	50	487	82.3	75～125
	2	277		480	81.5	
	3	279		469	75.9	

经验证，对污泥全量样品进行 3 次加标回收率测定，加标回收率为 75.7%～117%，对污泥浸出液样品进行 3 次加标回收率测定，加标回收率为 75.9%～98.1%，符合标准方法要求，相关验证材料见附件 7。

4　实际样品测定

按照标准方法要求，选择污泥样品进行测定，监测报告及相关原始记录见附件 8。

4.1　样品采集和保存

按照标准方法要求，采集污泥样品，样品采集、保存和流转相关证明材料见表 11。

表 11　样品采集和保存信息情况

序号	样品类型及性状	采样依据	样品保存方式
1	自采，分固 20211120 滨海环能，黑褐色块状固体	《工业固体废物采样制样技术规范》（HJ/T 20—1998）	4℃冷藏
2	自采，分固 20211120 嘉兴联合，黑褐色块状固体		4℃冷藏

经验证，本实验室样品采集和保存能力满足标准方法要求。

4.2 样品前处理

按照标准方法要求对污泥样品进行制备和前处理，具体操作如下。

4.2.1 全量样品

按照 HJ/T 20—1998 对固态污泥样品自然风干、研磨、过 100 目尼龙筛，备用。称取过筛污泥样品 0.1～0.2 g，加入硝酸 4 mL、盐酸 1 mL、氢氟酸 1 mL、双氧水 1 mL，使用全自动石墨消解仪 140℃加热消解 2 h。消解完成后在 150℃下赶酸至内溶物近干，冷却至室温后，用去离子水溶解内溶物，然后用去离子水定容至 50.0 mL。

4.2.2 浸出液样品

按照 HJ/T 299—2007 的要求根据污泥样品水分含量，按液固比为 10：1（L/kg）加入提取剂，在翻转振荡器上恒温、匀速振荡（18±2）h，用加压过滤器过滤并收集浸出液，在 4℃下保存。移取浸出液样品 25.0 mL，加入硝酸 4 mL、盐酸 1 mL，使用全自动石墨消解仪 130℃加热消解 2 h。消解完成后在 150℃下赶酸至内溶物近干，冷却至室温后，用去离子水溶解内溶物，然后用去离子水定容至 50.0 mL。

4.3 样品测定结果

实际样品测定结果见表 12。

表 12 实际样品测定结果

监测项目	样品类型	
	污泥全量测定结果/（mg/kg）	浸出液测定结果/（μg/L）
Be	0.4	未检出
V	130	52.8
Cr	15.1	77.4
Mn	219	332
Co	3.8	未检出
Ni	7.8	未检出
Cu	11.8	25.7
Zn	89.6	96.8
As	2.8	2.2
Se	未检出	未检出
Mo	未检出	未检出
Ag	未检出	未检出
Cd	未检出	未检出
Sb	未检出	未检出

监测项目	样品类型	
	污泥全量测定结果/（mg/kg）	浸出液测定结果/（μg/L）
Ba	73.2	282
Tl	未检出	未检出
Pb	17.1	279

4.4 质量控制

按照标准方法要求，采取的质量控制措施包括空白试验、加标回收率测定、平行样测定等。

4.4.1 空白试验

空白试验测定结果见表13。经验证，空白试验测定结果符合标准方法要求。

表13 空白试验测定结果

空白类型	固体废物全量实验室空白		固体废物浸出液实验室空白	
监测项目	测定结果/（mg/kg）	标准规定的要求/（mg/kg）	测定结果/（μg/L）	标准规定的要求/（μg/L）
Be	未检出	＜0.4	未检出	＜0.7
V	未检出	＜0.6	未检出	＜1.1
Cr	未检出	＜1.0	未检出	＜2.0
Mn	未检出	＜1.8	未检出	＜3.6
Co	未检出	＜1.1	未检出	＜2.2
Ni	未检出	＜1.9	未检出	＜3.8
Cu	未检出	＜1.2	未检出	＜2.5
Zn	未检出	＜3.2	未检出	＜6.4
As	未检出	＜0.5	未检出	＜1.0
Se	未检出	＜0.6	未检出	＜1.3
Mo	未检出	＜0.8	未检出	＜1.5
Ag	未检出	＜1.4	未检出	＜2.9
Cd	未检出	＜0.6	未检出	＜1.2
Sb	未检出	＜1.6	未检出	＜3.2
Ba	未检出	＜0.9	未检出	＜1.8
Tl	未检出	＜0.6	未检出	＜1.3
Pb	未检出	＜2.1	未检出	＜4.2

4.4.2 加标回收率测定

对污泥全量样品进行加标回收率测定，得到加标回收为 82.1%~120%，对污泥浸出液样品进行加标回收率测定，得到加标回收率为 89.0%～116%，符合方法中实际样品加标回收率在 75%～125%的要求。对试剂空白进行加标回收率测定，得到加标回收率为97.8%～109%，符合方法中规定的试剂空白加标回收率范围应在 80%～120%之间的要求。

4.4.3 连续校准

（1）每分析 10 个样品，测定浓度为 50 μg/L 的标准溶液中间浓度点，相对误差为0.1%～3.8%，符合方法中规定的连续校准相对误差应在±30%以内的要求。

（2）每次分析时，试样中内标物 Rh 和 Re 的响应值与校准曲线响应值的比在 79.1%～110%，符合标准规定的 70%～130%以内的要求。

5 验证结论

综上所述，本实验室人员通过培训和能力确认后，依据 HJ 766—2015 开展方法验证，并进行了实际样品测试。所用仪器设备、标准物质、关键试剂耗材、采取的质量保证和质量控制措施，以及经实验验证得出的方法检出限、测定下限、精密度和正确度等，均满足标准方法要求，验证合格。

附件 1 验证人员培训、能力确认及持证情况的证明材料（略）

附件 2 仪器设备的溯源证书及结果确认等证明材料（略）

附件 3 有证标准物质证书及关键试剂耗材验收材料（略）

附件 4 校准曲线绘制原始记录（略）

附件 5 检出限和测定下限验证原始记录（略）

附件 6 精密度验证原始记录（略）

附件 7 正确度验证原始记录（略）

附件 8 实际样品分析等相关原始记录（略）

《固体废物　有机氯农药的测定　气相色谱-质谱法》（HJ 912—2017）方法验证实例

1　方法名称及适用范围

1.1　方法名称及编号

《固体废物　有机氯农药的测定　气相色谱-质谱法》（HJ 912—2017）。

1.2　适用范围

本方法适用于固体废物和固体废物浸出液中有机氯农药的测定。

2　实验室基础条件确认

2.1　人员

参加方法验证的人员均通过了培训和能力确认（表1），验证人员相关培训、能力确认情况等证明材料见附件1。

表1　验证人员情况信息

序号	姓名	年龄	职称	专业	参加本标准方法相关要求培训情况（是/否）	能力确认情况（是/否）	相关监测工作年限/年	验证工作内容
1	××	36	工程师	环境科学	是	是	8	采样及现场监测
2	××	33	工程师	环境科学	是	是	8	采样及现场监测
3	××	42	副高	环境科学	是	是	13	前处理
4	××	36	副高	环境科学	是	是	10	分析测试

2.2 仪器设备

本方法验证中，使用了采样仪器、前处理仪器和分析测试仪器。主要仪器设备情况见表 2，相关仪器设备的检定/校准证书及结果确认等证明材料见附件 2。

表 2 主要仪器设备情况

序号	过程	仪器名称	仪器规格型号	仪器编号	溯源/核查情况	溯源/核查结果确认情况	其他特殊要求
1	采样及现场监测	钢铲	—	—	核查	合格	—
2	前处理	快速溶剂萃取	××	××	核查	合格	
		全自动氮吹仪	××	××	核查	合格	
		翻转振荡器	××	××	核查	合格	
3	分析测试	气相色谱-质谱仪	××	××	校准	合格	—

2.3 标准物质及主要试剂耗材

本方法验证中，使用的标准物质、主要试剂耗材情况见表 3，有证标准物质证书、主要试剂耗材验收记录等证明材料见附件 3。

表 3 标准物质、主要试剂耗材情况

序号	过程	名称	生产厂家	技术指标（规格/浓度/纯度/不确定度）	证书/批号	标准物质基体类型	标准物质是否在有效期内	关键试剂耗材验收情况
1	采样及现场监测	具塞磨口棕色玻璃瓶	××	1 L	—	—	—	合格
2	前处理	二氯甲烷	××	色谱纯	—	—	—	合格
		丙酮	××	色谱纯	—	—	—	合格
		正己烷	××	色谱纯	—	—	—	合格
3	分析测试	23 种有机氯农药混标	××	1 000 mg/L	××	正己烷-丙酮	是	合格
		内标：菲-d_{10}	××	4 000 mg/L	××	正己烷-丙酮	是	合格
		替代物：十氯联苯	××	2 000 mg/L	××	正己烷-丙酮	是	合格

2.4　环境条件

本方法验证中，环境条件监控情况见表4，相关环境条件监控记录见附件4。

表4　环境条件监控情况

序号	过程	控制项目	环境条件控制要求	实际环境条件	环境条件确认情况
1	前处理	温度	（23±2）℃	25℃	合格

2.5　相关体系文件

本方法配套使用的监测原始记录为《气相色谱-质谱法测定原始记录》（标识：JL-T-F-29）；监测报告格式为THFF-17。

3　方法性能指标验证

3.1　测试条件

3.1.1　仪器分析条件

（1）气相色谱仪器条件

程序升温：100℃保持0 min，以8℃/min的速度升至300℃保持5 min。载气：高纯氦气，流速：1.0 mL/min（恒流模式）。进样方式：分流模式，分流比：5∶1。进样口温度：250℃；进样量：1.0 μL。

（2）质谱仪器条件

离子源：EI源；离子源温度：230℃；离子化能量：70 eV；扫描方式：全扫描。溶剂延迟：5.0 min；扫描方式：Scan；扫描范围（m/z）：33～550；扫描速度：1.56 scans/s；增益：5倍。

3.1.2　仪器自检

按照仪器说明书进行仪器预热、自检，仪器自检过程正常，结果符合标准方法要求，相关验证材料见附件5。

3.1.3　质谱性能检查

通过气相色谱进样口直接注入1.0 μL浓度为50 mg/L的十氟三苯基膦（DFTPP）标准溶液，得到十氟三苯基膦质谱图，其质量碎片的离子丰度全部符合方法要求，相关验证材料见附件5。

3.2 校准曲线

按照标准方法要求绘制校准曲线：分别加入 1.0 μL、5.0 μL、10.0 μL、20.0 μL、50.0 μL 浓度为 1 000 mg/L 的有机氯农药标准使用液和替代物中间液，同时向其中加入 10.0 μL 浓度为 4 000 mg/L 的内标液，配制成标准曲线，得到有机氯农药和替代物浓度分别为 1.0 mg/L、5.0 mg/L、10.0 mg/L、20.0 mg/L、50.0 mg/L，内标液的浓度为 40.0 mg/L。取 1.0 μL 内标液在上述仪器条件下依次进样分析，校准曲线绘制情况见表 5，标准溶液的谱图见图 1，相关验证材料见附件 5。

表 5 校准曲线绘制情况

校准溶液名称	平均相对响应因子（$\overline{RRF}$）	相对响应因子的相对标准偏差（RSD）/%	标准规定要求	是否符合标准要求
α-六六六	1.72×10^{-1}	3.3	≤20%	是
六氯苯	2.54×10^{-1}	4.9	≤20%	是
β-六六六	1.33×10^{-1}	7.1	≤20%	是
γ-六六六	1.11×10^{-1}	8.1	≤20%	是
δ-六六六	1.02×10^{-1}	7.8	≤20%	是
七氯	1.09×10^{-1}	13	≤20%	是
艾氏剂	1.85×10^{-1}	3.4	≤20%	是
环氧七氯 B	1.30×10^{-1}	7.2	≤20%	是
α-氯丹	1.24×10^{-1}	3.5	≤20%	是
硫丹 I	3.59×10^{-2}	7.3	≤20%	是
γ-氯丹	1.17×10^{-1}	2.0	≤20%	是
p,p'-滴滴伊	2.61×10^{-1}	4.7	≤20%	是
狄试剂	2.40×10^{-1}	5.2	≤20%	是
异狄试剂	4.18×10^{-2}	7.7	≤20%	是
硫丹 II	4.19×10^{-2}	16	≤20%	是
p,p'-滴滴滴	5.18×10^{-1}	8.6	≤20%	是
o,p'-滴滴涕	2.30×10^{-1}	9.0	≤20%	是
异狄试剂醛	1.56×10^{-1}	9.6	≤20%	是
硫丹硫酸酯	6.13×10^{-2}	8.6	≤20%	是
p,p'-滴滴涕	2.17×10^{-1}	11	≤20%	是
异狄试剂酮	9.70×10^{-2}	15	≤20%	是
甲氧滴滴涕	3.68×10^{-1}	13	≤20%	是
灭蚁灵	2.37×10^{-1}	4.7	≤20%	是

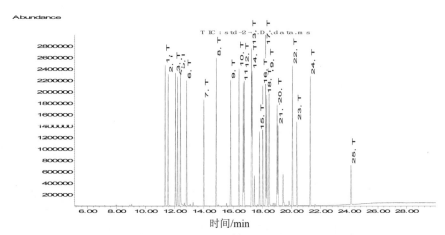

图 1　有机氯农药的总离子流图（第 5 个浓度点）

注：有机氯农药组分出峰顺序：1—α-六六六；2—六氯苯；3—β-六六六；4—γ-六六六；5—菲-d_{10}（内标）；6—δ-六六六；7—七氯；8—艾氏剂；9—环氧七氯 B；10—α-氯丹；11—硫丹 I；12—γ-氯丹；13—p,p'-滴滴伊；14—狄试剂；15—异狄试剂；16—硫丹 II；17—p,p'-滴滴滴；18—o,p'-滴滴涕；19—异狄试剂醛；20—硫丹硫酸酯；21—p,p'-滴滴涕；22—异狄试剂酮；23—甲氧滴滴涕；24—灭蚁灵；25—十氯联苯（ss）。

3.3　方法检出限及测定下限

按照《环境监测分析方法标准制订技术导则》（HJ 168—2020）附录 A.1 的规定，进行方法检出限和测定下限验证。

3.3.1　固体废物浸出液检出限

按照标准方法要求，对有机氯农药浓度为 0.10 mg/L 的空白加标样品（向 100 mL 空白样品中加入 10 μL 浓度为 1 000 mg/L 的标准溶液，得到空白加标样品的浓度为 0.10 mg/L），进行至少 7 次重复性测定，按式（1）计算方法检出限。以 4 倍的检出限作为测定下限，即 RQL=4×MDL。本方法检出限及测定下限计算结果见表 6。

$$MDL = t_{(6,0.99)} \times S \tag{1}$$

式中：MDL——方法检出限；

　　　$t_{(6,0.99)}$——自由度为 6，置信度为 99%时的 t 分布（单侧）；

　　　S——7 次重复性测定的标准偏差。

经验证，本实验室固体废物浸出液检出限和测定下限符合标准方法要求，相关验证材料见附件 6。

3.3.2　灰渣固体废物检出限

按照标准方法要求，对有机氯农药浓度为 0.10 mg/kg 的空白加标样品［向 10 g 空白样品（石英砂）中加入 1 μL 浓度为 1 000 mg/L 的标准溶液，得到空白加标样品的浓度为 0.10 mg/kg］，进行至少 7 次重复性测定，按式（1）计算方法检出限。以 4 倍的样品检出限作为测定下限，即 RQL=4×MDL。本方法检出限及测定下限计算结果见表 7。

表6 方法检出限及测定下限（固体废物浸出液）

单位：mg/L

项目名称	测定结果 1	2	3	4	5	6	7	平均值 $\bar{x}$	标准偏差	方法检出限	测定下限	标准中检出限要求	标准中测定下限要求
α-六六六	0.071	0.084	0.090	0.100	0.081	0.074	0.077	0.082	0.010 1	0.032	0.128	0.06	0.24
六氯苯	0.087	0.094	0.095	0.107	0.091	0.088	0.093	0.094	0.006 6	0.021	0.084	0.05	0.20
β-六六六	0.083	0.076	0.079	0.091	0.069	0.070	0.079	0.078	0.007 6	0.024	0.096	0.05	0.20
γ-六六六	0.086	0.085	0.086	0.092	0.079	0.073	0.077	0.083	0.006 6	0.021	0.084	0.04	0.16
δ-六六六	0.080	0.081	0.073	0.088	0.067	0.061	0.066	0.074	0.009 7	0.030	0.120	0.06	0.24
七氯	0.069	0.074	0.068	0.079	0.092	0.067	0.067	0.074	0.009 0	0.028	0.112	0.05	0.20
艾氏剂	0.085	0.078	0.100	0.098	0.081	0.079	0.082	0.086	0.009 1	0.029	0.116	0.06	0.24
环氧七氯 B	0.082	0.090	0.089	0.092	0.079	0.065	0.075	0.082	0.009 6	0.030	0.120	0.04	0.16
α-氯丹	0.102	0.092	0.094	0.082	0.096	0.099	0.101	0.095	0.006 8	0.021	0.084	0.06	0.24
硫丹 I	0.081	0.093	0.081	0.074	0.100	0.090	0.084	0.086	0.008 8	0.028	0.112	0.06	0.24
γ-氯丹	0.089	0.092	0.089	0.105	0.099	0.079	0.102	0.094	0.009 0	0.028	0.112	0.05	0.20
p,p'-滴滴滴	0.081	0.087	0.091	0.098	0.079	0.067	0.077	0.083	0.010 1	0.03	0.12	0.1	0.4
狄试剂	0.074	0.089	0.077	0.085	0.081	0.063	0.068	0.077	0.009 0	0.03	0.12	0.1	0.4
异狄试剂	0.071	0.073	0.066	0.076	0.092	0.069	0.065	0.073	0.009 0	0.028	0.112	0.07	0.28
硫丹 II	0.084	0.101	0.093	0.101	0.093	0.077	0.074	0.089	0.011 0	0.035	0.140	0.05	0.20
p,p'-滴滴滴	0.073	0.084	0.088	0.092	0.070	0.069	0.069	0.078	0.010 0	0.031	0.124	0.05	0.20
o,p'-滴滴涕	0.067	0.067	0.069	0.061	0.087	0.067	0.067	0.069	0.008 2	0.026	0.104	0.06	0.24
异狄试剂醛	0.066	0.071	0.075	0.085	0.062	0.061	0.069	0.070	0.008 4	0.026	0.104	0.04	0.24
硫丹硫酸酯	0.068	0.067	0.091	0.088	0.081	0.066	0.072	0.076	0.010 6	0.033	0.132	0.05	0.20
p,p'-滴滴涕	0.070	0.067	0.066	0.071	0.089	0.065	0.067	0.071	0.008 5	0.027	0.108	0.06	0.24
异狄试剂酮	0.081	0.065	0.067	0.069	0.087	0.068	0.066	0.072	0.008 7	0.027	0.108	0.05	0.20
甲氧滴滴涕	0.071	0.061	0.063	0.068	0.084	0.071	0.070	0.070	0.007 3	0.023	0.092	0.06	0.24
灭蚁灵	0.086	0.083	0.092	0.099	0.077	0.073	0.081	0.084	0.008 9	0.028	0.112	0.05	0.20

表 7　方法检出限及测定下限（灰渣固体废物）

单位：mg/kg

项目名称	测定结果								标准偏差	方法检出限	测定下限	标准中检出限要求	标准中测定下限要求
	1	2	3	4	5	6	7	平均值 $\bar{x}$					
α-六六六	0.064	0.073	0.069	0.066	0.072	0.079	0.076	0.071	0.005 4	0.017	0.068	0.03	0.12
六氯苯	0.082	0.089	0.091	0.089	0.085	0.089	0.097	0.089	0.004 6	0.014	0.056	0.02	0.08
β-六六六	0.057	0.060	0.058	0.064	0.065	0.062	0.076	0.063	0.006 3	0.020	0.080	0.02	0.08
γ-六六六	0.067	0.063	0.065	0.076	0.076	0.087	0.081	0.074	0.009 0	0.028	0.112	0.03	0.12
δ-六六六	0.058	0.052	0.061	0.058	0.042	0.061	0.058	0.056	0.006 9	0.022	0.088	0.04	0.16
七氯	0.049	0.044	0.050	0.052	0.054	0.063	0.044	0.051	0.006 5	0.020	0.080	0.05	0.20
艾氏剂	0.069	0.077	0.073	0.061	0.061	0.074	0.081	0.071	0.007 7	0.024	0.096	0.04	0.16
环氧七氯 B	0.059	0.067	0.065	0.056	0.069	0.057	0.063	0.062	0.005 0	0.016	0.064	0.02	0.08
α-氯丹	0.070	0.088	0.088	0.077	0.092	0.080	0.078	0.082	0.007 7	0.024	0.096	0.02	0.08
硫丹 I	0.085	0.071	0.070	0.062	0.079	0.077	0.074	0.074	0.007 3	0.023	0.092	0.03	0.12
γ-氯丹	0.084	0.100	0.080	0.095	0.094	0.096	0.089	0.091	0.007 0	0.022	0.088	0.02	0.08
p,p'-滴滴伊	0.070	0.074	0.075	0.070	0.068	0.083	0.072	0.073	0.005 2	0.016	0.064	0.02	0.08
狄试剂	0.054	0.068	0.067	0.059	0.061	0.068	0.066	0.063	0.005 4	0.017	0.068	0.02	0.08
异狄试剂	0.053	0.066	0.046	0.047	0.064	0.066	0.054	0.057	0.008 7	0.027	0.108	0.03	0.12
硫丹 II	0.057	0.072	0.067	0.065	0.065	0.088	0.086	0.071	0.011 5	0.036	0.144	0.04	0.16
p,p'-滴滴滴	0.059	0.069	0.061	0.062	0.067	0.075	0.065	0.065	0.005 5	0.017	0.068	0.03	0.12
o,p'-滴滴涕	0.047	0.052	0.049	0.046	0.071	0.067	0.045	0.054	0.010 7	0.034	0.136	0.03	0.12
异狄试剂醛	0.049	0.051	0.048	0.053	0.044	0.061	0.051	0.051	0.005 4	0.017	0.068	0.03	0.12
硫丹硫酸酯	0.057	0.067	0.073	0.083	0.065	0.093	0.066	0.072	0.012 0	0.038	0.152	0.04	0.16
p,p'-滴滴涕	0.046	0.069	0.049	0.050	0.046	0.047	0.053	0.051	0.008 0	0.025	0.100	0.04	0.16
异狄试剂酮	0.047	0.054	0.040	0.045	0.055	0.054	0.047	0.049	0.005 6	0.017	0.068	0.03	0.12
甲氧滴滴涕	0.044	0.060	0.050	0.043	0.044	0.047	0.052	0.049	0.006 1	0.019	0.076	0.09	0.36
灭蚁灵	0.075	0.078	0.069	0.082	0.079	0.089	0.069	0.077	0.006 8	0.021	0.084	0.02	0.08

经验证，本实验室灰渣固体废物检出限和测定下限符合标准方法要求，相关验证材料见附件 6。

3.3.3 污泥固体废物检出限

按照标准方法要求，对有机氯农药浓度为 0.50 mg/kg 的空白加标样品［向 2 g 空白样品（石英砂）中加入 1 μL 浓度为 1 000 mg/L 的标准溶液，得到空白加标样品的浓度为 0.50 mg/kg］，进行至少 7 次重复性测定，按式（1）计算方法检出限。以 4 倍的样品检出限作为测定下限，即 RQL=4×MDL。本方法检出限及测定下限计算结果见表 8。

表 8　方法检出限及测定下限（污泥固体废物）　　　　　　　　单位：mg/kg

项目名称	测定结果								标准偏差	方法检出限	测定下限	标准中检出限要求	标准中测定下限要求
	1	2	3	4	5	6	7	平均值 $\bar{x}$					
α-六六六	0.41	0.46	0.36	0.43	0.37	0.36	0.42	0.40	0.040	0.12	0.48	0.5	2.0
六氯苯	0.40	0.51	0.50	0.51	0.48	0.45	0.50	0.48	0.039	0.12	0.48	0.4	1.6
β-六六六	0.31	0.41	0.29	0.34	0.29	0.35	0.33	0.33	0.043	0.14	0.56	0.5	2.0
γ-六六六	0.36	0.43	0.43	0.40	0.38	0.36	0.44	0.40	0.034	0.11	0.44	0.5	2.0
δ-六六六	0.33	0.40	0.30	0.29	0.31	0.30	0.35	0.33	0.039	0.12	0.48	0.3	1.2
七氯	0.30	0.23	0.21	0.21	0.22	0.22	0.22	0.23	0.030	0.10	0.40	0.6	2.4
艾氏剂	0.34	0.37	0.34	0.42	0.36	0.38	0.33	0.36	0.031	0.10	0.40	0.4	1.6
环氧七氯 B	0.32	0.41	0.34	0.36	0.33	0.38	0.39	0.36	0.033	0.10	0.40	0.5	2.0
α-氯丹	0.46	0.55	0.48	0.46	0.54	0.52	0.52	0.50	0.038	0.12	0.48	0.2	0.8
硫丹 I	0.50	0.46	0.36	0.39	0.41	0.41	0.42	0.42	0.046	0.15	0.60	0.6	2.4
γ-氯丹	0.45	0.55	0.47	0.53	0.55	0.51	0.53	0.51	0.040	0.13	0.52	0.2	0.8
p,p'-滴滴伊	0.37	0.42	0.35	0.41	0.40	0.38	0.45	0.40	0.031	0.10	0.40	0.3	1.2
狄试剂	0.30	0.35	0.30	0.33	0.29	0.26	0.33	0.31	0.030	0.10	0.40	0.4	1.6
异狄试剂	0.31	0.22	0.23	0.27	0.22	0.23	0.23	0.24	0.036	0.11	0.44	0.8	3.2
硫丹 II	0.48	0.32	0.38	0.39	0.40	0.40	0.39	0.39	0.047	0.15	0.60	0.8	3.2
p,p'-滴滴滴	0.36	0.38	0.39	0.40	0.35	0.30	0.39	0.37	0.033	0.11	0.44	0.5	2.0
o,p'-滴滴涕	0.29	0.22	0.29	0.22	0.25	0.21	0.23	0.24	0.034	0.11	0.44	0.3	1.2
异狄试剂醛	0.21	0.31	0.28	0.25	0.27	0.26	0.29	0.27	0.032	0.10	0.40	0.8	3.2
硫丹硫酸酯	0.37	0.42	0.38	0.31	0.31	0.45	0.34	0.37	0.052	0.16	0.64	0.7	2.8

项目名称	测定结果								标准偏差	方法检出限	测定下限	标准中检出限要求	标准中测定下限要求
	1	2	3	4	5	6	7	平均值 $\bar{x}$					
p,p'-滴滴涕	0.32	0.21	0.23	0.23	0.21	0.26	0.23	0.24	0.037	0.12	0.48	0.6	2.4
异狄试剂酮	0.28	0.22	0.28	0.27	0.21	0.24	0.20	0.24	0.033	0.10	0.40	0.6	2.4
甲氧滴滴涕	0.32	0.24	0.23	0.25	0.22	0.21	0.23	0.24	0.036	0.11	0.44	0.6	2.4
灭蚁灵	0.47	0.43	0.38	0.38	0.39	0.43	0.40	0.41	0.033	0.10	0.40	0.2	0.8

经验证,本实验室污泥固体废物检出限和测定下限符合标准方法要求,相关验证材料见附件6。

3.4 精密度

按照标准方法要求,采用固体废物浸出液、灰渣样品和污泥样品三种类型的实际加标样品进行6次重复性测定,计算相对标准偏差,测定结果见表9～表11。

3.4.1 浸出液精密度

称取含水率为3.2%的实际样品155.47 g,同时称取6份,分别置于2 L提取瓶中,按液固比10:1(L/kg)加入浸提剂硫酸硝酸混合溶液,加入有机氯标准使用液,使其浓度为5.00 mg/L,按照《固体废物 浸出毒性浸出方法 硫酸硝酸法》(HJ/T 299—2007)的要求完成提取。

按方法操作步骤进行测定,根据测定结果计算精密度,结果见表9。

表9 精密度测定结果(加标浓度为5.00 mg/L)　　　　　　　　　　单位:mg/L

项目名称	测定结果							标准偏差	相对标准偏差/%	标准要求的相对标准偏差/%
	1	2	3	4	5	6	平均值 $\bar{x}$			
α-六六六	4.23	4.32	4.26	4.43	3.98	3.97	4.20	0.187	4.5	7.2
六氯苯	4.39	4.35	4.39	4.60	4.00	4.15	4.31	0.211	4.9	5.4
β-六六六	4.29	4.24	4.23	4.47	3.84	4.02	4.18	0.222	5.4	4.8
γ-六六六	4.48	4.41	4.42	4.68	4.11	4.15	4.37	0.213	4.9	6.2
δ-六六六	4.45	4.43	4.41	4.60	3.96	4.27	4.35	0.219	5.1	5.5
七氯	4.69	4.59	4.66	4.81	4.18	4.37	4.55	0.231	5.1	7.9
艾氏剂	4.05	4.00	3.97	4.07	3.59	3.78	3.91	0.188	4.9	8.0

项目名称	测定结果							标准偏差	相对标准偏差/%	标准要求的相对标准偏差/%
	1	2	3	4	5	6	平均值 $\overline{x}$			
环氧七氯 B	4.09	4.04	4.07	4.21	3.67	3.81	3.98	0.201	5.1	5.5
α-氯丹	5.03	5.02	5.09	5.37	4.63	4.85	5.00	0.247	5.0	5.5
硫丹 I	4.68	4.74	4.81	5.03	4.25	4.49	4.67	0.266	5.8	5.8
γ-氯丹	4.99	5.01	5.02	5.28	4.70	4.76	4.96	0.209	4.3	5.3
p,p'-滴滴伊	4.42	4.43	4.46	4.67	4.04	4.22	4.37	0.218	5.0	5.6
狄试剂	3.79	3.72	3.71	3.82	3.38	3.46	3.65	0.180	5.0	5.9
异狄试剂	3.81	3.89	3.89	4.00	3.58	3.75	3.82	0.146	3.9	5.9
硫丹 II	4.56	4.59	4.66	4.77	4.16	4.28	4.50	0.233	5.2	6.9
p,p'-滴滴滴	4.40	4.37	4.33	4.52	3.99	4.12	4.29	0.196	4.6	4.9
o,p'-滴滴涕	4.57	4.55	4.58	4.79	4.25	4.44	4.53	0.176	3.9	2.7
异狄试剂醛	4.29	4.27	4.15	4.28	3.74	3.92	4.11	0.229	5.6	5.0
硫丹硫酸酯	4.89	4.60	4.84	4.96	4.43	4.61	4.72	0.206	4.4	4.9
p,p'-滴滴涕	3.84	3.91	3.95	4.18	3.57	3.85	3.88	0.200	5.2	4.7
异狄试剂酮	3.55	3.55	3.48	3.67	3.19	3.31	3.46	0.177	5.2	4.3
甲氧滴滴涕	4.94	4.99	5.11	5.35	4.53	4.95	4.98	0.267	5.4	4.5
灭蚁灵	4.53	4.44	4.48	4.71	4.11	4.36	4.44	0.198	4.5	3.8

经验证，对浓度为 5.00 mg/L 的固体废物浸出液中的有机氯农药进行 6 次重复性测定，相对标准偏差为 3.9%～5.8%，符合标准方法要求（参考 HJ 912—2017 附录 C 表 C.3 中浓度为 2.00 mg/L 的实验室内相对标准偏差），相关验证材料见附件 7。

3.4.2 灰渣固体废物精密度

称取 10.0 g 灰渣实际样品 6 份，分别加入有机氯标准使用液，使其浓度为 5.00 mg/kg，使用快速溶剂萃取仪进行提取。按方法操作步骤进行测定，根据测定结果计算精密度，结果见表 10。

表 10 精密度测定结果（加标浓度为 5.00 mg/kg）　　　　　　　单位：mg/kg

项目名称	测定结果							标准偏差	相对标准偏差/%	标准要求的相对标准偏差/%
	1	2	3	4	5	6	平均值 $\overline{x}$			
α-六六六	2.95	2.97	3.18	3.26	3.15	3.10	3.10	0.119	3.9	<24
六氯苯	3.09	3.14	3.36	3.38	3.40	3.28	3.28	0.132	4.1	<23
β-六六六	2.97	2.94	3.16	3.11	3.12	3.02	3.05	0.090	3.0	<21
γ-六六六	3.05	3.17	3.38	3.20	3.30	3.19	3.21	0.113	3.6	<24

项目名称	测定结果							标准偏差	相对标准偏差/%	标准要求的相对标准偏差/%
	1	2	3	4	5	6	平均值 $\bar{x}$			
δ-六六六	3.11	3.08	3.33	3.20	3.32	3.18	3.20	0.103	3.2	<18
七氯	2.91	2.92	2.99	3.19	3.21	3.11	3.05	0.131	4.4	<25
艾氏剂	2.67	2.72	2.86	2.88	2.87	2.84	2.81	0.091	3.3	<25
环氧七氯B	2.79	2.76	3.03	2.98	3.04	2.92	2.92	0.119	4.1	<22
α-氯丹	3.64	3.66	4.00	4.04	4.04	3.88	3.88	0.184	4.8	<18
硫丹 I	3.29	3.30	3.49	3.62	3.62	3.35	3.44	0.153	4.5	<18
γ-氯丹	3.68	3.62	3.93	3.89	4.05	3.82	3.83	0.161	4.3	<17
p,p'-滴滴伊	3.11	3.21	3.44	3.40	3.47	3.27	3.32	0.141	4.3	<17
狄试剂	2.48	2.50	2.68	2.70	2.70	2.56	2.60	0.102	4.0	<18
异狄试剂	2.40	2.51	3.04	3.10	3.02	2.73	2.80	0.300	11	<24
硫丹 II	3.13	3.15	3.46	3.46	3.55	3.39	3.36	0.178	5.3	<14
p,p'-滴滴滴	3.04	3.08	3.39	3.40	3.44	3.28	3.27	0.171	5.3	<18
o,p'-滴滴涕	3.11	3.15	3.30	3.22	3.36	3.25	3.23	0.093	2.9	<21
异狄试剂醛	2.71	2.67	2.91	2.92	2.96	2.82	2.83	0.119	4.3	<29
硫丹硫酸酯	3.42	3.30	3.64	3.63	3.73	3.45	3.53	0.163	4.7	<18
p,p'-滴滴涕	2.59	2.64	2.67	2.64	2.81	2.75	2.68	0.080	3.0	<26
异狄试剂酮	2.37	2.31	2.47	2.42	2.48	2.38	2.40	0.064	2.7	<27
甲氧滴滴涕	3.19	3.19	3.47	3.49	3.61	3.44	3.40	0.173	5.1	<26
灭蚁灵	3.19	3.21	3.41	3.49	3.44	3.34	3.34	0.124	3.7	<14

经验证，对浓度为 5.00 mg/kg 的灰渣固体废物全量中的有机氯农药进行 6 次重复性测定，相对标准偏差为 2.7%～11%，符合标准方法要求（参考 HJ 912—2017 附录 C 表 C.1 中浓度为 1.00 mg/kg 的实验室内相对标准偏差），相关验证材料见附件 7。

3.4.3 污泥固体废物精密度

称取 2.0 g 污泥实际样品 6 份，加入有机氯标准使用液，使其浓度为 25.0 mg/kg，使用快速溶剂萃取仪进行提取。按方法操作步骤进行测定，根据测定结果计算精密度，结果见表 11。

表 11 精密度测定结果（加标浓度为 25.0 mg/kg） 单位：mg/kg

项目名称	测定结果							标准偏差	相对标准偏差/%	标准要求的相对标准偏差/%
	1	2	3	4	5	6	平均值 $\bar{x}$			
α-六六六	15.0	15.1	16.1	15.3	15.8	15.5	15.5	0.412	2.7	<8.5

项目名称	测定结果							标准偏差	相对标准偏差/%	标准要求的相对标准偏差/%
	1	2	3	4	5	6	平均值 $\bar{x}$			
六氯苯	15.8	15.8	17.0	16.5	17.0	16.1	16.4	0.546	3.4	<8.5
β-六六六	15.2	14.7	16.1	15.7	16.0	15.4	15.5	0.550	3.6	<8.9
γ-六六六	15.4	15.6	16.9	16.7	16.6	15.9	16.2	0.642	4.0	<26
δ-六六六	15.4	15.3	16.5	16.5	16.7	16.2	16.1	0.610	3.8	<17
七氯	15.6	15.3	16.7	16.6	16.7	15.5	16.1	0.668	4.2	<15
艾氏剂	13.4	13.6	14.6	14.1	14.3	14.1	14.0	0.418	3.0	<15
环氧七氯 B	13.8	13.9	15.4	14.6	14.7	14.5	14.5	0.548	3.8	<8.2
α-氯丹	18.3	18.8	19.8	19.6	19.9	19.7	19.3	0.651	3.4	<8.3
硫丹 I	16.3	17.1	17.7	17.6	17.7	17.5	17.3	0.565	3.3	<8.0
γ-氯丹	18.9	18.3	19.8	19.6	19.9	19.0	19.2	0.623	3.3	<8.2
p,p'-滴滴伊	15.9	16.0	17.5	17.0	17.3	16.4	16.7	0.684	4.1	<8.3
狄试剂	12.5	12.5	13.1	13.0	13.4	12.7	12.9	0.350	2.8	<7.7
异狄试剂	12.3	12.4	14.3	13.5	14.4	12.7	13.3	0.926	7.0	<15
硫丹 II	16.1	16.1	17.7	17.1	17.4	17.7	17.0	0.739	4.4	<12
p,p'-滴滴滴	15.7	15.5	16.6	16.2	16.5	15.9	16.1	0.424	2.7	<8.1
o,p'-滴滴涕	16.0	16.2	17.6	17.4	17.7	16.8	17.0	0.721	4.3	<23
异狄试剂醛	13.5	13.2	15.1	14.8	14.7	13.9	14.2	0.750	5.3	<26
硫丹硫酸酯	17.3	17.2	18.7	18.4	18.3	17.7	18.0	0.622	3.5	<8.3
p,p'-滴滴涕	13.8	13.5	15.2	14.7	15.3	14.4	14.5	0.712	5.0	<16
异狄试剂酮	11.6	11.3	12.1	11.9	12.2	11.4	11.7	0.358	3.1	<9.6
甲氧滴滴涕	16.8	16.9	18.9	18.5	18.7	17.8	17.9	0.930	5.2	<16
灭蚁灵	16.1	16.2	16.9	16.9	17.3	16.2	16.6	0.504	3.1	<8.6

经验证,对浓度为 25.0 mg/kg 的污泥固体废物全量中的有机氯农药进行 6 次重复性测定,相对标准偏差为 2.7%～7.0%,符合标准方法要求(参考 HJ 912—2017 附录 C 表 C.2 中浓度为 5.00 mg/kg 的实验室内相对标准偏差),相关验证材料见附件 7。

3.5 正确度

按照标准方法要求,采用固体废物浸出液、灰渣样品和污泥样品三种类型的实际样品进行 3 次加标回收率测定,验证方法正确度。

3.5.1 固体废物浸出液正确度

称取含水率为 3.2% 的实际样品 155.47 g,共称取 4 份,分别置于 2 L 提取瓶中,其中 3 份加入有机氯标准使用液,使其浓度为 1.00 mg/L,按液固比 10∶1 (L/kg) 加入浸提剂硫酸硝酸混合溶液，按照样品的测定步骤同时进行测定，测定结果见表 12。

表 12　实际样品加标回收率测定结果（固体废物浸出液）

监测项目	平行样品号	实际样品测定结果/（mg/L）	加标量/（mg/L）	加标后测定值/（mg/L）	加标回收率 P/%	标准规定的加标回收率 P/%
α-六六六	1	未检出	1.00	0.83	83.0	60.0～110
	2			0.86	86.0	60.0～110
	3			0.86	86.0	60.0～110
六氯苯	1	未检出	1.00	0.86	86.0	60.0～110
	2			0.84	84.0	60.0～110
	3			0.86	86.0	60.0～110
β-六六六	1	未检出	1.00	0.82	82.0	60.0～110
	2			0.83	83.0	60.0～110
	3			0.82	82.0	60.0～110
γ-六六六	1	未检出	1.00	0.87	87.0	60.0～110
	2			0.87	87.0	60.0～110
	3			0.91	91.0	60.0～110
δ-六六六	1	未检出	1.00	0.82	82.0	60.0～110
	2			0.80	80.0	60.0～110
	3			0.81	81.0	60.0～110
七氯	1	未检出	1.00	0.68	68.0	60.0～110
	2			0.66	66.0	60.0～110
	3			0.61	61.0	60.0～110
艾氏剂	1	未检出	1.00	0.80	80.0	60.0～110
	2			0.80	80.0	60.0～110
	3			0.81	81.0	60.0～110
环氧七氯 B	1	未检出	1.00	0.83	83.0	60.0～110
	2			0.80	80.0	60.0～110
	3			0.83	83.0	60.0～110
α-氯丹	1	未检出	1.00	0.96	96.0	60.0～110
	2			0.96	96.0	60.0～110
	3			0.98	98.0	60.0～110
硫丹 I	1	未检出	1.00	0.92	92.0	60.0～110
	2			0.91	91.0	60.0～110
	3			0.92	92.0	60.0～110

监测项目	平行样品号	实际样品测定结果/（mg/L）	加标量/（mg/L）	加标后测定值/（mg/L）	加标回收率 P/%	标准规定的加标回收率 P/%
γ-氯丹	1	未检出	1.00	0.93	93.0	60.0～110
	2			0.95	95.0	60.0～110
	3			0.95	95.0	60.0～110
p,p'-滴滴伊	1	未检出	1.00	0.84	84.0	60.0～110
	2			0.83	83.0	60.0～110
	3			0.90	90.0	60.0～110
狄试剂	1	未检出	1.00	0.74	74.0	60.0～110
	2			0.73	73.0	60.0～110
	3			0.82	82.0	60.0～110
异狄试剂	1	未检出	1.00	0.77	77.0	60.0～110
	2			0.72	72.0	60.0～110
	3			0.63	63.0	60.0～110
硫丹 II	1	未检出	1.00	0.85	85.0	60.0～110
	2			0.90	90.0	60.0～110
	3			0.87	87.0	60.0～110
p,p'-滴滴滴	1	未检出	1.00	0.88	88.0	60.0～110
	2			0.86	86.0	60.0～110
	3			0.88	88.0	60.0～110
o,p'-滴滴涕	1	未检出	1.00	0.70	70.0	60.0～110
	2			0.74	74.0	60.0～110
	3			0.70	70.0	60.0～110
异狄试剂醛	1	未检出	1.00	0.78	78.0	60.0～110
	2			0.74	74.0	60.0～110
	3			0.76	76.0	60.0～110
硫丹硫酸酯	1	未检出	1.00	0.89	89.0	60.0～110
	2			0.82	82.0	60.0～110
	3			0.90	90.0	60.0～110
p,p'-滴滴涕	1	未检出	1.00	0.70	70.0	60.0～110
	2			0.65	65.0	60.0～110
	3			0.68	68.0	60.0～110
异狄试剂酮	1	未检出	1.00	0.74	74.0	60.0～110
	2			0.69	69.0	60.0～110
	3			0.72	72.0	60.0～110

监测项目	平行样品号	实际样品测定结果/（mg/L）	加标量/（mg/L）	加标后测定值/（mg/L）	加标回收率 P/%	标准规定的加标回收率 P/%
甲氧滴滴涕	1	未检出	1.00	0.62	62.0	60.0～110
	2			0.63	63.0	60.0～110
	3			0.66	66.0	60.0～110
灭蚁灵	1	未检出	1.00	0.84	84.0	60.0～110
	2			0.85	85.0	60.0～110
	3			0.89	89.0	60.0～110

经验证，对固体废物浸提液进行 3 次加标回收率测定，加标回收率为 61.0%～98.0%，符合标准方法要求，相关验证材料见附件 8。

3.5.2 灰渣固体废物正确度

称取 10.0 g 灰渣实际样品 3 份，分别加入有机氯标准使用液，使其浓度为 1.00 mg/kg，使用快速溶剂萃取仪进行提取。按方法操作步骤进行测定，由测定结果计算正确度，结果见表 13。

表 13 实际样品加标回收率测定结果（灰渣固体废物）

监测项目	平行样品号	实际样品测定结果/（mg/L）	加标量/（mg/L）	加标后测定值/（mg/L）	加标回收率 P/%	标准规定的加标回收率 P/%
α-六六六	1	未检出	1.00	0.68	68.0	40.0～170
	2			0.63	63.0	40.0～170
	3			0.53	53.0	40.0～170
六氯苯	1	未检出	1.00	0.78	78.0	40.0～170
	2			0.70	70.0	40.0～170
	3			0.61	61.0	40.0～170
β-六六六	1	未检出	1.00	0.68	68.0	40.0～170
	2			0.60	60.0	40.0～170
	3			0.54	54.0	40.0～170
γ-六六六	1	未检出	1.00	0.77	77.0	40.0～170
	2			0.64	64.0	40.0～170
	3			0.60	60.0	40.0～170
δ-六六六	1	未检出	1.00	0.70	70.0	40.0～170
	2			0.59	59.0	40.0～170
	3			0.53	53.0	40.0～170

监测项目	平行样品号	实际样品测定结果/（mg/L）	加标量/（mg/L）	加标后测定值/（mg/L）	加标回收率 P/%	标准规定的加标回收率 P/%
七氯	1	未检出	1.00	0.54	54.0	40.0～170
	2			0.40	40.0	40.0～170
	3			0.44	44.0	40.0～170
艾氏剂	1	未检出	1.00	0.65	65.0	40.0～170
	2			0.59	59.0	40.0～170
	3			0.50	50.0	40.0～170
环氧七氯 B	1	未检出	1.00	0.66	66.0	40.0～170
	2			0.59	59.0	40.0～170
	3			0.50	50.0	40.0～170
α-氯丹	1	未检出	1.00	0.89	89.0	40.0～170
	2			0.72	72.0	40.0～170
	3			0.67	67.0	40.0～170
硫丹 I	1	未检出	1.00	0.77	77.0	40.0～170
	2			0.66	66.0	40.0～170
	3			0.60	60.0	40.0～170
γ-氯丹	1	未检出	1.00	0.90	90.0	40.0～170
	2			0.78	78.0	40.0～170
	3			0.68	68.0	40.0～170
p,p'-滴滴伊	1	未检出	1.00	0.75	75.0	40.0～170
	2			0.62	62.0	40.0～170
	3			0.58	58.0	40.0～170
狄试剂	1	未检出	1.00	0.61	61.0	40.0～170
	2			0.50	50.0	40.0～170
	3			0.46	46.0	40.0～170
异狄试剂	1	未检出	1.00	0.50	50.0	40.0～170
	2			0.46	46.0	40.0～170
	3			0.42	42.0	40.0～170
硫丹 II	1	未检出	1.00	0.80	80.0	40.0～170
	2			0.66	66.0	40.0～170
	3			0.52	52.0	40.0～170
p,p'-滴滴滴	1	未检出	1.00	0.75	75.0	40.0～170
	2			0.65	65.0	40.0～170
	3			0.57	57.0	40.0～170

监测项目	平行样品号	实际样品测定结果/（mg/L）	加标量/（mg/L）	加标后测定值/（mg/L）	加标回收率 P/%	标准规定的加标回收率 P/%
o,p'-滴滴涕	1	未检出	1.00	0.54	54.0	40.0～170
	2			0.41	41.0	40.0～170
	3			0.46	46.0	40.0～170
异狄试剂醛	1	未检出	1.00	0.59	59.0	40.0～170
	2			0.48	48.0	40.0～170
	3			0.45	45.0	40.0～170
硫丹硫酸酯	1	未检出	1.00	0.77	77.0	40.0～170
	2			0.65	65.0	40.0～170
	3			0.58	58.0	40.0～170
p,p'-滴滴涕	1	未检出	1.00	0.51	51.0	40.0～170
	2			0.43	43.0	40.0～170
	3			0.50	50.0	40.0～170
异狄试剂酮	1	未检出	1.00	0.51	51.0	40.0～170
	2			0.47	47.0	40.0～170
	3			0.48	48.0	40.0～170
甲氧滴滴涕	1	未检出	1.00	0.48	48.0	40.0～170
	2			0.41	41.0	40.0～170
	3			0.46	46.0	40.0～170
灭蚁灵	1	未检出	1.00	0.73	73.0	40.0～170
	2			0.61	61.0	40.0～170
	3			0.57	57.0	40.0～170

　　经验证，对灰渣固体废物进行 3 次加标回收率测定，加标回收率为 40.0%～90.0%，符合标准方法要求，相关验证材料见附件 8。

3.5.3　污泥固体废物正确度

　　称取 2.0 g 污泥实际样品 3 份，加入有机氯标准使用液，使其浓度为 5.0 mg/kg，使用快速溶剂萃取仪进行提取。按方法操作步骤进行测定，由测定结果计算正确度，结果见表 14。

表 14 实际样品加标回收率测定结果（污泥固体废物）

监测项目	平行样品号	实际样品测定结果/（mg/L）	加标量/（mg/L）	加标后测定值/（mg/L）	加标回收率 P/%	标准规定的加标回收率 P/%
α-六六六	1	未检出	5.00	2.8	56.0	40.0～170
	2			3.1	62.0	40.0～170
	3			2.9	58.0	40.0～170
六氯苯	1	未检出	5.00	3.4	68.0	40.0～170
	2			3.4	68.0	40.0～170
	3			3.0	60.0	40.0～170
β-六六六	1	未检出	5.00	2.7	54.0	40.0～170
	2			2.9	58.0	40.0～170
	3			2.6	52.0	40.0～170
γ-六六六	1	未检出	5.00	3.2	64.0	40.0～170
	2			3.3	66.0	40.0～170
	3			2.8	56.0	40.0～170
δ-六六六	1	未检出	5.00	3.0	60.0	40.0～170
	2			3.0	60.0	40.0～170
	3			2.5	50.0	40.0～170
七氯	1	未检出	5.00	2.1	42.0	40.0～170
	2			2.1	42.0	40.0～170
	3			2.4	48.0	40.0～170
艾氏剂	1	未检出	5.00	2.8	56.0	40.0～170
	2			2.9	58.0	40.0～170
	3			2.4	48.0	40.0～170
环氧七氯 B	1	未检出	5.00	2.7	54.0	40.0～170
	2			2.8	56.0	40.0～170
	3			2.3	46.0	40.0～170
α-氯丹	1	未检出	5.00	3.7	74.0	40.0～170
	2			3.8	76.0	40.0～170
	3			3.5	70.0	40.0～170
硫丹 I	1	未检出	5.00	3.5	70.0	40.0～170
	2			3.1	62.0	40.0～170
	3			3.2	64.0	40.0～170
γ-氯丹	1	未检出	5.00	3.7	74.0	40.0～170
	2			4.0	80.0	40.0～170
	3			3.3	66.0	40.0～170

监测项目	平行样品号	实际样品测定结果/（mg/L）	加标量/（mg/L）	加标后测定值/（mg/L）	加标回收率 P/%	标准规定的加标回收率 P/%
p,p'-滴滴伊	1	未检出	5.00	3.2	64.0	40.0～170
	2			3.5	70.0	40.0～170
	3			2.9	58.0	40.0～170
狄试剂	1	未检出	5.00	2.4	48.0	40.0～170
	2			2.6	52.0	40.0～170
	3			2.3	46.0	40.0～170
异狄试剂	1	未检出	5.00	2.4	48.0	40.0～170
	2			2.4	48.0	40.0～170
	3			2.4	48.0	40.0～170
硫丹 II	1	未检出	5.00	3.2	64.0	40.0～170
	2			3.2	64.0	40.0～170
	3			3.0	60.0	40.0～170
p,p'-滴滴滴	1	未检出	5.00	3.2	64.0	40.0～170
	2			3.4	68.0	40.0～170
	3			2.9	58.0	40.0～170
o,p'-滴滴涕	1	未检出	5.00	2.3	46.0	40.0～170
	2			2.3	46.0	40.0～170
	3			2.3	46.0	40.0～170
异狄试剂醛	1	未检出	5.00	2.4	48.0	40.0～170
	2			2.6	52.0	40.0～170
	3			2.1	42.0	40.0～170
硫丹硫酸酯	1	未检出	5.00	3.2	64.0	40.0～170
	2			3.4	68.0	40.0～170
	3			3.0	60.0	40.0～170
p,p'-滴滴涕	1	未检出	5.00	2.3	46.0	40.0～170
	2			2.4	48.0	40.0～170
	3			2.7	54.0	40.0～170
异狄试剂酮	1	未检出	5.00	2.3	46.0	40.0～170
	2			2.4	48.0	40.0～170
	3			2.2	44.0	40.0～170
甲氧滴滴涕	1	未检出	5.00	2.6	52.0	40.0～170
	2			2.6	52.0	40.0～170
	3			2.9	58.0	40.0～170

监测项目	平行样品号	实际样品测定结果/（mg/L）	加标量/（mg/L）	加标后测定值/（mg/L）	加标回收率 P/%	标准规定的加标回收率 P/%
灭蚁灵	1	未检出	5.00	3.2	64.0	40.0～170
	2			3.3	66.0	40.0～170
	3			2.9	58.0	40.0～170

经验证，对污泥固体废物进行 3 次加标回收率测定，加标回收率为 42.0%～80.0%，符合标准方法要求，相关验证材料见附件 8。

4 实际样品测定

按照标准方法要求，选择污水处理厂污泥和垃圾焚烧厂灰渣两种类型的实际样品进行测定，监测报告及相关原始记录见附件 9。

4.1 样品采集和保存

按照标准方法要求，采集污水处理厂污泥和垃圾焚烧厂灰渣，样品采集和保存情况见表 15。

表 15 样品采集和保存情况

序号	样品类型及性状	采样依据	样品保存方式
1	污水处理厂污泥，泥状	《工业固体废物采样制样技术规范》（HJ/T 20—1998）	4℃以下冷藏，避光保存
2	垃圾焚烧厂灰渣，粉末	《工业固体废物采样制样技术规范》（HJ/T 20—1998）	4℃以下冷藏，避光保存

经验证，本实验室样品采集和保存能力满足标准方法要求。

4.2 样品前处理

4.2.1 固体废物样品

（1）提取浓缩

称取 10.0 g 灰渣样品或 2.0 g 污泥样品于研钵，加入适量硅藻土研磨后转移至样品锥，用正己烷-丙酮混合溶剂进行快速溶剂萃取，萃取液过无水硫酸钠除水后用氮吹仪浓缩至约 1 mL，待净化。

（2）净化

依次用正己烷-丙酮混合溶剂、10 mL 正己烷活化硅酸镁固相萃取柱。待柱上正己烷近干时，将浓缩液全部转移至净化柱中，收集流出液，用正己烷-丙酮混合溶剂分次淋洗浓缩装置，收集淋洗液，与流出液合并，浓缩至 1 mL，待测。

4.2.2 固体废物浸出液

（1）固体废物浸出液制备

按照 HJ/T 299—2007 的要求，称取含水率为 3.2%的实际样品 155.47 g，置于 2 L 提取瓶中，按照液固比为 10：1 计算出所需提取剂的体积，加入硫酸硝酸混合溶液，盖紧瓶盖后固定在翻转振荡器上，温度控制在 25℃，振荡 18 h。

（2）萃取浓缩

取 100 mL 固体废物浸出液转入分液漏斗中，加入适量氯化钠，加入 20 mL 二氯甲烷充分振荡，静置后收集有机相。重复萃取两次，合并有机相，浓缩至 10 mL，待测。

4.3 样品测定结果

污水处理厂污泥固体废物样品和垃圾焚烧厂灰渣均未检出有机氯农药，对实际样品进行加标，加标浓度分别为浸出液 1.00 mg/L、污泥全量 5.00 mg/kg、灰渣全量 1.00 mg/kg，按照标准方法要求进行测定，测定结果见表 16。

表 16　实际样品测定结果

监测项目	浸出液测定结果/ （mg/L）	污泥全量测定结果/ （mg/kg）	灰渣全量测定结果/ （mg/kg）
α-六六六	0.83	3.4	0.67
六氯苯	0.88	3.7	0.74
β-六六六	0.81	3.3	0.64
γ-六六六	0.88	3.4	0.72
δ-六六六	0.81	3.2	0.68
七氯	0.64	2.5	0.46
艾氏剂	0.78	3.2	0.63
环氧七氯 B	0.80	3.1	0.62
α-氯丹	0.92	4.4	0.86
硫丹 I	0.86	3.9	0.74
γ-氯丹	0.95	4.2	0.85
p,p'-滴滴伊	0.87	3.7	0.70
狄试剂	0.75	2.8	0.58
异狄试剂	0.67	2.1	0.43
硫丹 II	0.91	3.7	0.73
p,p'-滴滴滴	0.88	3.7	0.73

监测项目	浸出液测定结果/ （mg/L）	污泥全量测定结果/ （mg/kg）	灰渣全量测定结果/ （mg/kg）
o,p'-滴滴涕	0.66	2.6	0.52
异狄试剂醛	0.75	2.7	0.54
硫丹硫酸酯	0.84	3.6	0.72
p,p'-滴滴涕	0.65	2.6	0.50
异狄试剂酮	0.70	2.6	0.52
甲氧滴滴涕	0.65	2.5	0.46
灭蚁灵	0.84	3.7	0.70

4.4 质量控制

按照标准方法要求，采取的质量控制措施包括仪器性能检查、空白试验、连续校准、平行样分析、替代物加标。

4.4.1 仪器性能检查

用 2 mL 试剂瓶装入未经浓缩的二氯甲烷，按照样品分析的仪器条件做一个空白，TIC谱图中没有干扰物，相关验证材料见附件 10。

进样口惰性检查：实验前对进样口进行了更换，DDT 到 DDE 和 DDD 的降解率小于15%，相关验证材料见附件 10。

4.4.2 空白试验

空白试验测定结果见表 17。经验证，空白试验测定结果符合标准方法要求。

表 17 空白试验测定结果

石英砂浸出液			石英砂全量		
监测项目	测定结果/ （mg/L）	标准规定的要求/ （mg/L）	监测项目	测定结果/ （mg/kg）	标准规定的要求/ （mg/kg）
α-六六六	＜0.06	＜0.06	*α*-六六六	＜0.03	＜0.03
六氯苯	＜0.05	＜0.05	六氯苯	＜0.02	＜0.02
β-六六六	＜0.05	＜0.05	*β*-六六六	＜0.02	＜0.02
γ-六六六	＜0.04	＜0.04	*γ*-六六六	＜0.03	＜0.03
δ-六六六	＜0.06	＜0.06	*δ*-六六六	＜0.04	＜0.04
七氯	＜0.05	＜0.05	七氯	＜0.05	＜0.05
艾氏剂	＜0.06	＜0.06	艾氏剂	＜0.04	＜0.04
环氧七氯 B	＜0.04	＜0.04	环氧七氯 B	＜0.02	＜0.02
α-氯丹	＜0.06	＜0.06	*α*-氯丹	＜0.02	＜0.02

石英砂浸出液			石英砂全量		
监测项目	测定结果/（mg/L）	标准规定的要求/（mg/L）	监测项目	测定结果/（mg/kg）	标准规定的要求/（mg/kg）
硫丹Ⅰ	<0.06	<0.06	硫丹Ⅰ	<0.03	<0.03
γ-氯丹	<0.05	<0.05	γ-氯丹	<0.02	<0.02
p,p'-滴滴伊	<0.1	<0.1	p,p'-滴滴伊	<0.02	<0.02
狄试剂	<0.1	<0.1	狄试剂	<0.02	<0.02
异狄试剂	<0.07	<0.07	异狄试剂	<0.03	<0.03
硫丹Ⅱ	<0.05	<0.05	硫丹Ⅱ	<0.04	<0.04
p,p'-滴滴滴	<0.05	<0.05	p,p'-滴滴滴	<0.03	<0.03
o,p'-滴滴涕	<0.06	<0.06	o,p'-滴滴涕	<0.03	<0.03
异狄试剂醛	<0.04	<0.04	异狄试剂醛	<0.03	<0.03
硫丹硫酸酯	<0.05	<0.05	硫丹硫酸酯	<0.04	<0.04
p,p'-滴滴涕	<0.06	<0.06	p,p'-滴滴涕	未检出	<0.04
异狄试剂酮	<0.05	<0.05	异狄试剂酮	未检出	<0.03
甲氧滴滴涕	<0.06	<0.06	甲氧滴滴涕	未检出	<0.09
灭蚁灵	<0.05	<0.05	灭蚁灵	未检出	<0.02

4.4.3 连续校准

（1）污泥实际样品连续校准相对误差为 0～15%，符合方法要求的连续校准测定结果与理论值相对误差均小于 20%；平行样相对偏差为 0～8.0%，符合方法要求的相对偏差小于 40%；加标回收率为 42.0%～88.0%，符合方法要求的加标回收率应控制在 40%～170%。

（2）浸出液实际样品连续校准相对误差为 2.3%～18%，符合方法要求的连续校准测定结果与理论值相对误差均小于 20%；平行样相对偏差为 0～7.7%，符合方法要求的相对偏差小于 40%；加标回收率为 64.0%～95.0%，符合方法要求的加标回收率应控制在 60%～110%。

（3）灰渣实际样品连续校准相对误差为 0～15%，符合方法要求的连续校准测定结果与理论值相对误差均小于 20%；平行样相对偏差为 0～6.5%，符合方法要求的相对偏差小于 40%；加标回收率为 43.0%～86.0%，符合方法要求的加标回收率应控制在 40%～170%。

4.4.4 平行样分析

平行样测定结果见表 18。

表 18　平行样测定结果

监测项目	浸出液测定结果/（mg/L）				污泥全量测定结果/（mg/kg）				灰渣全量测定结果/（mg/kg）			
	一次	二次	相对偏差/%	标准规定/%	一次	二次	相对偏差/%	标准规定	一次	二次	相对偏差/%	标准规定/%
α-六六六	0.79	0.87	4.9	≤40	3.5	3.3	3.0	≤40	0.71	0.63	6.0	≤40
六氯苯	0.86	0.90	2.3	≤40	3.7	3.7	0	≤40	0.77	0.71	4.1	≤40
β-六六六	0.80	0.81	0.7	≤40	3.3	3.2	1.6	≤40	0.66	0.62	3.2	≤40
γ-六六六	0.87	0.88	0.6	≤40	3.5	3.3	3.0	≤40	0.74	0.70	2.8	≤40
δ-六六六	0.77	0.84	4.4	≤40	3.2	3.1	1.6	≤40	0.68	0.67	0.8	≤40
七氯	0.66	0.62	3.2	≤40	2.7	2.3	8.0	≤40	0.47	0.45	2.2	≤40
艾氏剂	0.78	0.78	0	≤40	3.2	3.2	0	≤40	0.64	0.61	2.4	≤40
环氧七氯 B	0.79	0.81	1.3	≤40	3.2	3.0	3.3	≤40	0.66	0.58	6.5	≤40
α-氯丹	0.89	0.95	3.3	≤40	4.4	4.3	1.2	≤40	0.89	0.82	4.1	≤40
硫丹 I	0.79	0.92	7.7	≤40	4.0	3.7	3.9	≤40	0.77	0.71	4.1	≤40
γ-氯丹	0.93	0.96	1.6	≤40	4.3	4.1	2.4	≤40	0.88	0.81	4.2	≤40
p,p'-滴滴伊	0.83	0.90	4.1	≤40	3.8	3.5	4.2	≤40	0.71	0.69	1.5	≤40
狄试剂	0.73	0.76	2.1	≤40	2.9	2.6	5.5	≤40	0.58	0.58	0	≤40
异狄试剂	0.67	0.67	0	≤40	2.1	2.1	0	≤40	0.44	0.41	3.6	≤40
硫丹 II	0.86	0.95	5.0	≤40	3.6	3.7	1.4	≤40	0.76	0.69	4.9	≤40
p,p'-滴滴滴	0.85	0.91	3.5	≤40	3.8	3.6	2.7	≤40	0.75	0.71	2.8	≤40
o,p'-滴滴涕	0.64	0.67	2.3	≤40	2.6	2.6	0	≤40	0.51	0.52	1.0	≤40
异狄试剂醛	0.72	0.78	4.0	≤40	2.8	2.6	3.7	≤40	0.55	0.53	1.9	≤40
硫丹硫酸酯	0.80	0.87	4.2	≤40	3.7	3.5	2.8	≤40	0.70	0.73	2.1	≤40
p,p'-滴滴涕	0.64	0.65	0.8	≤40	2.6	2.6	0	≤40	0.50	0.49	1.1	≤40
异狄试剂酮	0.67	0.72	3.6	≤40	2.6	2.5	2.0	≤40	0.53	0.50	3.0	≤40
甲氧滴滴涕	0.64	0.65	0.8	≤40	2.4	2.5	2.1	≤40	0.47	0.44	3.3	≤40
灭蚁灵	0.81	0.87	3.6	≤40	3.7	3.6	1.4	≤40	0.72	0.67	3.6	≤40

对浸出液、灰渣全量和污泥全量的实际样品进行平行测定，相对偏差为 0～8.0%，符合方法中规定的平行样相对偏差应≤40%。

4.4.5 替代物加标回收率

替代物加标回收率测定结果见表 19。

表 19　替代物加标回收率测定结果

替代物名称	浸出液		污泥全量		灰渣全量	
	验证加标回收率/%	标准规定/%	验证加标回收率/%	标准规定/%	验证加标回收率/%	标准规定/%
十氯联苯	98.0	实验室应绘制替代物加标回收控制图，按同一批样品（20～30 个样品）进行统计，剔除离群值，计算替代物的平均回收率 P 及相对标准偏差 S，应控制在 $P \pm 3S$ 以内	91.9	实验室应绘制替代物加标回收控制图，按同一批样品（20～30 个样品）进行统计，剔除离群值，计算替代物的平均回收率 P 及相对标准偏差 S，应控制在 $P \pm 3S$ 以内	105	实验室应绘制替代物加标回收控制图，按同一批样品（20～30 个样品）进行统计，剔除离群值，计算替代物的平均回收率 P 及相对标准偏差 S，应控制在 $P \pm 3S$ 以内

选取十氯联苯作为替代物，对浸出液、灰渣全量和污泥全量的实际样品进行加标回收率测定，得到加标回收率为 91.9%～105%，符合方法中规定的要求。

5　验证结论

综上所述，本实验室人员通过培训和能力确认后，依据 HJ 912—2017 开展方法验证，并进行了实际样品测试。所用仪器设备、标准物质、关键试剂耗材、采取的质量保证和质量控制措施，以及经实验验证得出的方法检出限、测定下限、精密度和正确度等，均满足标准方法要求，验证合格。

附件 1　验证人员培训、能力确认情况的证明材料（略）

附件 2　仪器设备的溯源证书及结果确认等证明材料（略）

附件 3　有证标准物质证书及关键试剂耗材验收材料（略）

附件 4　环境条件监控原始记录（略）

附件 5　校准曲线绘制原始记录（略）

附件 6   检出限和测定下限验证原始记录（略）

附件 7   精密度验证原始记录（略）

附件 8   正确度验证原始记录（略）

附件 9   实际样品监测报告及相关原始记录（略）

《固体废物　氨基甲酸酯类农药的测定　高效液相色谱-三重四极杆质谱法》（HJ 1026—2019）方法验证实例

1　方法名称及适用范围

1.1　方法名称及编号

《固体废物　氨基甲酸酯类农药的测定　高效液相色谱-三重四极杆质谱法》（HJ 1026—2019）。

1.2　适用范围

本方法适用于固体废物及其浸出液中杀线威、灭多威、二氧威、涕灭威、恶虫威、克百威、残杀威、甲萘威、乙硫苯威、抗蚜威、异丙威、仲丁威、甲硫威、猛杀威、棉铃威等15种氨基甲酸酯类农药的测定。

2　实验室基础条件确认

2.1　人员

参加方法验证的人员均通过了培训和能力确认（表1），验证人员相关培训、能力确认情况等证明材料见附件1。

表 1　验证人员情况信息

序号	姓名	年龄	职称	专业	参加本标准方法相关要求培训情况（是/否）	能力确认情况（是/否）	相关监测工作年限/年	验证工作内容
1	××	36	工程师	环境科学	是	是	11	采样及现场监测
2	××	37	高级工程师	化学	是	是	11	采样及现场监测

序号	姓名	年龄	职称	专业	参加本标准方法相关要求培训情况（是/否）	能力确认情况（是/否）	相关监测工作年限/年	验证工作内容
3	××	32	高级工程师	环境科学	是	是	8	前处理
4	××	40	高级工程师	化学	是	是	15	前处理
5	××	32	高级工程师	环境科学	是	是	8	分析测试
6	××	40	高级工程师	化学	是	是	15	分析测试

2.2　仪器设备

本方法验证中，使用了采样及现场监测仪器、前处理仪器和分析测试仪器等。主要仪器设备情况见表 2 和表 3，相关仪器设备的检定/校准证书及结果确认等证明材料见附件 2。

表 2　主要仪器设备情况

序号	过程	仪器名称	仪器规格型号	仪器编号	溯源/核查情况	溯源/核查结果确认情况	其他特殊要求
1	采样及现场监测	尖头钢锹	—	—	—	—	—
2	采样及现场监测	带盖盛样桶	—	—	—	—	—
3	采样及现场监测	冷藏箱	—	—	—	—	—
4	前处理	天平	××	××	校准	合格	感量 0.01 g
5	前处理	全自动翻转振荡器	××	××	核查	合格	—
6	前处理	全自动固相萃取仪	××	××	核查	合格	—
7	前处理	加压流体萃取仪	××	××	核查	合格	—
8	前处理	索氏提取装置	—	—	—	—	—
9	前处理	氮吹仪	××	××	核查	合格	—
10	前处理	旋转蒸发仪	××	××	核查	合格	—
11	分析测试	超高效液相色谱-三重四极杆质谱仪	××	××	校准	合格	配有电喷雾离子源，具备梯度洗脱功能和多反应监测功能

表3　主要仪器设备性能要求确认情况

	标准方法规定指标要求		仪器设备指标	结果确认情况
仪器性能指标	色谱柱	填料粒径为 1.7 μm，柱长为50 mm，内径为 2.1 mm 的低键合 C$_{18}$ 色谱柱或其他性能相近的色谱柱	填料粒径为 1.7 μm，柱长为50 mm，内径为 2.1 mm 的低键合 C$_{18}$ 色谱柱	合格
	固相萃取柱	乙烯苯/N-乙烯基吡咯烷酮萃取柱（500 mg/6 mL）或其他性能相近的固相萃取柱	HlB 固相萃取住，500 mg/6 mL	合格
	固相萃取柱	石墨化碳黑萃取柱（500 mg/6 mL）	AC2 固相萃取柱，500 mg/6 mL	合格

2.3　标准物质及主要试剂耗材

本方法验证中，使用的标准物质、主要试剂耗材情况见表4，有证标准物质证书、主要试剂耗材验收记录等证明材料见附件3。

表4　标准物质、主要试剂耗材情况

序号	过程	名称	生产厂家	技术指标（规格/浓度/纯度/不确定度）	证书/批号	标准物质基体类型	标准物质是否在有效期内	关键试剂耗材验收情况
1	前处理	氨水	××	分析纯	××	—	—	合格
		甲酸	××	质谱纯	××	—	—	合格
		无水硫酸钠	××	分析纯	××	—	—	合格
		甲醇	××	质谱纯	××	—	—	合格
		二氯甲烷	××	液相色谱纯	××	—	—	合格
		乙腈	××	液相色谱纯	××	—	—	合格
		乙酸铵	××	优级纯	××	—	—	合格
		硅藻土	××	0.6～0.9 mm	××	—	—	合格
		石英砂	××	150～830 μm	××	—	—	合格
		聚四氟乙烯滤膜	××	0.45 μm	××	—	—	合格
		氮气	××	≥99.999%	××	—	—	合格
2	分析测试	氨基甲酸酯类农药标准贮备液	××	100 μg/mL	CDAA-M-290147-AA-1mL/2104899	有机溶剂：甲醇	是	合格

序号	过程	名称	生产厂家	技术指标（规格/浓度/纯度/不确定度）	证书/批号	标准物质基体类型	标准物质是否在有效期内	关键试剂耗材验收情况
2	分析测试	甲萘威-D7，灭多威-D3	××	100 μg/mL	S-79761-02/220041106	有机溶剂：甲醇	是	合格
		甲醇	××	质谱纯	××	—	—	合格
		乙酸铵	××	优级纯	××	—	—	合格

2.4 环境条件

本方法验证中，环境条件监控情况见表5，相关环境条件监控记录见附件4。

表5 环境条件监控情况

序号	过程	控制项目	环境条件控制要求	实际环境条件	环境条件确认情况
1	采样及现场监测	样品采集	4℃以下冷藏、避光，密封保存	4℃冷藏、避光，密封保存	合格
		样品保存	4℃以下冷藏、避光，密封保存	4℃冷藏、避光，密封保存	合格
2	前处理	温度	15～35℃	20～21℃	合格
3	分析测试	氨基甲酸酯类农药标准贮备液	<−10℃	−18℃	合格
		氨基甲酸酯类农药内标贮备液	<−10℃	−18℃	合格
		氨基甲酸酯类农药标准使用液	−18℃冷冻保存，密封、避光	−18℃冷冻保存，密封、避光	合格
		氨基甲酸酯类农药内标使用液	−18℃冷冻保存，密封、避光	−18℃冷冻保存，密封、避光	合格
		温度	15～35℃	20～21℃	合格

2.5 相关体系文件

本方法配套使用的监测原始记录为《固体废物（废液）采样和交接记录》（标识：ZHZX/JJ136），《__-质谱分析原始记录（Ⅰ）》（标识：ZHZX/JJ216），《__-分析原始记录（Ⅲ）》

（标识：ZHZX/JJ098），《标准物质配置记录（Ⅱ）》（标识：ZHZX/JJ215）；监测报告格式为《××省生态环境监测中心监测报告》[标识：×环监（20××）×字第××号]；无新增原始记录表格和报告模板。

3　方法性能指标验证

3.1　测试条件

3.1.1　仪器分析条件/仪器条件设置

（1）色谱条件

流动相：流动相 A 5 mmol/L 乙酸铵溶液，流动相 B 甲醇，梯度洗脱程序见表6。

表6　梯度洗脱程序

时间/min	流动相 A/%	流动相 B/%
0~1	90	10
6~9	40	60
12	10	90
13~16	90	10

流速：0.3 mL/min；进样体积：1.0 μL；柱温：45℃。

（2）质谱条件

电喷雾离子源（ESI），正离子模式，多反应监测（MRM）模式。气帘气（CUR）：35 psi；离子化电压（IS）：5 500 V；离子源温度（TEM）：550℃；喷雾气（GS1）：55 psi；辅助加热气（GS2）：55 psi。各物质离子对优化后的质谱参数见表7。

表7　质谱参数

化合物	母离子	子离子	DP/eV	CE/eV
杀线威	237	72*	45	25
	237	90	45	11
灭多威	163	88*	45	14
	163	106	45	15
二氧威	224	123*	100	23
	224	167	100	12
涕灭威	208	116*	45	11
	208	89	45	23

化合物	母离子	子离子	DP/eV	CE/eV
恶虫威	224	167*	80	12
	224	109	80	25
克百威	222	165*	80	16
	222	123	80	30
残杀威	210	111*	60	20
	210	168	60	11
甲萘威	202	145*	65	16
	202	127	65	41
乙硫苯威	226	107*	65	25
	226	164	65	12
抗蚜威	240	72*	100	36
	240	182	100	24
异丙威	194	95*	65	21
	194	137	65	12
仲丁威	208	95*	65	21
	208	152	65	12
甲硫威	226	169*	70	12
	226	121	70	26
猛杀威	208	109*	80	22
	208	151	80	12
棉铃威	400.1	238*	60	15
	400.1	91	60	60
灭多威-D$_3$	166	88*	170	14
甲萘威-D$_7$	209	152*	90	11

注：带*为定量离子对。

3.1.2 仪器自检（调谐）

每次开机时，按照仪器说明书，使用 PPG 标准溶液进行质谱仪质量数和分辨率校正，PPG 质量校准值与理论值的偏差在 ±0.1 Da 之内，PPG 校准峰的半峰宽应小于（0.7±0.1）Da，仪器性能正常运行后进行测试。PPG 标准配置方法如下：准确称取 15.4 mg 乙酸铵，溶于 50 mL 纯水；量取 50 mL 甲醇，加入 0.1 mL 甲酸和 0.1 mL 乙腈；混合上述两种溶液。

3.2 校准曲线/仪器校准

按照标准方法要求绘制校准曲线，校准曲线的绘制情况见表 8，标准溶液的谱图见图 1。

表8　校准曲线绘制情况（适用于多目标化合物）

项目	校准曲线方程	相关系数（r）	标准规定要求	是否符合标准要求
杀线威	$y=39.277x-0.028\ 1$	0.999 9	≥0.995	是
灭多威	$y=127.16x+0.488\ 6$	0.999 1	≥0.995	是
二氧威	$y=24.34x+0.155\ 6$	0.999 1	≥0.995	是
涕灭威	$y=0.854\ 9x+0.009\ 4$	0.999 0	≥0.995	是
恶虫威	$y=68.148x+0.205\ 5$	0.999 8	≥0.995	是
克百威	$y=435.34x+0.164$	0.999 8	≥0.995	是
残杀威	$y=52.117x+0.075\ 1$	0.997 5	≥0.995	是
甲萘威	$y=30.431x+0.352\ 5$	0.998 2	≥0.995	是
乙硫苯威	$y=30.06x+0.338\ 5$	0.998 3	≥0.995	是
抗蚜威	$y=36.693x+0.130\ 4$	0.999 7	≥0.995	是
异丙威	$y=103.34x-0.084\ 2$	0.999 9	≥0.995	是
仲丁威	$y=153.62x-0.118\ 8$	0.999 9	≥0.995	是
甲硫威	$y=133.82x+0.798\ 5$	0.999 5	≥0.995	是
猛杀威	$y=111.73x-0.580\ 9$	0.998 9	≥0.995	是
棉铃威	$y=16.815x-0.061$	0.999 7	≥0.995	是

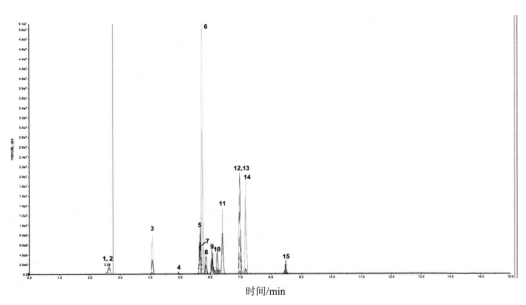

1，2—杀线威，灭多威；3—二氧威；4—涕灭威；5—残杀威；6—克百威；7—恶中威；8—克百威；9—乙硫苯威；
10—抗蚜威；11—异丙威；12，13—仲丁威，甲硫威；14—猛杀威；15—棉铃威

图1　氨基甲酸酯类及内标的总离子色谱图

经验证，本实验室校准曲线结果符合标准方法要求，相关验证材料见附件5。

3.3 方法检出限及测定下限

按照《环境监测分析方法标准制订技术导则》（HJ 168—2020）附录 A.1 的规定，进行方法检出限和测定下限验证。

（1）固体废物浸出液方法检出限

按照标准方法要求，向 100 mL 纯水空白中，加入 8 μL 15 种氨基甲酸酯标准使用液（ρ =10.0 mg/L），得到空白加标样品的浓度为 0.8 μg/L。对浓度为 0.8 μg/L 的空白加标样品进行 7 次重复性测定，将测定结果换算为样品的浓度，按式（1）计算方法检出限。

$$MDL = t_{(6,0.99)} \times S \tag{1}$$

式中：MDL——方法检出限；

$t_{(6,0.99)}$——自由度为 6，置信度为 99%时的 t 分布（单侧）；

S——7 次重复性测定的标准偏差。

以 4 倍的检出限作为测定下限，即 RQL=4×MDL。本方法检出限及测定下限计算结果见表 9。

（2）固体废物方法检出限

按照标准方法要求，向 10.0 g 石英砂中加入 5 μL 15 种氨基甲酸酯标准使用液（ρ =10.0 mg/L），得到 15 种氨基甲酸酯空白加标样品浓度为 5.0 μg/kg。对浓度为 5.0 μg/kg 的 15 种氨基甲酸酯的空白加标样品进行 7 次重复性测定，将测定结果换算为样品的浓度，按式（1）计算方法检出限。以 4 倍的检出限作为测定下限，即 RQL=4×MDL。本方法检出限及测定下限计算结果见表 10。

经验证，本实验室方法检出限和测定下限符合标准方法要求，相关验证材料见附件 6。

3.4 精密度

3.4.1 残渣浸出液精密度

按照标准方法要求，采用实际加标样品进行 6 次重复性测定，取 100 mL 残渣浸出液，加入 5 μL、50 μL 和 250 μL 15 种氨基甲酸酯标准使用液（ρ =10.0 mg/L），得到加标样品的浓度分别为 0.5 μg/L、5.0 μg/L 和 25.0 μg/L，经固相萃取后浓缩至 5 mL。按照相同的制备过程配制 6 个平行样品，各取 1.0 mL，加入 10.0 μL 内标使用液，混匀，上机检测。计算相对标准偏差，测定结果见表 11。

3.4.2 残渣精密度

按照标准方法要求，采用实际加标样品进行 6 次重复性测定，称取 10.00 g 残渣，加入 5 μL、50 μL 和 250 μL 15 种氨基甲酸酯标准使用液（ρ =10.0 mg/L），得到加标样品的浓度分别为 5.0 μg/kg、50.0 μg/kg、250 μg/kg，经加压流体萃取后定容至 5.0 mL。按照相同的制备过程配制 6 个平行样品，各取 1.0 mL，加入 10.0 μL 内标使用液，混匀，上机检测。计算相对标准偏差，测定结果见表 12。

3.4.3　污泥精密度

按照标准方法要求，采用实际加标样品进行 6 次重复性测定，称取 10.00 g 污泥，加入 80 μL 15 种氨基甲酸酯标准使用液（ρ=10.0 mg/L），得到加标样品的浓度为 80.0 μg/kg，经加压流体萃取后定容至 5.0 mL。按照相同的制备过程配制 6 个平行样品，各取 1.0 mL，加入 10.0 μL 内标使用液，混匀，上机检测。计算相对标准偏差，测定结果见表 13。

经验证，对浓度为 0.5 μg/L、5.0 μg/L 和 25.0 μg/L 的残渣浸出液加标样品，浓度为 5.0 μg/kg、50.0 μg/kg 和 250 μg/kg 的残渣加标样品，浓度为 80.0 μg/kg 的污泥加标样品进行 6 次重复性测定，相对标准偏差为 1.2%～27%，符合标准方法要求（参考多家实验室内相对标准偏差范围），相关验证材料见附件 7。

3.5　正确度

按照标准方法要求，采用固体废物浸出液、水性液态废物、油性液态废物、固态固体废物的实际样品进行 6 次加标回收率测定，验证方法正确度。

3.5.1　加标回收率验证

取 100 mL 的残渣浸出液实际样品（目标物未检出）7 份，其中 1 份直接测定，另 6 份分别加入 5 μL、50 μL 和 250 μL 的 15 种氨基甲酸酯标准使用液（ρ=10.0 mg/L），按照样品的测定步骤同时进行测定，测定结果见表 14。

称取 10.00 g 残渣实际样品（目标物未检出）7 份，其中 1 份直接测定，另 6 份分别加入 5 μL、50 μL 和 250 μL 的 15 种氨基甲酸酯标准使用液（ρ=10.0 mg/L），按照样品的测定步骤同时进行测定，测定结果见表 15。

取 10.00 g 污泥实际样品（目标物未检出）7 份，其中 1 份直接测定，另 6 份分别加入 80 μL 的 15 种氨基甲酸酯标准使用液（ρ=10.0 mg/L），按照样品的测定步骤同时进行测定，测定结果见表 16。

表 9　固体废物浸出液方法检出限及测定下限

测定值/（μg/L）

平行样品号	杀线威	灭多威	二氧威	涕灭威	恶虫威	克百威	残杀威	甲萘威	乙硫苯威	抗蚜威	异丙威	仲丁威	甲硫威	猛杀威	棉铃威
1	0.8	0.7	0.7	0.7	0.6	0.8	0.8	0.7	0.7	0.6	0.9	0.8	0.7	0.7	0.7
2	0.9	0.7	0.7	0.7	0.6	0.8	0.8	0.7	0.7	0.5	0.8	0.8	0.7	0.7	0.7
3	0.9	0.7	0.7	0.6	0.7	0.8	0.7	0.7	0.7	0.5	0.8	0.8	0.7	0.7	0.6
4	0.8	0.7	0.7	0.6	0.7	0.9	0.8	0.7	0.7	0.6	0.9	0.8	0.7	0.8	0.7
5	0.8	0.6	0.6	0.6	0.6	0.8	0.8	0.6	0.6	0.6	0.8	0.8	0.6	0.7	0.7
6	0.8	0.7	0.7	0.6	0.7	0.9	0.9	0.7	0.7	0.6	0.9	0.9	0.7	0.8	0.7
7	0.8	0.6	0.6	0.6	0.7	0.8	0.8	0.7	0.6	0.5	0.8	0.8	0.6	0.7	0.6
平均值 $\bar{x}$	0.8	0.7	0.7	0.6	0.7	0.8	0.8	0.7	0.7	0.6	0.8	0.8	0.7	0.7	0.7
标准偏差 S	0.049	0.049	0.049	0.049	0.053	0.049	0.058	0.038	0.049	0.053	0.053	0.038	0.049	0.049	0.049
方法检出限	0.2	0.2	0.2	0.2	0.2	0.2	0.2	0.2	0.2	0.2	0.2	0.2	0.2	0.2	0.2
测定下限	0.8	0.8	0.8	0.8	0.8	0.8	0.8	0.8	0.8	0.8	0.8	0.8	0.8	0.8	0.8
标准中检出限要求	0.2	0.2	0.2	0.2	0.2	0.2	0.2	0.2	0.2	0.2	0.2	0.2	0.2	0.2	0.2
标准中测定下限要求	0.8	0.8	0.8	0.8	0.8	0.8	0.8	0.8	0.8	0.8	0.8	0.8	0.8	0.8	0.8

表10　固体废物方法检出限及测定下限

平行样品号	测定值/（μg/kg）														
	杀线威	灭多威	二氧威	涕灭威	恶虫威	克百威	残杀威	甲萘威	乙硫苯威	抗蚜威	异丙威	仲丁威	甲硫威	猛杀威	棉铃威
1	4.06	4.27	4.57	4.51	4.00	4.01	4.49	4.32	3.89	4.37	4.61	4.42	4.06	4.14	4.10
2	4.69	4.45	4.50	4.49	4.08	3.97	4.13	4.24	3.98	4.60	4.61	4.39	4.21	4.51	4.06
3	4.45	4.29	4.70	4.45	4.00	4.08	4.28	4.20	3.85	4.62	4.30	4.06	4.23	4.47	4.18
4	4.16	4.54	4.60	4.48	3.98	4.09	3.98	4.22	3.90	4.58	4.14	4.39	4.00	4.55	4.39
5	4.94	4.47	4.21	4.40	3.99	4.08	4.13	4.29	3.80	4.53	4.20	4.34	4.40	4.44	4.02
6	4.23	4.53	4.68	4.40	4.05	3.92	4.12	4.32	3.98	4.50	4.60	4.45	4.29	4.39	4.37
7	4.95	3.62	5.19	5.31	5.09	4.85	5.10	5.06	4.57	5.41	5.37	5.17	5.20	5.58	4.98
平均值 $\bar{x}$	4.50	4.31	4.64	4.58	4.17	4.14	4.32	4.38	4.00	4.66	4.55	4.46	4.34	4.58	4.30
标准偏差 S	0.37	0.32	0.30	0.33	0.41	0.32	0.38	0.30	0.26	0.34	0.41	0.34	0.40	0.46	0.33
方法检出限	1.2	1.2	1.0	1.1	1.3	1.0	1.2	1.0	0.9	1.1	1.4	1.1	1.3	1.5	1.1
测定下限	4.8	4.8	4.0	4.4	5.2	4.0	4.8	4.0	3.6	4.4	5.6	4.4	5.2	6.0	4.4
标准中检出限要求	1.5	1.5	1.0	2.0	2.0	1.5	1.5	1.5	1.5	2.0	1.5	1.5	2.0	2.0	2.0
标准中测定下限要求	6.0	6.0	4.0	8.0	8.0	6.0	6.0	6.0	6.0	8.0	6.0	6.0	8.0	8.0	8.0

表 11 残渣浸出液精密度测定结果

平行样品号	杀线威	灭多威	二氧威	涕灭威	恶虫威	克百威	残杀威	甲萘威	乙硫苯威	抗蚜威	异丙威	仲丁威	甲硫威	猛杀威	棉铃威
测定结果/(μg/L) 1	0.45	0.47	0.48	0.43	0.42	0.54	0.45	0.50	0.42	0.47	0.44	0.52	0.43	0.48	0.53
2	0.45	0.42	0.52	0.50	0.45	0.43	0.49	0.51	0.45	0.45	0.47	0.48	0.48	0.41	0.49
3	0.47	0.42	0.47	0.45	0.42	0.42	0.43	0.45	0.45	0.49	0.50	0.57	0.48	0.46	0.49
4	0.47	0.43	0.51	0.42	0.48	0.54	0.40	0.46	0.44	0.47	0.43	0.55	0.49	0.42	0.49
5	0.42	0.42	0.53	0.47	0.43	0.49	0.46	0.44	0.43	0.45	0.45	0.57	0.44	0.44	0.51
6	0.44	0.43	0.50	0.36	0.47	0.40	0.41	0.42	0.39	0.45	0.43	0.47	0.44	0.43	0.44
平均值 $\bar{x}$/(μg/L)	0.45	0.43	0.50	0.44	0.45	0.47	0.44	0.46	0.43	0.46	0.45	0.53	0.46	0.44	0.49
标准偏差 S/(μg/L)	0.019	0.019	0.022	0.048	0.026	0.061	0.032	0.034	0.024	0.015	0.029	0.042	0.026	0.024	0.031
相对标准偏差/%	4.2	4.5	4.5	11	5.9	13	7.3	7.3	5.5	3.3	6.4	8.0	5.8	5.4	6.4
多家实验室内相对标准偏差/%	6.3	13	14	12	11	22	15	11	16	15	15	14	10	13	10

样品浓度

平行样品号		杀线威	灭多威	二氧威	涕灭威	恶虫威	克百威	残杀威	甲萘威	乙硫苯威	抗蚜威	异丙威	仲丁威	甲硫威	猛杀威	棉铃威
测定结果/（μg/L）	1	4.7	4.5	4.5	4.7	4.5	4.4	5.0	4.4	4.3	4.6	4.5	4.7	4.8	5.0	4.1
	2	4.7	4.5	4.4	4.3	4.4	4.6	4.4	4.8	4.6	4.8	4.5	5.0	5.2	4.6	4.3
	3	4.6	4.4	4.8	4.7	4.5	4.5	5.0	4.6	4.6	4.9	4.4	4.5	4.8	4.5	4.0
	4	4.8	4.6	4.7	4.6	4.6	4.8	4.9	4.4	4.3	4.7	4.5	4.8	4.9	4.6	4.5
	5	4.6	4.6	4.4	4.3	4.8	4.4	4.3	5.0	4.5	5.0	4.5	4.5	4.6	4.3	4.4
	6	4.8	5.1	4.7	4.4	4.8	4.5	5.0	4.4	4.4	4.8	4.7	4.9	5.1	5.3	4.4
平均值 $\bar{x}$/（μg/L）		4.7	4.6	4.6	4.5	4.6	4.5	4.8	4.6	4.4	4.8	4.5	4.7	4.9	4.7	4.3
标准偏差 S/（μg/L）		0.09	0.25	0.16	0.17	0.15	0.16	0.33	0.24	0.14	0.13	0.12	0.24	0.23	0.36	0.22
相对标准偏差/%		1.9	5.4	3.5	3.7	3.2	3.6	6.9	5.2	3.1	2.6	2.7	5.0	4.6	7.6	5.1
多家实验室内相对标准偏差/%		3.6	6.7	4.0	5.0	6.8	6.1	7.1	6.8	4.0	4.3	6.6	8.2	7.3	13	6.3

平行样品号		杀线威	灭多威	二氧威	涕灭威	恶虫威	克百威	残杀威	甲萘威	乙硫苯威	抗蚜威	异丙威	仲丁威	甲硫威	猛杀威	棉铃威
测定结果/（μg/L）	1	22.8	24.2	22.8	22.6	24.2	25.2	23.2	22.9	22.0	23.9	24.2	23.9	23.1	25.5	21.1
	2	23.9	22.3	22.9	20.2	24.0	25.0	24.2	23.1	23.9	24.5	24.0	24.6	24.5	23.8	23.8
	3	24.2	23.0	23.3	21.1	24.1	25.9	24.6	24.6	22.6	24.8	23.8	24.2	24.8	23.9	22.5
	4	23.4	23.5	23.2	24.0	23.6	24.9	25.0	23.1	22.3	24.1	24.7	24.1	23.8	24.4	24.3
	5	24.2	24.8	23.4	24.9	23.5	23.8	25.2	23.9	22.8	23.2	24.4	24.0	24.0	23.5	22.8
	6	26.0	23.1	24.8	23.8	23.7	25.1	24.4	23.1	23.5	24.0	23.5	23.7	23.1	24.0	23.8
平均值 $\bar{x}$/（μg/L）		24.1	23.5	23.4	22.8	23.9	25.0	24.4	23.4	22.9	24.1	24.1	24.1	23.9	24.2	23.1
标准偏差 S/（μg/L）		1.1	0.90	0.73	1.8	0.29	0.69	0.71	0.69	0.73	0.54	0.44	0.31	0.71	0.71	1.2
相对标准偏差/%		4.5	3.8	3.1	8.1	1.2	2.8	2.9	2.9	3.2	2.2	1.8	1.3	3.0	2.9	5.1
多家实验室内相对标准偏差/%		8.2	5.6	3.8	9.5	2.9	4.4	4.2	3.7	5.4	5.7	2.8	4.1	3.7	5.7	8.2

样品浓度

表 12　残渣精密度测定结果

样品浓度

平行样品号		杀线威	灭多威	二氧威	涕灭威	恶虫威	克百威	残杀威	甲萘威	乙硫苯威	抗蚜威	异丙威	仲丁威	甲硫威	猛杀威	棉铃威
测定结果/ (μg/kg)	1	4.5	5.0	4.2	4.6	4.1	4.8	4.4	4.9	4.3	4.6	4.7	4.9	4.8	4.9	4.9
	2	4.4	4.4	4.7	4.1	4.5	4.0	4.5	4.7	4.4	5.6	4.6	4.9	4.3	5.0	4.9
	3	4.4	4.5	4.4	4.6	4.3	4.7	5.3	4.7	3.9	5.3	4.9	4.5	4.6	4.2	5.0
	4	4.2	4.8	4.0	4.0	4.0	4.3	4.9	4.3	3.7	4.9	4.1	4.7	4.5	4.5	4.8
	5	4.3	5.2	4.4	4.9	4.2	4.8	4.5	4.9	3.6	5.1	4.5	4.5	4.7	5.1	5.0
	6	4.4	5.3	4.8	4.2	4.6	4.7	4.7	4.6	4.4	4.7	4.7	4.8	5.3	4.4	5.0
平均值 x̄ / (μg/kg)		4.4	4.9	4.4	4.4	4.3	4.6	4.7	4.7	4.0	5.0	4.6	4.7	4.7	4.7	4.9
标准偏差 S/ (μg/kg)		0.10	0.37	0.28	0.33	0.25	0.32	0.34	0.23	0.37	0.37	0.28	0.21	0.33	0.38	0.061
相对标准偏差/%		2.4	7.5	6.4	7.4	5.8	7.0	7.2	4.9	9.1	7.3	6.1	4.4	7.1	8.2	1.2
多家实验室内相对标准偏差/%		3.6	12	13	22	9.6	24	15	9.5	18	13	14	13	11	13	12

平行样品号		杀线威	灭多威	二氧威	涕灭威	恶虫威	克百威	残杀威	甲萘威	乙硫苯威	抗蚜威	异丙威	仲丁威	甲硫威	猛杀威	棉铃威
测定结果/(μg/kg)	1	47.9	45.8	45.3	49.6	44.0	47.4	48.9	45.1	43.9	46.7	47.7	46.0	43.6	47.9	43.6
	2	47.0	48.0	44.8	49.5	44.7	46.2	43.7	45.6	44.0	45.4	42.6	43.9	44.9	47.5	44.9
	3	46.2	46.0	46.8	45.8	44.1	47.9	45.6	46.6	44.5	44.8	48.1	45.9	48.2	48.7	41.8
	4	45.9	45.1	44.4	50.1	46.2	45.3	45.4	46.9	43.6	45.0	48.9	44.9	45.2	47.0	42.5
	5	45.3	47.6	43.7	49.0	44.2	44.0	43.5	45.3	45.5	44.7	45.6	44.5	44.1	44.9	41.6
	6	47.5	45.0	45.9	47.8	44.6	44.9	46.7	45.4	43.0	45.8	45.4	46.4	42.5	44.8	41.4
平均值 $\bar{x}$ /(μg/kg)		46.6	46.3	45.2	48.6	44.6	45.9	45.6	45.8	44.1	45.4	46.4	45.3	44.8	46.8	42.6
标准偏差 S/(μg/kg)		1.0	1.3	1.1	1.6	0.8	1.5	2.0	0.75	0.83	0.74	2.3	1.0	1.9	1.6	1.4
相对标准偏差/%		2.1	2.7	2.5	3.3	1.8	3.2	4.3	1.6	1.9	1.6	5.0	2.1	4.3	3.4	3.3
多家实验室内相对标准偏差/%		3.7	5.0	5.2	4.9	4.8	6.0	6.6	4.6	2.3	5.2	6.9	7.3	6.5	5.0	4.5

样品浓度

样品浓度

平行样品号		杀线威	灭多威	二氧威	涕灭威	恶虫威	克百威	残杀威	甲萘威	乙硫苯威	抗蚜威	异丙威	仲丁威	甲硫威	猛杀威	棉铃威
测定结果/（μg/kg）	1	248	235	247	249	236	248	238	226	222	230	227	242	225	230	240
	2	236	233	252	241	228	249	236	245	236	228	226	228	234	229	217
	3	252	236	238	228	231	242	245	232	228	231	228	237	239	220	216
	4	251	248	230	246	224	243	238	239	233	242	241	234	237	227	226
	5	251	227	225	253	240	242	243	237	222	225	223	231	241	224	226
	6	234	245	223	221	237	246	247	240	239	227	230	236	234	244	216
平均值 x̄/（μg/kg）		245	237	236	240	233	245	241	236	230	231	229	235	235	229	223
标准偏差 S/（μg/kg）		8.1	7.8	12	13	6.0	3.2	4.4	6.6	7.3	6.0	6.2	5.0	5.4	8.0	9.3
相对标准偏差/%		3.3	3.3	5.1	5.2	2.6	1.3	1.8	2.8	3.2	2.6	2.7	2.1	2.3	3.5	4.2
多家实验室内相对标准偏差/%		6.9	4.8	5.2	11.0	5.3	4.4	2.3	5.9	5.7	6.1	3.5	4.9	4.9	8.2	5.7

表 13　污泥精密度测定结果

平行样品号		杀线威	灭多威	二氧威	涕灭威	恶虫威	克百威	残杀威	甲萘威	乙硫苯威	抗蚜威	异丙威	仲丁威	甲硫威	猛杀威	棉铃威
测定结果/(μg/kg)	1	64.5	71.7	68.2	70.5	62.4	46.3	63.5	55.0	60.4	57.7	73.1	62.3	67.3	77.7	62.1
	2	73.3	70.4	68.0	68.1	60.5	51.1	64.9	62.8	70.7	61.8	79.4	63.8	52.8	72.9	55.4
	3	71.6	71.5	70.2	60.1	61.5	50.8	52.1	52.9	55.4	64.3	66.5	48.6	51.1	48.1	61.2
	4	70.6	71.5	68.2	41.6	60.5	57.3	53.1	49.5	59.4	60.2	54.1	49.9	55.6	38.5	61.5
	5	66.4	73.9	69.7	61.9	63.5	49.4	57.6	70.2	70.2	66.4	68.4	45.3	51.7	47.6	69.1
	6	73.2	70.2	69.0	70.3	61.7	53.5	58.3	62.6	54.9	64.2	72.6	46.5	52.4	56.5	67.5
平均值 x̄/(μg/kg)		69.9	71.5	68.9	62.1	61.7	51.4	58.2	58.9	61.8	62.4	69.0	52.7	55.2	56.9	62.8
标准偏差 S/(μg/kg)		3.7	1.3	0.92	11	1.2	3.7	5.2	7.7	7.0	3.2	8.6	8.2	6.1	15	4.9
相对标准偏差/%		5.2	1.8	1.3	18	1.9	7.3	9.0	13	11	5.1	12	15	11	27	7.8
多家实验室内相对标准偏差/%		—	13	—	—	—	—	—	—	—	—	—	—	—	—	—

表 14　残渣浸出液实际样品加标回收率测定监测

监测项目	平行样品号	实际样品测定结果/(μg/L)	加标量/(μg/L)	加标后测定值/(μg/L)	加标回收率 P/%	标准规定的加标回收率 P/%
杀线威	1	未检出	0.5	0.45	90.0	80.9～95.8
	2		0.5	0.45	90.0	80.9～95.8
	3		0.5	0.47	94.0	80.9～95.8
	4		0.5	0.47	94.0	80.9～95.8
	5		0.5	0.42	84.0	80.9～95.8
	6		0.5	0.44	88.0	80.9～95.8
灭多威	1	未检出	0.5	0.47	94.0	83.3～113
	2		0.5	0.42	84.0	83.3～113
	3		0.5	0.42	84.0	83.3～113
	4		0.5	0.43	86.0	83.3～113
	5		0.5	0.42	84.0	83.3～113
	6		0.5	0.43	86.0	83.3～113
二氧威	1	未检出	0.5	0.48	95.2	80.3～107
	2		0.5	0.52	104	80.3～107
	3		0.5	0.47	94.1	80.3～107
	4		0.5	0.51	102	80.3～107
	5		0.5	0.53	105	80.3～107
	6		0.5	0.50	99.9	80.3～107
涕灭威	1	未检出	0.5	0.43	85.4	69.1～105
	2		0.5	0.50	99.1	69.1～105
	3		0.5	0.45	90.9	69.1～105
	4		0.5	0.42	83.0	69.1～105
	5		0.5	0.47	94.8	69.1～105
	6		0.5	0.36	72.3	69.1～105
恶虫威	1	未检出	0.5	0.42	83.3	78.7～105
	2		0.5	0.45	90.7	78.7～105
	3		0.5	0.42	84.9	78.7～105
	4		0.5	0.48	95.8	78.7～105
	5		0.5	0.43	85.5	78.7～105
	6		0.5	0.47	94.4	78.7～105

监测项目	平行样品号	实际样品测定结果/（μg/L）	加标量/（μg/L）	加标后测定值/（μg/L）	加标回收率 P/%	标准规定的加标回收率 P/%
克百威	1	未检出	0.5	0.54	108	76.6~133
	2		0.5	0.43	85.8	76.6~133
	3		0.5	0.42	84.2	76.6~133
	4		0.5	0.54	108	76.6~133
	5		0.5	0.49	97.6	76.6~133
	6		0.5	0.40	80.6	76.6~133
残杀威	1	未检出	0.5	0.45	90.6	78.9~114
	2		0.5	0.49	97.6	78.9~114
	3		0.5	0.43	85.2	78.9~114
	4		0.5	0.40	80.5	78.9~114
	5		0.5	0.46	92.2	78.9~114
	6		0.5	0.41	83.0	78.9~114
甲萘威	1	未检出	0.5	0.50	100	84.2~111
	2		0.5	0.51	101	84.2~111
	3		0.5	0.45	89.5	84.2~111
	4		0.5	0.46	92.2	84.2~111
	5		0.5	0.44	87.5	84.2~111
	6		0.5	0.42	84.9	84.2~111
乙硫苯威	1	未检出	0.5	0.42	84.6	68.7~106
	2		0.5	0.45	90.0	68.7~106
	3		0.5	0.45	91.0	68.7~106
	4		0.5	0.44	87.3	68.7~106
	5		0.5	0.43	86.8	68.7~106
	6		0.5	0.39	77.7	68.7~106
抗蚜威	1	未检出	0.5	0.47	94.2	82.0~116
	2		0.5	0.45	90.1	82.0~116
	3		0.5	0.49	97.8	82.0~116
	4		0.5	0.47	94.2	82.0~116
	5		0.5	0.45	90.3	82.0~116
	6		0.5	0.45	90.8	82.0~116
异丙威	1	未检出	0.5	0.44	88.4	79.3~116
	2		0.5	0.47	93.3	79.3~116
	3		0.5	0.50	101	79.3~116
	4		0.5	0.43	85.1	79.3~116
	5		0.5	0.45	89.7	79.3~116
	6		0.5	0.43	86.2	79.3~116

监测项目	平行样品号	实际样品测定结果/（μg/L）	加标量/（μg/L）	加标后测定值/（μg/L）	加标回收率 P/%	标准规定的加标回收率 P/%
仲丁威	1	未检出	0.5	0.52	103	80.2～115
	2		0.5	0.48	96.5	80.2～115
	3		0.5	0.57	113	80.2～115
	4		0.5	0.55	110	80.2～115
	5		0.5	0.57	114	80.2～115
	6		0.5	0.47	94.8	80.2～115
甲硫威	1	未检出	0.5	0.43	86.2	84.6～111
	2		0.5	0.48	96.7	84.6～111
	3		0.5	0.48	95.3	84.6～111
	4		0.5	0.49	97.8	84.6～111
	5		0.5	0.44	87.7	84.6～111
	6		0.5	0.44	87.2	84.6～111
猛杀威	1	未检出	0.5	0.48	95.7	78.9～115
	2		0.5	0.41	82.9	78.9～115
	3		0.5	0.46	91.4	78.9～115
	4		0.5	0.42	84.3	78.9～115
	5		0.5	0.44	87.9	78.9～115
	6		0.5	0.43	86.0	78.9～115
棉铃威	1	未检出	0.5	0.53	106	76.2～111
	2		0.5	0.49	98.0	76.2～111
	3		0.5	0.49	98.9	76.2～111
	4		0.5	0.49	98.3	76.2～111
	5		0.5	0.51	102	76.2～111
	6		0.5	0.44	87.3	76.2～111
杀线威	1	未检出	5.0	4.7	94.0	89.4～99.3
	2		5.0	4.7	94.0	89.4～99.3
	3		5.0	4.6	92.0	89.4～99.3
	4		5.0	4.8	96.0	89.4～99.3
	5		5.0	4.6	92.0	89.4～99.3
	6		5.0	4.8	96.0	89.4～99.3
灭多威	1	未检出	5.0	4.5	90.0	85.3～103
	2		5.0	4.5	90.0	85.3～103
	3		5.0	4.4	88.0	85.3～103
	4		5.0	4.6	92.0	85.3～103
	5		5.0	4.6	92.0	85.3～103
	6		5.0	5.1	102	85.3～103

监测项目	平行样品号	实际样品测定结果/（μg/L）	加标量/（μg/L）	加标后测定值/（μg/L）	加标回收率 P/%	标准规定的加标回收率 P/%
二氧威	1	未检出	5.0	4.5	90.2	88.0～96.4
	2		5.0	4.4	88.8	88.0～96.4
	3		5.0	4.8	95.0	88.0～96.4
	4		5.0	4.7	94.4	88.0～96.4
	5		5.0	4.4	88.0	88.0～96.4
	6		5.0	4.7	94.9	88.0～96.4
涕灭威	1	未检出	5.0	4.7	93.0	81.8～94.2
	2		5.0	4.3	86.9	81.8～94.2
	3		5.0	4.7	93.1	81.8～94.2
	4		5.0	4.6	91.8	81.8～94.2
	5		5.0	4.3	85.7	81.8～94.2
	6		5.0	4.4	87.5	81.8～94.2
恶虫威	1	未检出	5.0	4.5	90.5	87.8～104
	2		5.0	4.4	87.9	87.8～104
	3		5.0	4.5	90.7	87.8～104
	4		5.0	4.6	92.6	87.8～104
	5		5.0	4.8	95.2	87.8～104
	6		5.0	4.8	95.5	87.8～104
克百威	1	未检出	5.0	4.4	88.2	87.3～101
	2		5.0	4.6	92.7	87.3～101
	3		5.0	4.5	89.8	87.3～101
	4		5.0	4.8	96.5	87.3～101
	5		5.0	4.4	88.0	87.3～101
	6		5.0	4.5	90.2	87.3～101
残杀威	1	未检出	5.0	5.0	99.5	85.9～102
	2		5.0	4.4	88.6	85.9～102
	3		5.0	5.0	99.9	85.9～102
	4		5.0	4.9	98.9	85.9～102
	5		5.0	4.3	86.0	85.9～102
	6		5.0	5.0	101	85.9～102
甲萘威	1	未检出	5.0	4.4	88.8	87.0～105
	2		5.0	4.8	96.7	87.0～105
	3		5.0	4.6	91.5	87.0～105
	4		5.0	4.4	88.5	87.0～105
	5		5.0	5.0	99.7	87.0～105
	6		5.0	4.4	88.2	87.0～105

监测项目	平行样品号	实际样品测定结果/（μg/L）	加标量/（μg/L）	加标后测定值/（μg/L）	加标回收率 P/%	标准规定的加标回收率 P/%
乙硫苯威	1	未检出	5.0	4.3	86.8	83.1～96.4
	2		5.0	4.6	92.0	83.1～96.4
	3		5.0	4.6	91.3	83.1～96.4
	4		5.0	4.3	85.3	83.1～96.4
	5		5.0	4.5	90.9	83.1～96.4
	6		5.0	4.4	87.6	83.1～96.4
抗蚜威	1	未检出	5.0	4.6	92.9	89.5～101
	2		5.0	4.8	96.4	89.5～101
	3		5.0	4.9	98.8	89.5～101
	4		5.0	4.7	94.4	89.5～101
	5		5.0	5.0	99.6	89.5～101
	6		5.0	4.8	96.3	89.5～101
异丙威	1	未检出	5.0	4.5	90.3	85.5～101
	2		5.0	4.5	89.3	85.5～101
	3		5.0	4.4	87.5	85.5～101
	4		5.0	4.5	89.2	85.5～101
	5		5.0	4.5	89.8	85.5～101
	6		5.0	4.7	94.7	85.5～101
仲丁威	1	未检出	5.0	4.7	94.9	88.8～110
	2		5.0	5.0	101	88.8～110
	3		5.0	4.5	89.4	88.8～110
	4		5.0	4.8	95.2	88.8～110
	5		5.0	4.5	89.1	88.8～110
	6		5.0	4.9	99.0	88.8～110
甲硫威	1	未检出	5.0	4.8	96.3	87.3～107
	2		5.0	5.2	104	87.3～107
	3		5.0	4.8	96.5	87.3～107
	4		5.0	4.9	98.3	87.3～107
	5		5.0	4.6	91.3	87.3～107
	6		5.0	5.1	102	87.3～107
猛杀威	1	未检出	5.0	5.0	100	86.4～122
	2		5.0	4.6	91.7	86.4～122
	3		5.0	4.5	90.2	86.4～122
	4		5.0	4.6	91.3	86.4～122
	5		5.0	4.3	86.7	86.4～122
	6		5.0	5.3	106	86.4～122

监测项目	平行样品号	实际样品测定结果/（μg/L）	加标量/（μg/L）	加标后测定值/（μg/L）	加标回收率 P/%	标准规定的加标回收率 P/%
棉铃威	1	未检出	5.0	4.1	81.1	70.1～96.4
	2		5.0	4.3	86.1	70.1～96.4
	3		5.0	4.0	79.4	70.1～96.4
	4		5.0	4.5	91.0	70.1～96.4
	5		5.0	4.4	87.1	70.1～96.4
	6		5.0	4.4	88.2	70.1～96.4
杀线威	1	未检出	25.0	22.8	91.2	89.0～108
	2		25.0	23.9	95.6	89.0～108
	3		25.0	24.2	96.8	89.0～108
	4		25.0	23.4	93.6	89.0～108
	5		25.0	24.2	96.8	89.0～108
	6		25.0	26.0	104	89.0～108
灭多威	1	未检出	25.0	24.2	96.8	87.8～103
	2		25.0	22.3	89.2	87.8～103
	3		25.0	23.0	92.0	87.8～103
	4		25.0	23.5	94.0	87.8～103
	5		25.0	24.8	99.2	87.8～103
	6		25.0	23.1	92.4	87.8～103
二氧威	1	未检出	25.0	22.8	91.1	91.0～100
	2		25.0	22.9	91.6	91.0～100
	3		25.0	23.3	93.1	91.0～100
	4		25.0	23.2	92.7	91.0～100
	5		25.0	23.4	93.7	91.0～100
	6		25.0	24.8	99.2	91.0～100
涕灭威	1	未检出	25.0	22.6	90.4	80.4～100
	2		25.0	20.2	80.6	80.4～100
	3		25.0	21.1	84.3	80.4～100
	4		25.0	24.0	95.9	80.4～100
	5		25.0	24.9	99.6	80.4～100
	6		25.0	23.8	95.2	80.4～100
恶虫威	1	未检出	25.0	24.2	96.9	89.4～97.7
	2		25.0	24.0	96.2	89.4～97.7
	3		25.0	24.1	96.4	89.4～97.7
	4		25.0	23.6	94.5	89.4～97.7
	5		25.0	23.5	94.0	89.4～97.7
	6		25.0	23.7	94.7	89.4～97.7

监测项目	平行样品号	实际样品测定结果/（μg/L）	加标量/（μg/L）	加标后测定值/（μg/L）	加标回收率 P/%	标准规定的加标回收率 P/%
克百威	1	未检出	25.0	25.2	101	94.9～105
	2		25.0	25.0	100	94.9～105
	3		25.0	25.9	103	94.9～105
	4		25.0	24.9	99.4	94.9～105
	5		25.0	23.8	95.0	94.9～105
	6		25.0	25.1	101	94.9～105
残杀威	1	未检出	25.0	23.2	93.0	92.3～103
	2		25.0	24.2	96.7	92.3～103
	3		25.0	24.6	98.4	92.3～103
	4		25.0	25.0	100	92.3～103
	5		25.0	25.2	101	92.3～103
	6		25.0	24.4	97.7	92.3～103
甲萘威	1	未检出	25.0	22.9	91.5	88.9～98.9
	2		25.0	23.1	92.2	88.9～98.9
	3		25.0	24.6	98.6	88.9～98.9
	4		25.0	23.1	92.4	88.9～98.9
	5		25.0	23.9	95.5	88.9～98.9
	6		25.0	23.1	92.2	88.9～98.9
乙硫苯威	1	未检出	25.0	22.0	88.1	85.4～97.3
	2		25.0	23.9	95.7	85.4～97.3
	3		25.0	22.6	90.5	85.4～97.3
	4		25.0	22.3	89.3	85.4～97.3
	5		25.0	22.8	91.3	85.4～97.3
	6		25.0	23.5	94.2	85.4～97.3
抗蚜威	1	未检出	25.0	23.9	95.6	89.3～101
	2		25.0	24.5	98.2	89.3～101
	3		25.0	24.8	99.0	89.3～101
	4		25.0	24.1	96.3	89.3～101
	5		25.0	23.2	92.8	89.3～101
	6		25.0	24.0	96.1	89.3～101
异丙威	1	未检出	25.0	24.2	97.0	93.4～99.3
	2		25.0	24.0	96.0	93.4～99.3
	3		25.0	23.8	95.4	93.4～99.3
	4		25.0	24.7	98.8	93.4～99.3
	5		25.0	24.4	97.6	93.4～99.3
	6		25.0	23.5	93.9	93.4～99.3

监测项目	平行样品号	实际样品测定结果/（μg/L）	加标量/（μg/L）	加标后测定值/（μg/L）	加标回收率 P/%	标准规定的加标回收率 P/%
仲丁威	1	未检出	25.0	23.9	95.5	91.5～102
	2		25.0	24.6	98.2	91.5～102
	3		25.0	24.2	96.9	91.5～102
	4		25.0	24.1	96.5	91.5～102
	5		25.0	24.0	95.9	91.5～102
	6		25.0	23.7	94.7	91.5～102
甲硫威	1	未检出	25.0	23.1	92.3	90.8～99.4
	2		25.0	24.5	98.0	90.8～99.4
	3		25.0	24.8	99.3	90.8～99.4
	4		25.0	23.8	95.2	90.8～99.4
	5		25.0	24.0	96.0	90.8～99.4
	6		25.0	23.1	92.5	90.8～99.4
猛杀威	1	未检出	25.0	25.5	102	92.3～106
	2		25.0	23.8	95.2	92.3～106
	3		25.0	23.9	95.7	92.3～106
	4		25.0	24.4	97.7	92.3～106
	5		25.0	23.5	94.2	92.3～106
	6		25.0	24.0	96.1	92.3～106
棉铃威	1	未检出	25.0	21.1	84.5	81.4～101
	2		25.0	23.8	95.1	81.4～101
	3		25.0	22.5	89.9	81.4～101
	4		25.0	24.3	97.4	81.4～101
	5		25.0	22.8	91.0	81.4～101
	6		25.0	23.8	95.3	81.4～101

表 15　残渣实际样品加标回收率测定

监测项目	平行样品号	实际样品测定结果/（μg/kg）	加标量/（μg/kg）	加标后测定值/（μg/kg）	加标回收率 P/%	标准规定的加标回收率 P/%
杀线威	1	未检出	5.0	4.5	90.0	82.4～92.3
	2		5.0	4.4	88.0	82.4～92.3
	3		5.0	4.4	88.0	82.4～92.3
	4		5.0	4.2	84.0	82.4～92.3
	5		5.0	4.3	86.0	82.4～92.3
	6		5.0	4.4	88.0	82.4～92.3

监测项目	平行样品号	实际样品测定结果/（μg/kg）	加标量/（μg/kg）	加标后测定值/（μg/kg）	加标回收率 P/%	标准规定的加标回收率 P/%
灭多威	1	未检出	5.0	5.0	100	81.6～113
	2		5.0	4.4	88.0	81.6～113
	3		5.0	4.5	90.0	81.6～113
	4		5.0	4.8	96.0	81.6～113
	5		5.0	5.2	104	81.6～113
	6		5.0	5.3	106	81.6～113
二氧威	1	未检出	5.0	4.2	83.2	79.9～105
	2		5.0	4.7	93.8	79.9～105
	3		5.0	4.4	88.1	79.9～105
	4		5.0	4.0	80.8	79.9～105
	5		5.0	4.4	88.7	79.9～105
	6		5.0	4.8	95.3	79.9～105
涕灭威	1	未检出	5.0	4.6	91.9	75.1～136
	2		5.0	4.1	83.0	75.1～136
	3		5.0	4.6	91.4	75.1～136
	4		5.0	4.0	80.7	75.1～136
	5		5.0	4.9	97.7	75.1～136
	6		5.0	4.2	84.6	75.1～136
恶虫威	1	未检出	5.0	4.1	81.4	77.3～98.9
	2		5.0	4.5	90.8	77.3～98.9
	3		5.0	4.3	86.5	77.3～98.9
	4		5.0	4.0	80.8	77.3～98.9
	5		5.0	4.2	83.3	77.3～98.9
	6		5.0	4.6	92.8	77.3～98.9
克百威	1	未检出	5.0	4.8	95.2	78.6～131
	2		5.0	4.0	80.1	78.6～131
	3		5.0	4.7	94.4	78.6～131
	4		5.0	4.3	86.3	78.6～131
	5		5.0	4.8	95.2	78.6～131
	6		5.0	4.7	94.9	78.6～131
残杀威	1	未检出	5.0	4.4	87.3	82.8～116
	2		5.0	4.5	89.3	82.8～116
	3		5.0	5.3	105	82.8～116
	4		5.0	4.9	98.6	82.8～116
	5		5.0	4.5	90.3	82.8～116
	6		5.0	4.7	93.0	82.8～116

监测项目	平行样品号	实际样品测定结果/（μg/kg）	加标量/（μg/kg）	加标后测定值/（μg/kg）	加标回收率 P/%	标准规定的加标回收率 P/%
甲萘威	1	未检出	5.0	4.9	97.5	84.2～107
	2		5.0	4.7	94.6	84.2～107
	3		5.0	4.7	94.4	84.2～107
	4		5.0	4.3	85.2	84.2～107
	5		5.0	4.9	97.5	84.2～107
	6		5.0	4.6	92.9	84.2～107
乙硫苯威	1	未检出	5.0	4.3	86.1	65.3～107
	2		5.0	4.4	88.1	65.3～107
	3		5.0	3.9	77.6	65.3～107
	4		5.0	3.7	73.4	65.3～107
	5		5.0	3.6	72.1	65.3～107
	6		5.0	4.4	87.6	65.3～107
抗蚜威	1	未检出	5.0	4.6	93.0	79.0～112
	2		5.0	5.6	112	79.0～112
	3		5.0	5.3	106	79.0～112
	4		5.0	4.9	98.0	79.0～112
	5		5.0	5.1	102	79.0～112
	6		5.0	4.7	93.9	79.0～112
异丙威	1	未检出	5.0	4.7	93.2	81.8～113
	2		5.0	4.6	91.5	81.8～113
	3		5.0	4.9	98.5	81.8～113
	4		5.0	4.1	81.9	81.8～113
	5		5.0	4.5	89.2	81.8～113
	6		5.0	4.7	93.3	81.8～113
仲丁威	1	未检出	5.0	4.9	98.6	82.3～114
	2		5.0	4.9	98.4	82.3～114
	3		5.0	4.5	89.9	82.3～114
	4		5.0	4.7	93.1	82.3～114
	5		5.0	4.5	89.4	82.3～114
	6		5.0	4.8	96.5	82.3～114
甲硫威	1	未检出	5.0	4.8	95.7	85.6～106
	2		5.0	4.3	86.0	85.6～106
	3		5.0	4.6	91.5	85.6～106
	4		5.0	4.5	91.0	85.6～106
	5		5.0	4.7	94.0	85.6～106
	6		5.0	5.3	106	85.6～106

监测项目	平行样品号	实际样品测定结果/（μg/kg）	加标量/（μg/kg）	加标后测定值/（μg/kg）	加标回收率 P/%	标准规定的加标回收率 P/%
猛杀威	1	未检出	5.0	4.9	97.0	80.1～113
	2		5.0	5.0	100	80.1～113
	3		5.0	4.2	83.3	80.1～113
	4		5.0	4.5	90.1	80.1～113
	5		5.0	5.1	103	80.1～113
	6		5.0	4.4	87.2	80.1～113
棉铃威	1	未检出	5.0	4.9	97.8	66.1～107
	2		5.0	4.9	98.5	66.1～107
	3		5.0	5.0	99.4	66.1～107
	4		5.0	4.8	96.7	66.1～107
	5		5.0	5.0	99.7	66.1～107
	6		5.0	5.0	99.6	66.1～107
杀线威	1	未检出	50.0	47.9	95.8	88.9～97.4
	2		50.0	47.0	94.0	88.9～97.4
	3		50.0	46.2	92.4	88.9～97.4
	4		50.0	45.9	91.8	88.9～97.4
	5		50.0	45.3	90.6	88.9～97.4
	6		50.0	47.5	95.0	88.9～97.4
灭多威	1	未检出	50.0	45.8	91.6	89.6～101
	2		50.0	48.0	96.0	89.6～101
	3		50.0	46.0	92.0	89.6～101
	4		50.0	45.1	90.2	89.6～101
	5		50.0	47.6	95.2	89.6～101
	6		50.0	45.0	90.0	89.6～101
二氧威	1	未检出	50.0	45.3	90.7	86.9～98.4
	2		50.0	44.8	89.7	86.9～98.4
	3		50.0	46.8	93.7	86.9～98.4
	4		50.0	44.4	88.8	86.9～98.4
	5		50.0	43.7	87.4	86.9～98.4
	6		50.0	45.9	91.7	86.9～98.4
涕灭威	1	未检出	50.0	49.6	99.1	87.8～101
	2		50.0	49.5	98.9	87.8～101
	3		50.0	45.8	91.5	87.8～101
	4		50.0	50.1	100	87.8～101
	5		50.0	49.0	97.9	87.8～101
	6		50.0	47.8	95.6	87.8～101

监测项目	平行样品号	实际样品测定结果/（μg/kg）	加标量/（μg/kg）	加标后测定值/（μg/kg）	加标回收率 P/%	标准规定的加标回收率 P/%
恶虫威	1	未检出	50.0	44.0	88.0	87.7～97.5
	2		50.0	44.7	89.3	87.7～97.5
	3		50.0	44.1	88.1	87.7～97.5
	4		50.0	46.2	92.3	87.7～97.5
	5		50.0	44.2	88.4	87.7～97.5
	6		50.0	44.6	89.2	87.7～97.5
克百威	1	未检出	50.0	47.4	94.7	86.6～100
	2		50.0	46.2	92.4	86.6～100
	3		50.0	47.9	95.7	86.6～100
	4		50.0	45.3	90.7	86.6～100
	5		50.0	44.0	88.0	86.6～100
	6		50.0	44.9	89.7	86.6～100
残杀威	1	未检出	50.0	48.9	97.7	85.8～101
	2		50.0	43.7	87.5	85.8～101
	3		50.0	45.6	91.2	85.8～101
	4		50.0	45.4	90.8	85.8～101
	5		50.0	43.5	87.0	85.8～101
	6		50.0	46.7	93.3	85.8～101
甲萘威	1	未检出	50.0	45.1	90.2	87.8～97.9
	2		50.0	45.6	91.3	87.8～97.9
	3		50.0	46.6	93.2	87.8～97.9
	4		50.0	46.9	93.9	87.8～97.9
	5		50.0	45.3	90.6	87.8～97.9
	6		50.0	45.4	90.9	87.8～97.9
乙硫苯威	1	未检出	50.0	43.9	87.8	81.7～95.5
	2		50.0	44.0	88.0	81.7～95.5
	3		50.0	44.5	88.9	81.7～95.5
	4		50.0	43.6	87.1	81.7～95.5
	5		50.0	45.5	91.0	81.7～95.5
	6		50.0	43.0	86.1	81.7～95.5
抗蚜威	1	未检出	50.0	46.7	93.4	89.4～100
	2		50.0	45.4	90.8	89.4～100
	3		50.0	44.8	89.7	89.4～100
	4		50.0	45.0	89.9	89.4～100
	5		50.0	44.7	89.5	89.4～100
	6		50.0	45.8	91.5	89.4～100

监测项目	平行样品号	实际样品测定结果/（μg/kg）	加标量/（μg/kg）	加标后测定值/（μg/kg）	加标回收率 P/%	标准规定的加标回收率 P/%
异丙威	1	未检出	50.0	47.7	95.4	85.2~99.4
	2		50.0	42.6	85.3	85.2~99.4
	3		50.0	48.1	96.1	85.2~99.4
	4		50.0	48.9	97.8	85.2~99.4
	5		50.0	45.6	91.2	85.2~99.4
	6		50.0	45.4	90.8	85.2~99.4
仲丁威	1	未检出	50.0	46.0	92.1	85.8~101
	2		50.0	43.9	87.9	85.8~101
	3		50.0	45.9	91.7	85.8~101
	4		50.0	44.9	89.8	85.8~101
	5		50.0	44.5	89.1	85.8~101
	6		50.0	46.4	92.8	85.8~101
甲硫威	1	未检出	50.0	43.6	87.2	84.7~101
	2		50.0	44.9	89.8	84.7~101
	3		50.0	48.2	96.5	84.7~101
	4		50.0	45.2	90.3	84.7~101
	5		50.0	44.1	88.1	84.7~101
	6		50.0	42.5	85.1	84.7~101
猛杀威	1	未检出	50.0	47.9	95.7	86.1~98.3
	2		50.0	47.5	94.9	86.1~98.3
	3		50.0	48.7	97.3	86.1~98.3
	4		50.0	47.0	94.0	86.1~98.3
	5		50.0	44.9	89.8	86.1~98.3
	6		50.0	44.8	89.7	86.1~98.3
棉铃威	1	未检出	50.0	43.6	87.3	79.2~94.2
	2		50.0	44.9	89.8	79.2~94.2
	3		50.0	41.8	83.5	79.2~94.2
	4		50.0	42.5	85.0	79.2~94.2
	5		50.0	41.6	83.1	79.2~94.2
	6		50.0	41.4	82.7	79.2~94.2

监测项目	平行样品号	实际样品测定结果/（μg/kg）	加标量/（μg/kg）	加标后测定值/（μg/kg）	加标回收率 P/%	标准规定的加标回收率 P/%
杀线威	1	未检出	250	248	99.2	91.0～107
	2		250	236	94.4	91.0～107
	3		250	252	101	91.0～107
	4		250	251	100	91.0～107
	5		250	251	100	91.0～107
	6		250	234	93.6	91.0～107
灭多威	1	未检出	250	235	94.0	90.3～103
	2		250	233	93.2	90.3～103
	3		250	236	94.4	90.3～103
	4		250	248	99.2	90.3～103
	5		250	227	90.8	90.3～103
	6		250	245	98.0	90.3～103
二氧威	1	未检出	250	247	98.9	87.4～101
	2		250	252	101	87.4～101
	3		250	238	95.3	87.4～101
	4		250	230	91.9	87.4～101
	5		250	225	90.1	87.4～101
	6		250	223	89.3	87.4～101
涕灭威	1	未检出	250	249	99.4	82.7～108
	2		250	241	96.4	82.7～108
	3		250	228	91.0	82.7～108
	4		250	246	98.2	82.7～108
	5		250	253	101	82.7～108
	6		250	221	88.5	82.7～108
恶虫威	1	未检出	250	236	94.5	83.1～96.7
	2		250	228	91.4	83.1～96.7
	3		250	231	92.6	83.1～96.7
	4		250	224	89.7	83.1～96.7
	5		250	240	96.1	83.1～96.7
	6		250	237	94.8	83.1～96.7
克百威	1	未检出	250	248	99.2	94.1～106
	2		250	249	99.6	94.1～106
	3		250	242	96.7	94.1～106
	4		250	243	97.0	94.1～106
	5		250	242	97.0	94.1～106
	6		250	246	98.6	94.1～106

监测项目	平行样品号	实际样品测定结果/（μg/kg）	加标量/（μg/kg）	加标后测定值/（μg/kg）	加标回收率 P/%	标准规定的加标回收率 P/%
残杀威	1	未检出	250	238	95.3	93.4～100
	2		250	236	94.3	93.4～100
	3		250	245	97.8	93.4～100
	4		250	238	95.1	93.4～100
	5		250	243	97.1	93.4～100
	6		250	247	98.8	93.4～100
甲萘威	1	未检出	250	226	90.3	83.4～99.3
	2		250	245	97.9	83.4～99.3
	3		250	232	92.9	83.4～99.3
	4		250	239	95.5	83.4～99.3
	5		250	237	94.8	83.4～99.3
	6		250	240	96.0	83.4～99.3
乙硫苯威	1	未检出	250	222	88.7	85.7～98.0
	2		250	236	94.5	85.7～98.0
	3		250	228	91.2	85.7～98.0
	4		250	233	93.4	85.7～98.0
	5		250	222	88.8	85.7～98.0
	6		250	239	95.6	85.7～98.0
抗蚜威	1	未检出	250	230	92.2	89.9～103
	2		250	228	91.1	89.9～103
	3		250	231	92.5	89.9～103
	4		250	242	96.8	89.9～103
	5		250	225	90.0	89.9～103
	6		250	227	91.0	89.9～103
异丙威	1	未检出	250	227	90.8	88.9～98.7
	2		250	226	90.3	88.9～98.7
	3		250	228	91.3	88.9～98.7
	4		250	241	96.3	88.9～98.7
	5		250	223	89.1	88.9～98.7
	6		250	230	91.9	88.9～98.7
仲丁威	1	未检出	250	242	96.9	89.1～103
	2		250	228	91.2	89.1～103
	3		250	237	94.7	89.1～103
	4		250	234	93.4	89.1～103
	5		250	231	92.4	89.1～103
	6		250	236	94.6	89.1～103

监测项目	平行样品号	实际样品测定结果/（μg/kg）	加标量/（μg/kg）	加标后测定值/（μg/kg）	加标回收率 P/%	标准规定的加标回收率 P/%
甲硫威	1	未检出	250	225	90.2	86.2～98.7
	2		250	234	93.5	86.2～98.7
	3		250	239	95.7	86.2～98.7
	4		250	237	94.9	86.2～98.7
	5		250	241	96.2	86.2～98.7
	6		250	234	93.8	86.2～98.7
猛杀威	1	未检出	250	230	91.9	84.4～107
	2		250	229	91.6	84.4～107
	3		250	220	88.2	84.4～107
	4		250	227	90.9	84.4～107
	5		250	224	89.6	84.4～107
	6		250	244	97.5	84.4～107
棉铃威	1	未检出	250	240	95.8	83.8～97.0
	2		250	217	86.6	83.8～97.0
	3		250	216	86.3	83.8～97.0
	4		250	226	90.5	83.8～97.0
	5		250	226	90.3	83.8～97.0
	6		250	216	86.4	83.8～97.0

表 16　污泥实际样品加标回收率测定

监测项目	平行样品号	实际样品测定结果/（μg/kg）	加标量/（μg/kg）	加标后测定值/（μg/kg）	加标回收率 P/%	标准规定的加标回收率 P/%
杀线威	1	未检出	80.0	64.5	80.6	45.5～96.3
	2		80.0	73.3	91.6	45.5～96.3
	3		80.0	71.6	89.5	45.5～96.3
	4		80.0	70.6	88.3	45.5～96.3
	5		80.0	66.4	83.0	45.5～96.3
	6		80.0	73.2	91.5	45.5～96.3
灭多威	1	未检出	80.0	71.7	89.6	47.9～93.1
	2		80.0	70.4	88.0	47.9～93.1
	3		80.0	71.5	89.4	47.9～93.1
	4		80.0	71.5	89.4	47.9～93.1
	5		80.0	73.9	92.4	47.9～93.1
	6		80.0	70.2	87.8	47.9～93.1

监测项目	平行样品号	实际样品测定结果/（μg/kg）	加标量/（μg/kg）	加标后测定值/（μg/kg）	加标回收率 P/%	标准规定的加标回收率 P/%
二氧威	1	未检出	80.0	68.2	85.2	50.9～89.0
	2		80.0	68.0	84.9	50.9～89.0
	3		80.0	70.2	87.8	50.9～89.0
	4		80.0	68.2	85.3	50.9～89.0
	5		80.0	69.7	87.1	50.9～89.0
	6		80.0	69.0	86.2	50.9～89.0
涕灭威	1	未检出	80.0	70.5	88.1	45.5～90.9
	2		80.0	68.1	85.2	45.5～90.9
	3		80.0	60.1	75.2	45.5～90.9
	4		80.0	41.6	52.0	45.5～90.9
	5		80.0	61.9	77.4	45.5～90.9
	6		80.0	70.3	87.8	45.5～90.9
恶虫威	1	未检出	80.0	62.4	78.0	44.7～81.1
	2		80.0	60.5	75.7	44.7～81.1
	3		80.0	61.5	76.9	44.7～81.1
	4		80.0	60.5	75.7	44.7～81.1
	5		80.0	63.5	79.4	44.7～81.1
	6		80.0	61.7	77.1	44.7～81.1
克百威	1	未检出	80.0	46.3	57.9	42.5～72.0
	2		80.0	51.1	63.8	42.5～72.0
	3		80.0	50.8	63.5	42.5～72.0
	4		80.0	57.3	71.7	42.5～72.0
	5		80.0	49.4	61.8	42.5～72.0
	6		80.0	53.5	66.9	42.5～72.0
残杀威	1	未检出	80.0	63.5	79.4	45.8～98.2
	2		80.0	64.9	81.1	45.8～98.2
	3		80.0	52.1	65.1	45.8～98.2
	4		80.0	53.1	66.4	45.8～98.2
	5		80.0	57.6	72.0	45.8～98.2
	6		80.0	58.3	72.9	45.8～98.2
甲萘威	1	未检出	80.0	55.0	68.8	51.5～90.4
	2		80.0	62.8	78.6	51.5～90.4
	3		80.0	52.9	66.1	51.5～90.4
	4		80.0	49.5	61.9	51.5～90.4
	5		80.0	70.2	87.8	51.5～90.4
	6		80.0	62.6	78.3	51.5～90.4

监测项目	平行样品号	实际样品测定结果/（μg/kg）	加标量/（μg/kg）	加标后测定值/（μg/kg）	加标回收率 P/%	标准规定的加标回收率 P/%
乙硫苯威	1	未检出	80.0	60.4	75.5	63.5～95.6
	2		80.0	70.7	88.4	63.5～95.6
	3		80.0	55.4	69.3	63.5～95.6
	4		80.0	59.4	74.3	63.5～95.6
	5		80.0	70.2	87.7	63.5～95.6
	6		80.0	54.9	68.6	63.5～95.6
抗蚜威	1	未检出	80.0	57.7	72.1	71.1～91.8
	2		80.0	61.8	77.3	71.1～91.8
	3		80.0	64.3	80.4	71.1～91.8
	4		80.0	60.2	75.3	71.1～91.8
	5		80.0	66.4	83.0	71.1～91.8
	6		80.0	64.2	80.2	71.1～91.8
异丙威	1	未检出	80.0	73.1	91.3	51.8～100
	2		80.0	79.4	99.2	51.8～100
	3		80.0	66.5	83.1	51.8～100
	4		80.0	54.1	67.6	51.8～100
	5		80.0	68.4	85.5	51.8～100
	6		80.0	72.6	90.7	51.8～100
仲丁威	1	未检出	80.0	62.3	77.9	55.9～101
	2		80.0	63.8	79.7	55.9～101
	3		80.0	48.6	60.7	55.9～101
	4		80.0	49.9	62.4	55.9～101
	5		80.0	45.3	56.7	55.9～101
	6		80.0	46.5	58.1	55.9～101
甲硫威	1	未检出	80.0	67.3	84.1	47.8～87.7
	2		80.0	52.8	66.0	47.8～87.7
	3		80.0	51.1	63.9	47.8～87.7
	4		80.0	55.6	69.4	47.8～87.7
	5		80.0	51.7	64.6	47.8～87.7
	6		80.0	52.4	65.5	47.8～87.7
猛杀威	1	未检出	80.0	77.7	97.2	47.0～100
	2		80.0	72.9	91.2	47.0～100
	3		80.0	48.1	60.1	47.0～100
	4		80.0	38.5	48.1	47.0～100
	5		80.0	47.6	59.5	47.0～100
	6		80.0	56.5	70.7	47.0～100

监测项目	平行样品号	实际样品测定结果/（μg/kg）	加标量/（μg/kg）	加标后测定值/（μg/kg）	加标回收率 P/%	标准规定的加标回收率 P/%
棉铃威	1	未检出	80.0	62.1	77.7	49.6～92.7
	2		80.0	55.4	69.3	49.6～92.7
	3		80.0	61.2	76.4	49.6～92.7
	4		80.0	61.5	76.9	49.6～92.7
	5		80.0	69.1	86.4	49.6～92.7
	6		80.0	67.5	84.4	49.6～92.7

经验证，对残渣浸出液中残渣和污泥实际样品进行 6 次加标回收率测定，加标回收率为 48.1%～114%，符合标准方法要求，相关验证材料见附件 8。

注：1. 当标准方法适用于多种目标化合物时，应对本实验室监测范围内的所有目标化合物逐一进行验证。

2. 当标准方法适用于多种基质类别的样品时，应对本实验室监测范围内的所有基质类别逐一进行验证。基质类型划分为水质（包括地表水、地下水、工业废水和生活污水）、环境空气、废气、土壤、水系沉积物、固体废物浸出液、固体废物全量、海水、海洋沉积物、生物、生物体残留。

3. 重复性测定的每一次测定应包括取样、前处理和分析的全过程。

4　实际样品测定

按照标准方法要求，选择固态固体废物、水性固体废物、油性固体废物实际样品模拟样进行测定，监测报告及相关原始记录见附件 9。

4.1　样品采集和保存

按照标准方法要求，采集固态固体废物、水性固体废物、油性固体废物三种实际样品，样品采集和保存情况见表 17。

表 17　样品采集和保存情况

序号	样品类型及性状	采样依据	样品保存方式
1	固态固体废物（垃圾焚烧厂炉渣）	《工业固体废物采样制样技术规范》（HJ/T 20—1998）	100 mL 棕色玻璃瓶，4℃以下冷藏、避光、密封保存
2	水性固体废物（离子色谱产生的废液）	《工业固体废物采样制样技术规范》（HJ/T 20—1998）	100 mL 棕色玻璃瓶，4℃以下冷藏、避光、密封保存
3	油性固体废物（废弃真空泵油）	《工业固体废物采样制样技术规范》（HJ/T 20—1998）	100 mL 棕色玻璃瓶，4℃以下冷藏、避光、密封保存

经验证，本实验室样品采集和保存能力满足标准方法要求。

4.2 样品前处理

按照 HJ 1026—2019 的要求进行，具体操作如下。

4.2.1 固体废物浸出液

依次用 10 mL 甲醇、10 mL 水以约 4 mL/min 的速度活化 HLB 固相萃取柱。取 100 mL 固体废物浸出液，调节流量使水样以约 4 mL/min 的速度通过萃取柱，用 5 mL 水淋洗。氮气吹干 25 min，然后用 8 mL 甲醇-二氯甲烷混合溶剂（V/V=2：1）以约 4 mL/min 的速度洗脱固相萃取柱，收集洗脱液于洗脱液接收管中。40℃氮吹浓缩至约 2.0 mL，加入 50 μL 内标标准使用液（ρ=10.0 mg/L），用甲醇-5 mmol 乙酸铵溶液（V/V=2：3）定容至 5.0 mL，经滤膜过滤后上机测定。

4.2.2 水性液态废物

称取 10 g（精确至 0.01 g）样品，用水定容至 100 mL，按步骤 4.2.1 进行处理。

4.2.3 油性液态固体废物

称取 10 g（精确至 0.01 g）样品，转移至分液漏斗中，加入 30 mL 的乙腈，充分振荡、静置，收集乙腈相，再重复萃取 2 次，合并乙腈相，40℃浓缩至约 2.0 mL，加入 50 μL 内标标准使用液（ρ=10.0 mg/L），用甲醇-5 mmol 乙酸铵溶液（V/V=2：3）定容至 5.0 mL，经滤膜过滤后上机测定。

4.2.4 固态废物（加压流体萃取）

称取 10 g（精确至 0.01 g）样品，加入适量硅藻土，将样品干燥拌匀呈流沙状。甲醇-二氯甲烷混合溶剂（V/V=1：2）提取样品中氨基甲酸酯类农药：压力 10.34 MPa，萃取温度 80℃，加热时间 5 min，静态萃取时间 5 min，冲洗量 80%，萃取后氮气吹扫 60 s，循环萃取 3 次。浓缩至约 2.0 mL，加入 50 μL 内标标准使用液（ρ=10.0 mg/L），用甲醇-5 mmol 乙酸铵溶液（V/V=2：3）定容至 5.0 mL，经滤膜过滤后上机测定。

注：如果方法中涉及多种可选择的前处理方法，应根据本实验室自身具备的条件选择相应的前处理方法进行验证，详细描述实际操作过程。

4.3 样品/现场测定结果

实际样品/现场测定结果见表 18。

表 18　实际样品/现场测定结果　　　　　　　　　单位：μg/L 或μg/kg

监测项目	样品类型	测定结果
杀线威	固体废物浸出液	0.3

监测项目	样品类型	测定结果
灭多威	固体废物浸出液	0.6
二氧威	固体废物浸出液	0.2
涕灭威	固体废物浸出液	0.2
恶虫威	固体废物浸出液	0.4
克百威	固体废物浸出液	0.4
残杀威	固体废物浸出液	0.4
甲萘威	固体废物浸出液	0.2
乙硫苯威	固体废物浸出液	0.3
抗蚜威	固体废物浸出液	0.3
异丙威	固体废物浸出液	0.5
仲丁威	固体废物浸出液	0.5
甲硫威	固体废物浸出液	0.3
猛杀威	固体废物浸出液	0.6
棉铃威	固体废物浸出液	0.5
杀线威	固态废物	21.7
灭多威	固态废物	66.9
二氧威	固态废物	28.5
涕灭威	固态废物	45.1
恶虫威	固态废物	29.3
克百威	固态废物	37.9
残杀威	固态废物	36.7
甲萘威	固态废物	20.4
乙硫苯威	固态废物	27.4
抗蚜威	固态废物	43.7
异丙威	固态废物	45.0
仲丁威	固态废物	44.9
甲硫威	固态废物	28.0
猛杀威	固态废物	40.8
棉铃威	固态废物	8.49
杀线威	水性固体废物	2.5
灭多威	水性固体废物	6.4
二氧威	水性固体废物	2.3
涕灭威	水性固体废物	2.2
恶虫威	水性固体废物	4.0
克百威	水性固体废物	3.8
残杀威	水性固体废物	3.9

监测项目	样品类型	测定结果
甲萘威	水性固体废物	1.9
乙硫苯威	水性固体废物	1.7
抗蚜威	水性固体废物	3.3
异丙威	水性固体废物	4.8
仲丁威	水性固体废物	5.0
甲硫威	水性固体废物	3.2
猛杀威	水性固体废物	6.5
棉铃威	水性固体废物	6.4
杀线威	油性固体废物	17.0
灭多威	油性固体废物	65.7
二氧威	油性固体废物	26.4
涕灭威	油性固体废物	36.2
恶虫威	油性固体废物	27.1
克百威	油性固体废物	34.4
残杀威	油性固体废物	29.0
甲萘威	油性固体废物	19.5
乙硫苯威	油性固体废物	28.3
抗蚜威	油性固体废物	40.6
异丙威	油性固体废物	37.2
仲丁威	油性固体废物	39.0
甲硫威	油性固体废物	19.8
猛杀威	油性固体废物	34.7
棉铃威	油性固体废物	33.8

4.4 质量控制

按照标准方法要求，采取的质量控制措施包括空白试验、校准、平行样、基体加标等。

4.4.1 空白试验

空白试验测定结果见表19。

经验证，空白试验测定结果符合标准方法要求。

表 19 空白试验测定结果 单位：μg/L 或μg/kg

空白类型	监测项目	测定结果	标准规定的要求
实验室空白（纯水）	杀线威	未检出	<0.2
实验室空白（纯水）	灭多威	未检出	<0.2

空白类型	监测项目	测定结果	标准规定的要求
实验室空白（纯水）	二氧威	未检出	＜0.2
实验室空白（纯水）	涕灭威	未检出	＜0.2
实验室空白（纯水）	恶虫威	未检出	＜0.2
实验室空白（纯水）	克百威	未检出	＜0.2
实验室空白（纯水）	残杀威	未检出	＜0.2
实验室空白（纯水）	甲萘威	未检出	＜0.2
实验室空白（纯水）	乙硫苯威	未检出	＜0.2
实验室空白（纯水）	抗蚜威	未检出	＜0.2
实验室空白（纯水）	异丙威	未检出	＜0.2
实验室空白（纯水）	仲丁威	未检出	＜0.2
实验室空白（纯水）	甲硫威	未检出	＜0.2
实验室空白（纯水）	猛杀威	未检出	＜0.2
实验室空白（纯水）	棉铃威	未检出	＜0.2
实验室空白（石英砂）	杀线威	未检出	＜1.5
实验室空白（石英砂）	灭多威	未检出	＜1.5
实验室空白（石英砂）	二氧威	未检出	＜1.0
实验室空白（石英砂）	涕灭威	未检出	＜2.0
实验室空白（石英砂）	恶虫威	未检出	＜2.0
实验室空白（石英砂）	克百威	未检出	＜1.5
实验室空白（石英砂）	残杀威	未检出	＜1.5
实验室空白（石英砂）	甲萘威	未检出	＜1.5
实验室空白（石英砂）	乙硫苯威	未检出	＜1.5
实验室空白（石英砂）	抗蚜威	未检出	＜2.0
实验室空白（石英砂）	异丙威	未检出	＜1.5
实验室空白（石英砂）	仲丁威	未检出	＜1.5
实验室空白（石英砂）	甲硫威	未检出	＜2.0
实验室空白（石英砂）	猛杀威	未检出	＜2.0
实验室空白（石英砂）	棉铃威	未检出	＜2.0

注：空白试验包括实验室空白、运输空白、全程空白、浸出液空白等。

4.4.2 校准

对浓度为100 μg/L的校准曲线中间浓度点进行测定，测定结果相对偏差在20%以内，符合标准方法要求。

4.4.3 基体加标

对浓度为0.2～0.6 μg/L的1个固体废物浸出液实际样品进行加标回收试验，加标量为 0.5 μg/L，得到加标回收率为 60.0%～121%，符合方法中规定的 30%～150%的要求。

对浓度为 1.7～6.5 μg/kg 的 1 个水性液态废物实际样品进行加标回收试验，加标量为 5.0 μg/kg，得到加标回收率为 68.8%～125%，符合方法中规定的 30%～150%的要求。

对浓度为 17.0～65.7 μg/kg 的 1 个油性液态废物实际样品进行加标回收试验，加标量为 50.0 μg/kg，得到加标回收率为 48.4%～120%，符合方法中规定的 30%～150%的要求。

对浓度为 20.4～66.9 μg/kg 的 1 个固态废物实际样品进行加标回收试验，加标量为 50.0 μg/kg，得到加标回收率为 55.5%～124%，符合方法中规定的 30%～150%的要求。

4.4.4 平行样

对浓度为 0.2～0.6 μg/L 的 1 个固体废物浸出液、浓度为 1.7～6.5 μg/kg 的 1 个水性液态废物、浓度为 17.0～65.7 μg/kg 的 1 个油性液态废物以及浓度为 20.4～66.9 μg/kg 的 1 个固态废物（模拟检出样品）进行平行测定，相对标准偏差为 0.11%～18%，符合方法要求的平行样相对偏差应≤40%的要求。

5 验证结论

综上所述，本实验室人员通过培训和能力确认后，依据 HJ 1026—2019 开展方法验证，并进行了实际样品测试（或现场监测）。所用仪器设备、标准物质、关键试剂耗材、采取的质量保证和质量控制措施，以及经实验验证得出的方法检出限、测定下限、精密度和正确度等，均满足标准方法要求，验证合格。

附件 1　验证人员培训、能力确认情况的证明材料（略）

附件 2　仪器设备的溯源证书及结果确认等证明材料（略）

附件 3　有证标准物质证书及关键试剂耗材验收材料（略）

附件 4　环境条件监控原始记录（略）

附件 5　校准曲线绘制/仪器校准原始记录（略）

附件 6　检出限和测定下限验证原始记录（略）

附件 7　精密度验证原始记录（略）

附件 8　正确度验证原始记录（略）

附件 9　实际样品（或现场）监测报告及相关原始记录（略）

《海洋监测规范　第4部分：海水分析》
（19 挥发性酚——4-氨基安替比林分光光度法）
（GB 17378.4—2007）
方法验证实例

1　方法名称及适用范围

1.1　方法名称及编号

《海洋监测规范　第4部分：海水分析》（19 挥发性酚——4-氨基安替比林分光光度法）（GB 17378.4—2007）。

1.2　适用范围

本方法适用于海水及工业排污口水体中酚含量低于 10 mg/L 的测定。

2　实验室基础条件确认

2.1　人员

参加方法验证的人员均通过了培训和能力确认（表1），验证人员相关培训、能力确认情况等证明材料见附件1。

表1　验证人员情况信息

序号	姓名	年龄	职称	专业	参加本标准方法相关要求培训情况（是/否）	能力确认情况（是/否）	相关监测工作年限/年	验证工作内容
1	××	41	高级工程师	环境科学	是	是	18	采样及现场监测
2	××	41	工程师	环境工程	是	是	18	采样及现场监测

序号	姓名	年龄	职称	专业	参加本标准方法相关要求培训情况（是/否）	能力确认情况（是/否）	相关监测工作年限/年	验证工作内容
3	××	39	高级工程师	环境科学	是	是	14	前处理
4	××	39	高级工程师	环境科学	是	是	14	分析测试

2.2 仪器设备

本方法验证中，使用了采样设备、前处理仪器和分析测试仪器等。主要仪器设备情况见表2，相关仪器设备的检定/校准证书及结果确认等证明材料见附件2。

表2 主要仪器设备情况

序号	过程	仪器名称	仪器规格型号	仪器编号	溯源/核查情况	溯源/核查结果确认情况	其他特殊要求
1	前处理	自动蒸馏仪	××	××	核查	合格	全玻璃蒸馏器
2	分析测试	分光光度计	××	××	校准	合格	—

2.3 标准物质及主要试剂耗材

本方法验证中，使用的标准物质、主要试剂耗材情况见表3，有证标准物质证书、主要试剂耗材验收材料见附件3。

表3 标准物质、主要试剂耗材情况

序号	过程	名称	生产厂家	技术指标（规格/浓度/纯度/不确定度）	证书/批号	标准物质基体类型	标准物质是否在有效期内	主要关键试剂耗材验收情况
1	采样及现场监测	磷酸	××	分析纯（H_3PO_4，ρ=1.69 g/mL）	××	—	—	合格
		硫酸铜	××	分析纯（$CuSO_4 \cdot 5H_2O$）	××	—	—	合格
2	分析测试	无酚水	××	蒸馏水在强碱性条件下加入高锰酸钾，至深紫红色，加热蒸馏	××	—	—	合格
		4-氨基安替比林	××	分析纯	××	—	—	合格

序号	过程	名称	生产厂家	技术指标（规格/浓度/纯度/不确定度）	证书/批号	标准物质基体类型	标准物质是否在有效期内	主要关键试剂耗材验收情况
2	分析测试	铁氰化钾	××	分析纯	××	—	—	合格
		氯化铵	××	分析纯	××	—	—	合格
		氨水	××	分析纯	××	—	—	合格
		三氯甲烷	××	分析纯	××	—	—	合格
		苯酚标准溶液	××	1 000 mg/L±2%	××	水质	是	合格

2.4　相关体系文件

本方法配套使用的监测原始记录为《挥发酚分析原始记录》（标识：LNDL-04-JA005）；监测报告格式为 LNDL-04-JD011。

3　方法性能指标验证

3.1　测试条件

3.1.1　仪器分析条件

依据标准方法，选择具 460 nm 光程、20 mm 比色皿的可见分光光度计进行测量。

3.1.2　仪器自检

按照分光光度计仪器说明书进行仪器预热、自检，然后仪器进入测量状态。仪器自检过程正常，结果符合标准要求。

3.2　校准曲线

本方法验证过程中，仪器校准按照标准规定的步骤进行。按照标准要求，配制 1.00 mg/L 的苯酚标准使用液，分别移取 0.00 mL、0.50 mL、1.00 mL、2.00 mL、4.00 mL、7.00 mL 和 10.00 mL 苯酚标准溶液置于 200 mL 容量瓶中，用无酚水定容至标线，混匀，配制成标准系列。分别转移标准系列至 250 mL 分液漏斗中，向各分液漏斗中加入 1.00 mL 缓冲溶液，混匀，再各加入 1.00 mL 4-氨基安替比林溶液，混匀，加入 1.00 mL 铁氰化钾溶液，混匀，放置 10 min。加入 10.0 mL 三氯甲烷，振摇 2 min，静置分层，取三氯甲烷提取液于测定池中，在波长 460 nm 处，用三氯甲烷作参比，测定吸光值。以吸光度值减去标准空白吸光度值为纵坐标，酚浓度为横坐标绘制标准曲线，根据《环境监测分析方法标准制订技术导则》（HJ 168—2020)中定量方法线性回归方程的相关系数不低于 0.999 的要求，校准曲线回归方程相关系数应达到 0.999 及以上。校准曲线绘制情况见表 4。

表 4　校准曲线绘制情况

校准点	1	2	3	4	5	6	7
浓度/μg	0.00	0.50	1.00	2.00	4.00	7.00	10.00
吸光度	0.037	0.064	0.084	0.114	0.182	0.294	0.403
校准曲线方程	$y=0.035\,9x+0.005\,5$						
相关系数（r）	0.999 6						
标准规定要求	≥0.999						
是否符合标准要求	是						

经验证，本实验室校准曲线结果符合标准方法要求，相关验证材料见附件 4。

3.3　方法检出限及测定下限

按照 HJ 168—2020 附录 A.1 的规定，进行方法检出限和测定下限验证。

取 0.5 mL 浓度为 1.0 mg/L 的标准溶液，置于 200 mL 容量瓶中，用无酚水定容至刻线。配制浓度为 0.002 5 mg/L 的 7 个空白加标平行样品，按照样品分析的全过程（包括前处理）进行测定。重复 7 次空白试验，将各测定结果换算为样品中的浓度或含量，计算 7 次平行测定的标准偏差，按式（1）计算方法检出限。其中，当 n 为 7 次，置信度为 99%，$t_{(n-1,0.99)}=3.143$。以 4 倍的样品检出限作为测定下限，即 RQL=4×MDL。本方法检出限及测定下限计算结果见表 5。

$$MDL=t_{(n-1,0.99)}\times S \quad\quad (1)$$

式中：MDL——方法检出限；

n——样品的平行测定次数；

t——自由度为 $n-1$，置信度为 99%时的 t 分布（单侧）；

S——n 次平行测定的标准偏差。

表 5　方法检出限及测定下限

平行样品号	挥发酚测定值/（mg/L）
1	0.002 7
2	0.002 6
3	0.002 4
4	0.003 0
5	0.002 9
6	0.003 1
7	0.003 0

平行样品号	挥发酚测定值/（mg/L）
平均值 $\bar{x}$	0.002 8
标准偏差 S	0.000 25
方法检出限	0.000 8
测定下限	0.003 2
标准规定检出限	0.001 1
标准规定测定下限	0.004 4

经验证，本实验室方法检出限和测定下限符合 GB 17378.4—2007 附录 C 的要求，相关验证材料见附件 5。

3.4　精密度

按照 GB 17378.4—2007 的规定，取 200 mL 海水样品，本底海水挥发性酚为 0.001 1 L，加入 2.0 mL 浓度为 1.0 mg/L 的标准溶液，配制挥发酚加标浓度为 0.010 0 mg/L（曲线非零第三点浓度）的海水样品，平行测定 6 次进行方法精密度验证。精密度测定结果见表 6。

表 6　精密度测定结果

平行样品号		挥发酚样品浓度
测定结果/ （mg/L）	海水本底	0.001 1 L
	1	0.010 5
	2	0.010 4
	3	0.010 0
	4	0.010 0
	5	0.010 5
	6	0.010 2
平均值 $\bar{x}$/（mg/L）		0.010 3
标准偏差 S/（mg/L）		0.000 23
相对标准偏差/%		2.3
标准中重复性相对标准偏差/%		2.4

经验证，对挥发酚海水样品加标分别进行 6 次重复性测定，标准偏差为 2.3%，符合标准规定要求（参考多家实验室内重复性相对标准偏差范围）。相关验证材料见附件 6。

3.5　正确度

按照 GB 17378.4—2007 的规定，选择一种浓度的样品加标进行方法正确度验证。

取 200 mL 海水样品，加入 3.00 mL 浓度为 1.00 mg/L 的挥发酚标准溶液，加标浓度为 0.015 0 mg/L。按照挥发酚样品测定的全过程进行 3 次测定。测定结果见表 7。

表 7   实际样品加标回收率测定结果

监测项目	平行样品号	实际样品测定结果/（mg/L）	加标量/μg	加标后测定值/（mg/L）	加标回收率 P/%	HJ 442.3—2020 规定的加标回收率 P/%
挥发酚	1	0.001 1	3	0.014 0	93.3	60～110
	2	0.001 1		0.014 1	94.0	60～110
	3	0.001 1		0.014 8	98.7	60～110

经验证，对海水进行 3 次重复加标测定，加标回收率为 93.3%～98.7%，符合相关要求（参考《近岸海域环境监测技术规范 第三部分 近岸海域水质监测》（HJ 442.3—2020）中实验室质量控制参考标准）。相关验证材料见附件 7。

4   实际样品测定

按照标准方法要求，选择海水实际样品进行测定，相关原始记录和监测报告见附件 9。

4.1   样品采集和保存

按照《海洋监测规范 第 3 部分：样品采集、贮存与运输》（GB 17378.3—2007）和 GB 17378.4—2007 的要求进行样品采集和保存。样品采集和保存情况见表 8。

表 8   样品采集和保存情况

序号	样品类型及性状	采样依据	样品保存方式
1	海水，无色透明	《海洋监测规范 第 3 部分：样品采集、贮存与运输》（GB 17378.3—2007）、《海洋监测规范 第 4 部分：海水分析》（19 挥发性酚——4-氨基安替比林分光光度法）（GB 17378.4—2007）	用磷酸将样品酸化至 pH 为 4.0，每升水中加入 2 g 硫酸铜，4℃冷藏保存，24 h 内分析

经验证，本实验室海水样品采集和保存能力满足 GB 17378.4—2007 相关要求，样品采集、保存和流转相关证明材料见附件 8。

4.2   样品前处理

本方法验证过程中，其样品前处理步骤按照 GB 17378.4—2007 要求进行，具体操作为：取 200 mL 水样，置于 500 mL 全玻璃蒸馏器中，放入无釉瓷片加热，蒸出 150 mL

左右时停止蒸馏，待停止沸腾，向蒸馏瓶中加入 50 mL 无酚水，继续蒸馏，直到收集馏出液≥200 mL 为止。然后转入 500 mL 分液漏斗中，向各分液漏斗中加入 1.00 mL 缓冲溶液，混匀，再各加入 1.00 mL 4-氨基安替比林溶液，混匀，加入 1.00 mL 铁氰化钾溶液，混匀，放置 10 min。加入 10.0 mL 三氯甲烷，振摇 2 min，静置分层，接取三氯甲烷提取液于测定池，在波长 460 nm 处，用三氯甲烷作参比，测定吸光值。

4.3　实际样品测定结果

按照 GB 17378.4—2007 的相关要求，在保存期内对样品进行测定。实际样品测定结果见表 9，实际样品监测报告及相关原始记录见附件 9。

表 9　实际样品测定结果

监测项目	样品类型	测定结果/（mg/L）
挥发酚	海水	0.001 7

4.4　质量控制

本方法验证中，质控措施包括实验室空白、全程序空白、实际样品加标、平行样品分析等，满足方法标准和技术规范的要求，相关原始记录见附件 9。

4.4.1　空白试验

本方法验证过程中，按照标准要求进行了实验室空白样品和全程序空白样品测定，用无酚水代替样品，其测量条件与样品测定相同。

经验证，空白试样的空白值低于方法检出限，空白试验测定情况见表 10。

表 10　空白试验测定结果

空白类型	监测项目	测定结果/（mg/L）	标准规定/（mg/L）
实验室空白	挥发酚	0.001 1	无
全程序空白	挥发酚	0.001 1	无

4.4.2　加标回收率测定

对浓度为未检出的海水实际样品进行加标回收试验，得到加标回收率为 93.3%，符合 HJ 442.3—2020 中实验室质量控制参考标准要求。

4.4.3　平行样测定

对海水浓度为 0.001 7 mg/L 的实际样品进行平行测定，相对标准偏差为 2.8%，符合 HJ 442.3—2020 中实验室质量控制参考标准要求。

5 验证结论

综上所述，本实验室人员通过培训和能力确认后，依据 GB 17378.4—2007 开展方法验证，并进行了实际样品测定，所用仪器设备、标准物质、关键试剂耗材、采取的质量保证和质量控制措施，以及经实验验证得出的方法检出限、测定下限、精密度和正确度等，均满足标准方法相关要求，验证合格。

附件 1　验证人员培训、能力确认及持证情况的证明材料（略）

附件 2　仪器设备的溯源证书及结果确认等证明材料（略）

附件 3　有证标准物质证书及关键试剂耗材验收材料（略）

附件 4　校准曲线绘制原始记录（略）

附件 5　检出限和测定下限验证原始记录（略）

附件 6　精密度验证原始记录（略）

附件 7　正确度验证原始记录（略）

附件 8　样品采集、保存、流转和前处理相关原始记录（略）

附件 9　实际样品监测报告及相关原始记录（略）

《海洋沉积物中总有机碳的测定　非色散红外吸收法》
（GB/T 30740—2014）
方法验证实例

1　方法名称及适用范围

1.1　方法名称及编号

《海洋沉积物中总有机碳的测定　非色散红外吸收法》（GB/T 30740—2014）。

1.2　适用范围

本方法适用于河口、港湾、近岸及大洋沉积物中总有机碳的测定。

2　实验室基础条件确认

2.1　人员

参加方法验证的人员均通过了培训和能力确认（表1），验证人员相关培训、能力确认情况等证明材料见附件1。

表 1　验证人员情况信息

序号	姓名	年龄	职称	专业	参加本标准方法相关要求培训情况（是/否）	能力确认情况（是/否）	相关监测工作年限/年	验证工作内容
1	××	35	工程师	环境工程	是	是	5	采样及现场监测
2	××	30	工程师	环境工程	是	是	3	
3	××	36	工程师	生态学	是	是	8	前处理
4	××	34	工程师	环境工程	是	是	4	分析测试

2.2 仪器设备

本方法验证中，使用了采样及现场监测仪器、前处理仪器和分析测试仪器等。主要仪器设备情况见表2，相关仪器设备的检定/校准证书及结果确认等证明材料见附件2。

表 2 主要仪器设备情况

序号	过程	仪器名称	仪器规格型号	仪器编号	溯源/核查情况	溯源/核查结果确认情况	其他特殊要求
1	采样及现场监测	彼得逊采泥器	××	××	—	—	—
2	前处理	球磨机	××	××	—	—	—
3	分析测试	箱式电阻炉	××	××	校准	合格	最高控温设置≥900℃，温度误差不超过±10℃
		鼓风干燥箱	××	××	校准	合格	最高控温设置≥300℃，温度误差不超过±2℃
		氧气减压阀	××	××	校准	合格	压力在0~0.6 MPa
		电子天平	××	××	检定	合格	感量 0.1 mg
		总有机碳测定仪	××	××	校准	合格	具有非色散红外吸收（NDIR）检测器

2.3 标准物质及主要试剂耗材

本方法验证中，使用的标准物质、主要试剂耗材情况见表3，有证标准物质证书、主要试剂耗材验收记录等证明材料见附件3。

表 3 标准物质、主要试剂耗材情况

序号	过程	名称	生产厂家	技术指标（规格/浓度/纯度/不确定度）	证书/批号	标准物质基体类型	标准物质是否在有效期内	主要试剂耗材验收情况
1	前处理	无碳水	—	碳含量<0.04%	—	—	—	合格
2	分析测试	氧气	××	≥99.995%	××	—	—	合格
		盐酸	××	GR-500 mL	××	—	—	合格
		磷酸	××	AR-500 mL	××	—	—	合格
		葡萄糖	××	基准试剂	××	—	—	合格
		碳酸钠	××	基准试剂	××	—	—	合格

序号	过程	名称	生产厂家	技术指标（规格/浓度/纯度/不确定度）	证书/批号	标准物质基体类型	标准物质是否在有效期内	主要试剂耗材验收情况
2	分析测试	水中有机碳溶液	××	1 000 mg/L	××	水质	是	合格
		海洋沉积物成分分析标准物质	××	1.18%±0.12%	××	海洋沉积物	是	合格

2.4　相关体系文件

本方法配套使用的监测原始记录为《总有机碳分析原始记录（土壤、沉积物）》（编号：QHJ-04-FX-022B）；监测报告格式为 QHJ-03-605-2022；方法作业指导书为《总有机碳（TOC）分析仪操作规程》（编号：QHJ-03-257-2022）。

3　方法性能指标验证

3.1　测试条件

3.1.1　仪器分析条件设置

本方法验证的仪器分析条件设置为：调节氧气减压阀至 0.5 MPa，总有机碳分析仪测定总碳时炉温设置为 1 200℃，测定无机碳时炉温设置为 50℃，仪器上的磁力搅拌器温度调至挡位 0.5（约 50℃）。

3.1.2　仪器自检

按照仪器说明书进行仪器预热、自检，仪器自检，过程正常，结果符合标准方法要求。

3.2　校准曲线

按照标准方法要求绘制校准曲线，步骤如下：于样品盘中分别称取葡萄糖 2.0 mg、4.0 mg、8.0 mg、12.0 mg、16.0 mg、20.0 mg，用于总碳（TC）校准曲线的测定；分别称取碳酸钠 2.0 mg、4.0 mg、8.0 mg、12.0 mg、16.0 mg、20.0 mg 放入样品瓶中，用于总无机碳（TIC）校准曲线的测定。以峰面积-碳含量为参数绘制校准曲线，校准曲线绘制情况见表 4。

表4 校准曲线绘制情况

总碳（TC）曲线校准点	1	2	3	4	5	6
葡萄糖质量/mg	2.0	4.0	8.0	12.0	16.0	20.0
碳含量/mg	0.80	1.60	3.20	4.80	6.40	8.00
峰面积（×10⁵）	1.08	2.20	4.12	6.66	9.03	10.6
校准曲线方程	$y=1.097\times10^5x+3.739\times10^3$					
相关系数（r）	0.999 9					
标准规定要求	≥0.995					
是否符合标准要求	是					
总无机碳（TIC）校准点	1	2	3	4	5	6
碳酸钠质量/mg	2.0	4.0	8.0	12.0	16.0	20.0
碳含量/mg	0.23	0.45	0.91	1.36	1.81	2.26
峰面积（×10⁵）	6.23	11.1	20.8	30.5	40.2	50.0
校准曲线方程	$y=2.146\times10^5x+1.367\times10^4$					
相关系数（r）	0.999 2					
标准规定要求	≥0.995					
是否符合标准要求	是					

经验证，本实验室校准曲线结果符合标准方法要求，相关验证材料见附件4。

3.3 方法检出限及测定下限

按照《环境监测分析方法标准制订技术导则》（HJ 168—2020）附录 A.1 的规定，进行方法检出限和测定下限验证。

按照 HJ 168—2020 附录 A.1 的要求，对浓度为 0.15% 的空白加标样品进行 7 次重复性测定，将测定结果换算为样品的浓度，按式（1）计算方法检出限。以 4 倍的检出限作为测定下限，即 RQL=4×MDL。本方法检出限及测定下限计算结果见表5。

$$MDL=t_{(n-1,0.99)} \times S \qquad (1)$$

式中：MDL——方法检出限；

$t_{(6,0.99)}$ ——自由度为 6，置信度为 99% 时的 t 分布（单侧）；

S —— n 次平行测定的标准偏差。

表5   方法检出限及测定下限

平行样品号	测定值/%	
	差减法	直接法
1	0.17	0.14
2	0.17	0.17
3	0.16	0.15
4	0.16	0.16
5	0.17	0.14
6	0.14	0.16
7	0.16	0.14
平均值 $\bar{x}$	0.16	0.15
标准偏差 S	0.011	0.013
方法检出限	0.04	0.04
测定下限	0.16	0.16
标准规定检出限	0.04	0.04
标准规定测定下限	—	—

经验证，本实验室方法检出限符合标准方法要求，相关验证材料见附件5。

3.4   精密度

按照标准方法要求，采用海洋沉积物实际样品进行 6 次重复性测定，计算相对标准偏差，测定结果见表6。

表6   精密度测定结果

平行样品号		样品浓度	
		差减法	直接法
测定结果/%	1	0.76	0.70
	2	0.76	0.70
	3	0.74	0.70
	4	0.74	0.72
	5	0.75	0.71
	6	0.74	0.70
平均值 $\bar{x}$ /%		0.75	0.71
标准偏差 S/%		0.010	0.008
相对标准偏差/%		1.33	1.18
多家实验室内相对标准偏差/%		3.32	3.32

经验证，用差减法对浓度为 0.75%的海洋沉积物样品进行 6 次重复性测定，相对标准偏差为 1.33%，用直接法对浓度为 0.71%的海洋沉积物样品进行 6 次重复性测定，相对标准偏差为 1.18%，符合标准方法规定的多家实验室内相对标准偏差（3.32%）要求，相关验证材料见附件 6。

3.5 正确度

按照标准方法要求，采用有证标准样品进行 3 次重复性测定，验证方法正确度。黄海海洋沉积物（编号：GBW07333）标准样品的正确度测定结果见表 7。

表 7 有证标准样品测定结果

平行样品号	有证标准样品测定值/%	
	差减法	直接法
1	1.21	1.17
2	1.15	1.19
3	1.17	1.17
有证标准样品含量/%	1.18±0.12	1.18±0.12

经验证，对海洋沉积物有证标准样品（编号：GBW07333）进行 3 次重复性测定，测定结果均在其保证值范围内，符合标准方法要求，相关验证材料见附件 7。

4 实际样品测定

按照标准方法要求，选择海洋沉积物实际样品进行测定，实际样品监测报告及相关原始记录见附件 8。

4.1 样品采集和保存

按照标准方法要求，采集海洋沉积物实际样品，样品采集和保存情况见表 8。

表 8 样品采集和保存情况

序号	样品类型及性状	采样依据	样品保存方式
1	海洋沉积物，灰白色粉砂	《近岸海域环境监测技术规范 第四部分 近岸海域沉积物监测》（HJ 442.4—2020）	冷藏 7 天或冷冻，180 天

经验证，本实验室样品采集和保存能力满足标准方法要求。

4.2　样品前处理

按照《海洋监测规范　第 5 部分：沉积物分析》（GB 17378.5—2007）标准方法要求，对海洋沉积物进行前处理，具体操作为如下。

将采集的约 600 g 湿样摊放在已洗净并编号的搪瓷盘内，置于室内阴凉通风处风干。过 2 mm 尼龙筛网后，用球磨机研磨至全部通过 80 目尼龙筛，严防样品逸出。研磨后样品充分混匀，用四分法缩分分取 40～50 g 放入样品袋。

4.3　样品测定结果

实际样品测定结果见表 9。

表 9　实际样品测定结果

监测项目	样品类型	测定结果/%
差减法	海洋沉积物	0.68
直接法	海洋沉积物	0.65

4.4　质量控制

按照标准方法要求，采取的质量控制措施包括空白试验、标准样品测定、平行样测定等。

4.4.1　空白试验

空白试验测定结果见表 10。

经验证，空白试验测定结果符合标准方法要求。

表 10　空白试验测定结果

空白类型	监测项目	测定结果/%	标准规定的要求/%
实验室空白	总碳	未检出	＜0.04
实验室空白	总无机碳	未检出	＜0.04

4.4.2　标准样品测定

对浓度为 1.18%±0.12%、编号为 GBW07333 的海洋沉积物标准样品进行测定，测定结果在保证值范围内，符合标准方法要求。

4.4.3　平行样测定

用差减法对浓度为 0.68% 的实际样品进行平行测定，相对偏差为 0.7%，用直接法对浓度为 0.65%的实际样品进行平行测定，相对偏差为 0.8%，符合标准方法中规定的平行样相对偏差应≤3.32%的要求。

5 验证结论

综上所述，本实验室人员通过培训和能力确认后，依据 GB/T 30740—2014 开展方法验证，并进行了实际样品测试。所用仪器设备、标准物质、关键试剂耗材、采取的质量保证和质量控制措施，以及经实验验证得出的方法检出限、精密度和正确度等，均满足标准方法要求，验证合格。

附件 1　验证人员培训、能力确认情况的证明材料（略）

附件 2　仪器设备的溯源证书及结果确认等证明材料（略）

附件 3　有证标准物质证书及关键试剂耗材验收材料（略）

附件 4　校准曲线绘制原始记录（略）

附件 5　检出限和测定下限验证原始记录（略）

附件 6　精密度验证原始记录（略）

附件 7　正确度验证原始记录（略）

附件 8　实际样品监测报告及相关原始记录（略）

《水质　叶绿素 a 的测定　分光光度法》
（HJ 897—2017）
方法验证实例

1　方法名称及适用范围

1.1　方法名称及编号

《水质　叶绿素 a 的测定　分光光度法》（HJ 897—2017）。

1.2　适用范围

本方法适用于地表水中叶绿素 a 的测定。

2　实验室基础条件确认

2.1　人员

参加方法验证的人员均通过了培训和能力确认（表 1），验证人员相关培训、能力确认情况等证明材料见附件 1。

表 1　验证人员情况信息

序号	姓名	年龄	职称	专业	参加本标准方法相关要求培训情况（是/否）	能力确认情况（是/否）	相关监测工作年限/年	验证工作内容
1	×××	34	工程师	环境工程	是	是	10	采样及现场监测
2	×××	28	工程师	环境工程	是	是	3	采样及现场监测
3	×××	33	工程师	化学分析	是	是	5	前处理、分析测试
4	×××	32	工程师	环境生物学	是	是	5	前处理、分析测试

2.2 仪器设备

本方法验证中，使用了采样及现场监测仪器、前处理仪器和分析测试仪器等。主要仪器设备情况见表2，相关仪器设备的检定证书及结果确认等证明材料见附件2。

表2 主要仪器设备情况

序号	过程	仪器名称	仪器规格型号	仪器编号	溯源/核查情况	溯源/核查结果确认情况	其他特殊要求
1	采样及现场监测	金刚采水器	××		核查	合格	—
		采样瓶	1 L，具磨口塞的棕色玻璃瓶	—	—	—	—
		车载冰箱	××	××	核查	合格	最低可达−22℃
		低温保存箱	××	××	核查	合格	0～4℃
		过滤装置	××	××	核查	合格	—
2	前处理	离心机	××	××	核查	合格	相对离心力可到1 000 g（最大转速5 000 r/min）
		过滤装置	××	××	核查	合格	—
		玻璃组织研磨器	××	××	核查	合格	—
		冰箱	××	××	核查	合格	0～4℃
		无油真空泵	××	××	核查	合格	—
		离心管	××	××	核查	合格	旋盖材质不与丙酮反应
		针式滤器	13 mm，0.45 μm	××	核查	合格	0.45 μm 聚四氟乙烯有机相针式滤器
3	分析测试	紫外可见分光光度计	××	××	检定	合格	配 10 mm 石英比色皿

2.3 标准物质及主要试剂耗材

本方法验证中，使用的标准物质、主要试剂耗材情况见表3，有证标准物质证书、主要试剂耗材验收记录等证明材料见附件3。

表 3　标准物质、主要试剂耗材情况

序号	过程	名称	生产厂家	技术指标（规格/浓度/纯度/不确定度）	证书/批号	标准物质基体类型	标准物质是否在有效期内	主要剂耗材验收情况
1	采样及现场监测	碳酸镁	××	优级纯	××	—	—	合格
		铝箔纸	××	30 cm×8 m	××	—	—	合格
2	前处理	丙酮	××	色谱纯，4 L	××	—	—	合格
		叶绿素 a 标准物质（Chlorophyll a-analytical standard）	××	99.5%，1 mg	××	—	是	合格
		玻璃纤维微孔滤膜	××	ϕ 90 mm，0.45 μm	××	—	—	合格
		铝箔纸	××	30 cm×8 m	××	—	—	合格

2.4　环境条件

本方法验证中，环境条件监控情况见表 4，相关环境条件监控记录见附件 4。

表 4　环境条件监控情况

序号	过程	控制项目	环境条件控制要求	实际环境条件	环境条件确认情况
1	采样及现场监测	光	样品在 2 L 量筒中避光静置 30 min	样品在外包铝箔纸的 2.5 L 棕色玻璃瓶中静置 30 min	合格
2	前处理	光	研磨过程中实验室应保持光线微弱，能进行分析操作即可	实验室安装遮光帘，保持光线微弱；研磨时用铝箔纸包住组织研磨器避光，浸泡提取时用铝箔纸包好离心管	合格
		温度	浸泡提取时应将铝箔纸包好的离心管立即置于 4℃ 冰箱中提取 2 h 以上	将铝箔纸包好的离心管立即置于 4℃ 冰箱中提取 4 h，在此过程中颠倒混匀 3 次	合格

2.5　相关体系文件

本方法配套使用的监测原始记录为《地表水采样原始记录表》（标识：JL-04-监测-04）、《××市生态环境监测中心叶绿素 a 分析原始记录表》（标识：JL-04-监测-31）；监测报告格式为《××市生态环境监测中心监测报告》（标识：JL-04-监测-89）；无新增原始记录表格和报告模板。

3　方法性能指标验证

3.1　测试条件

3.1.1　仪器条件设置

本方法验证过程中，使用紫外可见分光光度计，分别于 750 nm、664 nm、647 nm 和 630 nm 波长处，使用 10 mm 石英比色皿，以丙酮溶液为参比溶液，测定提取液吸光度。

3.1.2　仪器自检

紫外可见分光光度计开机后，按照仪器说明书预热 30 min，进行仪器自检，设备状态正常，按标准方法要求调节波长，结果符合标准要求。

3.2　方法检出限及测定下限

按照《环境监测分析方法标准制订技术导则》（HJ 168—2020）附录 A.1 的规定，进行方法检出限和测定下限验证。

采集×××湖湖心的地表水样品，按照样品分析的全部步骤，重复 7 次测定，将各测定结果换算为样品中的浓度，计算 7 次平行测定的标准偏差，按式（1）计算方法检出限。以 4 倍的样品检出限作为测定下限，即 RQL=4×MDL。本方法检出限及测定下限计算结果见表 5。

$$MDL=t_{(6,0.99)} \times S \qquad （1）$$

式中：MDL——方法检出限；

　　　$t_{(6,0.99)}$——自由度为 6，置信度为 99%时的 t 分布（单侧）的系数；

　　　S——7 次重复性测定的标准偏差。

表 5　方法检出限及测定下限

平行样品号	叶绿素 a 测定值/（μg/L）
1	1.53
2	1.76
3	1.97
4	1.76
5	1.76
6	1.53
7	1.97

平行样品号	叶绿素 a 测定值/（μg/L）
平均值 $\bar{x}$	1.75
标准偏差 S	0.180
方法检出限	0.6
测定下限	2.4
标准中检出限要求	2
标准中测定下限要求	8

经验证，本实验室方法检出限和测定下限符合标准方法要求，相关验证材料见附件 5。

3.3　精密度

按照标准方法要求，采用×××水库的地表水实际样品进行 6 次重复性测定，计算相对标准偏差，进行方法精密度验证，过滤取样体积为 200 mL。精密度测定结果见表 6。

表 6　精密度测定结果

平行样品号		×××水库叶绿素 a 样品浓度
测定结果/ （μg/L）	1	23.5
	2	23.7
	3	23.6
	4	22.8
	5	23.6
	6	22.6
平均值 $\bar{x}$ /（μg/L）		23.3
标准偏差 S /（μg/L）		0.473
相对标准偏差/%		2.0
标准中实验室内相对标准偏差/%		≤5.0

经验证，对浓度为 23.3 μg/L 的地表水实际样品进行 6 次重复性测定，相对标准偏差为 2.0%，符合标准方法要求（参考多家实验室内相对标准偏差范围），相关验证材料见附件 6。

3.4　正确度

按照标准方法要求，选择×××水库的实际样品进行 3 次加标回收率测定验证正确度。

用叶绿素 a 纯品对×××水库库心的实际样品进行加标回收测试。将叶绿素 a 纯品（1 mg，99.5%，批号为××）准确定容至 100 mL，浓度为 9.95 μg/mL。取样量为 200 mL

时加入标准溶液 200 μL。实际加标浓度为 9.95 μg/L。

加标方法：取 200 mL×××水库的实际样品 6 份进行抽滤，分别将抽滤好的滤膜放置于组织研磨器中，其中 3 份加入上述配制的叶绿素 a 标准溶液（9.95 μg/mL）200 μL，一并研磨后转移至离心管定容；另 3 份直接研磨后转移至离心管定容。将离心管中的研磨提取液充分振荡混匀后，用铝箔包好，于 4℃避光浸泡提取 4 h，在浸泡过程中要颠倒摇匀 3 次。然后将离心管放入离心机，以 4 000 r/min 离心 10 min，再用针式滤器过滤上清液待测，测定结果见表 7。

表 7　实际样品加标回收率测定结果

监测项目	平行样品号	实际样品测定结果/（μg/L）	加标浓度 μ/（μg/L）	加标后测定值/（μg/L）	加标回收率 P/%	标准规定的加标回收率 P/%
叶绿素 a	1	7.46	9.95	15.5	80.8	89.2±10.8
	2	8.05		16.1	80.9	
	3	6.95		16.0	91.0	

经验证，对×××水库的叶绿素 a 进行 3 次加标回收率测定，其加标回收率为 80.8%～91.0%，符合标准方法要求，相关验证材料见附件 7。

4　实际样品测定

根据标准方法的适用范围，选择×××湖的地表水实际样品进行测定，监测报告及相关原始记录见附件 8。

4.1　样品采集和保存

按照标准方法要求，采集×××湖的地表水实际样品。

（1）样品 24 h 内送至实验室：用金刚采样器采集水面下 0.5 m 样品，将其盛入外包铝箔纸的 2.5 L 棕色玻璃瓶中，避光静置 30 min，取水面下 5 cm 样品转移至 1 L 采样瓶中，再加入 1 mL 碳酸镁悬浊液，立即将样品放入低温保存箱中避光保存、运输，5 h 内运送至实验室。

（2）样品 24 h 内不能送达实验室：将上述避光静置 30 min 后的样品，分别量取 100 mL、200 mL、500 mL 样品现场过滤，最后用少量蒸馏水冲洗滤器壁 3 次，在样品刚好完全通过滤膜时结束抽滤，用镊子取出滤膜，将有样品的一面对折，用滤纸吸干滤膜水分，于−20℃的车载冰箱中避光冷冻保存，样品保存 32 h 后进行前处理并分析。样品采集和保存情况见表 8。

表8 样品采集和保存情况

序号	样品类型及性状	采样依据	样品保存方式
1	地表水/液体	《地表水环境质量监测技术规范》（HJ 91.2—2022）、《水质 湖泊和水库采样技术指导》（GB/T 14581—93）、	每升水中加入 1 mL 碳酸镁悬浊液，将样品放入 2.0～3.5℃低温保存箱避光保存
2	地表水/固体	《水质 叶绿素a的测定 分光光度法》（HJ 897—2017）	滤膜放入−20℃的车载冰箱中冷冻避光保存

经验证，本实验室样品采集和保存能力满足标准方法要求。

4.2 样品前处理

按照标准方法要求对×××湖的地表水实际样品进行前处理，具体操作如下。

4.2.1 过滤

在配有无油真空泵的玻璃砂芯抽滤装置上装好ϕ 90 mm、0.45 μm 的玻璃纤维滤膜，量取 200 mL 混匀样品，进行抽滤，最后用少量蒸馏水冲洗滤器壁 3 次。抽滤时负压为 35 kPa，在样品刚好完全通过滤膜时结束抽滤，用镊子取出滤膜，将有样品的一面对折，用滤纸吸干滤膜水分。

4.2.2 研磨

将样品滤膜放置于组织研磨器中，加入 4 mL 丙酮（9+1）溶液，研磨至糊状，补加 4 mL 丙酮（9+1）溶液，继续研磨，并重复 2 次，保证充分研磨 5 min 以上。将完全破碎后的细胞提取液转移至 10 mL 玻璃刻度离心管中，用丙酮（9+1）溶液冲洗组织研磨器及研磨杆，一并转入离心管中，定容至 10 mL。

4.2.3 浸泡提取

将离心管中的研磨提取液充分振荡混匀，然后用铝箔包好离心管，于4℃冰箱避光浸泡提取 4 h，在浸泡过程中颠倒摇匀 3 次。

4.2.4 离心

将离心管放入离心机，以 4 000 r/min 离心 10 min，再用针式过滤器过滤上清液于 10 mm 石英比色皿中测定。

4.3 样品测定结果

×××湖地表水实际样品测定结果见表9。

表 9　实际样品测定结果

监测项目	样品类型	测定结果/（μg/L）
叶绿素 a	地表水（实验室过滤的地表水样品 200 mL）	28
叶绿素 a	地表水（现场过滤的滤膜样品 200 mL）	33

4.4　质量控制

按照标准方法要求，采取的质量控制措施包括实验室空白、全程序空白、加标回收率测定、平行样测定等。

4.4.1　空白试验

空白试验测定结果见表 10。

表 10　空白试验测定结果

空白类型	监测项目	测定结果/（μg/L）	标准规定要求/（μg/L）
实验室空白	叶绿素 a	2 L	<2
全程序空白	叶绿素 a	2 L	<2

经验证，空白试验测定结果符合标准方法要求。

4.4.2　加标回收率测定

对浓度为 28 μg/L 的×××湖实际样品进行加标回收率测定，得到加标回收率为 85.6%，符合方法中规定的 86.3%±8.8% 的要求，实际样品加标回收率测定情况见表 11。

表 11　加标回收率测定情况

监测项目	实际样品测定结果/（μg/L）	加标浓度/（μg/L）	加标后测定值/（μg/L）	加标回收率 P/%	标准规定的加标回收率 P/%
叶绿素 a	28	24.875	49.3	85.6	86.3±8.8

4.4.3　平行样测定

对浓度为 28 μg/L 的上述 1 L 实际样品，分别取两份 200 mL 混匀样品，过滤到两张滤膜上，处理后平行测定，相对标准偏差为 5.1%，符合方法中平行样相对偏差应≤20% 的要求，实际样品平行测定情况见表 12。

表 12　实际样品平行测定情况

监测项目	测定结果/（µg/L）		平均值/（µg/L）	相对偏差/%	标准规定的相对偏差/%
	平行样品 1	平行样品 2			
叶绿素 a	28	31	30	5.1	≤20

5　验证结论

综上所述，本实验室人员通过培训和能力确认后，依据 HJ 897—2017 开展方法验证，并进行了实际样品测试。所用仪器设备、标准物质、关键试剂耗材、采取的质量保证和质量控制措施，以及经实验验证得出的方法检出限、测定下限、精密度和正确度等，均满足标准方法要求，验证合格。

附件 1　验证人员培训、能力确认情况的证明材料（略）

附件 2　仪器设备的溯源证书及结果确认等证明材料（略）

附件 3　有证标准物质证书及关键试剂耗材验收材料（略）

附件 4　环境条件监控原始记录（略）

附件 5　检出限和测定下限验证原始记录（略）

附件 6　精密度验证原始记录（略）

附件 7　正确度验证原始记录（略）

附件 8　实际样品监测报告及相关原始记录（略）

《水质　总大肠菌群、粪大肠菌群和大肠埃希氏菌的测定酶底物法》（HJ 1001—2018）方法验证实例

1　方法名称及适用范围

1.1　方法名称及编号

《水质　总大肠菌群、粪大肠菌群和大肠埃希氏菌的测定　酶底物法》（HJ 1001—2018）。

1.2　适用范围

本方法适用于地表水、地下水、生活污水和工业废水中总大肠菌群、粪大肠菌群和大肠埃希氏菌的测定。

2　实验室基础条件确认

2.1　人员

参加方法验证的人员均通过了培训和能力确认（表 1），验证人员相关培训、能力确认情况等证明材料见附件 1。

表 1　验证人员情况信息

序号	姓名	年龄	职称	专业	参加本标准方法相关要求培训情况（是/否）	能力确认情况（是/否）	相关监测工作年限/年	验证工作内容
1	××	27	工程师	环境工程	是	是	4	采样及现场监测
2	××	28	助理工程师	环境科学	是	是	5	
3	××	29	工程师	生物学	是	是	6	分析测试
4	××	35	高级工程师	环境生物学	是	是	12	

2.2 仪器设备

本方法验证中，使用了采样及现场监测仪器和分析测试仪器等。主要仪器设备情况见表2，相关仪器设备的检定/校准证书及结果确认等证明材料见附件2。

表2 主要仪器设备情况

序号	过程	仪器名称	仪器规格型号	仪器编号	溯源/核查情况	溯源/核查结果确认情况	其他特殊要求
1	采样及现场监测	地表水采样器	××	××	核查	合格	—
		地下水采样器	××	××	核查	合格	—
		废水采样器	××	××	核查	合格	—
		冷藏箱	××	××	核查	合格	—
		无菌采样瓶	××	××	核查	合格	螺口耐高温高压玻璃瓶、一次性灭菌塑料瓶
		立式压力蒸汽灭菌器	××	××	检定	合格	121℃湿热灭菌
2	分析测试	超净工作台	××	××	核查	合格	—
		生化培养箱	××	××	校准	合格	校准温度：37℃
		生化培养箱	××	××	校准	合格	校准温度：44.5℃
		立式压力蒸汽灭菌器	××	××	检定	合格	115℃、121℃湿热灭菌
		程控定量封口机	××	××	核查	合格	—
		移液管	××	××	检定	合格	—
		量筒	××	××	核查	合格	—
		三角瓶	××	××	核查	合格	—
		紫外灯	××	××	核查	合格	365～366 nm
		紫外照度计	××	××	校准	合格	
		冰箱	××	××	核查	合格	0～5℃冷藏、−20℃冷冻

2.3 标准物质及主要试剂耗材

本方法验证中，使用的标准物质、主要试剂耗材情况见表3，有证标准物质证书、主要试剂耗材验收记录等证明材料见附件3。

表3　标准物质、主要试剂耗材情况

序号	过程	名称	生产厂家	技术指标（规格/浓度/纯度/不确定度）	证书/批号	标准物质基体类型	标准物质是否在有效期内	主要试剂耗材验收情况
1	采样及现场监测	硫代硫酸钠	××	分析纯	××	—	—	合格
		乙二胺四乙酸二钠	××	分析纯	××	—	—	合格
2	分析测试	铜绿假单胞菌（阴性对照标准菌株）	××	真值：（2 066±231）CFU/100 mL；可接受范围：1 372～2 760 CFU/100 mL	××	水质	是	合格
		无菌缓冲液	××	100 mL/pH=7.2±0.2	××	—	是	合格
		总大肠菌群标准菌株（阳性对照菌株）	××	真值：（1 270±165）MPN/100 mL 可接受范围：259～6 300 MPN/100 mL	××	水质	是	合格
		粪大肠菌群标准菌株（阳性对照菌株）	××	真值：（811±105）MPN/100 mL 可接受范围：136～5 140 MPN/100 mL	××	水质	是	合格
		大肠埃希氏菌标准菌株（阳性对照菌株）	××	真值：（1 030±134）MPN/100 mL 可接受范围：226～5 110 MPN/100 mL	××	水质	是	合格
		市售商品化酶底物法培养基	××	—	××	—	—	合格
		97孔定量盘	××	97孔	××	—	—	合格
		标准阳性比色盘	××		××	—	—	合格
		牛皮纸及纱布	××		××	—	—	合格
		压力蒸汽灭菌化学指示卡	××	—	××	—	—	合格
		压力蒸汽灭菌生物指示剂	××	—	××	—	—	合格

2.4　环境条件

本方法验证中，环境条件监控情况见表4，相关环境条件监控记录见附件4。

表4　环境条件监控情况

序号	过程	控制项目	环境条件控制要求	实际环境条件	环境条件确认情况
1	采样及现场监测	样品运输温度	采样后10℃以下冷藏	冷藏箱控制在2～8℃	合格
		采样瓶灭菌	使用已灭菌的采样瓶，保证采样过程不引入杂菌	采样瓶按无菌操作要求包扎，121℃高压蒸汽灭菌20 min	合格
2	分析测试	样品保存温度	实验室接样后，不能立即开展检测的，将样品在4℃以下冷藏	实验室配置样品存放用冰箱，样品不能立即分析时，控温4℃冷藏	合格
		培养基灭菌	配制好的培养基分装于三角烧瓶内，于115℃高压蒸汽灭菌20 min	装有培养基的三角瓶用纱布和牛皮纸包扎好后，置于高压蒸汽灭菌锅中，115℃高压蒸汽灭菌20 min	合格
		培养基保存	配制好的培养基避光、干燥保存，必要时在（5±3）℃冰箱中保存	将配置好并灭菌的培养基用牛皮纸包裹瓶身，置于试剂存放用冰箱4℃冷藏保存	合格
		样品培养温度	滤膜放于培养皿后，将培养皿倒置，放入恒温培养箱内，（44.5±0.5）℃培养（24±2）h	培养箱经过校准后，将温度值设定至实际温度为44.5℃，同时培养箱内放置一根检定过的温度计。样品培养时，进箱后和出箱前各检查一次培养箱温度显示值和温度计测量值，确保培养期间温度始终满足标准要求	合格
		无菌	1. 每季检查紫外光强度及实验室无菌情况。紫外光灯光强度不少于初始值的70%； 2. 无菌室沉降菌实验，培养皿暴露5 min以上，培养后菌落总数≤200 CFU/m³。 3. 每次高压锅灭菌时，应该利用压力蒸汽灭菌化学指示卡，按说明书要求检验高压蒸汽灭菌的效果	1. 配置紫外照度计定期检查紫外光强度，经检测，紫外线强度为138 μW/cm²（强度为初始值的89%）。 2. 实验室灭菌后，沉降菌实验检测结果为0 CFU/m³，并填写环境检查记录。 3. 将化学指示卡卡面印有指示剂一段，放入灭菌物品中间，当锅内温度达到121℃后，保留20 min以上，灭菌完毕将指示卡抽出，观察颜色变化，并将指示卡贴于无菌环境监控原始记录上。检测结果均满足要求	合格

注：无菌的环境条件控制要求由本实验室根据相关标准自定。

2.5 安全防护设备设施

本方法验证中，使用后的废物及器皿经 121℃高压蒸汽灭菌 30 min 灭菌，灭菌后清洗器皿，废物作为一般废物处置；配备的特殊安全防护设备主要为压力蒸汽灭菌器，根据《固定式压力容器安全技术监察规程》（TSG-21—2016）的规定：同时满足下列三个条件的承压密闭设备即为固定式压力容器，需进行特种设备使用登记：①工作压力大于或者等于 0.1 MPa；②容积大于或者等于 0.03 m³，并且内直径（非圆形截面指截面内边界最大几何尺寸）大于或者等于 150 mm；③盛装介质为气体、液化气体以及介质最高工作温度高于或者等于其标准沸点的液体。本实验室使用的高压蒸汽灭菌器属于特种设备范畴，已按相关规定进行了备案，操作人员持有特种设备作业人员证书。涉及的特种设备操作证书和特种设备备案证明见附件 5。

2.6 相关体系文件

本方法采用的监测原始记录为《粪（总）大肠菌群原始记录表（酶底物法）》（标识：CQEMC-ZY-04-监测-40）和《大肠埃希氏菌原始记录表（酶底物法）》（标识：CQEMC-ZY-04-监测-44）；监测报告格式为本实验室原有委托监测报告模板（标识：CQEMC-ZY-04-监测-87）。实验室分析测试过程依据《无菌操作作业指导书》（标识：CQEMC-ZY-03-方法-05）开展。

3 方法性能指标验证

3.1 精密度

按照标准方法要求，采用低浓度地下水和高浓度生活污水的实际样品进行 6 次重复性测定，计算相对标准偏差，测定结果见表 5。

表 5 精密度测定结果

平行样品号		样品浓度（低）			样品浓度（高）		
		粪大肠菌群	总大肠菌群	大肠埃希氏菌	粪大肠菌群	总大肠菌群	大肠埃希氏菌
测定结果/ （MPN/L）	1	83	$6.8×10^2$	73	$9.3×10^5$	$5.1×10^6$	$7.9×10^5$
	2	95	$6.5×10^2$	74	$1.2×10^6$	$3.7×10^6$	$1.1×10^6$
	3	$1.1×10^2$	$7.2×10^2$	71	$2.1×10^6$	$4.3×10^6$	$3.2×10^6$
	4	$1.0×10^2$	$5.8×10^2$	72	$3.0×10^6$	$3.0×10^6$	$1.1×10^6$
	5	84	$6.6×10^2$	62	$8.6×10^5$	$4.9×10^6$	$2.4×10^6$
	6	92	$7.1×10^2$	73	$2.5×10^6$	$1.6×10^6$	$8.5×10^5$

平行样品号	样品浓度（低）			样品浓度（高）		
	粪大肠菌群	总大肠菌群	大肠埃希氏菌	粪大肠菌群	总大肠菌群	大肠埃希氏菌
平均值 $\bar{x}$ /（MPN/L）	94	$6.7×10^2$	71	$1.6×10^6$	$3.5×10^6$	$1.4×10^6$
标准偏差 S /（MPN/L）	0.046 4	0.033 9	0.028 6	0.232	0.188	0.250
相对标准偏差/%	2.4	1.2	1.5	3.7	2.9	4.1
多家实验室内相对标准偏差/%	≤2.4	≤1.3	≤1.9	≤17	≤3.7	≤21

注：$\bar{x}$ 为几何平均值；S 为相对标准偏差（%），原始数据以 10 为底，对数转化后计算所得。

经验证，对地下水和生活污水实际样品分别进行 6 次重复性测定，浓度约为 94 MPN/L、$1.6×10^6$ MPN/L 的粪大肠菌群相对标准偏差分别为 2.4%、3.7%，浓度约为 $6.7×10^2$ MPN/L、$3.5×10^6$ MPN/L 的总大肠菌相对标准偏差分别为 1.2%、2.9%，浓度约为 71 MPN/L、$1.4×10^6$ MPN/L 的大肠埃希氏菌群相对标准偏差分别为 1.5%、4.1%，符合标准方法中多家实验室内相对标准偏差的要求，相关验证材料见附件 6。

3.2 正确度

按照标准方法要求，采用有证标准样品进行 3 次重复性测定，验证方法正确度。粪大肠菌群、总大肠菌群、大肠埃希氏均标准样品的正确度测定结果见表 6。

表 6 有证标准样品测定结果

平行样品号	有证标准样品测定值/（MPN/100 mL）		
	粪大肠菌群	总大肠菌群	大肠埃希氏菌
1	$9.1×10^2$	$1.2×10^3$	$1.1×10^3$
2	$8.3×10^2$	$1.3×10^3$	$8.8×10^2$
3	$1.2×10^3$	$1.1×10^3$	$1.0×10^3$
有证标准样品含量/（MPN/100 mL）	真值：811±105 可接受范围：136～5 140	真值：1 270±165 可接受范围：259～6 300	真值：1 030±134 可接受范围：226～5 110

经验证，对粪大肠菌群、总大肠菌群、大肠埃希氏菌标准菌株（编号：HJQC-003）进行 3 次重复性测定，测定结果均在其保证值范围内，符合标准方法要求，相关验证材料见附件 7。

4 实际样品测定

按照标准方法要求，选择地表水、地下水、生活污水和工业废水的实际样品进行测定，实际样品监测报告及相关原始记录见附件 8。

4.1 样品采集和保存

　　按照标准方法及相关水采样标准规范要求，使用样品瓶直接采集地表水、地下水、生活污水和工业废水的实际样品。采样人员戴上无菌手套，用酒精擦拭瓶身，去掉包裹瓶塞的牛皮纸和纱布后，握住瓶子下部直接将带塞采样瓶插入水中，距水面 10～15 cm 处，瓶口朝水流方向，拔出瓶塞，使样品灌入瓶内然后盖上瓶塞，将采样瓶从水中取出。采集没有水流的地下水，则握住瓶子水平往前推。采样量为采样瓶容量的 80%左右。样品采集完毕后，迅速扎上纱布和牛皮纸，并再次用酒精擦拭瓶身，整个采样过程注意避免污染。采样后，将样品瓶置于装有冰袋的冷藏箱中，在标准规定的时间内运回实验室。样品采集和保存情况见表 7。

表 7 样品采集和保存情况

序号	样品类型及性状	采样依据	样品保存方式
1	地表水/无色、清澈、无异味	《水质 总大肠菌群、粪大肠菌群和大肠埃希氏菌的测定 酶底物法》（HJ 1001—2018）、《地表水环境质量监测技术规范》（HJ 91.2—2022）	10℃以下冷藏保存
2	地下水/无色、清澈、无异味	《水质 总大肠菌群、粪大肠菌群和大肠埃希氏菌的测定 酶底物法》（HJ 1001—2018）、《地下水环境监测技术规范》（HJ 164—2020）	10℃以下冷藏保存
3	生活污水/黑色、混浊、有异味	《水质 总大肠菌群、粪大肠菌群和大肠埃希氏菌的测定 酶底物法》（HJ 1001—2018）、《污水监测技术规范》（HJ 91.1—2019）	10℃以下冷藏保存
4	工业废水/无色、清澈、无异味	《水质 总大肠菌群、粪大肠菌群和大肠埃希氏菌的测定 酶底物法》（HJ 1001—2018）、《污水监测技术规范》（HJ 91.1—2019）	10℃以下冷藏保存

　　经验证，本实验室样品采集和保存能力满足标准方法要求。

4.2 样品分析测试及结果

　　按照标准方法要求对地表水、地下水、生活污水和工业废水的实际样品进行分析测试及处置。在酒精灯旁取样：每次取样前，将样品瓶瓶口靠近火焰，将移液管伸入液面下 1 cm 左右，利用洗耳球反复吹气，使样品充分混匀后（不可颠倒混匀）。针对不同类型样品，量取 $1×10^{-3}$～100 mL 样品（其中样品量小于 100 mL 的，逐级稀释至 100 mL 置于灭菌后的三角瓶），加入市售培养基粉末，充分混匀，完全溶解后，全部倒入 97 孔定量盘内，以手抚平 97 孔定量盘背面，赶除孔内气泡，然后用程控定量封口机封口。将封口后的 97 孔定量盘放入恒温培养箱中 37℃下培养 24 h 后观察颜色变化。测定粪大肠菌群时，将封口后的 97 孔定量盘放入恒温培养箱中 44.5℃下培养 24 h 后观察颜色变化。培养 24 h 的 97 孔样品变黄色为总大肠菌群或粪大肠菌群阳性；样品变黄色且在紫外灯照射下有蓝色荧光，为大肠埃希氏菌阳性。实际样品测定结果见表 8。

表 8   实际样品测定结果

样品类型	测定结果/（MPN/L）		
	粪大肠菌群	总大肠菌群	大肠埃希氏菌
地表水	$3.6×10^3$	$5.2×10^4$	$1.9×10^3$
地下水	75	$1.1×10^2$	63
生活污水（进口）	$1.3×10^7$	$4.0×10^7$	$1.1×10^7$
	$7.4×10^6$	$1.2×10^7$	$6.9×10^6$
	$9.6×10^6$	$3.4×10^7$	$8.4×10^6$
	$8.7×10^6$	$1.8×10^7$	$6.5×10^6$
工业废水（排口）	41	82	30
	30	71	20
	40	71	20

4.3 质量控制

按照标准方法要求，采取的质控措施包括培养基检验、空白试验、阴阳性对照、标准样品和平行样测定。

4.3.1 培养基检验

使用购买的阳性和阴性有证标准菌株进行培养基检验测定，结果见表 9。经验证，培养基检验结果符合标准方法要求。

表 9   培养基检验

测试类型	监测项目	测定结果	标准规定的要求
培养基阴性检验	粪大肠菌群	阴性	呈现阴性反应
培养基阳性检验		阳性	呈现阳性反应
培养基阴性检验	总大肠菌群	阴性	呈现阴性反应
培养基阳性检验		阳性	呈现阳性反应
培养基阴性检验	大肠埃希氏菌	阴性	呈现阴性反应
培养基阳性检验		阳性	呈现阳性反应

4.3.2 空白对照

使用无菌水进行实验室空白试验测定，结果见表 10。经验证，空白试验测定结果符合标准方法要求。

表 10 空白试验测定结果

空白类型	监测项目	测定结果	标准规定的要求
实验室空白	粪大肠菌群	无色	定量盘不得有任何颜色反应
	总大肠菌群	无色	
	大肠埃希氏菌	无色	

4.3.3 阳性及阴性对照

使用购买的阳性和阴性有证标准菌株进行阳性及阴性对照测定，测定结果见表 11。经验证，阳性及阴性对照测定结果符合标准方法要求。

表 11 阳性及阴性对照测定结果

测试类型	监测项目	测定结果	标准规定的要求
阴性对照	粪大肠菌群	阴性	呈现阴性反应
阳性对照		阳性	呈现阳性反应
阴性对照	总大肠菌群	阴性	呈现阴性反应
阳性对照		阳性	呈现阳性反应
阴性对照	大肠埃希氏菌	阴性	呈现阴性反应
阳性对照		阳性	呈现阳性反应

4.3.4 标准样品测定

对浓度分别为 811 MPN/100 mL、1 270 MPN/100 mL、1 030 MPN/100 mL 的粪大肠菌群、总大肠菌群、大肠埃希氏菌标准菌株（编号：HJQC-003）进行测定，测定结果在保证值范围内，符合标准方法要求。标准样品测定情况见表 12。

表 12 标准样品测定情况

监测项目	测定结果/（MPN/100 mL）	有证标准样品含量/（MPN/100 mL）
粪大肠菌群	8.2×10^2	真值：811±105 可接受范围：136～5 140
总大肠菌群	1.4×10^3	真值：1 270±165 可接受范围：259～6 300
大肠埃希氏菌	1.0×10^3	真值：1 030±134 可接受范围：226～5 110

4.3.5　平行样测定

对浓度分别为 $9.6×10^6$ MPN/L、$3.4×10^7$ MPN/L、$8.4×10^6$ MPN/L 的粪大肠菌群、总大肠菌群、大肠埃希氏菌的生活污水实际样品进行平行测定，相对偏差分别为 0.9%、1.3%、1.1%，符合标准方法中多家实验室内相对标准偏差要求。实际样品平行测定情况见表 13。

表 13　实际样品平行测定情况

监测项目	测定结果/（MPN/L）		平均值/（MPN/L）	相对偏差/%	标准规定的平行样相对偏差/%
	第一次	第二次			
粪大肠菌群	$8.3×10^6$	$1.1×10^7$	$9.6×10^6$	0.9	≤17
总大肠菌群	$2.7×10^7$	$4.3×10^7$	$3.4×10^7$	1.3	≤3.7
大肠埃希氏菌	$6.5×10^6$	$9.3×10^6$	$8.4×10^6$	1.1	≤21

注：平均值为几何均值，为原始数据以 10 为底，对数转化后计算所得。本标准未规定平行样相对偏差，平行样相对偏差值参考标准方法中多家实验室内相对标准偏差要求。

5　验证结论

综上所述，本实验室人员通过培训和能力确认后，依据 HJ 1001—2018 开展方法验证，并进行了实际样品测试。所用仪器设备、标准物质、关键试剂耗材、采取的质量保证和质量控制措施，以及经实验验证得出的方法精密度和正确度等，均满足标准方法相关要求，验证合格。

附件 1　验证人员培训、能力确认情况的证明材料（略）
附件 2　仪器设备的溯源证书及结果确认等证明材料（略）
附件 3　有证标准物质证书及关键试剂耗材验收材料（略）
附件 4　环境条件监控原始记录（略）
附件 5　安全设备设施备案、操作证等证明材料（略）
附件 6　精密度验证原始记录（略）
附件 7　正确度验证原始记录（略）
附件 8　实际样品监测报告及相关原始记录（略）

《水质　细菌总数的测定　平皿计数法》
（HJ 1000—2018）
方法验证实例

1　方法名称及适用范围

1.1　方法名称及编号

《水质　细菌总数的测定　平皿计数法》（HJ 1000—2018）。

1.2　适用范围

本方法适用于地表水、地下水、生活污水和工业废水中细菌总数的测定。

2　实验室基础条件确认

2.1　人员

参加方法验证的人员均通过了培训和能力确认（表 1），验证人员相关培训、能力确认情况等证明材料见附件 1。

表 1　验证人员情况信息

序号	姓名	年龄	职称	专业	参加本标准方法相关要求培训情况（是/否）	能力确认情况（是/否）	相关监测工作年限/年	验证工作内容
1	××	46	高级工程师	环境学	是	是	23	采样及现场监测
2	××	32	工程师	生态学	是	是	5	
3	××	35	工程师	生态学	是	是	13	分析测试
4	××	35	工程师	环境科学	是	是	7	

2.2 仪器设备

本方法验证中，使用了采样及现场监测仪器和分析测试仪器等。主要仪器设备情况见表2，相关仪器设备的检定/校准证书及结果确认等证明材料见附件2。

表2 主要仪器设备情况

序号	过程	仪器名称	仪器规格型号	仪器编号	溯源/核查情况	溯源/核查结果确认情况	其他特殊要求
1	采样及现场监测	自动压力蒸汽灭菌器	××	××	校准	合格	115℃、121℃可调
		采样瓶	××	××	—	—	带磨口塞的广口玻璃瓶
2	分析测试	恒温水浴锅	××	××	校准	合格	47℃可调
		pH计	××	××	检定	合格	准确到0.1个pH单位
		霉菌培养箱	××	××	校准	合格	（36±1）℃
		放大镜	××	××	—	—	
		菌落计数器	××	××	—	—	

2.3 标准物质及主要试剂耗材

本方法验证中，使用的标准物质、主要试剂耗材情况见表3，有证标准物质证书、主要试剂耗材验收记录等证明材料见附件3。

表3 标准物质、主要试剂耗材情况

序号	过程	名称	生产厂家	技术指标（规格/浓度/纯度/不确定度）	证书/批号	标准物质基体类型	标准物质是否在有效期内	主要试剂耗材验收情况
1	采样及现场监测	硫代硫酸钠	××	500 g；分析纯	××	—	—	合格
		乙二胺四乙酸二钠	××	250 g；分析纯	××	—	—	合格
		一次性无菌采样袋	××	500 mL	××	—	—	合格
2	分析测试	营养琼脂培养基	××	250 g；BR 生化试剂	××	—	—	合格
		一次性无菌培养皿	××	90 mm	××	—	—	合格

序号	过程	名称	生产厂家	技术指标（规格/浓度/纯度/不确定度）	证书/批号	标准物质基体类型	标准物质是否在有效期内	主要试剂耗材验收情况
2	分析测试	玻璃珠	××	直径 3～8 mm	××	—	—	合格
		无菌水	××	经 121℃灭菌 20 min	××	—	—	合格
		细菌总数有证标准物质（定量）	××	批号：200713；菌株号：NCTC775，ATCC19443；真值：（284±66）CFU/mL	××	水质	是	合格
		大肠埃希氏菌标准菌株	××	菌株号：ATCC25922	××	水质	是	合格

2.4 环境条件

本方法验证中，环境条件监控情况见表 4，相关环境条件监控记录见附件 4。

表 4 环境条件监控情况

序号	过程	控制项目	环境条件控制要求	实际环境条件	环境条件确认情况
1	采样及现场监测	采样瓶的灭菌	121℃灭菌 20 min	121℃灭菌 20 min	合格
		样品运输温度	10℃以下	控制在 0～10℃	合格
2	分析测试	样品保存温度	4℃以下	控制在 0～4℃	合格
		培养基灭菌温度	121℃灭菌 20 min	121℃灭菌 20 min	合格
		培养基保存条件	避光、干燥保存，必要时在（5±3）℃冰箱中保存	2～4℃避光保存	合格
		培养温度	（36±1）℃	（36±1）℃（培养箱内放置温度记录仪进行记录）	合格
		无菌室	温度 18～26℃；湿度 45%～65%；沉降菌试验 30 min 以上（平皿 φ90 mm），每个测点的平均菌落数都≤5CFU	温度 24.5～25.6℃；湿度 56%～62%；2 个测点的平均菌落数分别为 0CFU 和 2CFU	合格

注：无菌室的环境条件控制要求由本实验室根据相关标准自定。

2.5　安全防护设备设施

本方法验证中，使用后的废弃物及器皿全部用121℃高压蒸汽灭菌30 min，器皿进行清洗，废弃物按一般废物处置。配备的特殊安全防护设备压力蒸汽灭菌器属于TSG 21规定的特种设备范畴，压力蒸汽灭菌器按相关规定进行了备案，操作人员持有特种设备作业人员证书，定期由有资质的专业人员进行校检。高压蒸汽灭菌器涉及的特种设备操作证书和特种设备备案证明见附件5。

2.6　相关体系文件

本方法配套使用的监测原始记录为《细菌总数检验原始记录》（标识：QHJ-04-FX-029）、《培养基配制检查记录》（标识：QHJ-04-FX-067）；监测报告格式为QHJ-04-FX-028。

3　方法性能指标验证

3.1　精密度

按照标准方法要求，采用地下水实际样品（有检出）进行6次重复性测定，计算相对标准偏差，测定结果见表5。

表5　精密度测定结果

平行样品号		细菌总数样品浓度
测定结果/ （CFU/mL）	1	$2.5×10^3$
	2	$2.9×10^3$
	3	$2.2×10^3$
	4	$2.6×10^3$
	5	$2.6×10^3$
	6	$2.3×10^3$
平均值$\bar{x}$/（CFU/mL）		$2.5×10^3$
标准偏差S/（CFU/mL）		0.04
相对标准偏差/%		1.2
多家实验室内相对标准偏差/%		≤1.8

注：$\bar{x}$为几何平均值；S为相对标准偏差（%），为原始数据以10为底，对数转化后计算所得。

经验证，对浓度为 2.5×10^3 CFU/mL 的地下水实际样品进行 6 次重复性测定，相对标准偏差为 1.2%，符合标准方法中多家实验室内相对标准偏差（≤1.8%）的要求，相关验证材料见附件 6。

3.2 正确度

按照标准方法要求，采用有证标准样品进行 3 次重复性测定，验证方法正确度。细菌总数有证标准样品的正确度测定结果见表 6。

表 6 有证标准样品测定结果

平行样品号	细菌总数有证标准样品测定值/（CFU/mL）
1	2.5×10^2
2	2.6×10^2
3	2.4×10^2
有证标准样品含量/（CFU/mL）	284±66

经验证，对细菌总数有证标准样品（编号：200713）进行 3 次重复性测定，测定结果均在其保证值范围内，符合标准方法要求，相关验证材料见附件 7。

4 实际样品测定

按照标准方法要求，选择地下水、地表水和废水类型的实际样品（有检出）进行测定，实际样品监测报告及相关原始记录见附件 8。

4.1 样品采集和保存

按照《地下水环境监测技术规范》（HJ 164—2020）、《地表水环境质量监测技术规范》（HJ 91.2—2022）、《污水监测技术规范》（HJ 91.1—2019）和《水质 细菌总数的测定 平皿计数法》（HJ 1000—2018）的要求，采集地下水、地表水和废水样品，样品采集和保存情况见表 7。

表 7 样品采集和保存情况

序号	样品类型及性状	采样依据	样品保存方式
1	地下水	《地下水环境监测技术规范》（HJ 164—2020）、《水质 细菌总数的测定 平皿计数法》（HJ 1000—2018）	10℃以下冷藏

序号	样品类型及性状	采样依据	样品保存方式
2	地表水	《地表水环境质量监测技术规范》（HJ 91.2—2022）、《水质　细菌总数的测定　平皿计数法》（HJ 1000—2018）	10℃以下冷藏
3	废水	《污水监测技术规范》（HJ 91.1—2019）、《水质　细菌总数的测定　平皿计数法》（HJ 1000—2018）	10℃以下冷藏

经验证，本实验室样品采集和保存能力满足标准方法要求。

4.2　样品测定结果

将样品用力振摇 25 次，待样品充分混匀后，在酒精灯火焰旁，用无菌移液管吸取 10 mL 样品，注入盛有 90 mL 无菌水的试剂瓶中，混匀成 1∶10 稀释样品；吸取 1∶10 的稀释样品 10 mL 注入盛有 90 mL 无菌水的试剂瓶中，混匀成 1∶100 稀释样品。按同法依次稀释成 1∶1 000、1∶10 000 的稀释样品。

在酒精灯火焰旁，用 1 mL 无菌移液管吸取充分振摇混匀的样品或稀释样品 1 mL，注入无菌平皿中，倾注 20 mL 左右冷却至 44～47℃的营养琼脂培养基，并立即旋摇平皿，使样品或稀释样品与培养基充分混匀。每个样品做 3 个适宜的稀释浓度，每个浓度倾注 2 个平皿。待平皿内的培养基冷却凝固后，翻转平皿，使底面向上，在 36℃条件下培养 48 h，然后按标准方法的结果判读要求对菌落进行计数。

实际样品测定结果见表 8。

表 8　实际样品测定结果

监测项目	样品类型	测定结果/（CFU/mL）
细菌总数	地下水	39
细菌总数	地表水	$5.8×10^3$
细菌总数	废水	$6.2×10^6$

4.3　质量控制

按照标准方法要求，采取的质量控制措施包括空白试验、标准样品测定、平行样测定和培养基检验。

4.3.1　空白试验

空白试验测定结果见表 9。

经验证，空白试验测定结果符合标准方法要求。

表 9 空白试验测定结果

空白类型	监测项目	测定结果/（CFU/mL）	标准规定的要求/（CFU/mL）
实验室空白	细菌总数	未检出（无菌落生长）	未检出（无菌落生长）
实验室空白	细菌总数	未检出（无菌落生长）	未检出（无菌落生长）
全程序空白	细菌总数	未检出（无菌落生长）	未检出（无菌落生长）

4.3.2 标准样品测定

对浓度为（284±66）CFU/mL（编号：200713）的细菌总数标准样品进行测定，测定结果 $2.7×10^2$ CFU/mL 在保证值范围内，符合标准方法要求。

4.3.3 平行样测定

对浓度为 39 CFU/mL 的地下水实际样品进行平行测定，相对偏差（测定结果以 10 为底对数转化后进行计算）为 2.4%，符合标准方法中多家实验室内相对标准偏差≤6.2% 的要求。

4.3.4 培养基检验

用大肠埃希氏菌标准菌株配制的菌悬液对培养基进行了培养基检验，培养后有菌落均匀生长，菌落数符合要求，表明培养基质量合格，符合标准方法要求。

5 验证结论

综上所述，本实验室人员通过培训和能力确认后，依据 HJ 1000—2018 开展方法验证，并进行了实际样品测试。所用仪器设备、标准物质、关键试剂耗材、采取的质量保证和质量控制措施，以及经实验验证得出的方法精密度和正确度等，均满足标准方法要求，验证合格。

附件 1 验证人员培训、能力确认情况的证明材料（略）
附件 2 仪器设备的溯源证书及结果确认等证明材料（略）
附件 3 有证标准物质证书及关键试剂耗材验收材料（略）
附件 4 环境条件监控原始记录（略）
附件 5 安全设备设施备案、操作证等证明材料（略）
附件 6 精密度验证原始记录（略）
附件 7 正确度验证原始记录（略）
附件 8 实际样品（或现场）监测报告及相关原始记录（略）

《水质　粪大肠菌群的测定　多管发酵法》
（HJ 347.2—2018）
方法验证实例

1　方法名称及适用范围

1.1　方法名称及编号

《水质　粪大肠菌群的测定　多管发酵法》（HJ 347.2—2018）。

1.2　适用范围

本方法适用于地表水、地下水、生活污水和工业废水中粪大肠菌群的测定。

2　实验室基础条件确认

2.1　人员

参加方法验证的人员均通过了培训和能力确认（表 1），验证人员相关培训、能力确认情况等证明材料见附件1。

表 1　验证人员情况信息

序号	姓名	年龄	职称	专业	参加本标准方法相关要求培训情况（是/否）	能力确认情况（是/否）	相关监测工作年限/年	验证工作内容
1	××	32	工程师	生物工程	是	是	4	采样及现场监测
2	××	35	工程师	环境科学	是	是	9	采样及现场监测
3	××	30	工程师	生态学	是	是	3	分析测试

2.2 仪器设备

本方法验证中，使用了采样及现场监测仪器、分析测试仪器等。主要仪器设备情况见表2，相关仪器设备的检定/校准证书及结果确认等证明材料见附件2。

表2 主要仪器设备情况

序号	过程	仪器名称	仪器规格型号	仪器编号	溯源/核查情况	溯源/核查结果确认情况	其他特殊要求
1	采样及现场监测	采水器	2.5 L	—	—	—	—
		采样瓶	500 mL	—	—	—	带磨口塞的广口玻璃瓶
		高压蒸汽灭菌器	××	××	校准	合格	121℃湿热灭菌
		温度计	××	××	校准	合格	—
2	分析测试	pH计	××	××	校准	合格	—
		电子天平	××	××	检定	合格	实际分度值0.1 g
		高压蒸汽灭菌器	××	××	检定	合格	115℃、121℃湿热灭菌
		生物安全柜	××	××	校准	合格	—
		恒温培养箱	××	××	校准	合格	（37±0.5）℃
		恒温培养箱	××	××	校准	合格	（37±0.5）℃、（44.5±0.5）℃
		温湿度记录仪	××	××	校准	合格	—

2.3 标准物质及主要试剂耗材

本方法验证中，使用的标准物质、主要试剂耗材情况见表3，有证标准物质证书、主要试剂耗材验收记录等证明材料见附件3。

表3 标准物质、主要试剂耗材情况

序号	过程	名称	生产厂家	技术指标（规格/浓度/纯度/不确定度）	证书/批号	标准物质基体类型	标准物质是否在有效期内	主要试剂耗材验收情况
1	采样及现场监测	硫代硫酸钠	××	分析纯	××	—	—	合格
		乙二胺四乙酸二钠	××	分析纯	××	—	—	合格

序号	过程	名称	生产厂家	技术指标（规格/浓度/纯度/不确定度）	证书/批号	标准物质基体类型	标准物质是否在有效期内	主要试剂耗材验收情况
2	分析测试	乳糖蛋白胨培养基	××	250 g/瓶	××	—	—	合格
		EC培养基	××	250 g/瓶	××	—	—	合格
		大肠菌群标准物质	××	真值：13 300 MPN/L；可接受范围：2 610～120 000 MPN/L	××	水质	是	合格
		阳性菌株	××	大肠埃希氏菌（100%）	××	水质	是	合格
		阴性菌株	××	产气肠杆菌（100%）	××	水质	是	合格

2.4 环境条件

本方法验证中，环境条件监控情况见表 4，相关环境条件监控记录资料见附件 4。

表 4 环境条件监控情况

序号	过程	控制项目	环境条件控制要求	实际环境条件	环境条件确认情况
1	采样及现场监测	样品运输温度	采样后应在 2 h 内检测，否则，应 10℃以下冷藏，不超过 6 h	周转箱控制温度 4～10℃	合格
		采样瓶及采样器	按无菌操作要求包扎，121℃高压蒸汽灭菌 20 min 备用	按无菌操作要求包扎，121℃高压蒸汽灭菌 20 min	合格
2	分析测试	样品保存温度	实验室接样后，不能立即开展检测的，将样品在 4℃以下冷藏	样品不能立即分析时，置于冰箱控温 4℃冷藏	合格
		培养基灭菌	115℃高压蒸汽灭菌 20 min	115℃高压蒸汽灭菌 20 min	合格
		培养温度	初发酵试验：（37±0.5）℃；复发酵试验：（44±0.5）℃	初发酵试验：（37±0.5）℃；复发酵试验：（44±0.5）℃。培养箱内放置温湿度记录仪，监控培养期间温度满足标准要求	合格

序号	过程	控制项目	环境条件控制要求	实际环境条件	环境条件确认情况
2	分析测试	无菌室	温度 18～26℃； 湿度 45%～65%； 菌落总数平均≤5CFU	温度 18.9～19.6℃； 湿度 50%～58%； 菌落总数 0CFU	合格

注：无菌室的环境条件控制要求由本实验室根据相关标准自定。

2.5 安全防护设备设施

本方法验证中，使用后的废物及器皿经 121℃高压蒸汽灭菌 30 min，灭菌后清洗器皿，废物作为一般废物处置；配备的特殊安全防护设备设施包括压力蒸汽灭菌器、生物安全柜等，其中，压力蒸汽灭菌器属于 TSG 21 规定的特种设备范畴，按相关规定进行了备案，操作人员持有特种设备作业人员证书，定期由有资质的专业人员进行校检；生物安全柜定期由有资质的专业人员对生物安全柜进行校准。立式压力蒸汽灭菌器涉及的特种设备操作证书和特种设备备案证明见附件 5。

2.6 相关体系文件

本方法配套使用的监测原始记录为《粪（耐热）大肠菌群检验原始记录》（标识：SEMC-TRD-126）；监测报告格式为 QT2020021。

3 方法性能指标验证

3.1 精密度

按照标准方法要求，采用地表水实际样品（有检出）进行 6 次重复性测定，计算相对标准偏差，测定结果见表 5。

表 5 精密度测定结果

平行样品号		粪大肠菌群样品浓度
测定结果/ （MPN/L）	1	$2.4×10^4$
	2	$3.3×10^4$
	3	$1.7×10^4$
	4	$3.3×10^4$
	5	$2.6×10^4$
	6	$3.5×10^4$
平均值 $\bar{x}$/（MPN/L）		$2.8×10^4$

平行样品号	粪大肠菌群样品浓度
标准偏差 S/（MPN/L）	0.12
相对标准偏差/%	2.7
多家实验室内相对标准偏差/%	≤11

注：$\bar{x}$ 为几何平均值；S、RSD（%）为原始数据以10为底，对数转化后计算所得（下同）。

经验证，对浓度为 $2.8×10^4$ MPN/L 的地表水样品进行6次重复性测定，相对标准偏差为 2.7%，符合标准方法中多家实验室内相对标准偏差（≤11%）的要求，相关验证材料见附件6。

3.2　正确度

按照标准方法要求，采用有证标准样品进行3次重复性测定，验证方法正确度。粪大肠菌群有证标准样品的正确度测定结果见表6。

表6　有证标准样品测定结果

平行样品号	粪大肠菌群有证标准样品测定值/（MPN/L）
1	$1.6×10^4$
2	$1.4×10^4$
3	$2.2×10^4$
有证标准样品含量/（MPN/L）	真值：13 300； 可接受范围：2 610～120 000

经验证，对水质粪大肠菌群标准样品（编号：P301-083）进行3次重复性测定，测定结果均在其保证值范围内（2 610～120 000 MPN/L），符合标准方法要求，相关验证材料见附件7。

4　实际样品测定

按照标准方法要求，选择污水、地表水实际样品（有检出）进行测定，实际样品监测报告及相关原始记录见附件8。

4.1　样品采集和保存

按照 HJ 347.2—2018、《地表水环境质量监测技术规范》（HJ 91.2—2022）、《污水监测技术规范》（HJ 91.1—2019）的标准方法要求，分别采集地表水、污水的粪大肠菌群实际样品，样品采集和保存情况见表7。

表 7　样品采集和保存情况

序号	样品类型及性状	采样依据	样品保存方式
1	地表水	《水质　粪大肠菌群的测定　多管发酵法》（HJ 347.2—2018）、《地表水环境质量监测技术规范》（HJ 91.2—2022）	10℃以下冷藏
2	污水	《水质　粪大肠菌群的测定　多管发酵法》（HJ 347.2—2018）、《污水监测技术规范》（HJ 91.1—2019）	10℃以下冷藏

经验证，本实验室样品采集和保存能力满足标准方法要求。

4.2　样品测定结果

实际样品测定结果见表 8。

表 8　实际样品测定结果

监测项目	样品类型	测定结果/（MPN/L）
粪大肠菌群	地表水	2.7×10^4
粪大肠菌群	生活污水	1.6×10^7

4.3　质量控制

按照标准方法要求，采取的质量控制措施包括培养基检验、空白试验、阴阳性对照试验等。

4.3.1　培养基检验

按照标准要求进行了培养基检验，将粪大肠菌群的阳性菌株（大肠埃希氏菌）和阴性菌株（产气肠杆菌）制成浓度为 300～3 000 MPN/L 的菌悬液，稀释后分别取相应水量的菌悬液，按接种的要求接种于试管中，然后按初发酵试验和复发酵试验要求培养，阳性菌株应呈现阳性反应，阴性菌株应呈现阴性反应。

经验证，培养基检验合格。

4.3.2　空白试验

空白试验（实验室空白）测定结果见表 9。

经验证，空白试验测定结果符合标准方法要求。

表 9　空白试验测定结果

空白类型	监测项目	测定结果	标准规定的要求
实验室空白	粪大肠菌群	未检出（培养基无任何变色反应）	不得有任何变色反应

4.3.3　阴性、阳性对照试验

本次方法验证过程中，按照标准要求进行了阴性、阳性对照试验，将粪大肠菌群的阳性菌株（大肠埃希氏菌）和阴性菌株（产气肠杆菌）制成浓度为 300～3 000 MPN/L 的菌悬液，分别取相应体积的菌悬液按接种的要求接种于试管中，然后按初发酵试验和复发酵试验要求培养，其测量条件与样品测定相同。

经验证，阳性菌株应呈现阳性反应，阴性菌株应呈现阴性反应。

5　验证结论

综上所述，本实验室人员通过培训和能力确认后，依据 HJ 347.2—2018 开展方法验证，并进行了实际样品测试。所用仪器设备、标准物质、关键试剂耗材、采取的质量保证和质量控制措施，以及经实验验证得出的精密度和正确度等，均满足标准方法要求，验证合格。

附件 1　验证人员培训、能力确认情况的证明材料（略）

附件 2　仪器设备的溯源证书及结果确认等证明材料（略）

附件 3　有证标准物质证书及关键试剂耗材验收材料（略）

附件 4　环境条件监控原始记录（略）

附件 5　特种设备操作证书和特种设备备案证明（略）

附件 6　精密度验证原始记录（略）

附件 7　正确度验证原始记录（略）

附件 8　实际样品监测报告及相关原始记录（略）

《水质　粪大肠菌群的测定　滤膜法》
（HJ 347.1—2018）
方法验证实例

1　方法名称及适用范围

1.1　方法名称及编号

《水质　粪大肠菌群的测定　滤膜法》（HJ 347.1—2018）。

1.2　适用范围

本方法适用于地表水、地下水、生活污水和工业废水中粪大肠菌群的测定。

2　实验室基础条件确认

2.1　人员

参加方法验证的人员均通过了培训和能力确认（表 1），验证人员相关培训、能力确认情况等证明材料见附件 1。

表 1　验证人员情况信

序号	姓名	年龄	职称	专业	参加本标准方法相关要求培训情况（是/否）	能力确认情况（是/否）	相关监测工作年限/年	验证工作内容
1	××	27	工程师	环境工程	是	是	4	采样及现场监测
2	××	28	助理工程师	环境科学	是	是	5	
3	××	29	工程师	生物学	是	是	6	分析测试
4	××	35	高级工程师	环境生物学	是	是	12	

2.2 仪器设备

本方法验证中，使用了采样及现场监测仪器和分析测试仪器等。主要仪器设备情况见表 2，相关仪器设备的检定/校准证书及结果确认等证明材料见附件 2。

表 2 主要仪器设备情况

序号	过程	仪器名称	仪器规格型号	仪器编号	溯源/核查情况	溯源/核查结果确认情况	其他特殊要求
1	采样及现场监测	地表水采样器	××	××	核查	合格	—
		地下水采样器	××	××	核查	合格	—
		废水采样器	××	××	核查	合格	—
		冷藏箱	××	××	核查	合格	—
		无菌采样瓶			核查	合格	螺口耐高温高压玻璃瓶，具塞磨口广口玻璃瓶
		立式压力蒸汽灭菌器	××	××	检定	合格	121℃湿热灭菌
2	分析测试	超净工作台	××	××	核查	合格	—
		生化培养箱	××	××	校准	合格	校准温度：37℃
		生化培养箱	××	××	校准	合格	校准温度：44.5℃
		立式压力蒸汽灭菌器	××	××	检定	合格	115℃、121℃可调湿热灭菌
		pH 计	××	××	检定	合格	准确到 0.1 个 pH 单位
		过滤装置	××	××	核查	合格	—
		紫外照度计	××	××	校准	合格	—
		移液管	××	××	检定	合格	—
		量筒	××	××	核查	合格	—
		培养皿	直径 90 mm	××	核查	合格	—
		三角瓶	××	××	核查	合格	—
		冰箱	××	××	核查	合格	0~5℃冷藏、−20℃冷冻

2.3 标准物质及主要试剂耗材

本方法验证中，使用的标准物质、主要试剂耗材情况见表 3，有证标准物质证书、主要试剂耗材验收记录等证明材料见附件 3。

表 3 标准物质、主要试剂耗材情况

序号	过程	名称	生产厂家	技术指标（规格/浓度/纯度/不确定度）	证书/批号	标准物质基体类型	标准物质是否在有效期内	主要试剂耗材验收情况
1	采样及现场监测	硫代硫酸钠	××	分析纯	××	—	—	合格
		乙二胺四乙酸二钠	××	分析纯	××	—	—	合格
2	分析测试	产气肠杆菌（阴性对照标准菌株）	××	真值：（206±231）CFU/100 mL；可接受范围：37～2 160 CFU/100 mL	××	水质	是	合格
		粪大肠菌群（阳性对照标准菌株）	××	真值：（357±53）CFU/100 mL；可接受范围：62～2 310 CFU/100 mL	××	水质	是	合格
		无菌缓冲液	××	100 mL/pH=7.2±0.2	××	—	是	合格
		MFC 琼脂培养基	××	—	××	—	—	合格
		无菌醋酸纤维滤膜	××	直径 50 mm、孔径 0.45 μm	××	—	—	合格
		牛皮纸及纱布	××	—	××	—	—	合格
		压力蒸汽灭菌化学指示卡	××	—	××	—	—	合格
		压力蒸汽灭菌生物指示剂	××	—	××	—	—	合格
		无菌水	××	—	××	—	—	合格

2.4 环境条件

本方法验证中，环境条件监控情况见表 4，相关环境条件监控记录见附件 4。

表 4 环境条件监控情况

序号	过程	控制项目	环境条件控制要求	实际环境条件	环境条件确认情况
1	采样及现场监测	样品运输温度	采样后 10℃以下冷藏	冷藏箱温度为 2～8℃	合格
		采样瓶灭菌	使用已灭菌的采样瓶，保证采样过程不引入杂菌	采样瓶按无菌操作要求包扎，121℃高压蒸汽灭菌 20 min	合格

序号	过程	控制项目	环境条件控制要求	实际环境条件	环境条件确认情况
2	分析测试	样品保存温度	实验室接样后，不能立即开展检测的，将样品在4℃以下冷藏	实验室配置样品存放用冰箱，样品不能立即分析时，控温4℃冷藏	合格
		培养基灭菌	配制好的培养基分装于三角烧瓶内，于115℃高压蒸汽灭菌20 min	装有培养基的三角瓶用纱布和牛皮纸包扎好后，置于高压蒸汽灭菌锅中，115℃高压蒸汽灭菌20 min	合格
		培养基保存	配制好的培养基避光、干燥保存，必要时在（5±3）℃冰箱中保	将配置好并灭菌的培养基用牛皮纸包裹瓶身，置于试剂存放用冰箱4℃冷藏保存	合格
		样品培养温度	滤膜放于培养皿后，将培养皿倒置，放入恒温培养箱内，（44.5±0.5）℃培养（24±2）h	培养箱经过校准后，将温度值设定至实际温度为44.5℃，同时培养箱内放置检定过的带温度探头的温度计。样品培养时，进箱后和出箱前各检查一次培养箱温度显示值和温度计测量值，确保培养期间温度始终满足标准要求	合格
		无菌	1. 每季检查紫外光强度及实验室无菌情况，紫外光灯光强度不少于初始值的70%。 2. 无菌室沉降菌实验，培养皿暴露5 min以上，培养后菌落总数≤200CFU/m³。 3. 每次高压锅灭菌时，应该利用压力蒸汽灭菌化学指示卡，按说明书要求检验高压蒸汽灭菌的效果	①配置紫外照度计定期检查紫外光强度，经检测，紫外线强度为138 μW/cm²（强度为初始值的89%）。 ②实验室灭菌后，沉降菌实验检测结果为0，并填写环境检查记录。 ③将化学指示卡卡面印有指示剂一段，放入灭菌物品中间，当锅内温度达到121℃后，保留20 min以上，灭菌完毕将指示卡抽出，观察颜色变化，并将指示卡贴于无菌环境监控原始记录上。检测结果均满足要求	合格

注：无菌的环境条件控制要求由本实验室根据相关标准自定。

2.5 安全防护设备设施

本方法验证中，使用后的废物及器皿经121℃高压蒸汽灭菌30 min，灭菌后清洗器皿，废物作为一般废物处置；配备的特殊安全防护设备主要为压力蒸汽灭菌器，根据《固定式压力容器安全技术监察规程》（TSG-21—2016）的规定：同时满足下列三个条件的承压密闭设备即为固定式压力容器，需进行特种设备使用登记：①工作压力大于或者等于0.1 MPa；②容积大于或者等于0.03 m³，并且内直径（非圆形截面指截面内边界最大几何尺寸）大于或者等于150 mm；③盛装介质为气体、液化气体以及介质最高工作温度高于或者等于其标准沸点的液体。本实验室使用的高压蒸汽灭菌器属于特种设备范畴，已按相关规定进行了备案，操作人员持有特种设备作业人员证书。涉及的特种设备操作证书和特种设备备案证明见附件 5。

2.6　相关体系文件

本方法采用的监测原始记录为《粪（总）大肠菌群原始记录表（滤膜法）》（标识：CQEMC-ZY-04-监测-43）；监测报告格式为本实验室原有委托监测报告模板（标识：CQEMC-ZY-04-监测-87）。实验室分析测试过程依据《无菌操作作业指导书》（标识：CQEMC-ZY-03-方法-05）开展。

3　方法性能指标验证

3.1　精密度

按照标准方法要求，采用低浓度地下水和高浓度生活污水的实际样品进行 6 次重复性测定，计算相对标准偏差，测定结果见表 5。

表 5　精密度测定结果

平行样品号		粪大肠菌群样品浓度（低）	粪大肠菌群样品浓度（高）
测定结果/ （CFU/L）	1	1.4×10^2	9.4×10^6
	2	1.1×10^2	2.0×10^7
	3	2.9×10^2	8.9×10^6
	4	4.1×10^2	9.3×10^6
	5	2.7×10^2	8.6×10^6
	6	2.2×10^2	1.3×10^7
平均值 $\bar{x}$ /（CFU/L）		2.2×10^2	1.1×10^7
标准偏差 S/（CFU/L）		0.212	0.143
相对标准偏差/%		9.1	2.0
多家实验室内相对标准偏差/%		≤12	≤9.8

注：$\bar{x}$ 为几何平均值；S 为相对标准偏差（%），为原始数据以 10 为底，对数转化后计算所得。

经验证，对浓度约为 2.2×10^2 CFU/L、1.1×10^7 CFU/L 的地下水和生活污水实际样品进行 6 次重复性测定，相对标准偏差分别为 9.1%、2.0%，符合标准方法中多家实验室内相对标准偏差要求，相关验证材料见附件 6。

3.2　正确度

按照标准方法要求，采用有证标准样品进行 3 次重复性测定，验证方法正确度。粪大肠菌群标准样品的正确度测定结果见表 6。

表 6　有证标准样品测定结果

平行样品号	粪大肠菌群（阳性对照标准菌株）有证标准样品测定值/（CFU/100 mL）
1	$2.3×10^2$
2	$3.5×10^2$
3	$2.7×10^2$
有证标准样品含量/（CFU/100 mL）	真值：357±53 可接受范围：62～2 310

经验证，对粪大肠菌群标准菌株（编号：HJQC-002）进行 3 次重复性测定，测定结果均在其保证值范围内，符合标准方法要求，相关验证材料见附件 7。

4　实际样品测定

按照标准方法要求，选择地表水、地下水、生活污水和工业废水的实际样品进行测定，实际样品监测报告及相关原始记录见附件 8。

4.1　样品采集和保存

按照标准方法及相关水采样标准规范要求，使用样品瓶直接采集地表水、地下水、生活污水和工业废水的实际样品。采样人员戴上无菌手套，用酒精擦拭瓶身，去掉包裹瓶塞的牛皮纸和纱布后，握住瓶子下部直接将带塞采样瓶插入水中，距水面 10～15 cm 处，瓶口朝水流方向，拔出瓶塞，使样品灌入瓶内然后盖上瓶塞，将采样瓶从水中取出。采集没有水流的地下水，则握住瓶子水平往前推。采样量为采样瓶容量的 80%左右。样品采集完毕后，迅速扎上纱布和牛皮纸，并再次用酒精擦拭瓶身，整个采样过程注意避免污染。采样后，将样品瓶置于装有冰袋的冷藏箱中，在标准规定的时间内运回实验室。样品采集和保存情况见表 7。

表 7 样品采集和保存情况

序号	样品类型及性状	采样依据	样品保存方式
1	地表水/无色、清澈、无异味	《水质 粪大肠菌群的测定 滤膜法》（HJ 347.1—2018）、《地表水环境质量监测技术规范》（HJ 91.2—2022）	10℃以下冷藏保存
2	地下水/无色、清澈、无异味	《水质 粪大肠菌群的测定 滤膜法》（HJ 347.1—2018）、《地下水环境监测技术规范》（HJ 164—2020）	10℃以下冷藏保存
3	生活污水/黑色、混浊、有异味	《水质 粪大肠菌群的测定 滤膜法》（HJ 347.1—2018）、《污水监测技术规范》（HJ 91.1—2019）	10℃以下冷藏保存
4	工业废水/无色、清澈、无异味	《水质 粪大肠菌群的测定 滤膜法》（HJ 347.1—2018）、《污水监测技术规范》（HJ 91.1—2019）	10℃以下冷藏保存

经验证，本实验室样品采集和保存能力满足标准方法要求。

4.2 样品分析测试及结果

按照标准方法要求对地表水、地下水、生活污水和工业废水的实际样品进行分析测试及处置。具体操作为：用灭菌镊子以无菌操作夹取无菌滤膜贴放在已灭菌的过滤装置上，固定好过滤装置。在酒精灯旁取样：每次取样前，将样品瓶瓶口靠近火焰，将移液管伸入液面下 1 cm 左右，利用洗耳球反复吹气，使样品充分混匀后（不可颠倒混匀），立即取 100 mL、10 mL、1 mL 样品分别抽滤，以无菌水冲洗器壁 3 次，其中 1 mL 样品用无菌水稀释至 10 mL 后抽滤。样品过滤完成后，再抽气约 5 s，关上开关。用灭菌镊子夹取滤膜移放在 MFC 培养基上，滤膜截留细菌面向上，与培养基完全贴紧，两者间不留气泡，然后将培养皿倒置，放入恒温培养箱中 44.5℃下培养 24 h 后计数。实际样品测定结果见表 8。

表 8 实际样品测定结果

监测项目	样品类型	测定结果/（CFU/L）
粪大肠菌群	地表水	4.0×10^3
	地下水	61
	生活污水（进口）	7.3×10^6
		4.0×10^6
		6.2×10^6
		5.7×10^6

监测项目	样品类型	测定结果/（CFU/L）
粪大肠菌群	工业废水（排口）	23
		16
		31

4.3　质量控制

按照标准方法要求，采取的质控措施包括培养基检验、空白对照和阳性及阴性对照。

4.3.1　培养基检验

使用购买的阳性和阴性有证标准菌株进行培养基检验测定，结果见表 9。

表 9　培养基检验

测试类型	监测项目	测定结果	标准规定的要求
培养基阳性检验	粪大肠菌群	蓝绿色菌落生长	蓝色或蓝绿色菌落生长
培养基阴性检验	粪大肠菌群	淡黄色菌落生长	灰色、淡黄色、无色或无菌落生长

经验证，培养基检验结果符合标准方法要求。

4.3.2　空白对照

使用无菌水进行实验室空白试验测定，结果见表 10。经验证，空白试验测定结果符合标准方法要求。

表 10　空白试验测定结果

空白类型	监测项目	测定结果	标准规定的要求
实验室空白	粪大肠菌群	无菌落生长	培养基上不得有任何菌落生长

4.3.3　阳性及阴性对照

使用购买的阳性和阴性有证标准菌株进行阳性及阴性对照测定，结果见表 11。

表 11　阳性及阴性对照测定结果

测试类型	监测项目	测定结果	标准规定的要求
阴性对照	粪大肠菌群	阴性	呈现阴性反应
阳性对照	粪大肠菌群	阳性	呈现阳性反应

经验证，阳性及阴性对照测定结果符合标准方法要求。

5 验证结论

综上所述，本实验室人员通过培训和能力确认后，依据 HJ 347.1—2018 开展方法验证，并进行了实际样品测试。所用仪器设备、标准物质、关键试剂耗材、采取的质量控制措施，以及经实验验证得出的方法精密度和正确度等，均满足标准方法相关要求，验证合格。

附件 1　验证人员培训、能力确认情况的证明材料（略）

附件 2　仪器设备的溯源证书及结果确认等证明材料（略）

附件 3　有证标准物质证书及关键试剂耗材验收材料（略）

附件 4　环境条件监控原始记录（略）

附件 5　安全设备设施备案、操作证等证明材料（略）

附件 6　精密度验证原始记录（略）

附件 7　正确度验证原始记录（略）

附件 8　实际样品监测报告及相关原始记录（略）

《海洋监测技术规程　第3部分：生物体》（6铜、锌、铅、镉、铬、锰、镍、砷、铝、铁的同步测定——电感耦合等离子体质谱法）（HY/T 147.3—2013）方法验证实例

1　方法名称及适用范围

1.1　方法名称及编号

《海洋监测技术规程　第3部分：生物体》（6铜、锌、铅、镉、铬、锰、镍、砷、铝、铁的同步测定——电感耦合等离子体质谱法）（HY/T 147.3—2013）。

1.2　适用范围

本方法适用于远海、近岸及河口海域海洋生物体内重金属的监测。

2　实验室基础条件确认

2.1　人员

参加方法验证的人员均通过了培训和能力确认（表1），验证人员相关培训、能力确认等证明材料见附件1。

表1　验证人员情况信息

序号	姓名	年龄	职称	专业	参加本标准方法相关要求培训情况（是否）	能力确认情况（是否）	相关监测工作年限/年	项目验证工作内容
1	××	33	工程师	海洋化学	是	是	6	采样及现场监测
2	××	30	中级工程师	海洋化学	是	是	3	
3	××	30	工程师	海洋地质	是	是	5	前处理、分析测试
4	××	30	工程师	海洋化学	是	是	5	

2.2 仪器设备

本方法验证中，使用了采样、前处理仪器及分析测试仪器等。主要仪器设备情况见表 2，相关仪器设备的检定/校准证书及结果确认等证明材料见附件 2。

表 2　主要仪器设备情况

序号	过程	仪器名称	仪器规格型号	仪器编号	溯源/核查情况	溯源/核查结果确认情况	其他特殊要求
1	采样及现场监测	渔业资源拖网	单船单囊有翼拖网	—	—	—	—
		底栖生物拖网	阿氏拖网	—	—	—	—
2	前处理	微波消解仪	××	××	—	—	—
		电子天平	××	××	校准	合格	感量 0.1 mg
3	分析测试	ICP-MS	××	××	校准	合格	—

2.3 标准物质及主要试剂耗材

本方法验证中，使用的标准物质、主要试剂耗材情况见表 3，有证标准物质证书、主要试剂耗材验收材料见附件 3。

表 3　标准物质、主要试剂耗材情况

序号	过程	名称	生产厂家	技术指标（规格/浓度/纯度）	证书/批号	标准样品基体类型	标准物质是否在有效期内	主要试剂耗材验收情况
1	前处理	硝酸	××	优级纯	—	—	—	合格
2	分析测试	重金属标准溶液	××	100 μg/mL	××	5%硝酸	是	合格
		生物成分分析标准物质	××	大虾样品中的金属元素	××	生物体	是	合格
		液体标准样品（内标）	××	100 μg/mL	××	5%硝酸	是	合格

2.4 环境条件

本方法验证中，环境条件监控情况见表 4，相关环境条件监控记录见附件 4。

表4 环境条件监控情况

序号	过程	控制项目	环境条件控制要求	实际环境条件	环境条件确认情况
1	采样及现场监测	温度	样品运输超过24 h时,使用冰箱或冷藏箱保存	样品在船上使用冷库保存,运输时使用车载冰箱保存	合格

2.5 相关体系文件

本方法配套使用的监测原始记录为《水生生物采样原始记录表》(标识:JSEM TF155)、《电感耦合等离子体质谱分析记录表》(标识:JSEM TF147);监测报告格式为 JSEM QF 28005。

3 方法性能指标验证

3.1 测试条件

3.1.1 仪器分析条件

本方法验证的仪器条件为:雾化器流量:0.95 L/min,辅助气流量:1.2 L/min,等离子体气流量:16 L/min,ICP 射频功率:1 300 W;检测器:双模式,扫描模式:跳峰,扫描范围:0~250 u,分辨率:10%峰高处对应的峰宽优于 1 u,每原子质量上的停留时间:50 ms,甄别阈值:12。

3.1.2 仪器调谐

按照仪器说明书进行仪器调谐,点燃等离子体后,仪器预热稳定 30 min,首先用质谱调谐溶液对仪器的灵敏度、氧化物、双电荷进行调谐,在仪器满足要求的条件下,调谐液中所含元素信号强度的相对标准偏差小于 5%。然后在涵盖待测元素的质量范围内进行质量校正和分辨率检验,如果质量校正结果与真实值差别超过±0.1 u,或者调谐元素信号的分辨率10%峰高所对应的峰宽超过 0.6~0.8 u,应依照仪器使用说明对质谱进行校正。本次实验仪器调谐过程正常,结果符合标准方法要求,相关验证材料见附件 5。

3.2 校准曲线

取 8 个 100 mL 容量瓶,用微量移液器或移液管分别加入 0 mL、0.05 mL、0.10 mL、0.50 mL、1.00 mL、2.00 mL、5.00 mL、10.0 mL 浓度为 0.100 0 mg/L 的多元素重金属标准溶液,用(1+99)硝酸溶液定容至标线,标准系列浓度分别为 0 μg/L、0.50 μg/L、1.00 μg/L、5.00 μg/L、10.0 μg/L、20.0 μg/L、50.0 μg/L、100 μg/L。校准曲线绘制情况见表5。

表 5　校准曲线绘制情况

项目	校准曲线方程	相关系数（r）	标准规定要求	是否符合标准要求
铜	y=0.061 9x+0.030 6	0.999 9	≥0.999	是
锌	y=0.011 8x+0.040 8	0.999 9	≥0.999	是
铅	y=0.007 5x−0.000 3	0.999 9	≥0.999	是
镉	y=0.002 3x+0.000 2	0.999 9	≥0.999	是
铬	y=0.067 5x+0.028 4	0.999 7	≥0.999	是
锰	y=0.049 9x−0.004 9	0.999 9	≥0.999	是
镍	y=0.025 8x+0.002 2	0.999 9	≥0.999	是
砷	y=0.001 5x+0.000 2	0.999 7	≥0.999	是
铝	y=0.003 2x+0.057 8	0.999 5	≥0.999	是
铁	y=0.001 5x+0.012 8	0.999 6	≥0.999	是

经验证，本实验室校准曲线结果符合标准方法要求，相关验证材料见附件 6。

3.3　方法检出限及测定下限

按照《环境监测分析方法标准制订技术导则》（HJ 168—2020）附录 A.1 的规定，进行方法检出限和测定下限验证。

按照标准方法要求，对铜、锌、铅、镉、铬、锰、镍、砷、铝、铁 10 种元素进行空白测定，其中锌、铅、铬、锰、镍、砷、铝、铁 8 种元素有检出，依据 HJ 168—2020 附录 A.1.1 a "空白试验中检测出目标物"进行方法检出限和测定下限验证；铜、镉两种元素未检出，依据 HJ 168—2020 A.1.1 b "空白试验中未检测出目标物"，向空白样品中加入适量铜、镉标准溶液，使其浓度为标准方法检出限的 3~5 倍，并重新进行方法检出限和测定下限验证，具体加标过程为：向空白样品中分别加入 100 µg/L 铜标准溶液 600 µL，100 µg/L 镉标准溶液 200 µL，按照标准方法进行消解赶酸，最后定容至 25 mL，进行测定。本方法检出限及测定下限计算结果见表 6。

表 6　方法检出限及测定下限

平行样品号	测定值/（mg/kg）									
	铜	锌	铅	镉	铬	锰	镍	砷	铝	铁
1	0.28	0.64	0.02	0.11	0.16	0.18	0.21	0.10	22.6	5.76
2	0.29	0.69	0.02	0.11	0.15	0.18	0.21	0.10	22.0	5.59
3	0.26	0.85	0.03	0.10	0.15	0.18	0.22	0.09	17.3	5.53
4	0.28	0.95	0.02	0.11	0.21	0.18	0.20	0.10	16.4	5.46
5	0.28	0.86	0.02	0.10	0.21	0.17	0.18	0.09	21.7	5.37

平行样品号	测定值/（mg/kg）									
	铜	锌	铅	镉	铬	锰	镍	砷	铝	铁
6	0.30	0.60	0.02	0.12	0.18	0.18	0.20	0.08	20.3	5.35
7	0.27	0.65	0.02	0.10	0.17	0.17	0.17	0.08	15.9	5.26
平均值 $\bar{x}$	0.28	0.75	0.02	0.11	0.18	0.18	0.20	0.09	19.46	5.47
标准偏差 S	0.012 9	0.135 6	0.003 8	0.007 6	0.025 7	0.004 9	0.017 7	0.009 0	2.850	0.168 6
方法检出限	0.05	0.43	0.02	0.03	0.09	0.02	0.06	0.03	8.96	0.53
测定下限	0.20	1.72	0.08	0.12	0.36	0.08	0.24	0.12	35.8	2.12
标准中检出限要求	0.08	1.66	0.03	0.03	0.30	0.83	0.08	0.10	—	2.80
标准中测定下限要求	0.32	6.64	0.12	0.12	1.20	3.32	0.32	0.40	—	11.2

　　经验证，本实验室方法检出限和测定下限符合标准方法要求，相关验证材料见附件 7。

3.4　精密度

　　按照标准方法要求，选取采集的江苏近岸海域扇贝实际样品进行 6 次重复性测定，计算相对标准偏差，测定结果见表 7。

表 7　精密度测定结果

平行样品号	样品浓度									
	铜	锌	铅	镉	铬	锰	镍	砷	铝	铁
测定结果/（mg/kg） 1	1.37	74.7	0.23	0.97	0.99	18.9	0.30	0.50	156	44.7
2	1.27	72.4	0.21	1.08	0.99	19.9	0.27	0.47	144	39.4
3	1.37	74.8	0.21	1.07	1.00	20.0	0.31	0.51	153	39.3
4	1.38	72.5	0.23	1.06	0.98	19.0	0.26	0.50	153	39.2
5	1.28	72.3	0.21	1.04	1.03	18.9	0.29	0.48	153	44.7
6	1.36	74.7	0.20	1.06	1.02	20.0	0.30	0.51	140	44.8
平均值 $\bar{x}$/（mg/kg）	1.34	73.6	0.22	1.05	0.34	19.5	0.29	0.50	150	42.0
标准偏差 S/（mg/kg）	0.05	1.28	0.01	0.04	0.03	0.57	0.02	0.01	6.31	2.98
相对标准偏差/%	3.7	1.7	4.5	3.8	2.0	2.9	6.9	2.0	4.2	7.1
多家实验室内相对标准偏差/%	8.2	2.1	17.6	17.1	12.9	14.2	17.1	3.72	13.8	17.6

经验证，对扇贝实际样品中铜、锌、铅等 10 种元素进行 6 次重复性测定，相对标准偏差为 1.7%～7.1%，均符合标准方法要求，相关验证材料见附件 8。

3.5　正确度

按照标准方法要求，采用大虾标准物质［GBW10050（GSB-28）］进行 3 次重复性测定，验证方法正确度。大虾标准物质［（GBW10050（GSB-28）］正确度测定结果见表 8。

表 8　有证标准样品测定结果

平行样品号	有证标准样品测定值/（mg/kg）									
	铜	锌	铅	镉	铬	锰	镍	砷	铝	铁
1	10.1	73.1	0.21	0.04	0.38	8.57	0.23	2.48	283	105
2	10.3	74.8	0.22	0.04	0.34	8.71	0.21	2.52	288	107
3	10.7	76.8	0.23	0.04	0.37	9.06	0.22	2.62	299	111
标准样品浓度/（mg/kg）	10.3±0.7	76±4	0.20±0.05	0.039±0.002	0.35±0.11	8.9±0.3	0.23（参考值）	2.5（参考值）	290（参考值）	112±12

经验证，对大虾标准物质［GBW10050（GSB-28）］中铜、锌、铅等 10 种元素分别进行 3 次重复性测定，测定结果均在其保证值浓度范围内，符合标准方法要求，相关验证材料见附件 9。

4　实际样品测定

按照标准方法要求，选择江苏近岸海域扇贝样品进行实际样品测定，监测报告及相关原始记录见附件 11、附件 12。

4.1　样品采集和保存

按照《海洋监测规范　第 3 部分：样品采集、贮存与运输》（GB 17378.3—2007）的标准方法要求，采集江苏近岸海域扇贝实际样品，样品采集和保存情况见表 9，样品采集、保存和流转相关证明材料见附件 11。

表 9　样品采集和保存情况

序号	样品类型及性状	采样依据	样品保存方式
1	近岸海域生物体	《海洋监测规范　第 3 部分：样品采集、贮存与运输》（GB 17378.3—2007）	冷冻保存

经验证，本实验室近岸海域生物体样品采集和保存能力满足《海洋监测规范　第 3 部分：样品采集、贮存和运输》（6 生物样品）（GB 17378.3—2007）标准方法要求。

4.2　样品前处理

本方法验证过程中，样品前处理步骤按照《海洋监测规范　第 6 部分：生物体分析》（GB 17378.6—2007）对扇贝样品进行前处理，具体操作如下。

（1）将生物样品从保温箱中取出，用塑料刀切断扇贝的闭壳肌，使用超纯水冲洗贝壳内软组织，然后使用塑料刀和镊子取出扇贝的软组织，沥干水分。

（2）将扇贝软组织放入烧杯中，使用匀浆机进行匀浆。

（3）匀浆后的样品放入预先称重的冻干盘中，称量总重并记录，然后将冻干盘放入冰柜中在-20℃进行预冷冻，时间不少于 24 h。

（4）开启冻干机，待冷阱温度低于-50℃，将预冷冻的样品放入冻干仓，真空冻干 48 h。

（5）取出冻干后的样品，称取总重，计算含水率，然后取出样品研磨过筛，封装。

（6）称取 0.2 g 生物样，精确到 0.000 1 g，加硝酸 8 mL 和 2 mL 双氧水，按程序消解，冷却后取出赶酸至近干，加入 1 mL（1+1）硝酸，转移至 25 mL 比色管，定容待测。

4.3　样品测定结果

按照标准方法要求，对采集的实际样品进行测定，铜、锌、铅等 10 种元素测定结果见表 10，相关原始记录见附件 11。

表 10　实际样品测定结果

监测项目	样品类型	测定结果/（mg/kg）
铜	近岸海域生物体	1.34
锌	近岸海域生物体	73.6
铅	近岸海域生物体	0.22
镉	近岸海域生物体	1.05
铬	近岸海域生物体	1.00
锰	近岸海域生物体	19.5
镍	近岸海域生物体	0.29
砷	近岸海域生物体	0.50
铝	近岸海域生物体	150
铁	近岸海域生物体	42.0

4.4 质量控制

按照标准方法要求，在测定实际样品的同时，进行了平行样、加标样和有证标准样品的测定，相关原始记录见附件 11。

4.4.1 空白试验

本方法验证过程中，按照标准要求进行了实验室空白的测定，其测定条件与样品测定相同，实验室空白测定情况见表 11。由于标准方法中未规定空白试验测定结果要求，参照环境监测方法标准《土壤和沉积物 12 种金属元素的测定 王水提取-电感耦合等离子体质谱法》（HJ 803—2016）和《土壤和沉积物 19 种金属元素总量的测定 电感耦合等离子体质谱法》（HJ 1315—2023），以低于测定下限作为合格判定依据。

经验证，空白试样中的铜、锌、铅等 10 种元素空白含量均低于方法测定下限，空白试验测定结果符合要求。

表 11 实验室空白试验测定情况

空白类型	监测项目	测定结果/（mg/kg）	合格判定要求/（mg/kg）
实验室空白	铜	<0.08	<0.32
	锌	<1.66	<6.64
	铅	<0.03	<0.12
	镉	<0.03	<0.12
	铬	<0.30	<1.20
	锰	<0.83	<3.32
	镍	0.20	<0.32
	砷	<0.10	<0.40
	铝	19.4	—
	铁	5.47	<11.2

4.4.2 标准样品测定

对编号为 GBW10050（GSB-28）的大虾标准物质中铜、锌、铅、镉、铬、锰、镍、砷、铝、铁进行测定，测定结果在保证值范围内，符合标准方法要求。

4.4.3 加标回收率测定

对扇贝实际样品进行加标回收率测定，铜、锌、铅、镉、铬、锰、镍、砷、铝、铁的加标回收率分别为 98.3%、94.7%、93.8%、95.6%、97.1%、97.8%、96.1%、93.2%、97.4%、94.4%，符合方法中规定的 98%～104%、92%～99%、92%～97%、91%～101%、94%～107%、90%～101%、94%～104%、91%～107%、95%～102%、94%～108%的要

求。实际样品加标回收率测定结果见表12。

表12　实际样品加标回收率测定结果

监测项目	样品编号	加标量/ （μg/L）	加标后测定浓度/ （μg/L）	原样测定浓度/ （μg/L）	回收率/%	
铜	HS2020003B01J-1	5.00	15.583 1	10.598 1	99.7	98.3
	HS2020003B01J-2	5.00	15.442 1	10.598 1	96.9	
锌	HS2020003B01J-1	10.00	38.741 2	29.537 0	92.0	94.7
	HS2020003B01J-2	10.00	39.278 9	29.537 0	97.4	
铅	HS2020003B01J-1	1.00	2.692 2	1.766 4	92.6	93.8
	HS2020003B01J-2	1.00	2.716 8	1.766 4	95.0	
镉	HS2020003B01J-1	5.00	12.943 9	8.215 7	94.6	95.6
	HS2020003B01J-2	5.00	13.042 0	8.215 7	96.5	
铬	HS2020003B01J-1	0.50	0.738 9	0.269 4	93.9	97.1
	HS2020003B01J-2	0.50	0.771 0	0.269 4	100.3	
锰	HS2020003B01J-1	10.00	25.373 1	15.630 4	97.4	97.8
	HS2020003B01J-2	10.00	25.442 1	15.630 4	98.1	
镍	HS2020003B01J-1	5.00	7.073 1	2.304 0	95.4	96.1
	HS2020003B01J-2	5.00	7.142 1	2.304 0	96.8	
砷	HS2020003B01J-1	5.00	8.531 2	3.932 1	92.0	93.2
	HS2020003B01J-2	5.00	8.656 4	3.932 1	94.5	
铝	HS2020003B01J-1	10.0	21.713 1	12.086 8	96.3	97.4
	HS2020003B01J-2	10.0	21.942 1	12.086 8	98.6	
铁	HS2020003B01J-1	5.00	8.000 2	3.391 9	92.2	94.4
	HS2020003B01J-2	5.00	8.225 7	3.392 0	96.7	

4.4.4　平行样测定

对扇贝实际样品进行平行测定，铜、锌、铅、镉、铬、锰、镍、砷、铝、铁的相对标准偏差分别为 4.3%、1.8%、4.3%、5.0%、4.1%、2.5%、4.3%、3.0%、4.4%、6.6%，分别符合方法中规定的平行样相对偏差应≤8.2%、≤2.1%、≤17.6%、≤17.1%、≤12.9%、≤14.2%、≤17.1%、≤3.72%、≤13.8%、≤17.6%的要求。实际样品平行性测定结果见表13。

表 13　实际样品平行性测定结果

监测项目	平行样号码	测定浓度/（mg/kg）	平行样号码	测定浓度/（mg/kg）	相对偏差/%
铜	HS2020003B01-1	1.38	HS2020003B01-2	1.27	4.3
锌	HS2020003B01-1	3.76	HS2020003B01-2	3.63	1.8
铅	HS2020003B01-1	0.23	HS2020003B01-2	0.21	4.3
镉	HS2020003B01-1	0.98	HS2020003B01-2	1.08	5.0
铬	HS2020003B01-1	<0.30	HS2020003B01-2	<0.30	0
锰	HS2020003B01-1	<3.32	HS2020003B01-2	<3.32	0
镍	HS2020003B01-1	<0.32	HS2020003B01-2	<0.32	0
砷	HS2020003B01-1	0.51	HS2020003B01-2	0.48	3.0
铝	HS2020003B01-1	1.58	HS2020003B01-2	1.44	4.4
铁	HS2020003B01-1	<11.2	HS2020003B01-2	<11.2	0

5　验证结论

综上所述，本实验室人员通过培训和能力确认后，依据 HY/T 147.3—2013 开展方法验证，并进行了实际样品测试。所用仪器设备、标准物质、关键试剂耗材、采取的质量保证和质量控制措施，以及经实验验证得出的方法检出限、测定下限、精密度和正确度等，均满足标准方法相关要求，验证合格。

附件 1　验证人员培训、能力确认情况的证明材料（略）

附件 2　仪器设备的溯源证书及结果确认等证明材料（略）

附件 3　有证标准物质证书及关键试剂耗材验收材料（略）

附件 4　环境条件监控原始记录（略）

附件 5　仪器调谐原始记录（略）

附件 6　校准曲线绘制原始记录（略）

附件 7　检出限和测定下限验证原始记录（略）

附件 8　精密度验证原始记录（略）

附件 9　正确度验证原始记录（略）

附件 10　样品采集、保存、流转和前处理相关原始记录（略）

附件 11　实际样品分析等相关原始记录（略）

附件 12　实际样品监测报告及相关原始记录（略）

《工业企业厂界环境噪声排放标准》
（GB 12348—2008）
方法验证实例

1　方法名称及适用范围

1.1　方法名称及编号

《工业企业厂界环境噪声排放标准》（GB 12348—2008）。

1.2　适用范围

本标准规定了工业企业和固定设备厂界环境噪声排放限值及其测量方法。本标准适用于工业企业噪声排放的管理、评价及控制。机关、事业单位、团体等对外环境排放噪声的单位也按本标准执行。

2　实验室基础条件确认

2.1　人员

参加方法验证的人员均通过了相关培训和能力确认（表 1），验证人员相关培训、能力确认情况等证明材料见附件 1。

表 1　验证人员情况信息

序号	姓名	年龄	职称	专业	参加本标准方法相关要求培训情况（是/否）	能力确认情况（是/否）	相关监测工作年限/年	验证工作内容
1	×××	35	工程师	环境监测	是	是	8	采样及现场监测
2	×××	35	工程师	环境工程	是	是	8	采样及现场监测

2.2 仪器设备

本方法验证中，使用的仪器设备主要包括采样及现场监测、仪器校准及气象条件测量仪器等。主要仪器设备情况见表 2，相关仪器设备的检定及结果确认等证明材料见附件 2。

表 2 主要仪器设备情况

序号	过程	仪器名称	仪器规格型号	仪器编号	溯源/核查情况	溯源/核查结果确认情况	其他特殊要求
1	采样及现场监测	多功能声级计	××	××	检定	合格	1 型环境噪声自动监测仪；仪器性能符合 GB 3785.1—2023 和 GB/T 17181—1997 对 1 型声级计的要求；能满足 35 dB（A）以下的噪声测量要求；滤波器性能符合 GB/T 3241—2010 中对滤波器的要求，能进行噪声的频谱分析
2		声校准器	××	××	检定	合格	1 级声校准器，符合 GB/T 15173—2010 对 1 级声校准器的要求
3		风速计	××	××	检定	合格	—

2.3 环境条件

本方法验证时，对影响检测结果的现场气象条件进行了监控并记录；现场监测时，被测企业生产及噪声源运行正常。环境条件监控情况见表 3，相关气条件监控记录见附件 3。

表 3 环境条件监控情况

序号	过程	控制项目	环境条件控制要求	实际环境条件	环境条件确认情况
1	采样及现场监测	气象条件	风速<5.0 m/s	风速为 1.2 m/s	合格
2			无雨雪、无雷电	无雨雪、无雷电	合格
3		噪声源工况	被测声源工作正常	被测企业生产及噪声源运行正常	合格

2.4　相关体系文件

本方法配套使用的监测原始记录为《噪声监测原始记录表》（标识：HBHJ-JL-2019-ZZ-001A）和《结构传声监测原始记录表》（标识：HBHJ-JL-2019-ZZ-005A）；噪声监测报告格式为 HBHJ-JL04-038-2016。

3　仪器校准验证

3.1　仪器条件设置

测量时噪声分析仪传声器加有防风罩；将仪器时间计权特性设为 F 档，采样时间间隔不大于 1 s。现场测试时的仪器测试条件符合标准要求。

3.2　仪器校准

测量前后对声级计进行了声学校准，示值偏差小于 0.5 dB（A），满足标准要求。仪器校准情况见表 4，相关原始记录见附件 4。

表 4　仪器校准情况　　　　　　　　　　　　　　　单位：dB（A）

序号	测量时段	测量前校准值	测量后校验值	校准前后示值偏差	标准要求示值偏差	是否满足标准要求
1	昼间	93.8	93.7	0.1	<0.5	是
2	夜间	93.8	93.8	0	<0.5	是

4　现场监测验证

4.1　被测企业声源及周边环境状况

（1）本次方法验证中，厂界环境噪声验证实际监测的工业企业为××设备加工厂。该厂主要噪声源为生产车间产生的噪声，为稳态噪声；该企业每天生产 16 h，生产时段为 8：00—24：00。该厂位于 3 类声环境功能区，四周为空地。该厂声源情况、厂界周边环境状况及测点位置见图 1。

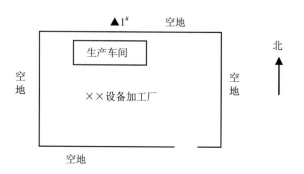

图1　厂界环境噪声监测点位及周边环境状况示意图

（2）本方法验证中，结构传播固定设备室内噪声验证实际监测的地点为与××有限责任公司紧邻的一民用住宅，民用住宅属于A类房间。该公司东侧鼓风机房墙体与民用住宅墙体相连，鼓风机噪声通过共同墙体结构传声至民用住宅室内。鼓风机产生的噪声为稳态噪声。该公司鼓风机房与民用住宅相邻关系及测点位置见图2。

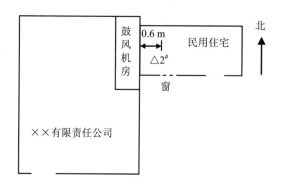

图2　结构传播固定设备室内噪声监测点位示意图

4.2　监测点位及监测内容

（1）厂界环境噪声

根据××设备加工厂声源、周围环境状况、噪声敏感建筑物的分布情况及毗邻的区域声环境功能区类别布设厂界环境噪声监测点位。在该厂噪声源影响最大的厂界北侧噪声最大位置布设一个监测点位（▲1#），监测内容为昼间、夜间等效连续A声级，同时监测背景噪声。厂界环境噪声监测点位见图1。

（2）结构传播固定设备室内噪声

在××有限责任公司鼓风机房东侧噪声敏感建筑物民用住宅室内布设一个结构传播固定设备室内噪声监测点位（△2#），测量昼间、夜间结构传播固定设备室内噪声等效连续 A 声级和倍频带声压级，同时监测背景噪声。结构传播固定设备室内噪声监测点位见图 2。

经验证，厂界环境噪声和结构传播固定设备室内噪声监测点位设置及监测内容满足标准要求。

4.3　测点位置

本方法验证中，现场监测时的测点位置设置满足标准要求，详见表 5。

表 5　测点位置设置情况

测点	标准要求	实际测点位置	实际测点位置是否满足标准要求
厂界环境噪声 ▲1#测点 （厂界无围墙）	厂界外 1 m； 距任一反射面 1 m 以上； 距地面 1.2 m 以上	厂界外 1 m； 距任一反射面 1 m 以上； 距地面 1.2 m 以上	是
噪声敏感建筑物室内 △2#测点	距任一反射面 0.5 m 以上； 距地面 1.2 m； 距外窗 1 m 以上； 门窗关闭状态； 电视机等干扰测量的声源关闭；室内人员不走动、不说话	距最近反射面 0.6 m； 距地面 1.2 m； 距外窗 1 m 以上； 门窗关闭状态； 电视机等声源关闭；室内人员无走动、无说话	是

4.4　测量时段

本方法验证，分别在昼间、夜间两个时段进行测量，实际测量时段满足标准方法要求。测量时段具体情况见表 6，相关原始记录见附件 5。

表 6　测量时段情况

声源	测点	测量时段			是否满足标准要求
			标准要求	实际情况	
稳态噪声	厂界环境噪声 ▲1#测点	昼间	6：00—22：00	采用 1 min 的等效声级	8：30—9：30（背景噪声 7：30—8：00）采用 1 min 的等效声级	是
		夜间	22：00—6：00	采用 1 min 的等效声级	22：00—23：00（背景噪声 23：00—23：30）采用 1 min 的等效声级	是

声源	测点	测量时段				是否满足标准要求
			标准要求		实际情况	
稳态噪声	噪声敏感建筑物室内△2#测点	昼间	6：00—22：00	（1）采用1 min的等效声级；（2）倍频带声压级；（3）背景噪声	10：30—12：30	（1）采用1 min的等效声级；（2）倍频带声压级；（3）背景噪声	是
		夜间	22：00—次日6：00	（1）采用1 min的等效声级；（2）倍频带声压级；（3）背景噪声	1：00—2：00	（1）采用1 min的等效声级；（2）倍频带声压级；（3）背景噪声	是

4.5 背景噪声测量

（1）本次验证现场监测背景噪声，两个测点均与噪声源测点位置相同。背景噪声的测量环境不受被测声源影响，且其他声环境与测量被测声源时保持一致；背景噪声的测量时段与被测声源测量的时间长度相同。

（2）测量企业厂界环境噪声测点的背景噪声时，昼间在该厂当天开工前测量，夜间在当天收工后测量，车间噪声源均处于关闭状态。

（3）测量结构传播固定设备室内噪声测点背景噪声时，在关闭噪声源鼓风机的情况下测量背景噪声。

（4）经验证，背景噪声测点位置设置、测量环境、测量时段等均满足标准要求。

4.6 监测结果及修正

（1）依据GB 12348—2008和《环境噪声监测技术规范 噪声测量值修正》（HJ 706—2014），对噪声测量值进行修正。厂界环境噪声测量值、背景噪声值、修正结果详见表7。

表7 厂界环境噪声监测结果 单位：dB（A）

测点	昼 间			夜 间		
	测量值	背景噪声值	修正结果	测量值	背景噪声值	修正结果
▲1#	60.9	57.3	59	54.2	48.2	53

（2）依据GB 12348—2008和HJ 706—2014，对结构传播固定设备室内噪声测量结果进行修正，其测定值、背景值及修正结果详见表8和表9。

表8　结构传播固定设备室内噪声等效声级监测结果　　　　　单位：dB（A）

测点	昼 间			夜 间		
	测量值	背景噪声值	修正结果	测量值	背景噪声值	修正结果
△2#	52.3	45.3	51	51.2	40.1	51

表9　室内噪声倍频带声压级监测结果　　　　　单位：dB（A）

△2#测点 监测结果	31.5 Hz		63 Hz		125 Hz		250 Hz		500 Hz	
	昼间	夜间	昼间	夜间	昼间	夜间	昼间	夜间	昼间	夜间
测量值	54.5	53.4	55.1	54.8	60.6	59.3	58.9	57.8	57.3	57.2
背景值	48.3	48.3	47.4	46.5	50.0	49.8	52.9	52.1	48.8	48.3
修正结果	54	51	54	54	61	58	58	57	56	56

经验证，监测结果的表示及修正能够满足标准和技术规范要求。厂界环境噪声、结构传播固定设备室内噪声及背景噪声等监测原始记录详见附件5，噪声现场监测报告见附件6。

4.7　质量控制

本方法验证过程中，现场监测人员 2 名；使用的型号为××的多功能声级计检定合格并在有效期内，且每次测量前后均在现场用声校准器对声级计进行了校准，其测量前后校准示值偏差均不大于 0.5 dB（A）；监测记录填写及时、完整、规范。

本方法验证采取的质量保证和质量控制措施满足 GB 12348—2008、《环境噪声监测技术规范　结构传播固定设备室内噪声》（HJ 707—2014）和 HJ 706—2014 的相关规定。

5　验证结论

综上所述，本实验室人员通过培训和能力确认后，依据 GB 12348—2008、HJ 707—2014、HJ 706—2014 开展方法验证，并进行了实际现场监测验证。所用测量仪器、标准声源，现场监测时的仪器校准、气象条件、测点位置、监测时段、背景值测量，监测结果的修正及质控措施等，均满足标准方法和相关技术规范要求，验证合格。

附件 1　验证人员培训、能力确认情况的证明材料（略）

附件 2　仪器设备的溯源证书及结果确认等证明材料（略）

附件 3　环境条件监控原始记录（略）

附件 4　仪器校准原始记录（略）

附件 5　噪声现场监测及结果修正相关原始记录（略）

附件 6　噪声现场监测报告（略）

————————

《城市区域环境振动测量方法》
（GB 10071—88）
方法验证实例

1　方法名称及适用范围

1.1　方法名称及编号

《城市区域环境振动测量方法》（GB 10071—88）。

1.2　适用范围

本方法适用于城市区域环境振动的测量。

2　实验室基础条件确认

2.1　人员

参加方法验证的人员均通过了培训和能力确认（表 1），验证人员相关培训、能力确认情况等证明材料见附件 1。

表 1　验证人员情况信息

序号	姓名	年龄	职称	专业	参加本标准方法相关要求培训情况（是/否）	能力确认情况（是/否）	相关监测工作年限/年	验证工作内容
1	××	34	工程师	环境工程	是	是	13	采样及现场监测
2	××	48	高级工程师	环境保护与安全	是	是	27	采样及现场监测
3	××	27	助理工程师	应用化学	是	是	4	采样及现场监测

2.2 仪器设备

本方法验证中，使用了多功能振动分析仪、振动校准器、温湿度表及三杯风向风速表等。主要仪器设备情况见表 2，相关仪器设备的检定/校准证书及结果确认等证明材料见附件2。

表 2 主要仪器设备情况

序号	过程	仪器名称	仪器规格型号	仪器编号	溯源/核查情况	溯源/核查结果确认情况	其他特殊要求
1	采样及现场监测	多功能振动分析仪	××	××	校准	合格	拾振器电压灵敏度 40 mV/（m·s²），拾振器频率为 0.315～250 Hz，量程 50～159 dB（A）
2	采样及现场监测	振动校准器	××	××	校准	合格	——
3	采样及现场监测	温湿度表	××	××	检定	合格	——
4	采样及现场监测	三杯风向风速表	××	××	检定	合格	——

2.3 环境条件

本方法验证中，环境条件监控情况见表3，相关环境条件监控记录见附件3。

表 3 环境条件监控情况

序号	过程	控制项目	环境条件控制要求	实际环境条件	环境条件确认情况
1	采样及现场监测	环境温度	0～40℃	9.6～13.8℃	合格
		相对湿度	25%～90%	32.7%～38.5%	合格
		风速	无强风	0.1～2.1 m/s	合格
		天气	无雨雪、无雷电	晴	合格
		其他因素	避免剧烈的温度梯度变化、强电磁场、高噪声、走动等引起的干扰	无剧烈的温度梯度变化、强电磁场、高噪声、走动等引起的干扰	合格

2.4　相关体系文件

本方法配套使用的监测原始记录为《稳态或冲击振动测量现场记录表》[标识：AHJ-BG-04-136（第二次修订）]、《无规振动测量现场记录表》[标识：AHJ-BG-04-137（第二次修订）]、《铁路振动测量现场记录表》[标识：AHJ-BG-04-138（第二次修订）]；监测报告格式为××（监测报告格式标识）。

3　方法性能指标验证

本方法验证的仪器条件设置为：

（1）拾振器的灵敏度主轴方向保持铅锤方向，测量过程中不产生倾斜或附加振动。

（2）拾振器平稳地安放在平坦、坚实的地面上。

（3）拾振器的三个接触点或底部全部接触地面。

（4）将连接拾振器的数据线与地面固定，防止由于连接线晃动引起测量误差。

（5）测量仪器时间计权常数取 1 s，振动信号采样间隔不大于 0.1 s。

4　现场监测

按照标准方法要求，选择稳态振动、冲击振动、无规振动及铁路振动进行测量，实际测量结果见表 4，监测报告及相关原始记录见附件 4。

表 4　实际测量结果

监测项目	监测类型	测量结果/dB（A）
VL_{Zeq}	稳态振动	59.00
VL_{Zmax} 算术平均值	冲击振动	53.32
VL_{Z10}	无规振动	49.00
VL_{Zmax} 算术平均值	铁路振动	56.86

5　验证结论

综上所述，本实验室人员通过培训和能力确认后，依据 GB 10071—88 开展方法验证，并进行了实际现场监测验证。所用仪器设备、环境条件、采取的质量控制措施等，均满足标准方法要求，验证合格。

附件 1　验证人员培训、能力确认情况的证明材料（略）

附件 2　仪器设备的溯源证书及结果确认等证明材料（略）

附件 3　环境条件监控原始记录（略）

附件 4　现场监测报告及相关原始记录（略）

———————————

《5G 移动通信基站电磁辐射环境监测方法》
（HJ 1151—2020）
方法验证实例

1 方法名称及适用范围

1.1 方法名称及编号

《5G 移动通信基站电磁辐射环境监测方法》（HJ 1151—2020）。

1.2 适用范围

本方法适用于工作频率小于 6 GHz 的 5G 移动通信基站电磁辐射环境监测。对同一站址存在 5G 及其他网络制式的移动通信基站，电磁辐射环境监测按照该方法规定执行。

2 实验室基础条件确认

2.1 人员

参加方法验证的人员均通过了培训和能力确认（表 1），验证人员相关培训、能力确认情况等证明材料见附件 1。

表 1 验证人员情况信息

序号	姓名	年龄	职称	专业	参加本标准方法相关要求培训情况（是/否）	能力确认情况（是/否）	相关监测工作年限/年	验证工作内容
1	××	38	工程师	环境工程	是	是	14	现场监测
2	××	32	工程师	环境工程	是	是	9	现场监测

2.2 仪器设备

本方法验证中，使用现场监测仪器进行监测。主要仪器设备情况见表2，仪器设备性能要求确认情况见表3，相关仪器设备的检定/校准证书及结果确认等证明材料见附件2。

表2 主要仪器设备情况

序号	过程	仪器名称	仪器规格型号	仪器编号	溯源/核查情况	溯源/核查结果确认情况	其他特殊要求
1	现场监测	电磁辐射选频分析仪	××	××	校准	合格	—
		仪器探头（天线）	××	××	校准	合格	—

表3 仪器设备性能要求确认情况

标准方法规定要求		仪器设备指标	结果确认情况
频率响应	900 MHz～3 GHz，≤±1.5 dB	420 MHz～6 GHz，<±1.5 dB	合格
	<900 MHz，或>3 GHz，≤±3 dB		合格
动态范围	>60 dB	>60 dB	合格
探头检出限	探头的下检出限≤7×10^{-6} W/m^2（0.05 V/m），且上检出限≥25 W/m^2（100 V/m）	0.14 mV/m～160 V/m	合格
线性度	≤±1.5 dB	≤±1.2 dB	合格
频率误差	小于被测频率的 10^{-3} 数量级	<1 ppm	合格
各向同性	<900 MHz，各向同性<2 dB；900 MHz～3 GHz，各向同性<3 dB；>3 GHz，各向同性<5 dB	<800 MHz，各向同性<1 dB；800 MHz～3 GHz，各向同性<1.2 dB；>3 GHz，各向同性<2.5 dB	合格

（注：表左侧合并单元格为"仪器性能指标"）

2.3 环境条件

本方法验证中，环境条件监控情况见表4，相关环境条件记录见附件3。

表4 环境条件监控情况

序号	过程	控制项目	环境条件控制要求	实际环境条件	环境条件确认情况
1	现场监测	环境温度	−10～50℃	2℃	合格
		相对湿度	<93%	21%	合格

2.4　相关体系文件

本方法配套使用的监测原始记录为《5G 移动通信基站电磁辐射监测原始记录》（标识：JL-T-F-027）；监测报告格式为 THQT-004f 附件 2 格式 11。

3　方法性能指标验证

3.1　测试条件

3.1.1　仪器条件设置

本方法验证使用的监测仪器为××型电磁辐射选频分析仪，可测的频率为 9 kHz～6 GHz；监测仪器的探头（天线）采用××型三轴电场天线，具备各向同性，可测的频率范围为 420 MHz～6 GHz。监测时，仪器的监测频率选取在被测移动通信基站发射天线工作状态时的下行频段。本次验证中，被测的 5G 移动通信基站发射天线在工作状态时的下行频段为 2 515～2 675 MHz。根据标准方法，设置每个监测点监测时间为 6 min，结果取平均值。

3.1.2　监测位置

（1）布点位置：根据标准要求，监测点位应布设在环境敏感目标处，本次验证根据现场情况，在被测基站的南侧（××法律援助中心东北侧）和东侧（××停车场门卫室西侧）分别布设监测点位。

（2）监测高度：本次验证监测仪器天线距地面 1.7 m，满足标准要求的高度（1.7 m）。

（3）本次验证监测仪器天线尖端与操作人员躯干之间距离为 0.5 m，满足标准要求的距离（≥0.5 m）。

（4）本次验证监测仪器天线与 5G 终端设备的距离为 1 m，满足标准要求的距离（1～3 m）。

3.2　方法检出限及测定下限

根据仪器说明书仪器的量程为 0.14 mV/m～160 V/m，满足标准要求：探头的检出下限≤0.05 V/m；检出上限≥100 V/m。

4　现场监测

开展现场监测工作前，确保监测仪器正常状态，并按照标准要求收集被测 5G 移动通信基站的基本信息。依据标准要求与现场实际情况，选取具有代表性的两个监测点位进行验证，分别为××基站东侧和南侧。在基站正常工作情况下，环境温度为 2℃，相对湿度为 21%，使用某具有 5G 网络的手机开启视频直播，对视频交互场景进行监测，监测时间设置为 6 min，读取平均值。实际监测结果见表 5，监测报告及相关原始记录见附件 4。

表 5　实际监测结果

点位代号	监测点位描述	与天线的距离/m		应用场景	发射天线		5G 终端设备		功率密度/(μW/cm^2)
		垂直	水平		运营商	下行频段	型号	数量	
1	××法律援助中心东北侧	28	50	☐数据传输 ☑视频交互 ☐游戏娱乐	移动	移动 2 515～ 2 675 MHz	××型手机	1 个	0.462
2	××停车场门卫室西侧	28	40	☐虚拟购物 ☐智慧医疗 ☐工业应用 ☐车联网					0.322

5　验证结论

综上所述，本单位人员通过培训和能力确认后，依据 HJ 1151—2020 开展方法验证，并进行了实际现场监测验证。所用仪器设备、环境条件以及方法检出限等，均满足标准方法相关要求，验证合格。

附件 1　验证人员培训、能力确认情况的证明材料（略）

附件 2　仪器设备的溯源证书及结果确认等证明材料（略）

附件 3　环境条件监控原始记录（略）

附件 4　现场监测报告及相关原始记录（略）

《加油站大气污染物排放标准》（GB 20952—2020）
（附录 A：液阻检测方法；附录 B：密闭性检测方法；
附录 C：气液比检测方法）
方法验证实例

1　方法名称及适用范围

1.1　方法名称及编号

《加油站大气污染物排放标准》（GB 20952—2020）（附录 A：液阻检测方法；附录 B：密闭性检测方法；附录 C：气液比检测方法）。

1.2　适用范围

（1）加油机至埋地油罐的地下油气回收管线液阻检测。

（2）加油站油气回收系统的密闭性检测。

（3）加油站油气回收系统的气液比检测。

2　实验室基础条件确认

2.1　人员

参加方法验证的人员均通过了培训和能力确认（表 1），验证人员相关培训、能力确认情况等证明材料见附件 1。

表 1　验证人员情况信息

序号	姓名	年龄	职称	专业	参加本标准方法相关要求培训情况（是/否）	能力确认情况（是/否）	相关监测工作年限/年	验证工作内容
1	××	47	高级工程师	环境科学	是	是	24	采样及现场监测

序号	姓名	年龄	职称	专业	参加本标准方法相关要求培训情况（是/否）	能力确认情况（是/否）	相关监测工作年限/年	验证工作内容
2	××	41	高级工程师	化学	是	是	19	采样及现场监测
3	××	46	工程师	环境科学	是	是	15	采样及现场监测
4	××	35	工程师	环境科学	是	是	8	采样及现场监测

2.2 仪器设备

本次方法验证中，使用的主要仪器设备为油气回收多参数检测仪，所配仪器设备及性能指标满足《加油站大气污染物排放标准》（GB 20952—2020）的规定要求，主要仪器设备情况见表2，主要仪器设备性能确认情况见表3，相关仪器设备的检定/校准证书及结果确认等证明材料见附件2。

表2 主要仪器设备情况

序号	过程	仪器名称	仪器规格型号	仪器编号	溯源/核查情况	溯源/核查结果确认情况	其他特殊要求
1	采样及现场监测	油气回收多参数检测仪	崂应7003型	2C01015028	校准	合格	电子压力计

表3 主要仪器设备性能要求确认情况

标准方法规定指标要求		仪器设备指标	结果确认情况
仪器性能指标	电子压力计	满量程（0～2.5 kPa），最大允许误差：0.5% F.S。或满量程（0～5.0 kPa），最大允许误差：0.25% F.S	满量程（−2.5～2.5 kPa）最大允许误差：±0.25% F.S	合格
	流量计	满量程（0～100 L/min），最大允许误差：2% F.S；最小刻度：2 L/min	满量程（0～130 L/min），最大允许误差：<10 L/min，不超过±2 L/min；≥10 L/min，不超过±2%分辨率0.1 L/min	合格
	秒表	最大允许误差<0.2 s	<0.2 s	合格

2.3　环境条件

本方法验证中，按照仪器说明书和检测标准要求，环境条件监控范围情况见表4，相关环境条件监控记录见附件3。

表4　环境条件监控范围情况

序号	过程	控制项目	环境条件控制要求	实际环境条件	环境条件确认情况
1	采样及现场监测	环境温度	−20～45℃	28℃	合格
		环境湿度	0～90%（RH）	54%（RH）	合格
		大气压	60～110 kPa	101.0 kPa	合格
		天气状况	无雷雨天气	晴	合格

2.4　安全防护设备设施

本方法验证中，配备的特殊安全防护设备设施和个人安全防护用品包括防静电服装、防静电鞋、检测场所警戒线、围挡立杆、干粉灭火器、灭火毯等，均满足要求。

2.5　相关体系文件

本方法配套使用的监测原始记录为《加油站油气回收系统密闭性监测现场记录》（标识：JL-T-O-001）、《气液比监测现场记录》（标识：JL-T-O-002a）、《加油机油气回收管线液阻监测现场记录》（标识：JL-T-O-003）、《监测报告格式为报告格式管理规定》（标识：THQT-004f），安全操作作业指导书为《加油站油气回收系统监测安全操作规程　作业指导书》（标识：THQT-010）。

3　实际样品测试

3.1　测试条件

3.1.1　安全操作

检测前确认环境天气晴朗无雷雨，大气压为101.0 kPa，环境温度为28℃，相对湿度为54%，环境条件见附件3。进入加油区前，操作人员着装防静电工作服和防静电工作鞋袜。触摸人体静电导除装置，释放人体静电。

在检测区域设置好安全围栏，准备好灭火器灭火毯。将监测仪器和配件均良好接地，填写《加油站现场监测安全检查记录》。现场监测安全检查记录见附件4。

3.1.2 电子压力计零点漂移检查

仪器开机预热 15 min 后，关闭阀门，进入仪器自身密闭性检测界面，开始做 5 min 的漂移检查，5 min 后漂移结果为+1.0 Pa，满足标准方法规定的≤2.5 Pa 的要求。

3.1.3 仪器自身密闭性检查

将气液比适配器和油气回收检测仪连接，再用一个替代喷管与气液比适配器连接，关闭阀门。使用仪器压力发生器产生一个 1 245 Pa 的真空压力后，开启秒表，3 min 之后真空压力为 1 245 Pa，满足标准≥1 230 Pa 的要求。

3.2 密闭性检测

3.2.1 油气检测仪器压力准确度验证

将仪器凋零，将校准仪器进气口与检测仪出气口连接，关闭其他阀门，通过仪器压力发生器加压满量程的 20%、50% 和 80% 的系统压力，重复 6 次，记录监测仪器示值，准确度结果见表 5。实验原始记录见附件 5。

表 5 压力准确度试验记录表

平行样品号		标准数值		
		20%的满量程系统压力（500 Pa）	50%的满量程系统压力（1 250 Pa）	80%的满量程系统压力（2 000 Pa）
测定结果/Pa	1	495.8	1 245.6	1 994.2
	2	496.4	1 245.0	1 994.8
	3	497.0	1 245.0	1 996.7
	4	496.2	1 247.2	1 993.5
	5	495.9	1 246.1	1 995.4
	6	496.0	1 245.7	1 997.6
平均值/Pa		496.2	1 245.8	1 995.4
标准值/Pa		500	1 250	2 000
相对误差/%		−1.71	−0.86	−0.56
标准规定		相对误差不超过±2%		
达标情况		合格	合格	合格

注：崂应 7003 型号设备满量程为 2 500 Pa。

3.2.2 检测前现场工况确认

向加油站工作人员确认被测加油站在密闭性检测前 3 h 没有大批量油品进出储油罐。在到达加油站后，要求加油站停止加油配合检测且在检测期间不能装卸油和加油，待停止加油 30 min 后开始密闭性检测。检测前检查所有加油枪都正确挂在加油机上。检查加油站油气回收管线上没有使用单向阀，可正常开始检测。检测仪器已按上述方法完成预热和漂移检查。

　　询问加油站工作人员，调取加油站液位仪，获取加油站汽油油罐为连通罐体，总共 3 个，总体积为 10 万 L，汽油加油枪总数为 15 把。油罐剩余油量总体积为 49 328 L，计算油气空间体积为 50 672 L，剩余压力限值为 474 Pa。

3.2.3　检测过程

　　关闭加油站一次回收口，开启对应油罐的卸油油气回收系统油气接口阀门。开启氮气钢瓶，设置低压调节器的压力为 35 kPa，向加油站油气回收系统内通入氮气，调节氮气流量为 35 L/min，满足标准 30～100 L/min 范围内的要求。充压至约 550 Pa 时关闭氮气阀门，调节泄压阀使压力降至 501 Pa（初始压力）时开启秒表。每隔 1 min 仪器自动记录 1 次系统压力。5 min 之后，记录最终的系统压力为 488 Pa，大于计算所得剩余压力限值 474 Pa，该加油站油气回收系统密闭性合格。监测油罐信息及结果见表 6，监测原始记录见附件 6。

表 6　油罐密闭性监测结果

油罐编号	油气空间/L	油枪数/把	最小剩余压力限值/Pa	系统压力检测值/Pa
1#～3#	50 672	15	474	488

3.3　液阻检测

　　油气回收系统密闭性满足标准限值要求后开始液阻检测。

　　打开加油站一次回收口，向加油机检测口通入氮气，使氮气达到 18 L/min，稳定 30 s 后仪器自动记录液阻结果。重复上述操作，使氮气依次达到 28 L/min、38 L/min。记录三种流量下的液阻值。对加油站内其他加油机按上述步骤进行逐机检测，记录液阻值（表 7）。

表 7　液阻监测结果

监测条件	最大压力/Pa							
	10#加油机	7#加油机	5#加油机	6#加油机	1#加油机	8#加油机	11#加油机	12#加油机
氮气流量 18.0 L/min	1	7	2	3	3	2	0	2
氮气流量 28.0 L/min	5	4	4	7	4	5	1	2
氮气流量 38.0 L/min	8	9	7	11	6	9	3	5

3.4 气液比检测

按标准要求连接仪器和油桶，该加油站共有汽油加油枪 15 把，按照标准要求随机抽取 8 把进行检测。选取与被测加油枪适配的适配器，检查 O 形圈良好，涂抹凡士林使之完全润滑。

检查本次检测加油枪均为一泵带一枪。若被测加油枪为"一泵带多枪（＜4 把枪）"的油气回收系统，则要求加油站给其他油桶加油或者给汽车加油，保证至少 2 把加油枪同时加油时检测。对于"一泵带多枪（≥4 把枪）"的油气回收系统，保证至少 4 条枪同时给其他油桶加油或者给汽车加油进行检测。

先向油桶加入 15～20 L 汽油，使油桶内和加油枪管线具备含有油气的初始条件。将加油机读数归零，使用最大流量向油桶内加入 15.13 L 汽油，用时 29 s，计算加油流量为 31.3 L/min，满足标准不低于 20 L/min 的要求。将加油量输入仪器，计算气液比为 1.1。对加油站内其他加油枪按上述步骤进行逐枪检测，记录气液比值（表 8）。

表 8　气液比监测结果

油枪编号	气液比（量纲一）
15#	1.1
16#	1.1
8#	1.1
7#	1.1
1#	1.1
2#	1.0
10#	1.0
9#	1.1

注：加油站油枪总数为 15 把。

再进行一次仪器自身密闭性检查，3 min 之后真空压力为 1 245 Pa，满足标准 1 230 Pa 以上的要求，本次检测数据有效。

监测报告及相关原始记录见附件 6。

4　验证结论

综上所述，本实验室人员通过培训和能力确认后，依据 GB 20952—2020 开展方法验证，并进行了实际样品测试。所用仪器设备、关键试剂耗材、采取的质量保证和质量控制措施、安全操作规程，以及经实验验证过程等，均满足标准方法相关要求，验证合格。

附件 1　验证人员培训、能力确认情况的证明材料（略）

附件 2　仪器设备的溯源证书及结果确认等证明材料（略）

附件 3　环境条件监控记录（略）

附件 4　现场监测安全检查记录（略）

附件 5　准确度验证材料（略）

附件 6　实际样品（或现场）监测报告及相关原始记录（略）

附　录

参加编写单位

北京市生态环境监测中心

天津市生态环境监测中心

上海市环境监测中心

重庆市生态环境监测中心

辽宁省生态环境监测中心

河北省生态环境监测中心

山东省生态环境监测中心

山东省济南生态环境监测中心

山西省生态环境监测和应急保障中心

安徽省生态环境监测中心

安徽省辐射环境监测站

江苏省环境监测中心

浙江省生态环境监测中心

四川省生态环境监测总站

广东省生态环境监测中心

海南省生态环境监测中心